高职高专“十二五”规划教材

工 程 制 图

主　编　高宗华　宁艳花

副主编　万长城　敖春根

主　审　蔡锌如

合肥工业大学出版社

内容提要

本书是根据教育部工程图学教学指导委员会关于“工程制图课程教学基本要求和国家标准局最新发布的新标准”在充分总结各院校工程制图课程教学改革研究与实践的成果和经验基础上编写而成的。内容包括机械制图的基本知识、正投影的基础知识、立体的投影、轴测图、组合体、机件的常用表达方法、标准件和常用件、零件图、装配图、建筑制图、电气设备图等。全书以培养学生读图和绘图能力为主，将精选的制图内容与计算机绘图软件相结合，将“教、学、做、练”融为一体，以培养学生读图和绘图能力为主，精选制图内容与例题，力求适时、精练、实用。

本书可作为本科院校、高职高等院校非机类专业教材，也可作为相关工程技术人员的参考用书。

图书在版编目(CIP)数据

工程制图/高宗华，宁艳花主编．—合肥：合肥工业大学出版社，2012.9(2020.7重印)
ISBN 978-7-5650-0884-9

Ⅰ.①工… Ⅱ.①高… Ⅲ.①工程制图——高等职业教育—教材 Ⅳ.①TB23

中国版本图书馆CIP数据核字(2012)第193092号

工 程 制 图

高宗华　宁艳花　主编　　　　责任编辑　马成勋

出　版	合肥工业大学出版社	版　次	2012年8月第1版
地　址	合肥市屯溪路193号	印　次	2020年7月第2次印刷
邮　编	230009	开　本	787毫米×1092毫米　1/16
电　话	理工编辑部：0551-62903200	印　张	22
	市场营销部：0551-62903198	字　数	535千字
网　址	www.hfutpress.com.cn	印　刷	安徽联众印刷有限公司
E-mail	hfutpress@163.com	发　行	全国新华书店

ISBN 978-7-5650-0884-9　　　　定价：55.00元

如果有影响阅读的印装质量问题，请与出版社市场营销部联系调换。

前　　言

本书是根据教育部工程图学教学指导委员会关于"工程制图基础课程教学基本要求和国家标准局最新发布的新标准",在工程制图课程教学改革研究与实践的成果和经验基础上编写而成的。

随着社会和科学技术的进步,特别是计算机技术的普及与发展,工程制图课程无论是课程体系、教学内容,还是教学方法与手段,以及现代科技对人才培养的要求等方面都发生了深刻的变化。因此,本书力求反映这种发展变化,反映以应用为目的,以必需、够用为特色。除了在文字教材中尽量反映现代科学技术和新知识、新内容外,还将陆续推出与教材配套的教师教学辅导系统和学生学习辅导系统的电子化教材,以适应现代化教学方法与手段的需要。

本书主要有以下特点:

(1)全书采用了最新的国家标准。力求与最新颁布的国家标准"技术制图"和"机械制图"的规定同步。

(2)章节形式新颖。每章均设有内容导读、知识要点、能力目标、使教师和学生对本章的知识构成、学习方法等方面有一个全面的了解。

(3)整合内容,优化体系结构。对传统的画法几何内容进行了慎重的取舍,并以典型立体为载体进行讲解;对机械制图内容的设置注重实际应用和技能训练,突出基本绘图、识图能力的培养。在基本体、组合体、表达方法等章节中穿插画轴测图的内容,既可做为提高空间想象能力、创新思维能力的一种手段,又可降低学生的学习难度。

(4)"讲一练结合"、"学一做结合"。在大部分章节中设置有"小常识"、"学与做"内容,以激发学生的学习兴趣、丰富学生的知识,加强动手能力的培养。

(5)加强草图技能的训练和测绘能力的培养。为适应当前CAD技术发展的需要,本教材适当降低仪器绘图的要求和难度,并在一些主要章节中均增加了绘制草图、形体测绘的内容,做到草图、测绘不断线,使学生掌握测绘及徒手绘制机械图样的基本能力。为了复习巩固已学知识,进一步培养学生分析问题和解决问题的能力,将装配体增加了测绘内容,对整个测绘过程作了全面的介绍，力求在完成本课程的学习后，使学生具有整机或部件的测绘能力。

(6)计算机绘图采用 AutoCAD 2008 通用版本，并精选内容，做到在允许的学时范围内，达到能绘制二维图形的目的。

全书共十一章。主要内容有制图基本知识、正投影的基础知识、立体的投影、轴测图、组合体、机件常用的表达方法、标准件和常用件、零件图、装配图、电气和建筑和附录。与本书配套的宁艳花主编的《工程制图习题集》由合肥工业大学出版社出版。

本书由江西电力职业技术学院高宗华、宁艳花担任主编，江西电力职业技术学院万长城、江西工业职业技术学院敖春根担任副主编。全书由江西电力职业技术学院蔡锌如教授进行了审阅。

本书在编写过程中一直得到江西电力职业技术学院机电工程系领导的指导和帮助，在此一并致谢！

由于编者水平有限，书中还存在一些不足之处，恳请读者批评指正。

编者

2012 年 9 月

目　　录

第 1 章　制图的基本知识

【内容导读】

机械图样是按照国家标准的规定和投影原理绘制的，用于表达机器和机械零件的结构形状和技术要求，它是制造机器和加工零件的依据。现行的国家标准“技术制图”和“机械制图”是阅读和绘制机械图样的准则和依据。

我国标准编号是由标准代号、标准顺序号和批准的年号构成的。国家标准分强制性国家标准（代号是“GB”）和推荐性国家标准（代号是“GB/T”）。

要正确地绘制出机械图样，除了熟悉国家标准的有关规定外，还要能正确地使用绘图工具，掌握几何作图的方法和技巧，并通过绘图技能的训练以保证绘图质量，提高绘图速度。

【知识要点】

本章将简要介绍国家标准中关于“图纸幅面及格式”、“比例”、“字体”、“图线”、“尺寸注法”等有关规定；绘图工具的种类及使用方法；常用几何图形的画法及平面图形的分析、绘制方法和步骤。

本章知识的重点是国家标准“技术制图”和“机械制图”的有关规定，平面图形的作图方法及尺寸标注，以及使用绘图仪器和工具绘制机械图样的方法和步骤。难点是平面图形的线段分析和已知平面图形的尺寸标注。

【能力目标】

能按国家标准的规定，正确使用绘图工具绘制平面图形并标注其尺寸。

1.1　制图基本规则

图样是工程设计结果的一种表达形式，是产品制造和工程施工的依据，是组织和管理生产的重要技术文件，是“工程技术界的共同语言”。为了便于交流技术思想，国家对图样作出统一的规定。国家标准“机械制图”中统一规定了在绘制工程图样的过程中应共同遵守的画图规则。

国家标准简称"国标",代号"GB"。在国家标准中,分别就图纸的幅面尺寸及格式、比例、字体、图线和尺寸注法作了规定。

1.1.1 图纸幅面及格式(GB/T 14689—2008)

绘制图样时,优先采用表 1-1 中规定的基本幅面尺寸。

表 1-1 图纸幅面尺寸(mm)

幅面代号	A0	A1	A2	A3	A4
$B \times L$	841×1189	594×841	420×594	297×420	210×297
a	25				
c	10			5	
e	20		10		

图纸可以横放或竖放。图纸无论装订与否,均用粗实线画出图框线和标题栏框线。需要装订的图样,其图框格式如图 1-1 所示,一般采用 A3 幅面横装或 A4 幅面竖装。不需装订的图样,只需将如图 1-1 所示的尺寸 a 和 c 均改为表 1-1 中的尺寸 e 即可。必要时可将幅面加长,对 A0、A2、A4 幅面的加长量应按 A0 幅面长边的 1/8 倍数增加,对 A1、A3 幅面的加长量应按 A0 幅面短边的 1/4 倍数增加。

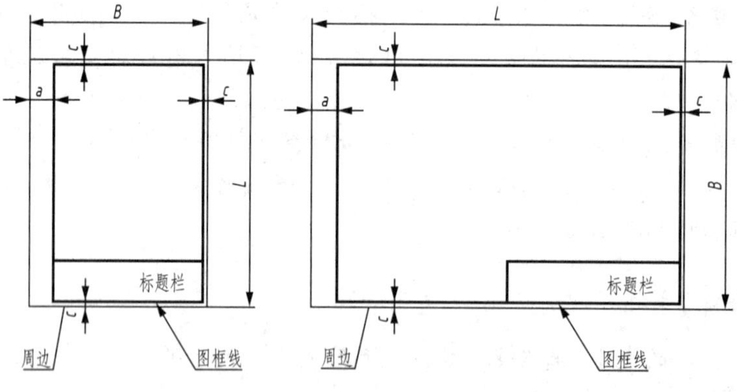

图 1-1 需要装订的图框格式

图框用粗实线绘制。

每张图样都必须有标题栏。标题栏的位置应按如图 1-1 所示的形式配置。必要时,也采用如图 1-2 所示的格式。看图的方向与看标题栏的方向一致。

国家标准对标题栏的格式、内容和尺寸作了统一规定(GB/T 10609.1—2008)。制图作业的标题栏最好采用如图 1-3 所示的简化格式。

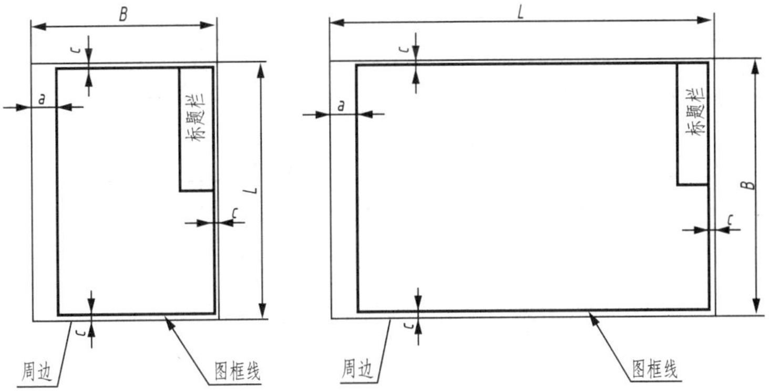

图 1-2　标题栏配置的另一种格式

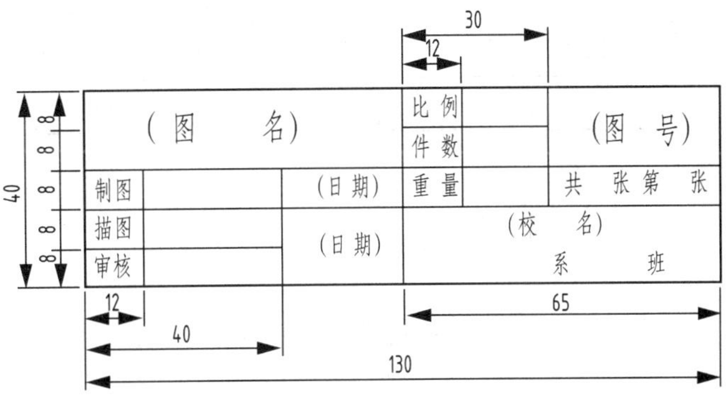

图 1-3　标题栏格式

学与做

图纸幅面代号的几何含义就是对 0 号幅面的对开次数，如 A3 中的"3"表示将 0 号图纸长边对折裁切 3 次所得的幅面。同学们可将购买的 A0 图纸按此方法裁成所需大小。

1.1.2　比例(GB/T14690—1993)

比例是指图样机件要素与相应的实际机件要素的线性尺寸之比。

绘制图样时一般从表 1-2 规定的系列中选取不带括号的合适比例，必要时也可选取表中带括号的比例。优先选用第一系列比例，尽量采用 1∶1 的原值比例，必要时允许选用第二系列比例。

绘制同一机件的各个视图应采用同一比例，图样所采用的比例，应填写在标题栏的"比例"栏内；当某一视图需采用不同比例时，必须另行标注在视图名称的下方或右侧。

不论采用何种比例，图样上所标注的尺寸数值都是被表达机件的真实大小，与选用的比例无关。要注意的是，图形中的角度应按实际角度绘制。同一物体采用不同比例绘制的图形和标注如图所示。

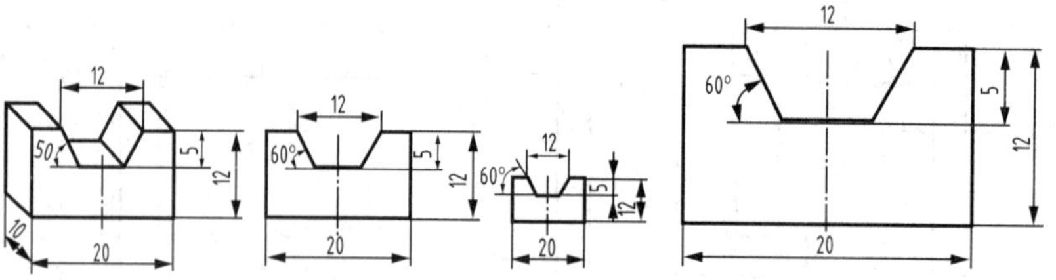

（a）形体　（b）1∶1图样　（c）1∶2图样　（d）2∶1图样

不同比例的图形和尺寸注法

表 1－2　绘图的比例

种类	比　例
原值比例	1∶1
缩小比例	1∶2　1∶5　1∶10　(1∶1.5)(1∶2.5)(1∶3)(1∶4)(1∶6)
放大比例	2∶1　5∶1　10∶1　(2.5∶1)(4∶1)

1.1.3　字体(GB/T 14691—1993)

图样中书写的汉字、数字和字母必须做到：字体端正、笔划清楚、间隔均匀、排列整齐。

字体的号数，即字体的高度，分为 1.8、2.5、3.5、5、7、10、14、20mm 等 8 种，其宽度约为高度的 2/3。为了保证字体大小一致和整齐，书写时最好先按所选字号的高宽尺寸画好格子。

汉字应写成长仿宋体，并采用国家正式公布的简化字。汉字的高度不宜小于 3.5mm。长仿宋体字的书写要领是：横平竖直，锋角分明，结构匀称，高宽足格。长仿宋体基本笔划有点、横、竖、撇、捺、提、钩、折，如图 1－4 所示，汉字示例如图 1－5 所示。

图 1－4　汉字的基本笔划

图样中的汉字、数字和字母必须写得

字体端正　笔划清楚　间隔均匀　排列整齐

图 1－5　长仿宋体汉字字体示例

数字和字母有斜体和直体两种，通常采用斜体，斜体字头向右倾斜，与水平线成 75°倾角。数字和字母分为 A 型和 B 型，A 型字体的笔划宽度为字高的 1/14，B 型字体的笔划宽度为字高的 1/10。用作指数、分数、极限偏差、注脚等的数字及字母，一般采用小一号的字体；图样中的数学符号、物理量符号、计量单位符号及其他符号应符合国家有关法令和标准的规定。数字及字母的示例如图 1－6 所示。

a)

b)

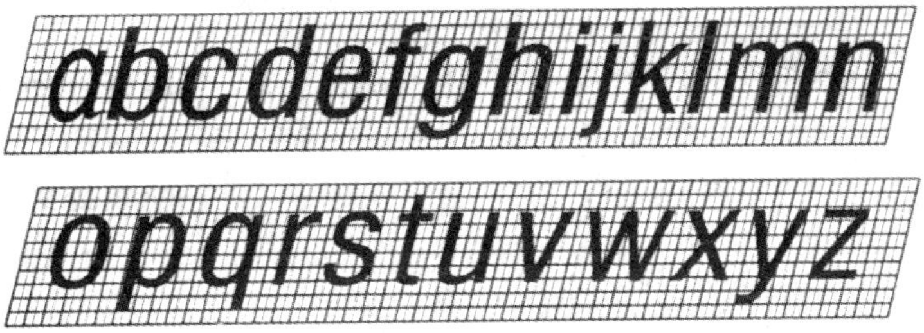

c)

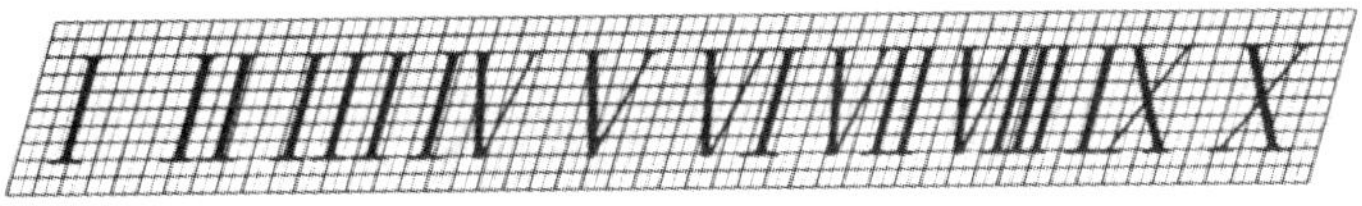

d)

图 1－6　数字、字母及其综合示例

1.1.4　图线(GB/T 4457.4—2002)

国家标准《机械制图》图样画法，图线(GB/T 4457.4—2002)中规定了绘制机械图样的 9 种线型及应用，见表 1－3。

表 1－3　机械制图的图线型式及应用　　(单位：mm)

图线名称	图线型式	线　宽	主要用途
粗实线		d	可见轮廓线
细虚线		$d/2$	不可见轮廓线

细点画线		$d/2$	轴线，轨迹线，对称中心线
细实线		$d/2$	尺寸线和尺寸界线；剖面线、重合断面轮廓线；指引线；过渡线
细波浪线		$d/2$	断裂处的边界线 视图与剖视的分界线
细双折线	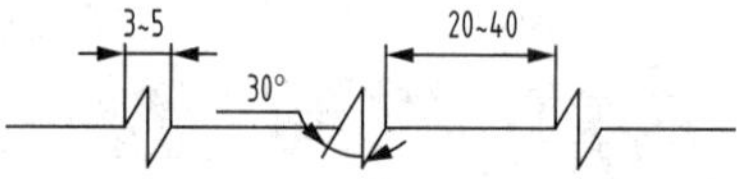	$d/2$	断裂处的边界线
细双点画线	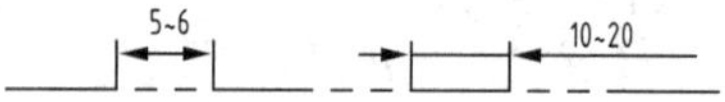	$d/2$	极限位置的轮廓线 相邻辅助零件的轮廓线 成形前的轮廓线等
粗点画线		d	有特殊要求或限定范围表示线
粗虚线	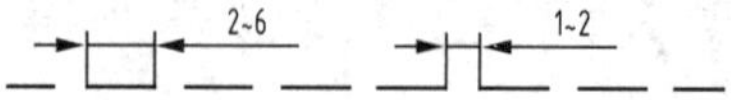	d	允许表面处理的表示线

2. 图线宽度

国家标准“机械制图　图样画法　图线”(GB/T4457.4—2002)中规定，在机械图样中采用粗线和细线两种线宽，粗、细图线的线宽比为 2∶1。粗实线 d 应按图样的复杂程度和大小在 0.18，0.25，0.35，0.5，0.7，1.0，1.4，2.0(mm)系列中选择。

各种图线的应用示例如图 1-7 所示。

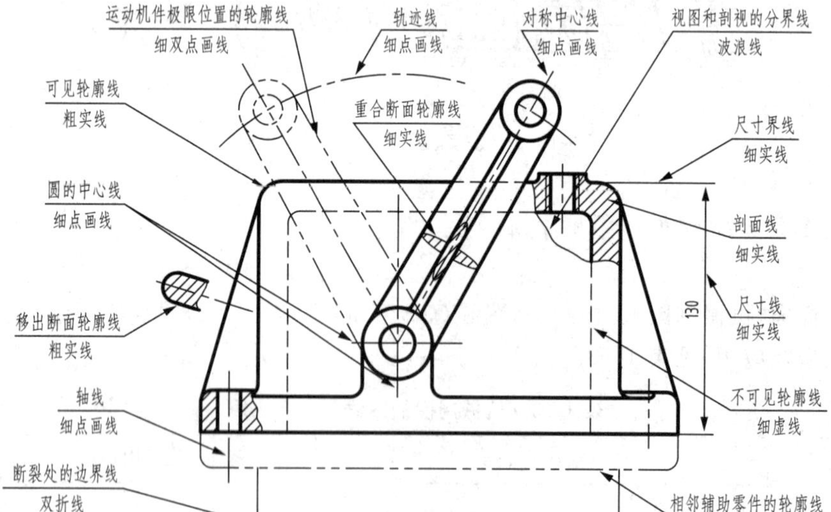

图 1-7　图线的应用示例

绘图时通常应注意以下几点：

(1)同一图样的同类图线宽度应基本一致。虚线、点划线及双点划线的线段长度和间隔应各大致相等。点划线和双点划线中的"点"应画成长约 1mm 的短划，短划不能与短划或长段相交。点划线和双点划线的首尾两端应是线段而不是短划。

(2)两条平行线间的距离应不小于粗实线宽度的两倍，其最小距离不得小于 0.7mm。

(3)绘制圆的对称中心线时，圆心应是线段的交点。

(4)绘制轴线、对称中心线、双折线和作为中断线的双点划线时，宜超出轮廓线约 2～5mm。

(5)在较小的图形上绘制点划线时，可用细实线代替。

(6)当虚线是粗实线的延长线时，粗实线应画到分界点，虚线应留有空隙。当虚线与粗实线或虚线相交时，不应留有空隙。当虚线圆弧和虚线直线相切时，虚线圆弧的线段应画至切点，虚线直线则留有空隙。

(7)粗实线与虚线或点划线重叠，应画粗实线。虚线与点划线重叠，应画虚线。如图 1－8 所示为图线画法的图例。

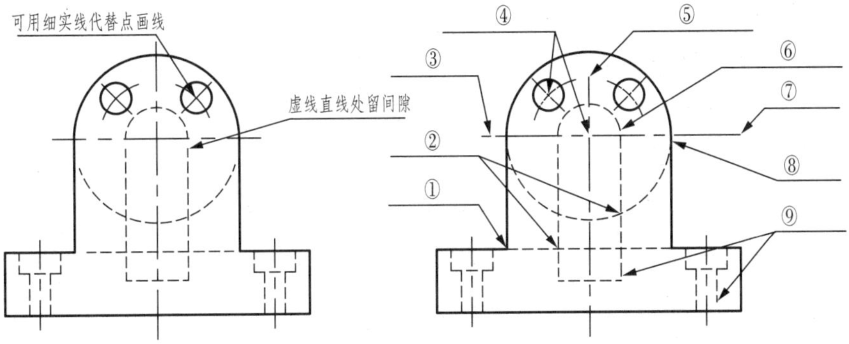

图 1－8　图线画法示例

图中：①虚线应留间隙；②应是长画相交；③点画线的两端应是长画；④圆心应是长画相交；⑤中心线应超过轮廓线；⑥虚线圆弧不应留间隙；⑦中心线太长；⑧虚线应留间隙；⑨不应留间隙。

学与做

如图 1－8 所示是图线的画法示例，请将正确和错误的图形进行对比，并在错误画法的图形横线上写出错在哪里。

1.1.5　尺寸注法(GB/T 4458.4—2003)

图样上的图形主要表达机件的结构形状，而机件的大小则根据图上标注的尺寸数值确定。标注尺寸是一项很重要的工作，一定要认真对待。

下面介绍尺寸注法的一些基本内容，有些内容在后面的有关章节中讲述，其他相关内容可查阅国标(GB/T 4458.4—2003)。

1. 尺寸标注的基本规则

(1)机件的真实大小应以图样上所注的尺寸数值为依据,与图形的大小及绘图的准确度无关。

(2)图样中(包括技术要求和其他说明)的尺寸以 mm 为单位时,不需标注计量单位的代号或名称,否则必须注明相应的计量单位的代号或名称。

(3)图样中所标注的尺寸,为该图样所示机件的最后完工尺寸,否则应另加说明。

(4)机件的每一尺寸,一般只标注一次,并应标注在反映该结构最清晰的图形上。

2. 尺寸组成

如图 1-9 所示,一个完整的尺寸标注,一般由尺寸界线、尺寸线、尺寸线终端,以及尺寸数字(含符号和缩写词)四个要素所组成。

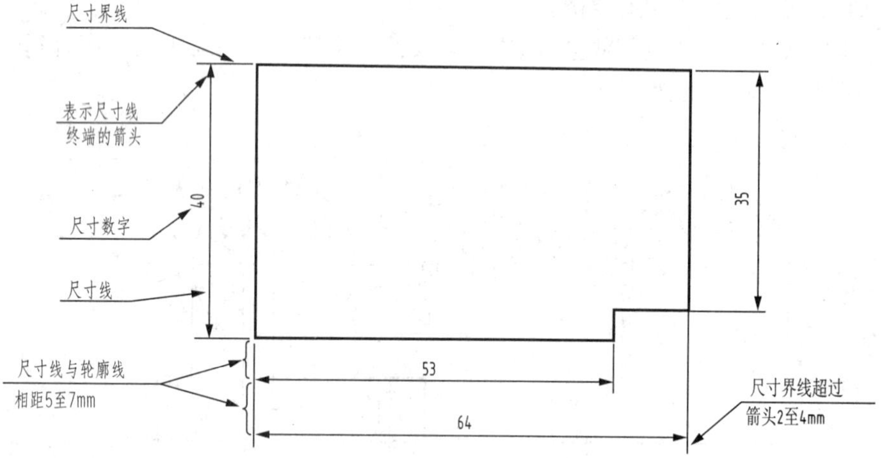

图 1-9　尺寸的组成及标注示例

(1)尺寸数字

用来表示所注尺寸的数值,是图样中指令性最强的部分。要求注写尺寸时一定要认真仔细、字迹清楚,应避免可能造成误解的一切因素。注写方法见表 1-4。

表 1-4　尺寸数字的注写方法

说　明	图　例
(1)线性尺寸的数字一般水平的应注写在尺寸线的上方,垂直的应注写在尺寸线的左方,也允许注写在尺寸线的中断处	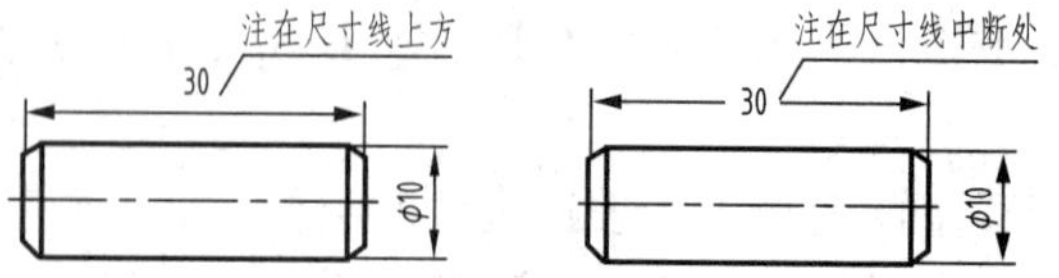

（续表）

说　　明	图　　例
（2）尺寸数字的书写方法有两种： 方法一：如左图所示，水平方向的尺寸数字字头朝上；垂直方向的尺寸数字字头朝左；倾斜方向的尺寸数字字头保持朝上的趋势。尽可能避免在图示 30°范围内标注尺寸，当无法避免时，可按右图的形式引出标注； 方法二：对于非水平方向的尺寸，其数字可水平地注写在尺寸线的中断处； 一般应采用第一种方法注写。当图形简单，尺寸较少时，也允许采用第二种方法。但在同一张图样中，应尽可能采用同一种方法	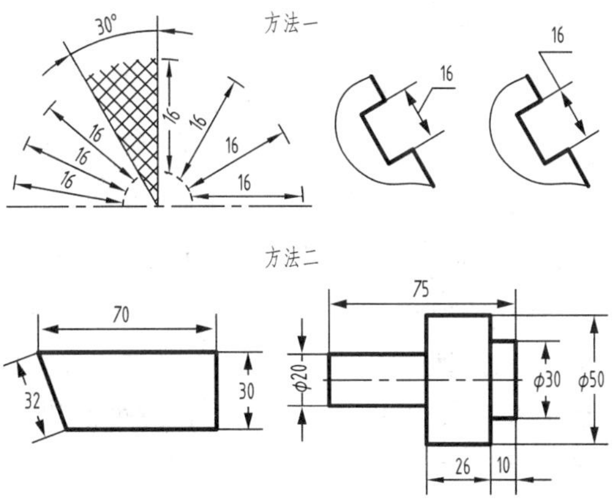
（3）尺寸数字不可被任何图线所通过，当不可避免时，必须把图线断开	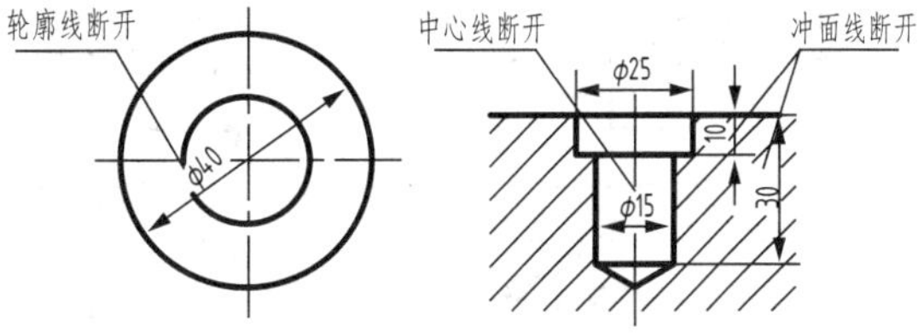
（4）标注参考尺寸时，应将尺寸数字加上圆括号	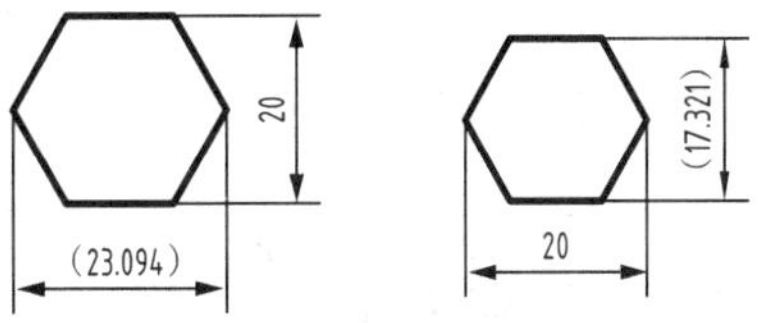

（2）尺寸线

尺寸线用细实线绘制，一般不得与其他图线重合或画在其延长线上。线性尺寸的尺寸线必须与所标注的线段平行；当有几条互相平行的尺寸线时，大尺寸要标注在小尺寸外面。尺寸线与轮廓线或两平行尺寸线之间的距离约为 5mm 左右，如图 1－9 所示。在圆或圆弧上标注直径或半径尺寸时，尺寸线一般应通过圆心或延长线通过圆心。

（3）尺寸终端

尺寸线终端有两种形式：箭头适用于各种类型的图样，在机械图样中主要采用这种形式，如图 1－10a 所示，图中的 b 为粗实线的宽度；斜线用细实线绘制，如图 1－10b 所示，图中的 h 为字体高度，采用斜线形式时，尺寸线与尺寸界线一般应互相垂直。

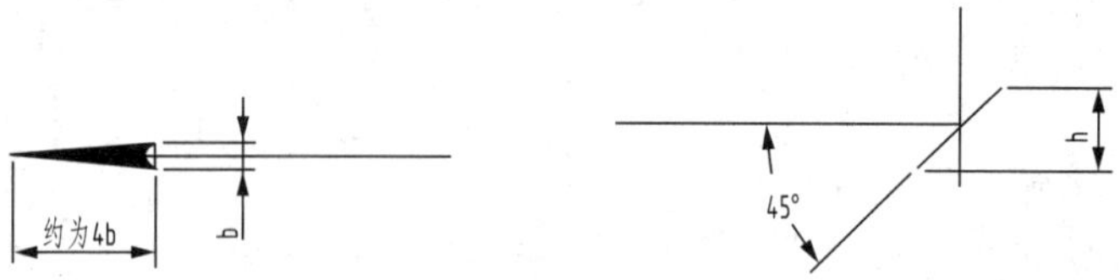

a）箭头　　b）斜线

图 1－10　尺寸终端的两种形式

(4)尺寸界线

尺寸界线用细实线绘制，并应自图形的轮廓线、轴线或对称中心线处引出。也可利用轮廓线、轴线或对称中心作尺寸界线。尺寸界线一般应与尺寸线垂直，并超出尺寸线的终端约 2mm。如图 1－9 所示。如果尺寸界线垂直于尺寸线，则图线很不清晰，此时尺寸界线允许倾斜，如表 1－5 中“光滑过渡处的尺寸”。

3. *尺寸注法示例*

表 1－5 中列出了国家标准规定的一些尺寸注法。

表 1－5　尺寸注法示例

尺寸种类	图　例	说　明
线性尺寸的注法	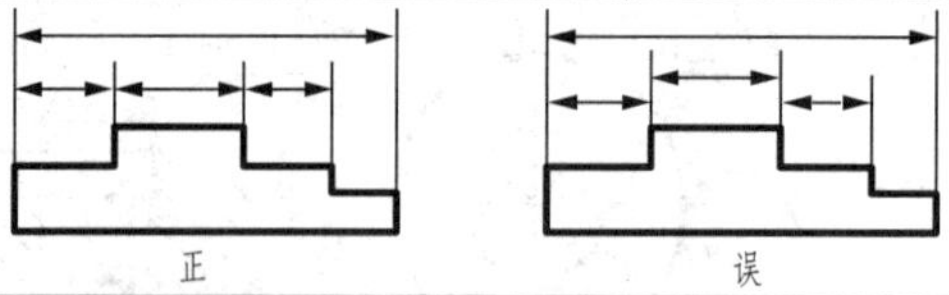	串列尺寸的相邻箭头应对齐，即应注在一条直线上
	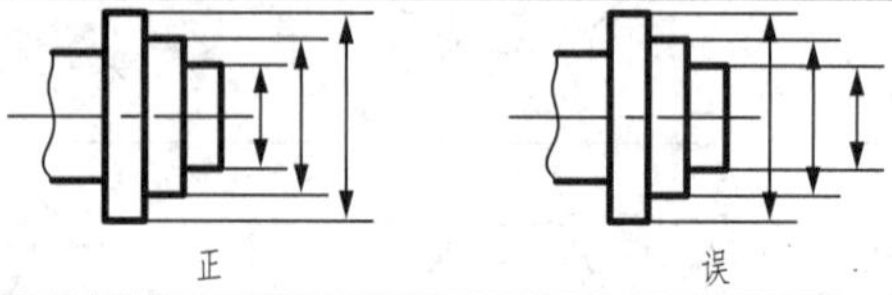	并列尺寸应是小尺寸在内，大尺寸在外，尺寸间隔不小于 6mm
直径尺寸的注法	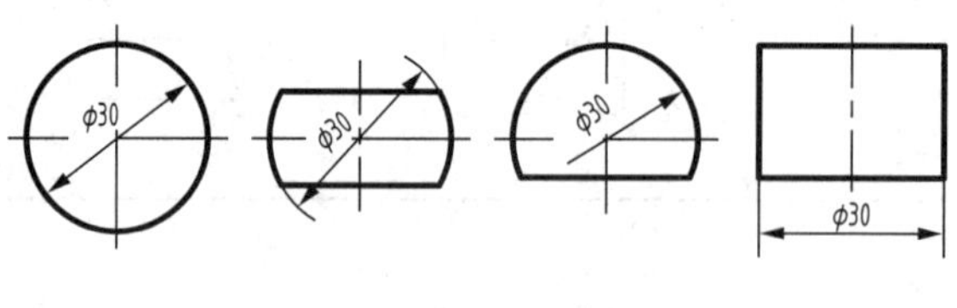	圆或大于半圆的圆弧及跨于两边的同心圆弧的尺寸应标注直径；标注时，在尺寸数字前加注直径符号“ϕ”
半径尺寸的注法	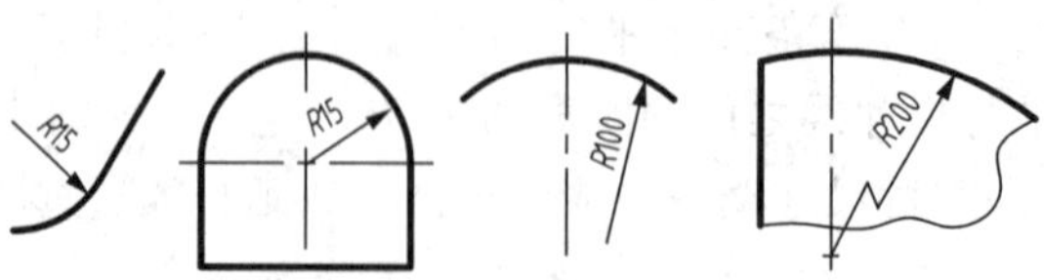	小于或等于半圆的圆弧尺寸一般标注半径；标注时，在尺寸数字前加注半径符号“R”

（续表）

尺寸种类	图　例	说　明
球面的尺寸注法	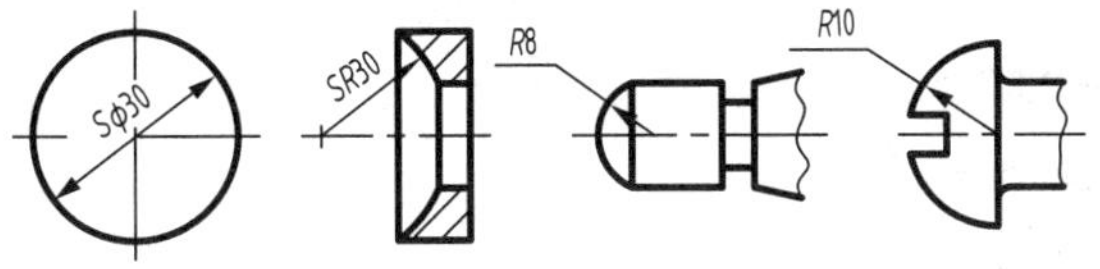	标注球面时，应在符号“φ”或“R”前加注符号“S”；对于螺钉、铆钉等头部的球体，在不致引起误解时，可省略符号“S”
狭小尺寸的注法	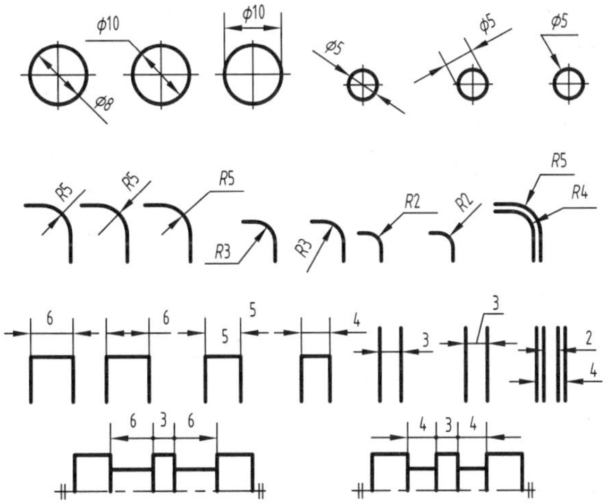	当没有足够位置注写数字和画箭头时，可把箭头或数字之一布置在图形外，也可把箭头与数字均布置在图形外； 标注串列线性小尺寸时，可用小圆点代替箭头，但两端的箭头仍应画出
角度尺寸的注法	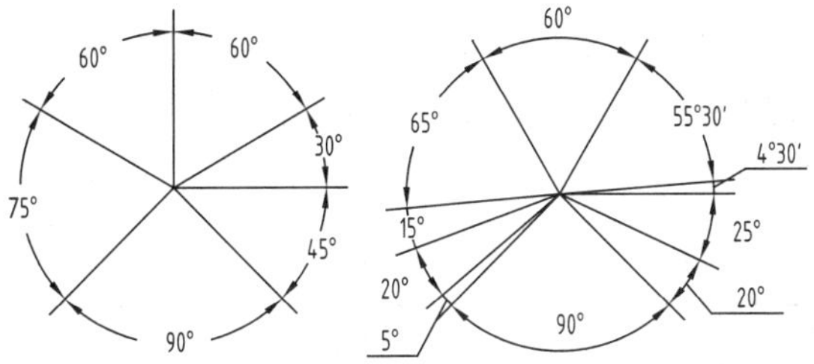	角度的尺寸界线应沿径向引出，尺寸线应画成圆弧，角的顶点是圆心；尺寸线的终端用箭头； 角度的数字一律按水平方向注写，一般注写在尺寸线中断处。必要时，也可按右图的形式标注
对称图形尺寸的注法	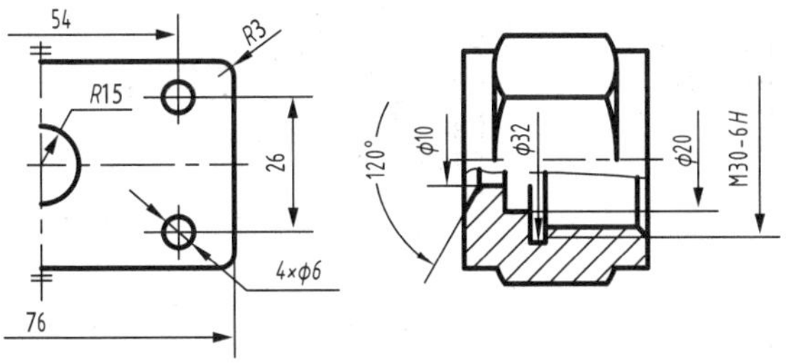	对称图形尺寸的标注为对称分布；当对称图形只画出一半或略大于一半时，尺寸线应略超过对称中心线或断裂处的边界线，尺寸线另一端画出箭头

（续表）

尺寸种类	图 例	说 明
弧长及弦长的尺寸注法	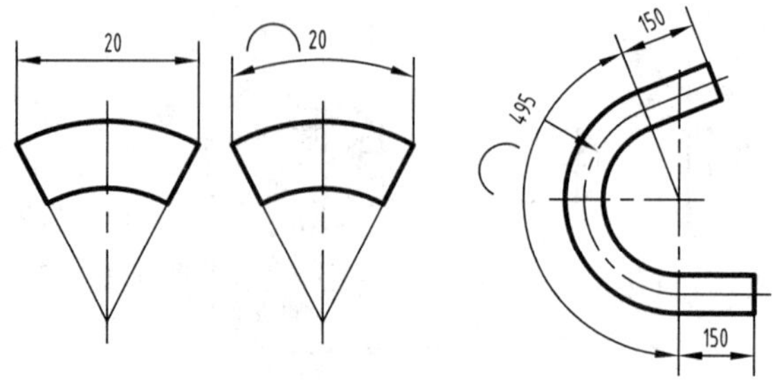	弧长及弦长的尺寸界线应平行于该弦或弧的垂直平分线；当弧度较大时，尺寸界线可沿径向引出； 标注弧长时，应在尺寸数字的左方加注弧长符号“⌒”
光滑过渡处的尺寸	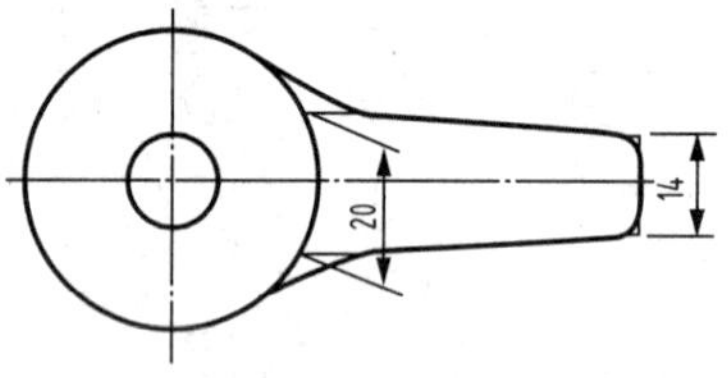	在光滑过渡处，必须用细实线将轮廓线延长，从它们的交点处引出尺寸界线
薄板厚度	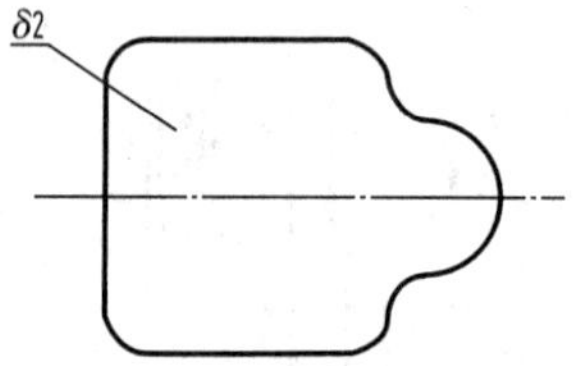	标注薄板零件的厚度尺寸时，在尺寸数字前加注符号“δ”

*4. 尺寸的简化注法

简化标注尺寸必须保证不致引起误解和不会产生理解的多意性，在此前提下，力求制图简便，全面考虑，注重简化的综合效果。如表1－6所示是简化标注中较常见的内容。初学者可暂不学习这部分内容。

***表1－6 尺寸简化注法**

序号	简化前	简化后	说 明
1	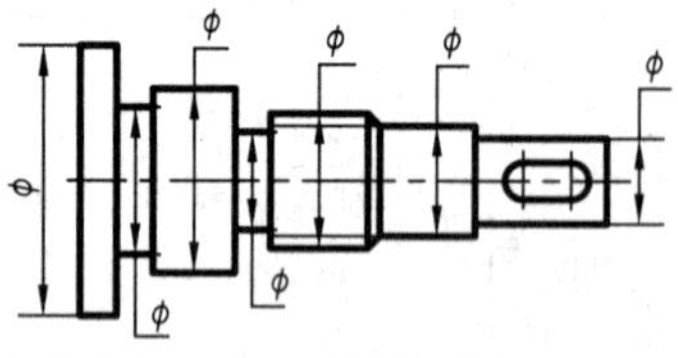	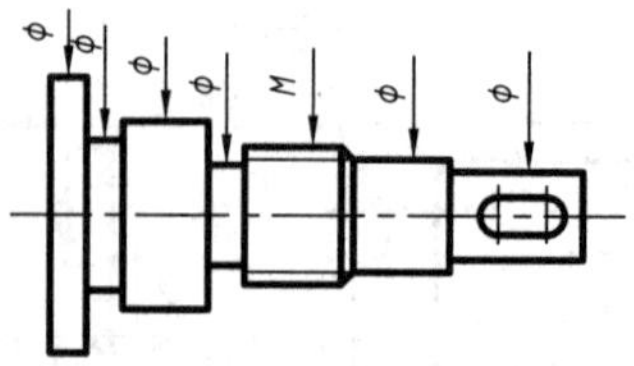	标注尺寸时，可采用带箭头的指引线
2	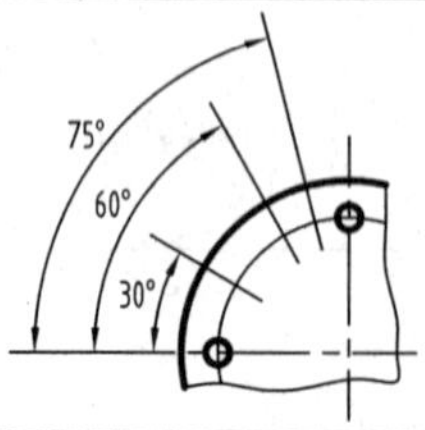	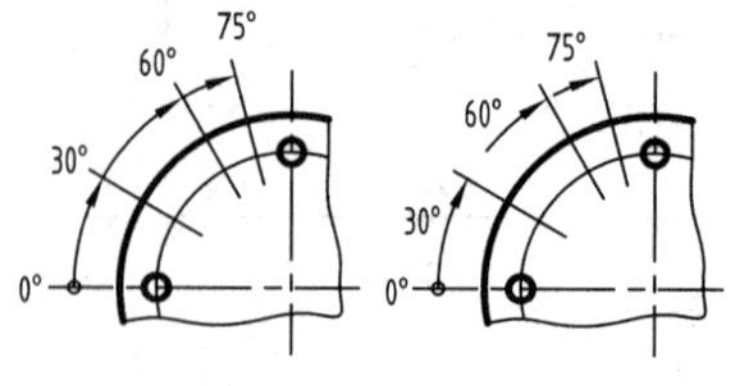	从同一基准出发的尺寸可按简化后的形式标注

（续表）

<table>
<tr><th>序号</th><th>简化前</th><th>简化后</th><th>说　明</th></tr>
<tr><td>3</td><td>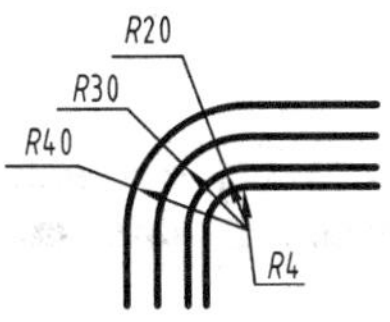

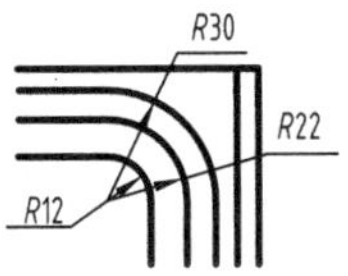
</td><td>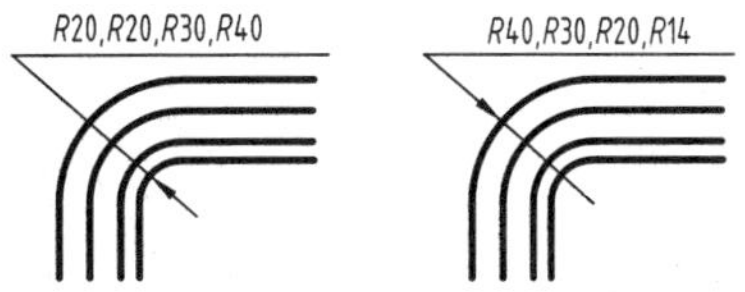

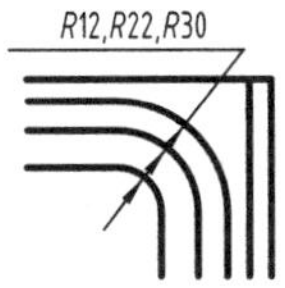
</td><td>一组同心圆弧或圆心位于一条直线上的多个不同心圆弧的尺寸，可用共用的尺寸线箭头依次表示</td></tr>
<tr><td rowspan="2">4</td><td>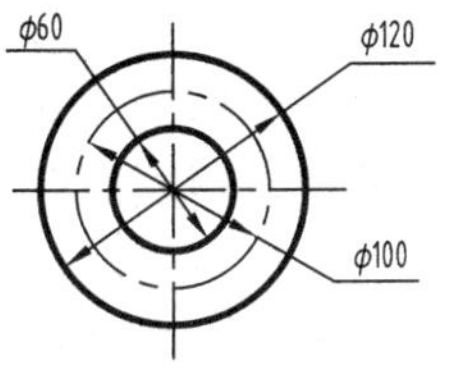
</td><td>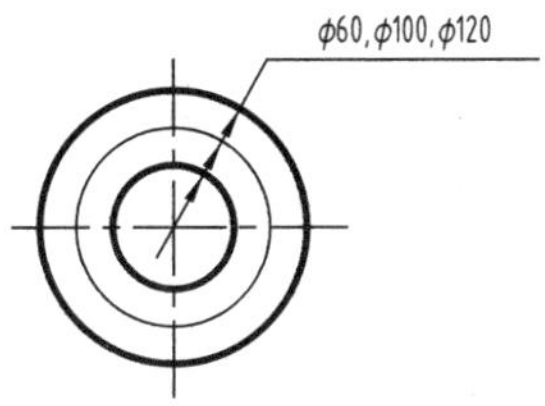
</td><td rowspan="2">一组同心圆或尺寸较多的台阶孔的尺寸，也可用共用的尺寸线和箭头依次表示</td></tr>
<tr><td>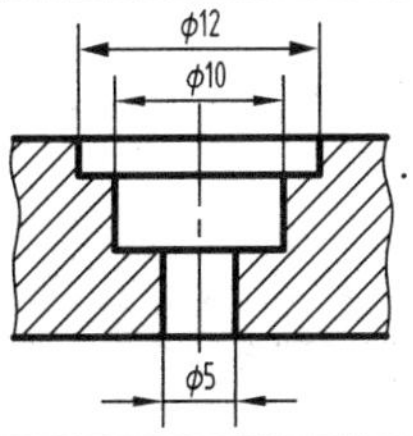
</td><td>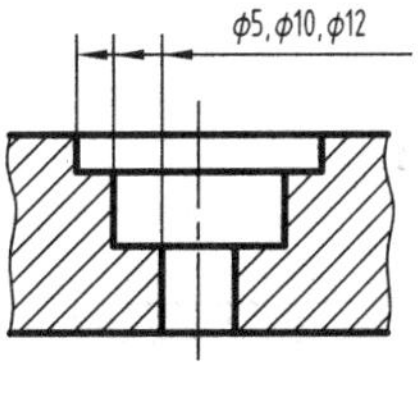
</td></tr>
</table>

1.2　绘图工具的使用方法

正确使用绘图工具，既能提高绘图的准确度、保证绘图质量，又能加快绘图速度。因此，必须正确使用绘图工具。常用的绘图工具有铅笔、图板、丁字尺、三角板、比例尺、圆规、分规、曲线板、直线笔、绘图墨水笔等。

下面介绍以上几种常用制图工具的使用要点。

1.2.1　铅笔

铅笔笔芯的硬度由字母 H 和 B 来标识。2B 的铅芯比 B 的铅芯软；2H 的铅芯比 H 的铅芯硬；HB 是中等硬度。通常用 2H 铅笔画底稿，用 H 或 HB 铅笔画细实线、写字和画箭头，用 HB 或 B 铅笔画粗实线。

铅笔要从没有标记的一端开始削磨，以便保留软硬的标记。画底稿或写字的铅笔，把木质部分削成锥形，铅芯外露约 6 至 8mm，写字和画底稿时，铅芯磨成锥形，如图 1－11a 所示。对于加深图线的铅笔，可以磨成如图 1－11b 所示的形状。

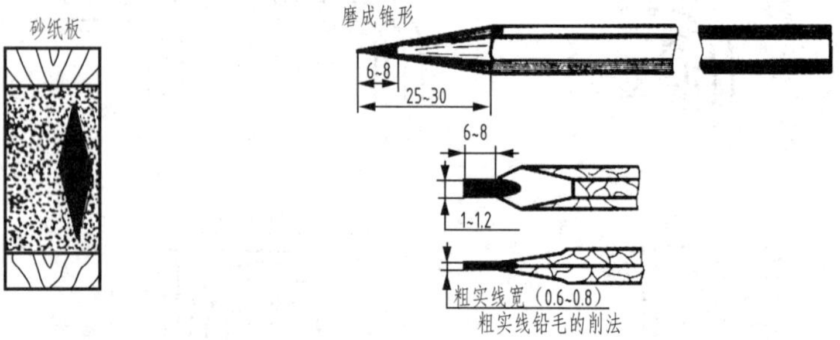

a）细线铅笔削法　　b）粗线铅笔削法

图 1－11　磨铅芯

用铅笔绘图时，用力要均匀，不宜过大，以免划破图纸或留下凹痕。画长的细线时可适当转动铅笔，使线条粗细一致。铅笔尖与尺边的距离要适中，以保持线条位置的准确，如图 1－12 所示。

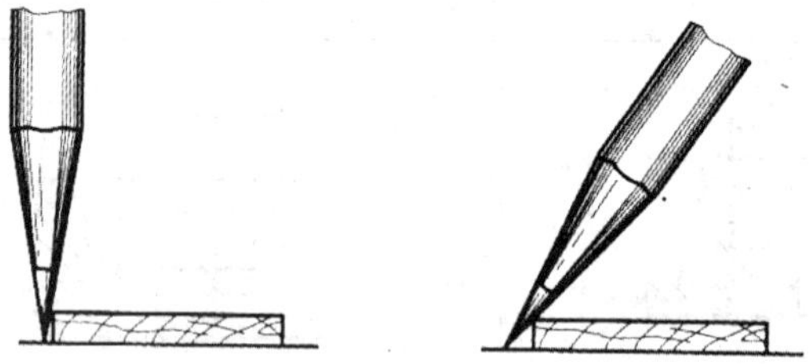

a）适当　　b）不适当

图 1－12　铅笔尖的位置

小常识

铅笔软硬程度分别以字母 B、H 的数字表示，B(H)前的数字越大表示铅笔越软(硬)，HB 表示软硬适中。

铅笔应从没有标号的一端开始使用，以便保留软硬的标号。

1.2.2　图板、丁字尺和三角板

图板是铺放图纸的垫板，它的工作表面必须平坦光洁；它的左边用作导边，必须平直。

丁字尺主要用来画水平线。画图时，使尺头的内侧紧靠图板左侧的导边。画水平线必须自左向右画，如图 1－13a 所示。

三角板除了直接用来画直线外，它和丁字尺配合可画铅垂线和与水平线成 30°、45°、60°的倾斜线，如图 1－13b、c、d 所示；用两块三角板结合丁字尺还能画与水平线成 15°、75°的倾斜线，如图 1－13e 所示。

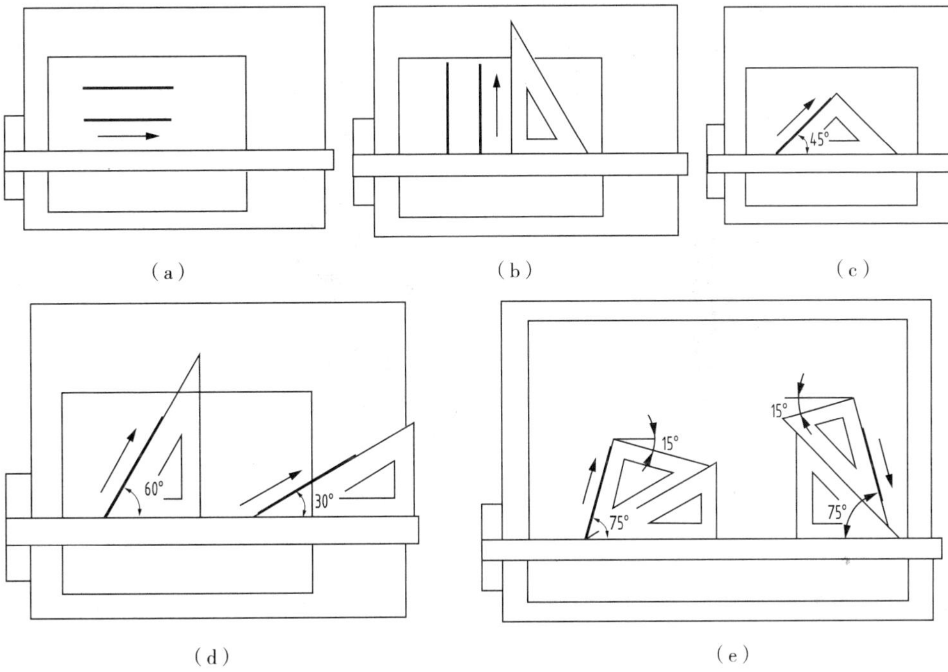

图 1－13　用丁字尺、三角板画线

1.2.3　比例尺

比例尺又叫三棱尺，是将标准尺寸刻度换算成比例刻度刻在尺上。它的三个棱面上刻有 6 种不同比例的刻度，画图时，可按所需比例从比例尺上直接量取尺寸，不需要另行计算。

1.2.4　圆规和分规

圆规是画圆或圆弧的工具，如图 1－14a 所示，使用圆规之前，应先调整，使针尖略长于铅芯。铅芯应磨成凿形，并使斜面向外，以便修磨。描粗时，圆规的铅芯应比直线的铅笔软一号（如用 HB 铅笔描直线，就应用 B 铅芯装圆规），这样画出的直线和圆弧色调深浅才一致。如图 1－14b 所示，画图时，应将圆规略向前进方向倾斜；画较大圆时，应使圆规两脚都与纸面垂直；画小圆时宜用弹簧圆规或点圆规。

学与做

(1)绘制细线所用的铅笔采用牌号为 HB 的铅笔，绘制时用力不要太大。铅笔画秃后要及时磨削，不要凑合着画。

(2)绘制粗线所用的铅笔一般根据图形的大小和复杂程度采用牌号为 HB 或 B 的铅笔。画粗实线时，要使矩形的短边和纸面接触，头部长方体铅芯较宽的侧面和丁字尺或三角板的导向棱面帖紧，用力要均匀，速度不要太快。为使画出的粗实线粗细均匀、颜色一致，一般应顺向画完一条线段时，紧接着逆向回笔。

(3)绘制粗实线圆或圆弧所用的铅芯牌号一般比同一图样上的粗实线直线的铅芯牌号软一号。画圆时，用力要均匀，速度要慢，一遍画不黑可反方向重复一遍。

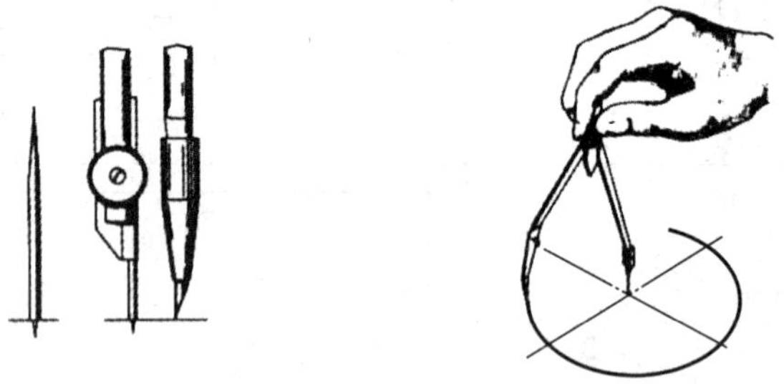

a）针尖略长于铅芯　　b）画较大圆时，应使圆规两脚都与纸面垂直

图 1-14　圆规的用法

分规是等分和量取线段的工具。如图 1-15a 所示，分规两个针尖并拢时，必须能对齐。

用分规等分直线段如图 1-15b 所示，这种方法称为试分法。现将线段 AB 五等分，试分的过程如下：先凭目测，将两针尖间的距离大致调为 AB 的 1/5，然后在线段 AB 上试分，即交替使用两针尖画弧，在线段上取 1、2、3、4、5 等分点。如果点 5 在线段 AB 内，离点 B 的距离为 b，则说明两针尖间的距离小于 AB 的 1/5，应将两针尖间的距离增加约 $b/5$；反之，将两针尖间的距离减小约 $b/5$。再进行试分。直到满意为止。

用同样的方法也可等分圆弧。

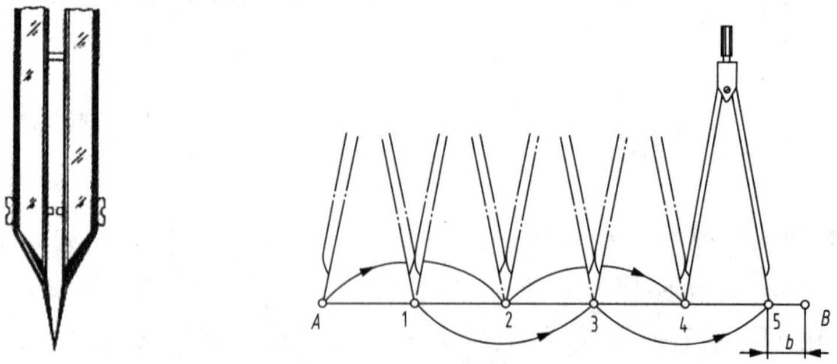

a）针尖并拢后能对齐　　b）用试分法等分直线段

图 1-15　分规的用法

1.2.5　曲线板

曲线板用来绘制非圆曲线。其用法如图 1 - 16 所示。

首先徒手用细线将曲线上各点轻轻地连成曲线；接着从某一端开始，找出与曲线板吻合部分的一段曲线，沿曲线板画出这段曲线；用同样的方法逐段画出曲线，直到最后一段。必须注意：前后绘制的两段曲线应有一小段（至少三个点）是重合的，这样画出的曲线才显圆滑。

a）徒手用细线连接各点　　b）从一端开始，绘第一段曲线　　c）依次找下一段，直至完成

图 1 - 16　曲线板的用法

1.2.6　直线笔与绘图墨水笔

直线笔又名鸭嘴笔。直线笔是描图时用来描绘直线的工具。如图 1 - 17 左图所示，描直线时，直线笔必须位于铅垂面内，将两叶片同时接触纸面，并使直线笔向前进方向稍微倾斜。

绘图墨水笔如图 1 - 18 所示，它主要是用来上墨描线，笔端是不同粗细的针管，常用的规格有：0.2、0.3、0.4、0.5、0.6、0.7、0.8、1、1.2mm 等，可按所需线型宽度选用，针管与笔杆内储存碳素墨水的笔胆相连。因此，可以提高绘图速度。尤其是用来描绘非圆曲线，效果更好。

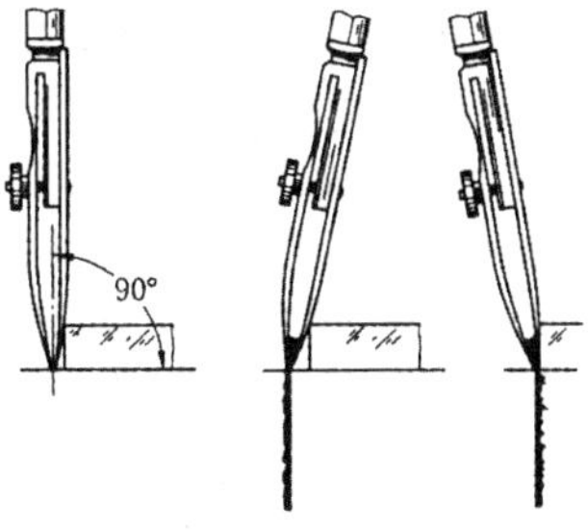

图 1 - 17　直线笔对图纸位置

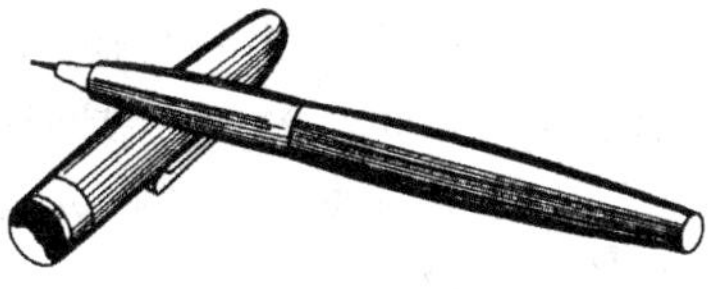

图 1 - 18　绘图墨水笔

除上述常用的绘图工具和仪器外，还有一字尺、多孔板、量角器、擦线板、专用模板、绘图机和数控自动绘图机等。

1.3 几何作图

虽然机械图样中的图形是多种多样的，但它们基本上都是由直线段、圆弧和其他一些曲线段所组成的几何图形。因而在绘制图样时，常常要作一些基本的几何图形，介绍如下：

1.3.1 正多边形

画正多边形时，通常先作出其外接圆，然后等分圆周，再依次连接各等分点而成。

以正六边形对角线的长度为直径作出外接圆。根据正六边形边长与外接圆半径相等的特性，用外接圆的半径等分圆周得六个等分点，连接各等分点即得正六边形，如图1－19a所示。

另一种方法是：作出外接圆后，利用60°三角板与丁字尺配合画出，如图1－19b所示。

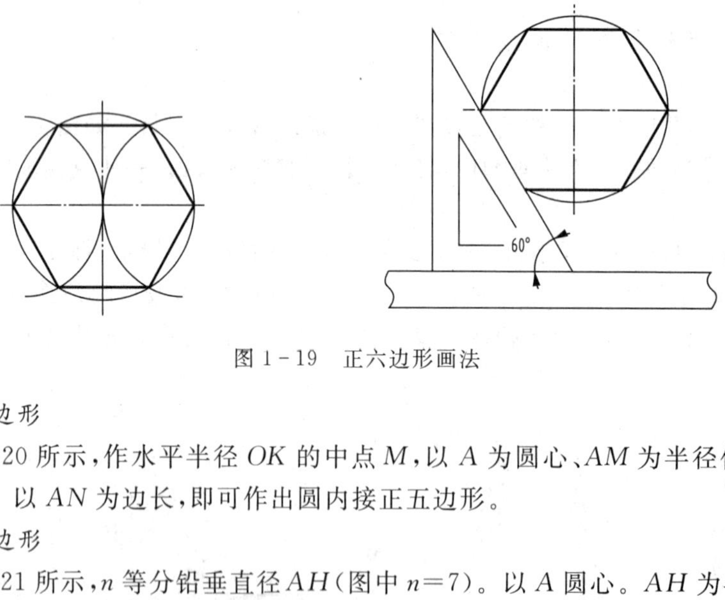

图1－19 正六边形画法

2. 正五边形

如图1－20所示，作水平半径OK的中点M，以A为圆心、AM为半径作弧，交水平中心线于N。以AN为边长，即可作出圆内接正五边形。

3. 正n边形

如图1－21所示，n等分铅垂直径AH（图中$n=7$）。以A圆心。AH为半径作弧，交AH的水平中垂线于点M。延长连线$M2$、$M4$、$M6$、与圆周交得点B、C、D。再作出它们的对称点G、F、E，即可连成圆内接正n边形。

另外可在作出外接圆后，估计正n边形的每边长度，用分规进行试分，待试分准确后即可作出。

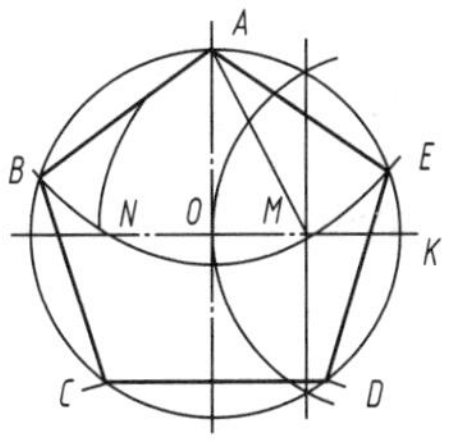

图 1-20　正五边形图

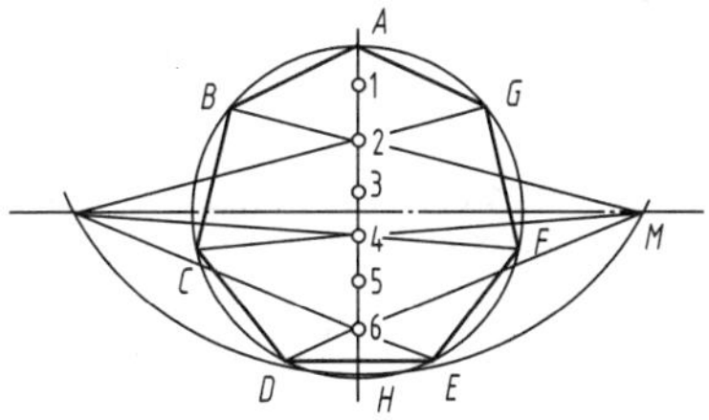

图 1-21　正 7 边形

4. 椭圆的近似画法

一动点到两定点(焦点)的距离之和为一常数(等于长轴),该动点的运动轨迹就是椭圆。常见椭圆的画法有焦点法、同心圆法和近似画法。常用的近似画法是用四段光滑连接的圆弧来近似地代替椭圆,因为四段圆弧有四个圆心,所以又称为四心法,这样画出的椭圆又称四心扁圆。具体作图步骤如下:

(1)画垂直平分的长轴 AB 和短轴 CD,连接 AC,并取 $CE=OA-OC$,如图 1-22a 所示。

(2)作 AE 的中垂线,与长、短轴分别交于 1、2 两点,作出与 1、2 两点对称的 3、4 点,并连接 12、23、34、41 各点,如图 1-22b 所示。

(3)分别以 1、3 点为圆心,$1A$(或 $3B$)为半径作圆弧;再分别以 2、4 点为圆心,以 $2C$(或 $4D$)为半径作圆弧,这四个圆弧两两相切,切点在 12、23、34、41 四条直线上,即得近似椭圆,如图 1-22c 所示。

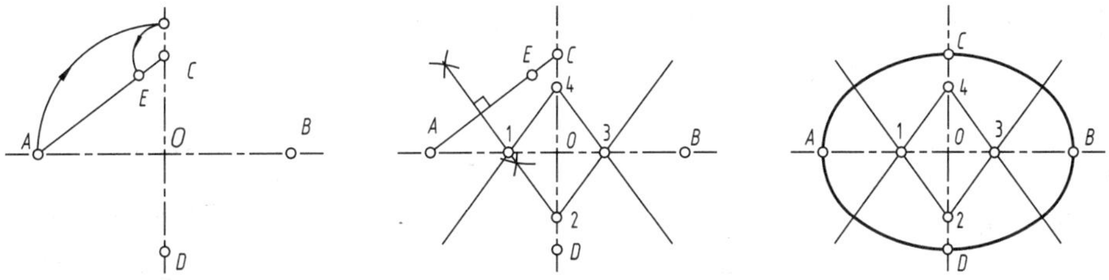

图 1-22　椭圆的近似画法

1.3.2　斜度和锥度

1. 斜度

斜度是指一直线对另一直线或一平面对另一平面的倾斜程度,斜度的大小就是它们夹角的正切值。

斜度用符号标注,一般注在指引线上,如图 1-23a 所示,大小以 1∶n 表示。必须注意,符号的方向应与图中所画的斜度的方向一致。

下面以如图 1-24a 所示的槽钢截面斜边为例说明斜度的作法和标注方法。如图 1-

24b 所示：从左下角 a 点起，在横线上取 10 个单位长度得到点 b；在竖线上取 1 个单位长度得到点 c；两点的连线对底边的斜度即为 1∶10。然后，过已知点 k（由尺寸 10 和 26 确定）作连线 bc 的平行线，即为槽钢截面的斜边。

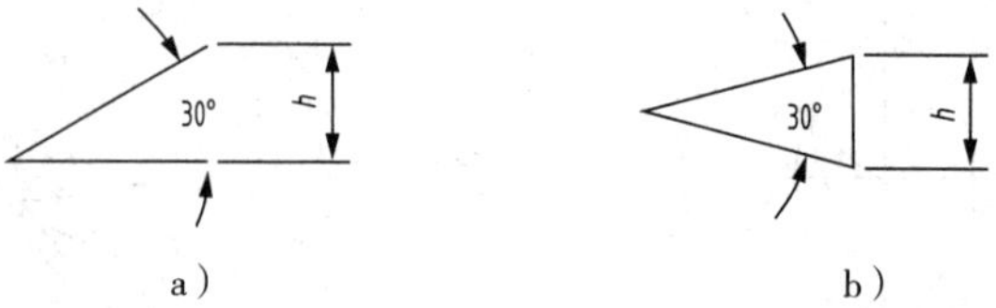

图 1－23　斜度、锥度符号

h 为字高，符号的线宽为 $h/10$

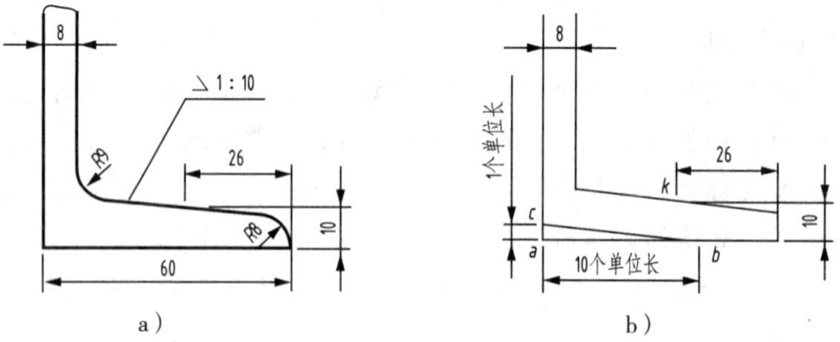

图 1－24　斜度作法示例

2. 锥度

锥度是指正圆锥底圆直径与其高度之比，正圆台的锥度则为两底圆的直径差与其高度之比。锥度的大小是圆锥素线与轴线夹角的正切值的两倍。

锥度亦用符号标注，形状如图 1－23b 所示。锥度一般注在指引线上，大小以 1∶n 表示。必须注意，符号的方向应与图中所画锥度的方向一致，如图 1－25 所示。

如图 1－25 所示，以圆台为例说明锥度的标注方法和作图步骤。

已知圆台大端直径为 18mm，高为 28mm，锥度为 1∶3，求作此圆台。

首先在轴线上取 BA 为 3 个单位长度；然后过 B 作 AB 的垂线，并取 BD、BC 各为 1/2 个单位长度；连接 AD、AC；最后过已知点 E 和 F 分别作 AC 和 AD 的平行线，与圆锥右端面投影轮廓相交，即为所求圆台的轮廓线。

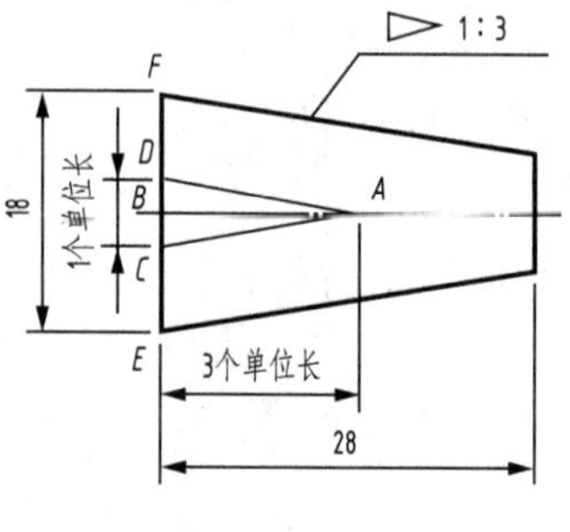

图 1－25　锥度作法示例

1.3.3　圆弧连接

绘制图样时，经常需要用圆弧来光滑连接已知直线或圆弧，这种光滑连接，称为圆弧连接即相切连接。为了保证相切，画连接圆弧前，必须准确地作出它的圆心和切点。

1. 圆弧连接的基本形式

(1)圆弧连接两已知直线段

半径为 R 的连接圆弧与直线相切，圆心的轨迹是与直线的距离为 R 的平行线，两已知直线的平行线的交点即为连接圆弧的圆心。从圆心向已知直线作垂线，垂足就是切点。作出了圆心和切点后，就可画出连接圆弧。

如图 1－26 所示，为用 $R20$ 的圆弧连接两直线的作图方法。

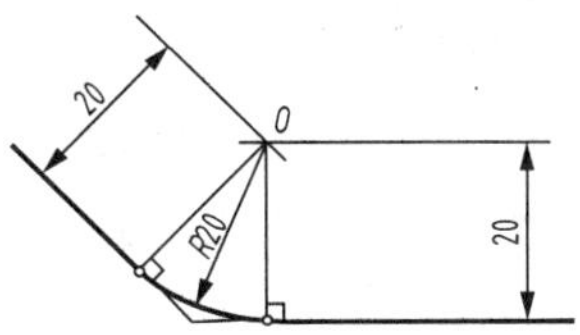

图 1－26　用圆弧连接两已知直线

(2)圆弧连接两已知圆弧

① 外连接(外切)。如图 1－27a 所示，连接圆弧与已知圆弧外连接，圆心的轨迹是以已知圆弧圆心为圆心、两圆弧半径之和为半径的圆弧。分别以已知圆弧的圆心为圆心，以已知圆弧与连接圆弧的半径之和为半径作圆弧，两圆弧的交点 O 即为连接圆弧的圆心。与圆弧外切或内切时，切点是连接圆弧和被连接圆弧的圆心连线(或其延长线)与被连接圆弧的交点。分别过已知圆弧与连接圆弧的圆心作直线，直线与已知圆弧的交点即为连接点(切点)。以 O 为圆心，以连接圆弧的半径为半径，在两切点间作圆弧，即得连接圆弧。

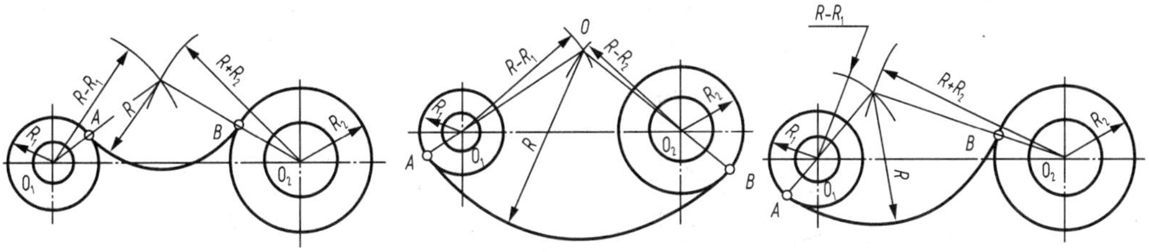

a）内切　　b）外切　　c）内外切

图 1－27　圆弧连接两已知圆弧

②内连接(内切)。如图 1－27b 所示，连接圆弧与已知圆弧内连接(内切)，圆心的轨迹是以已知圆弧圆心为圆心、以连接圆弧与已知圆弧半径之差为半径的圆弧。分别以已知圆弧的圆心为圆心，以连接圆弧与已知圆弧的半径之差为半径作圆弧，两圆弧的交点 O 即为连接圆弧的圆心。分别过已知圆弧与连接圆弧的圆心作直线，直线与已知圆弧的交点即为连接点(切点)。以 O 为圆心，以连接圆弧的半径为半径，在两切点间作圆弧，即得连接圆弧。

③混合连接。如图 1－27c 所示连接圆弧与一已知圆弧外连接，与另一已知圆弧内连接，这种连接方式为混合连接。分别按内、外连接的方式作轨迹圆，轨迹圆的交点即为连接圆弧的圆心；分别按内、外连接的方式求作连接点，即得连接圆弧的连接点，在两连接点间作圆弧即为所求。

(3)圆弧连接一已知直线段和一已知圆弧

如图 1－28 所示，为圆弧连接直线、圆弧的画法(外切)，连接圆弧的圆心为与已知直线的距离为连接圆弧半径的平行线和以已知圆弧圆心为圆心、两圆弧半径之和为半径的圆弧的交点。连接点的求作如图 1－26、1－27 所示。

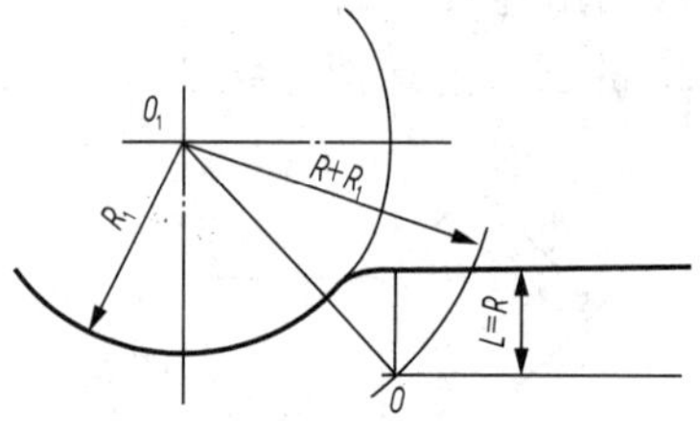

图 1－28　圆弧连接直线、圆弧的画法

2. 圆弧连接的基本步骤

经过上述分析，无论那种形式的圆弧连接，其作图步骤都是：

(1)根据作图原理求圆心；

(2)从求得的圆心找切点；

(3)在两切点之间画圆弧。

3. 圆弧连接综合示例

在如图 1－29 所示的拨叉零件中，可以进一步了解圆弧连接的三种情况及其作法。

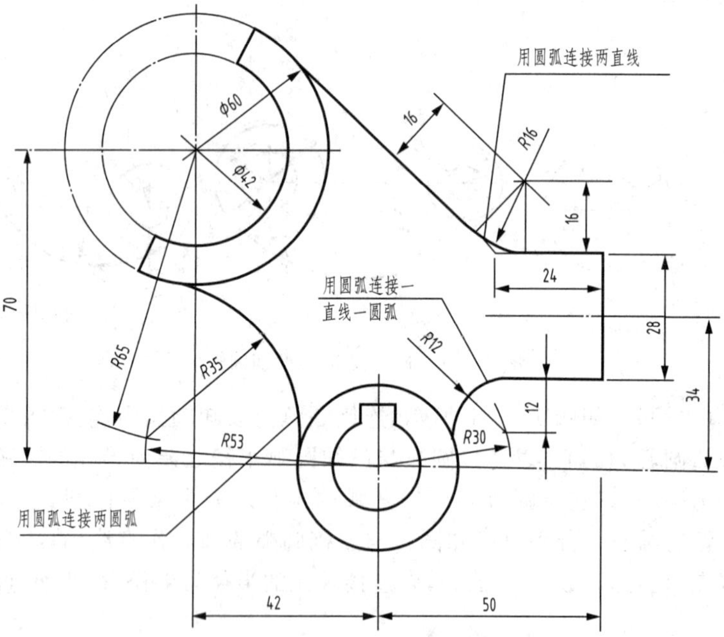

图 1－29　圆弧连接综合示例

1.4　平面图形的线段分析和画图步骤

1.4.1　平面图形的尺寸注法

标注尺寸时，首先要确定水平方向和垂直方向的尺寸基准，即确定标注尺寸的起点。通常将对称图形的对称线、大圆的中心线、较长的直线或重要的轮廓线作为尺寸基准。

平面图形所注的尺寸，按其作用可分为两类：

(1)定形尺寸　确定各部分的形状和大小。如直线段的长度、圆弧的直径或半径、角度的大小等。

(2)定位尺寸　确定图形中各部分之间相对位置的尺寸。

有时同一个尺寸对于不同的图形要素所起的作用不同，从而同时具有两种属性。如图 1-30 所示中的尺寸 110，对直径为 ϕ14 的两圆而言，它是定位尺寸；对外形轮廓而言，它是定形尺寸。标注平面图形的尺寸。要求按照国标的规定标注，尺寸数值不能写错或出现矛盾；尺寸要标注齐全，也就是不遗漏各组成部分的定形尺寸和定位尺寸，不要标注重复尺寸，即不要标注可以通过已标注的尺寸计算能得到的尺寸，或通过几何连接关系(相切)可以作出图线的尺寸；尺寸的位置要安排在图形的明显处，标注清楚，布局整齐。

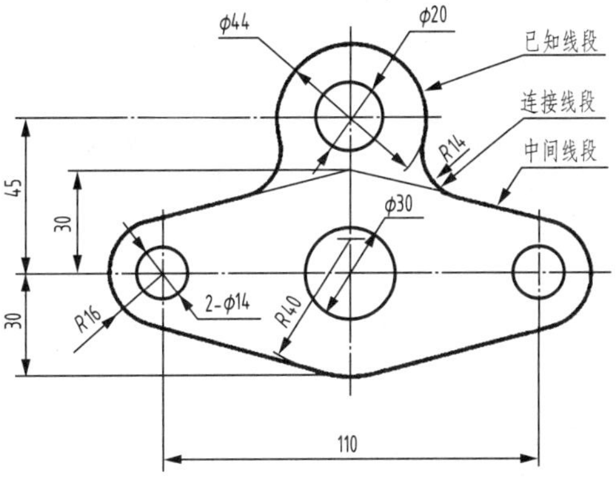

图 1-30　平面图形分析

如图 1-30 所示，要标注这个平面图形的尺寸。根据上述的定义与分析，可知：该平面图形的对称中心线和下部三个圆孔的水平公共中心线分别是水平和垂直方向的尺寸基准；圆的直径 ϕ44、ϕ20、ϕ30 等都是定形尺寸；圆 ϕ44 和 ϕ20 圆心位置尺寸 45、左右两圆 2－ϕ14、中心距 110 等都是定位尺寸。

1.4.2 平面图形中线段分类和作图顺序

1. 线段分类

平面图形中的诸线段，根据所标注的尺寸和线段间的连接关系，可以分为三类：

(1)已知线段

定形尺寸和定位尺寸齐全，能直接按所注尺寸画出的线段。作图时应先画出已知线段。

(2)中间线段

有定形尺寸但定位尺寸不全，或有定位尺寸但没有定形尺寸的线段。这种线段根据与相邻线段的连接关系，用几何作图的方法才能作出。

(3)连接线段　只有定形尺寸，缺少两个定位尺寸的线段。这种线段要依靠两端与另两相邻线段的连接关系，用几何作图的方法才能作出。

在两条已知线段之间，可以有多条中间线段，但有且仅有一条连接线段。必须先画已知线段，然后画中间线段，最后画连接线段。

对于圆弧，已知半径(或直径)尺寸和圆心的两个定位尺寸的称为已知圆弧；已知半径(或直径)尺寸和圆心的一个定位尺寸的称为中间圆弧；只知半径(或直径)尺寸而不知圆心的定位尺寸的称为连接圆弧。对于直线段，已知经过的两个点或经过的一个点及其方向的称为已知直线段；经过一已知点(或已知直线方向)且与定圆(或定圆弧)相切的称为中间直线段；两端都与定圆(或定圆弧)相切的称为连接直线段。

在如图 1-31 所示中，$\phi14$、$\phi30$、$\phi20$、$\phi44$、$R40$、$R16$ 均为已知圆弧，$R14$ 为连接圆弧，连接 $R14$ 与 $R16$ 的直线段为中间直线段，连接 $R16$ 与 $R40$ 的直线段为连接直线段。

2. 作图顺序

对平面图形的尺寸与线段分析清楚后，按下列步骤作图：

(1)先作已知线段；

(2)再作中间线段；

(3)最后作连接线段；

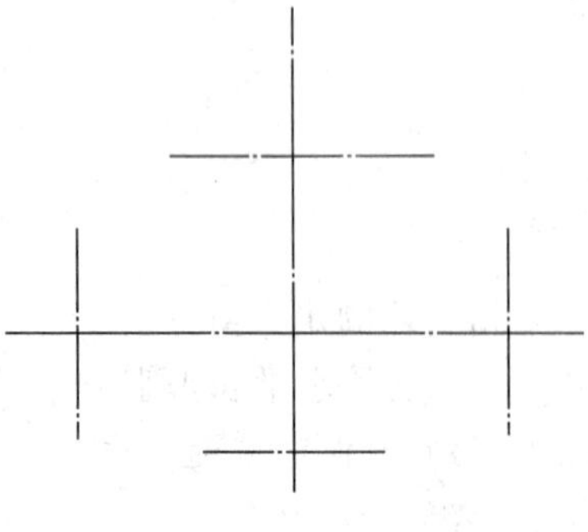

a) 画出基准线和已知圆弧的定位中心线

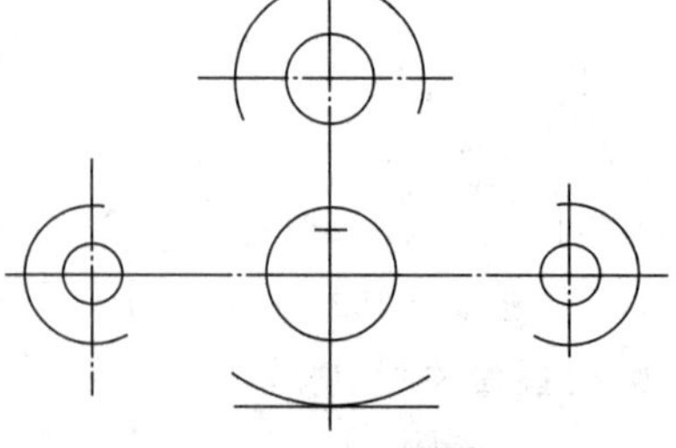

b) 画出各已知线段

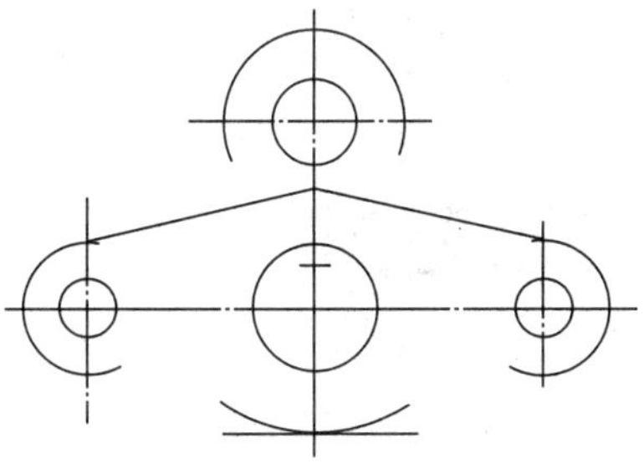

a）画出中间线段

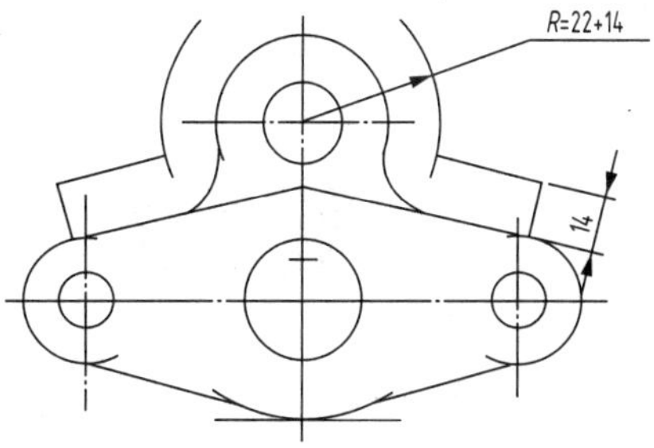

b）画出连接线段

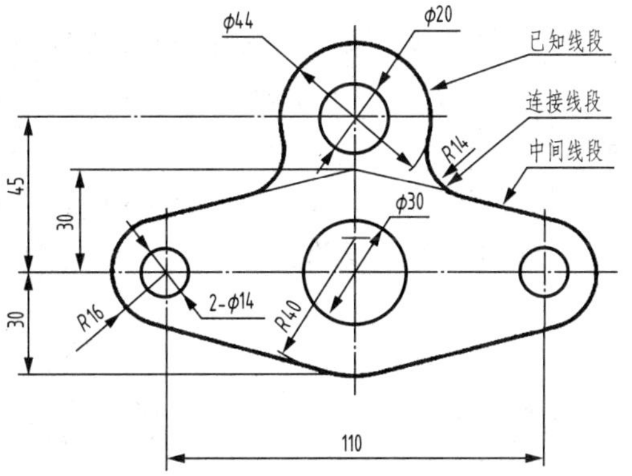

（e）检查、加深、标注尺寸

图 1-31　作图步骤

1.4.3　绘图的方法和步骤

为了提高绘图的质量与速度，除了要掌握绘图工具和仪器的使用方法外，还须掌握绘图的方法和步骤。使用绘图工具和仪器画出的图称为工作图，工作图对图线、图面质量等方面要求较高，所以画图前应做好准备工作，然后才动手画图，画图又分为画底稿和加深图线或上墨两个步骤。

第 2 章　投影理论基础

【内容导读】

投影的基本概念来源于人们对日常的生活现象和自然现象的观察。当日光或灯光照射到物体上时，会在地面或墙面上出现物体的影子。人们将这些现象进行科学的总结和抽象，逐步形成了投影的理论。

任何立体的表面都是由点、线、面等几何元素所组成的。因此掌握点、线、面的投影及其规律，是正确、迅速表示立体投影的理论基础。

【知识要点】

本章将重点学习三视图的形成，掌握三视图的位置关系、尺寸关系和方位关系；由点、直线、平面的投影入手，学习投影法的基础理论。

本章难点是重影点的概念和两点的相对位置，各种位置直线、平面的投影特征。

【能力目标】

(1)能根据简单物体，用徒手画图的方法，画出木模或立体图表示的形体的三视图；

(2)能根据投影特征判断直线、平面对投影面的相对位置，并作出相应的投影图。

2.1　投影法的基础知识

物体的影子仅仅反映了外形轮廓，不能完整地表现清楚物体的内外结构形状。因此，我们假设光线能够穿透物体，并将构成物体的几何要素用清晰的图线表示出来，这样就得到了物体的投影。

2.1.1　投影法的基本概念

自投射中心发出的投射线通过物体，向选定的面投射，并在该面上得到图形的方法称为投影法。根据投影法所得到的图形称为投影。在投影法中，投射中心就是所有投射线的起源点，投射线就是发自投射中心且通过被表达物体上各点的直线，得到投影的面称为投影面。

2.1.2　投影法的分类

常用的投影法分为中心投影法和平行投影法两大类：

1. 中心投影法

投射线汇交一点的投影法为中心投影法。

如图 2－1a 所示，中心投影法所得投影的大小会随投影中心 S 距离到平面$\triangle ABC$ 的远近而变化，或者会随平面$\triangle ABC$ 离开投影面 P 的远近而变化，由此可知中心投影不反映物体原来的真实大小，作图复杂且度量性差，故在机械图样中很少采用。

但由于中心投影法有直观性好、立体感强等特点，因此常用于绘制建筑物的透视图，如图 2－1b 所示。

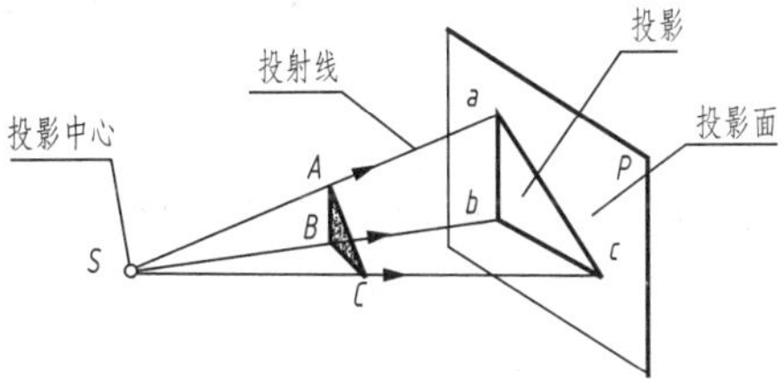

a）

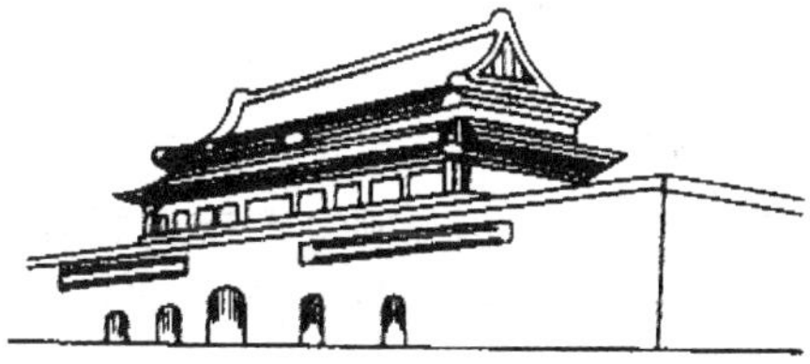
b）

图 2－1　中心投影法及其应用

2. 平行投影法

投射线相互平行的投影法称为平行投影法。平行投影法可以看成是中心投影法的特殊情况，因为假设投影中心 S 在无穷远处，这时的投射线就可以看成是互相平行的。在平行投影法中，若仅改变物体离开投影面的距离，则所得投影的形状和大小不变。

平行投影法又可分为两类。

(1)斜投影法

投射线与投影面相倾斜的平行投影法称为斜投影法，如图 2－2a 所示。所得的图形称为斜投影图。用这种方法可绘制立体感强的轴测图。

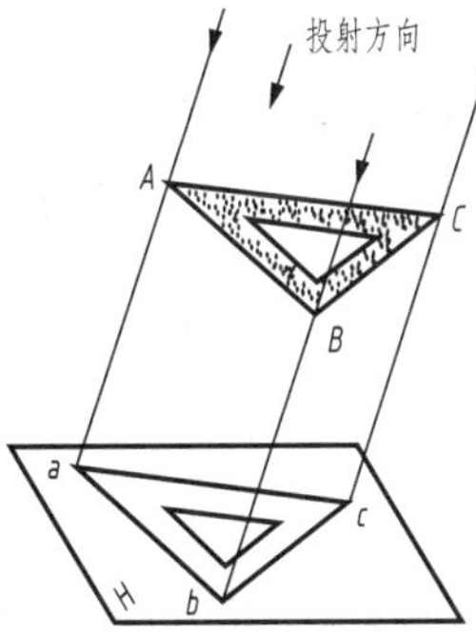

a）斜投影法

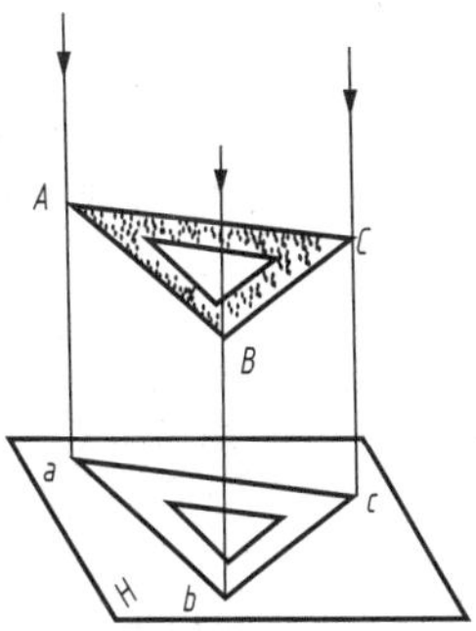

b）正投影法

图 2－2　平行投影法及其种类

(2)正投影法

投射线与投影面相垂直的平行投影法称为正投影法,如图 2-2b 所示。所得的图形称为正投影图。正投影能真实地反映出物体形状的大小,度量性好,作图方便,因此,正投影法是机械工程中应用最广的一种图示法,也是本课程学习的主要内容。

2.1.3 正投影的基本特性

1. 真实性

直线段或平面图形平行于投影面时,其正投影反映实长或实形,这种投影性质称为全等性或真实性,如图 2-3a 所示。

2. 积聚性

直线段或平面图形垂直于投影面时,其正投影积聚为一个点或一条线段,这种投影性质称为积聚性,如图 2-3b 所示。

3. 类似性

直线段或平面图形倾斜于投影面时,直线段的正投影变短,而平面图形的正投影比原平面图形小而形状类似,这种投影性质称为类似性,如图 2-3c 所示。

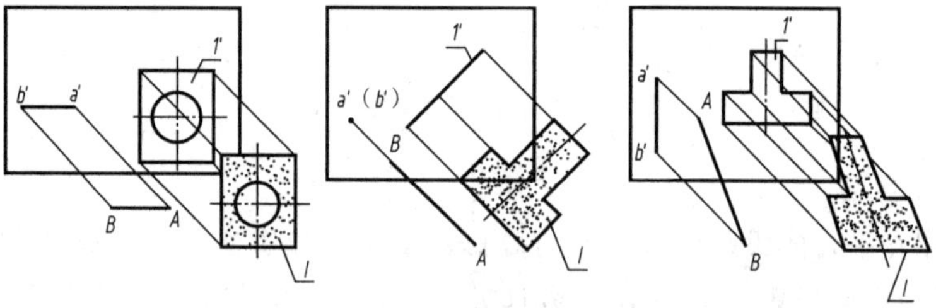

a)真实性　　b)积聚性　　c)类似性

图 2-3 直线和平面的正投影特性

2.2 三视图基础

根据国家标准《技术制图》投影法(GB/T 14692—2008)的规定,用正投影法所绘制的物体的图形称为视图。即绘制视图时,假设人的视线为一组相互平行的投射线,沿正投射方向观察物体所得到的图形。

2.2.1 三视图的形成

三视图是从三个不同方向对同一物体进行投射的结果,一般情况下能较完整清晰地表达出物体的结构。

1. 建立三投影面体系

三投影面体系由三个互相垂直的投影面组成，它们将空间分成了八个分角，我国采用第一角画法，其三个投影面如图 2－4 所示：

直立在观察者正对面的投影面叫做正立投影面，简称正面，用字母 V 标记；

水平位置的投影面叫做水平投影面，简称水平面，用字母 H 标记；

右侧的投影面叫做侧立投影面，简称侧面，以字母 W 标记。

三个投影面的交线称为投影轴(简称 X 轴、Y 轴、Z 轴)。三根投影轴互相垂直相交于一点，称为原点 O。

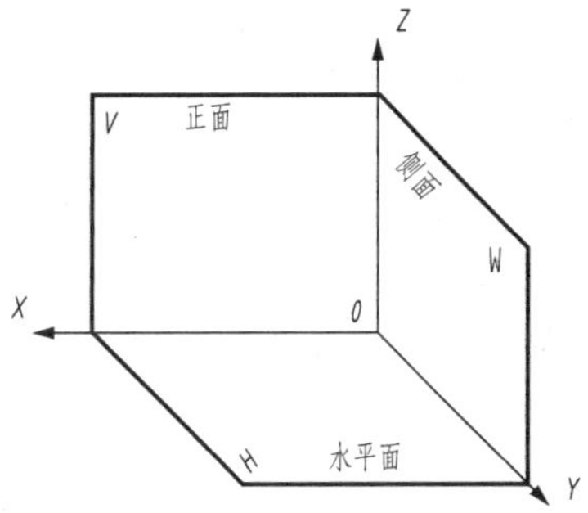

图 2－4　三个投影面的名称和标记

小常识

物体的一个视图只能反映两个方向的尺寸情况，不同的物体可能从某一方向观察会得到相同的视图，我们将这种现象称为一个视图的不定性，如图 2－5 所示。

用互相垂直的两个平面作投影面，得到的两个正投影能表达物体长、宽、高三个方向的尺寸，所以，一般情况下两个视图能表达清楚物体的形状，但有些物体用两个视图也不能准确表达其形状，我们将这种现象称为两个视图的不定性，如图 2－6 所示。

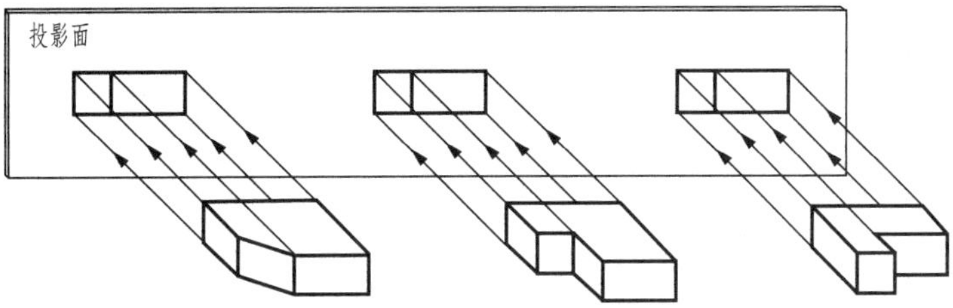

图 2－5　一个视图的不定性

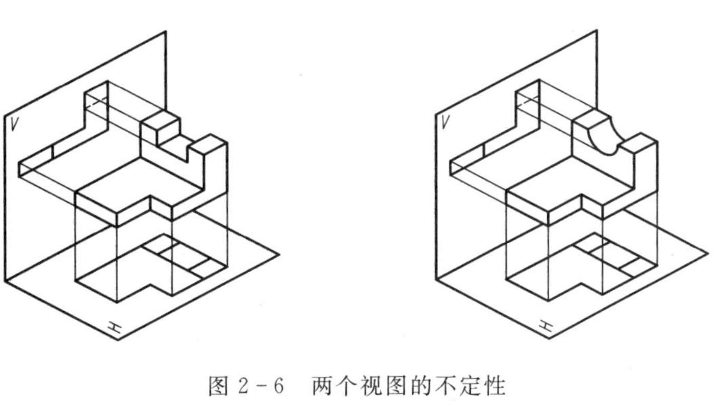

图 2－6　两个视图的不定性

2. 物体在三投影面体系中的投影

如图 2-7a 所示，把物体正放在三投影面体系中，就是把物体上的主要表面或对称平面置于平行于投影面的位置。物体的位置一经确定，作各个视图时就不许再变动。然后按正投影的方法向各投影面投射，即可分别得到物体的正面投影、水平面投影和侧面影。

3. 三投影面的展开

为了把三面视图画在同一张图纸上，即同一平面上，就必须把三个互相垂直相交的投影面展开摊平成一个平面。其方法如图 2-7b 所示，正面保持不动，使水平面(H)绕 X 轴向下旋转 90°与正面(V)成一平面，使侧面(W)绕 Z 轴向右旋转 90°，也与正面(V)成一平面，展开后的三个投影面就在同一张图纸平面上，如图 2-7c 所示。

投影面展开摊平后，Y 轴被分为两处，分别用 Y_H（在 H 面上）和 Y_W（在 W 面上）表示。

4. 得到物体的三视图

在工程图样上通常不画投影面的边线和投影轴，各个投影面和视图的名称也不需要标注，可由其位置关系来识别，如图 2-7d 所示。把三个按正确的投影关系配置的视图，称为三面视图，简称三视图。

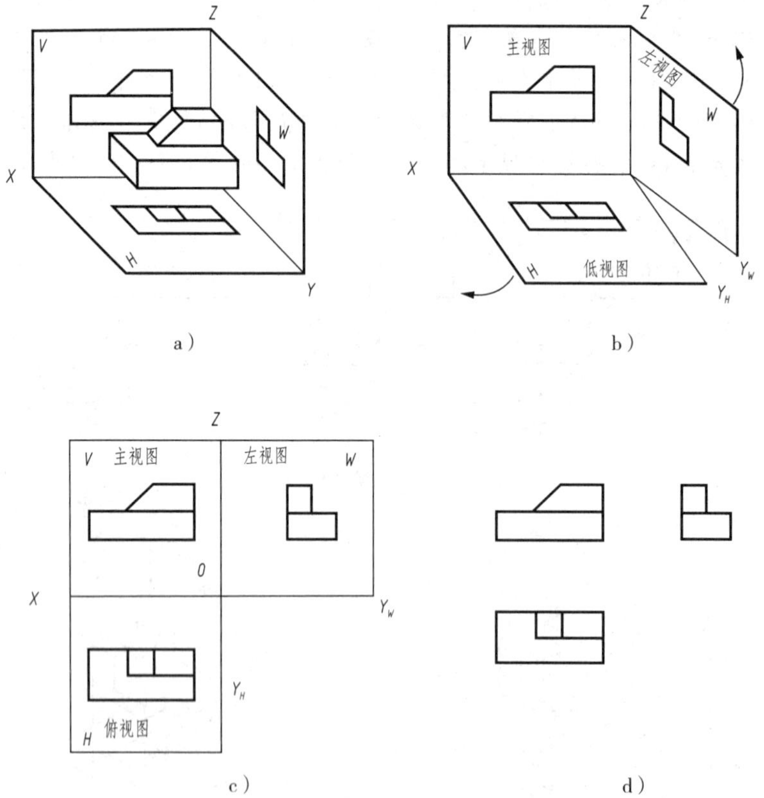

图 2-7　三面视图的形成过程

每个视图表示物体一个方向的形状和两个方向的尺寸以及位置关系。

主视图——由前向后投射在正面(V 面)上所得的视图(即从物体前方向后看的形

状)。

俯视图——由上向下投射在水平面(H 面)上所得的视图(即从物体上方向下俯视的形状)。

左视图——由左向右投射在侧面(W 面)上所得的视图(即从物体左方向右看的形状)。

2.2.2　三视图的投影规律

1. 位置关系

以主视图为主,俯视图在主视正下方,左视图在主视图正右方。画三视图时必须以主视图为主按上述关系排列三个视图的位置,叫做按投影关系配置视图。

2. 尺寸关系

物体都有长、宽、高三个方向的尺寸,每一个视图反映物体两个方向的尺寸。主视图反映长度和高度;俯视图反映长度和宽度;左视图反映高度和宽度,这样,在相邻两个视图之间有一个方向的尺寸相等,即:

主、俯视图相应长度投影相等,且对正,即“主、俯视图长对正”。画图时,常用三角板配合丁字尺对正画线。

主、左视图相应高度投影相等,且平齐,即“主、左视图高平齐”。画图时,常用丁字尺对齐画线。

俯、左视图相应宽度投影相等,即“俯,左视图宽相等”。画图时常借助分规或 45°辅助线作图。

物体的尺寸关系如图 2-8 所示。

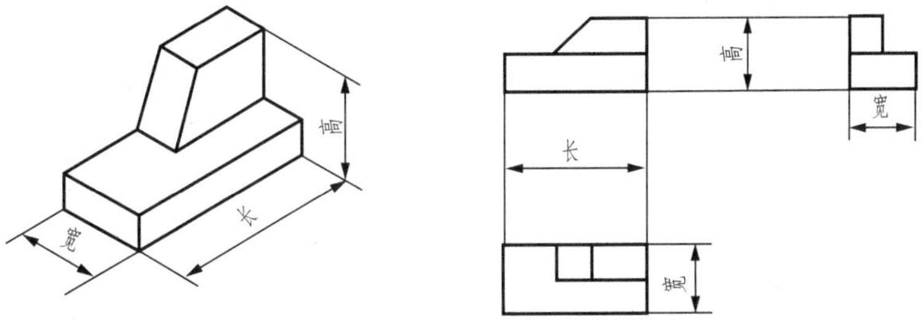

图 2-8　三视图的尺寸关系

小重点

三视图的尺寸关系通常简称为“长对正、高平齐、宽相等”,具体做图时不仅整体上要保证“三等关系”,局部结构也必须保证。

3. 方位关系

如图 2-9 所示,物体具有左右、上下、前后六个方位。主视图和俯视图可以分出物体上各结构之间的左右位置;主视图和左视图可以分出物体上各结构之间的上下位置;左视图和俯视图可以分出物体上各结构之间的前后位置。

方位关系可由尺寸关系推论得到，例如由长度方向可以分出左右位置，由高度方向可以分出上下或高低位置，由宽度方向分出前后位置。

其中由俯视图和左视图所反映的前后位置最容易弄错，这是由于两投影面展开摊平时按不同方向转过 90°的缘故。以主视图为主来看，其余两视图靠近主视图的一面是后面，远离主视图的是前面。

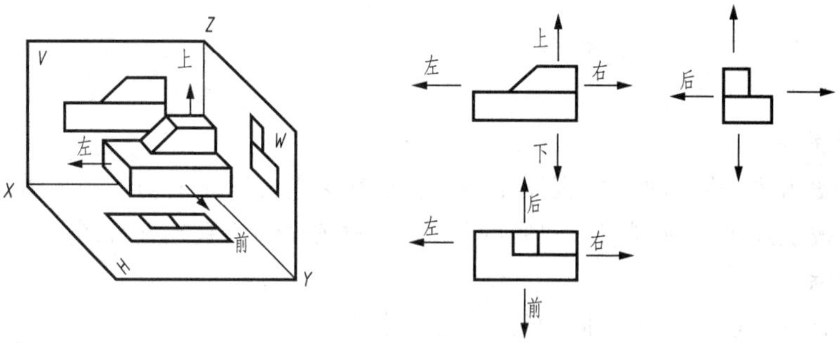

图 2－9　三视图的方位关系

学与做

为了帮助理解，可把教室中的黑板比作正投影面，地面比作水平投影面，右侧墙面比作侧投影面。也可以自制一张如图 2－10a 所示的硬纸片，并沿图中的双点画线折弯 90°，制成一个如图 2－10b 所示的三投影面体系模型，学习时可按投影面的展开方法与投影图反复对照，弄清空间与投影之间的对应关系。

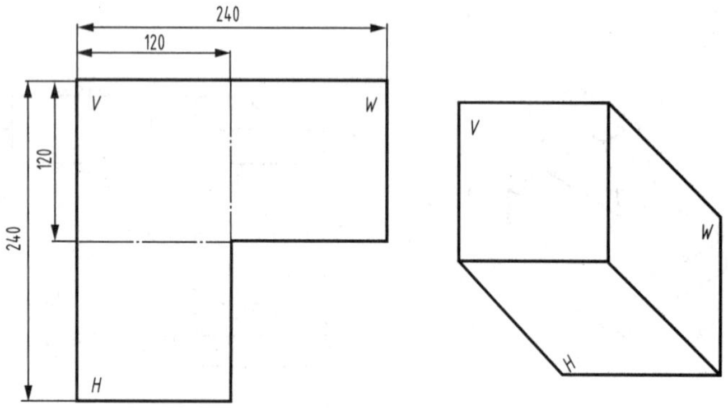

a)　　　　　　b)

图 2－10　制作三投影面体系

2.2.3　三视图的画法

初学画物体三视图时，设想将物体正放在三投影面体系中，按人→物→视图（投影面）的关系，假想视线互相平行且垂直于各自投影面，分别从前向后看，从上向下看，从左向右看，看到物体三个方向的形状，并将其画出即可得该物体的三视图。

画物体三视图时，应先选择主视图的投射方向（以后还会详细介绍），主视图要能反映物体的主要形状特征。当主视图的投影方向确定后，俯、左视图的投影方向也随之确定。

由模型画三视图时，每个尺寸只能测量一次，作图时应保持“长对正、高平齐、宽相等”的尺寸关系，其作图步骤见表 2－1。

表 2－1　画物体三视图的步骤

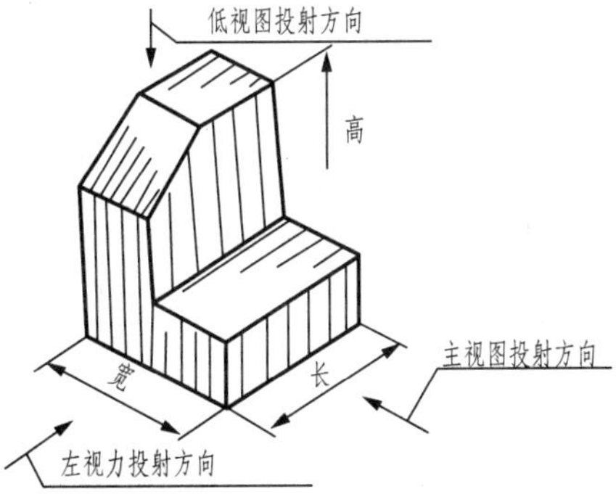 a）确定物体的投射方向，想像三个视图的形状	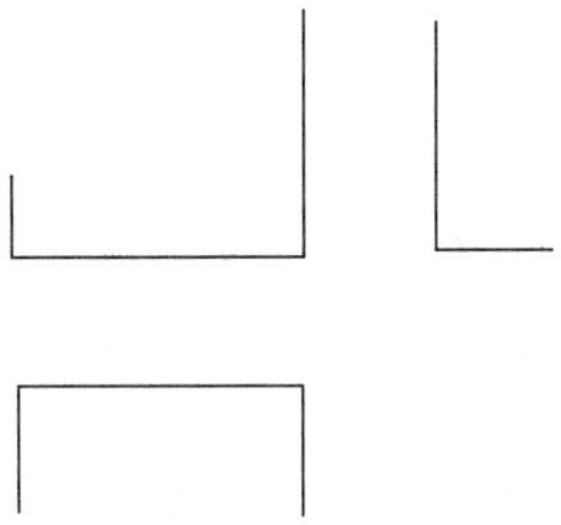 b）画三个视图的作图基准线
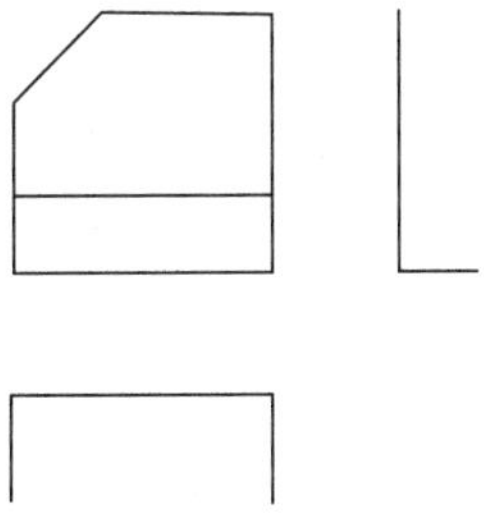 c）一般先画视力。根据长、高尺寸确定图形大小	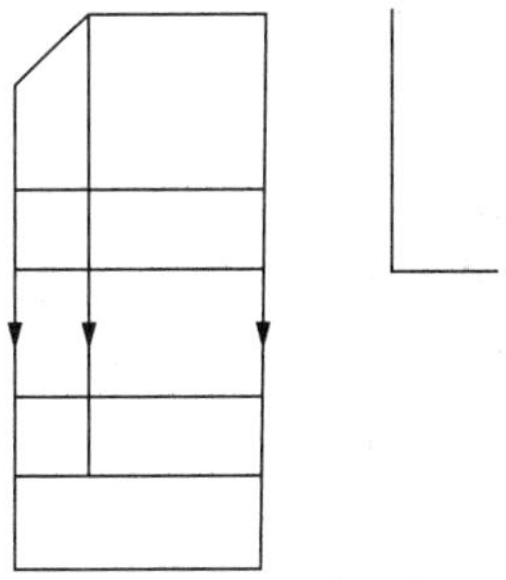 d）作俯视图。过主视图引垂直线，确保“主、领会长对”正以及宽度尺寸作图
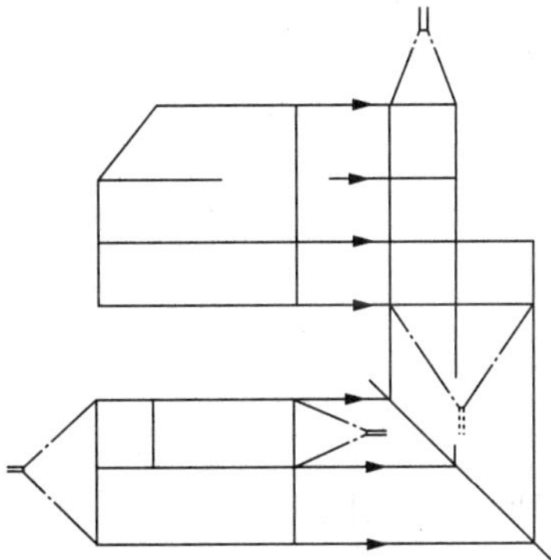 e）作左视图。过主视图引水平线，确保“主、左高平”；借助等分规或45° 辅助线实现“俯、左宽相等”	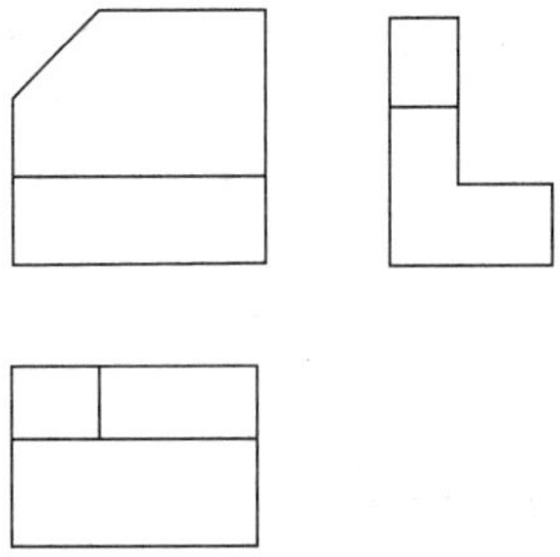 f）核对三视图底稿图，确定无误后，擦掉作图线，描粗加深视力的图线，完成三视图

2.3 点的投影

点是最基本的几何元素，其他几何元素均可看做由无数点组成，因而求作点的投影是最基本的作图方法。

2.3.1 点的投影规律

1. 空间点的位置和坐标的关系

空间点的位置可由其直角坐标来确定，一般采用的书写形式为：$A(x, y, z)$，如图 2-11 所示。其中 x、y、z 均为该点至相应坐标面的距离值。仅有点的一个投影不能反映点的空间位置，如图 2-11 中的 $a(x, y)$。由图 2-11 还可知：点的 V、H 面投影反映 X 坐标，V、W 面投影反映 Z 坐标，H、W 面投影反映 Y 坐标。

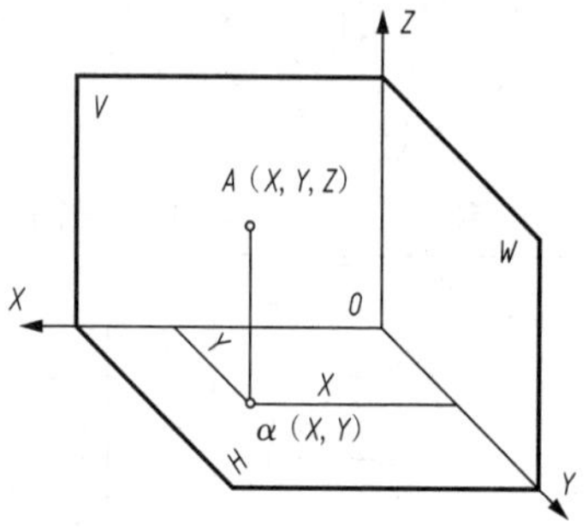

图 2-11 点的位置及坐标的关系

2. 点的三面投影图

如图 2-12a 所示，在三面投影体系中有一点 A，过点 A 分别向三个投影面作垂线，得垂足 a、a' 和 a''，即得点 A 在三个投影面的投影。按图 2-12b 所示展开，得点 A 的三面投影图，投影连线为细实线。如图 2-12c 所示。图中 a_X、a_Y、a_Z 分别为点的投影连线与投影轴 OX、OY、OZ 的交点。

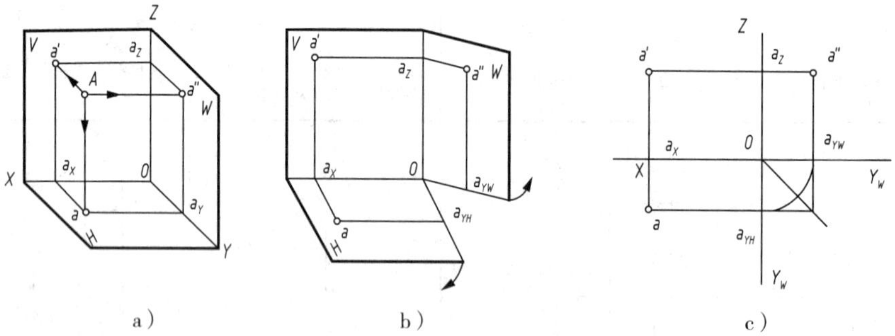

图 2-12 点的三面投影

3. 点的投影规律

从图 2-12 可以看出，点的三面投影的投影特性即投影规律是：

(1)点的正面投影和水平投影的连线，必定垂直于 OX 轴($aa' \perp OX$)。

(2)点的正面投影和侧面投影的连线，必定垂直于 OZ 轴($a'a'' \perp OZ$)。

(3)点的水平投影到 OX 轴的距离等于点的侧面投影到 OZ 轴的距离($aa_X = a''a_Z$)。

点的投影规律实质上反映了三视图中“长对正，高平齐，宽相等”的投影规律。

学与做

如图 2－13a 所示为三棱锥的直观图，试在图 2－13b 中参照锥顶点 S 的投影图，分析并标出该棱锥其余顶点的三面投影。

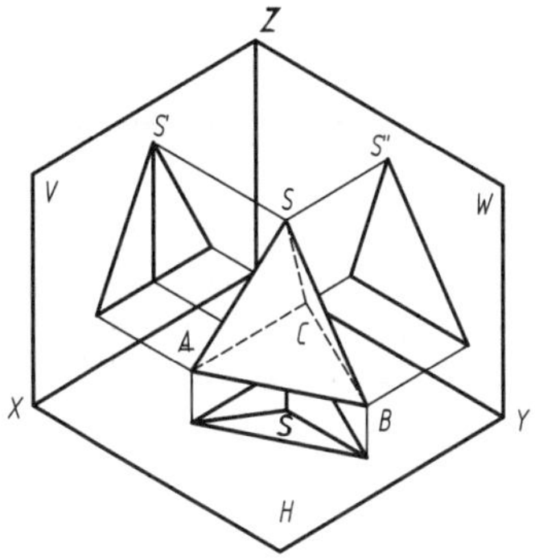

a）

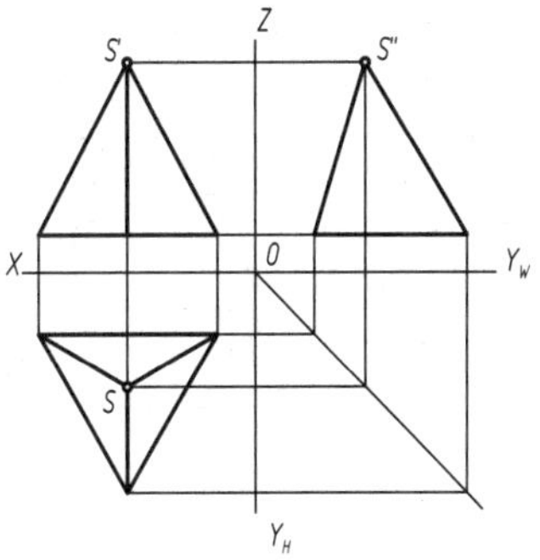

b）

图 2－13　立体上点的投影与分析

2.3.2　两点的相对位置和重影点

1. 判断两点的相对位置

两点的相对位置指空间两点的上下、前后、左右位置关系。这种位置关系可以通过两点的同面投影（在同一个投影面上的投影）的相对位置或坐标的大小来判断，即：x 坐标大的在左；y 坐标大的在前；z 坐标大的在上。

根据图 2－14a 所示立体轴测图上 A、B 两点的位置，作出其投影如图 2－14b 所示。由于 xA>xB，故点 A 在点 B 的左方，同理可判断出点 A 在点 B 的上方、后方。

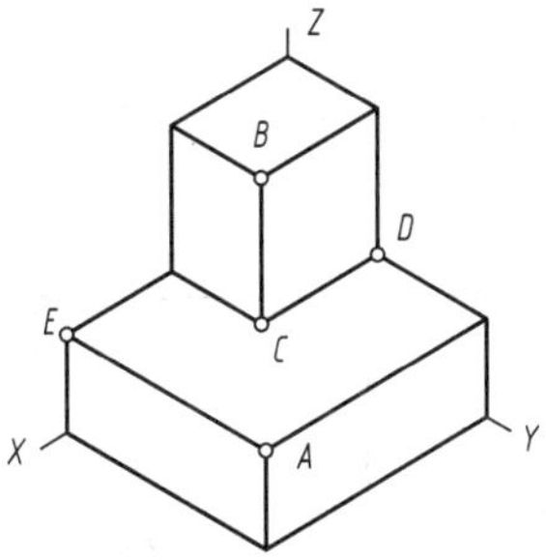

a）

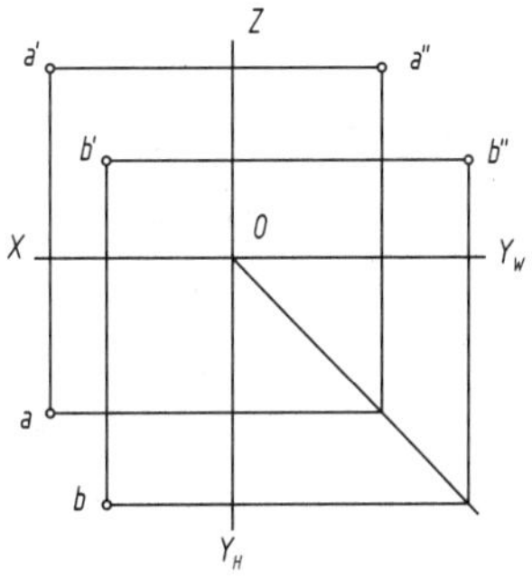

b）

图 2－14　两点的相对位置

2. 重影点

如图 2－15 所示，点 C 与点 D 位于垂直于 H 面的同一条投射线上，它们的水平投影重合，则 C、D 两点称为对该投影面的重影点。重影点的两对同名坐标值相等。在图 2－

15 中，点 C 与点 D 是对 H 面的重影点，故 $Xc=Xd$，$Yc=Yd$。由于 $Zc>Zd$，故点 C 在点 D 的正上方。若沿投射线方向进行观察，看到者为可见，被遮挡者为不可见，为了表示点的可见性，被挡住的点的投影加括号(图 2－15b)。

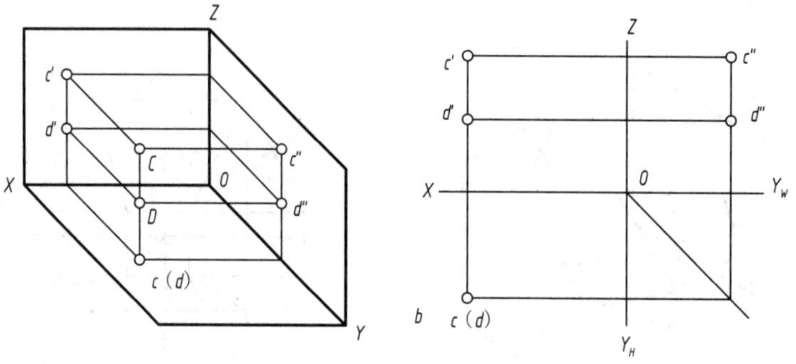

a)　　　　　　　　b)

图 2－15　重影点及可见性的判断

学与做

根据图 2－14a 所示轴测图，在图 2－14b 中画出各点的投影图，并判断它们的相对位置，对重影点还要判别可见性。

2.4　直线的投影

2.4.1　直线三面投影的基本特性

1. 同素性

一般情况下，直线的投影仍是直线，特殊情况下(垂直投影面时)为点。直线的投影是空间直线上任意两点同面投影连线，如图 2－16 所示。

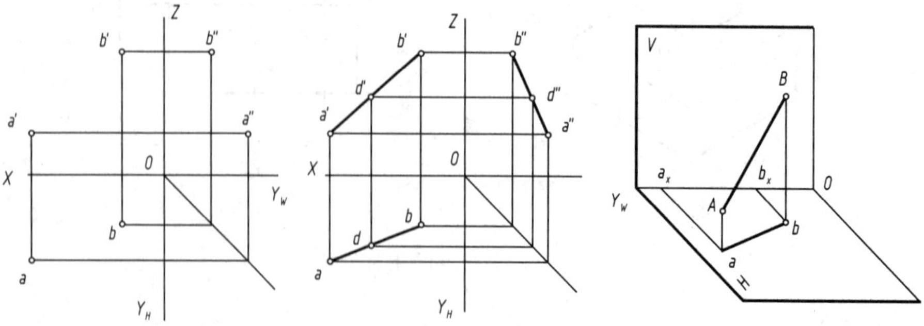

a) 求出线段AB两端点的投影　　b) 将其同名投影连接即可　　c) 直线AB的直观图

图 2－16　直线及线上点的投影

2. 从属性

直线上任一点的投影从属于直线的同面投影，并符合点的投影规律。

如图 2-16b 所示，点 D 在直线 AB 上，则点 D 的三面投影 d、d'、d'' 必定分别在直线 AB 的同名投影 ab、$a'b'$、$a''b''$ 上，而且符合点的投影规律。

3. 定比性

若线段上的点分线段成一定的比例，则该点的投影也必将该线段的同名投影分割成相同的比例。反之，若点的各投影在直线的同面投影上，且分线段和同面投影成相同的比例，则该点必在此直线上。

即在图 2-16b 中：$\frac{ad}{db}=\frac{d'd'}{d'b'}=\frac{a''d''}{d''b''}=\frac{AD}{DB}=K$（定比）

【例 2-1】 如图 2-17a 所示，已知直线 AB 及点 C 的两面投影，试判断点 C 是否在直线 AB 上。

投影分析：

（1） 利用从属性判断。作出直线 AB 和点 C 的侧面投影，若 c'' 在 $a''b''$ 上，则点 C 在直线 AB 上；反之，则不在直线上。

（2） 利用定比性判断。若 $ac:cb=a'c':c'b'$，则点 C 在直线 AB 上；反之，则不在直线上。

作图步骤：如图 2-17b、c 所示。

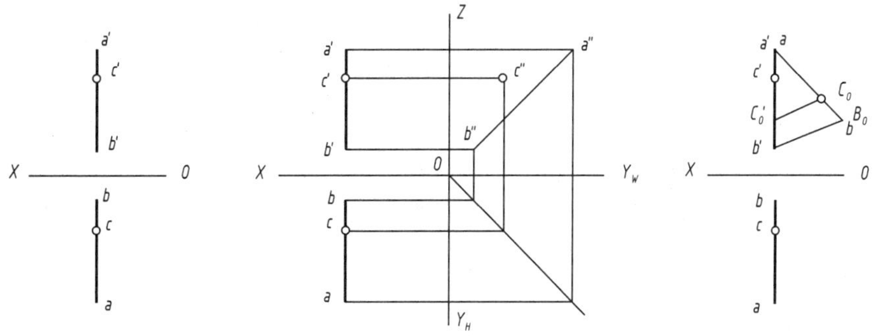

a）题图　　b）利用从属性判断　　c）利用定比性判断

图 2-17　判断点 C 是否在直线 AB 上

2.4.2　各种位置直线的投影特征

空间直线按其与投影面的相对位置，可分为投影面平行线、投影面垂直线和一般位置直线。前两类统称为特殊位置直线。直线对于三个投影面 H、V、W 的倾角分别用字母 α、β、γ 表示。

1. 投影面平行线

平行于某一投影面而与其余两投影面倾斜的直线，称为投影面平行线。其中，平行于 H 面的直线叫做水平线，平行于 V 面的直线叫做正平线，平行于 W 面的直线叫做侧平线。三种投影面平行线的直观图、投影图及投影特性,见表 2-2。

表 2-2　投影面平行线的投影图例

名称	正平线	水平线	侧平线
立体上直线的直观图	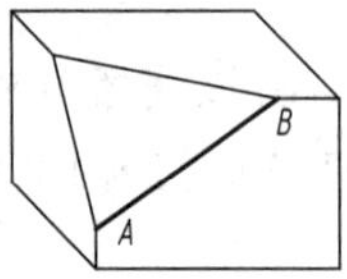	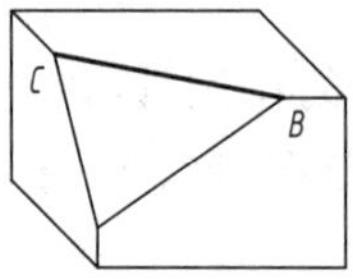	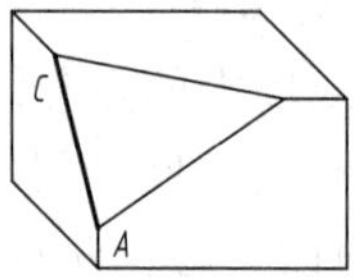
直线在立体三视图中的位置	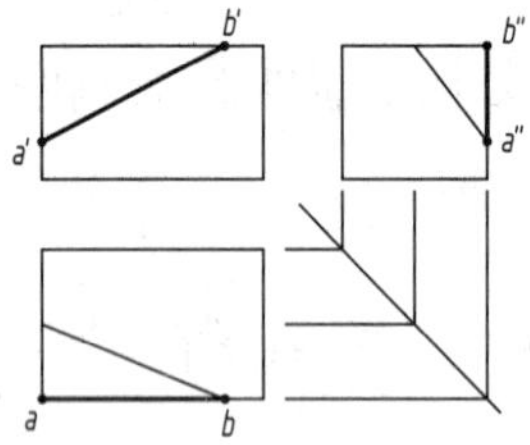	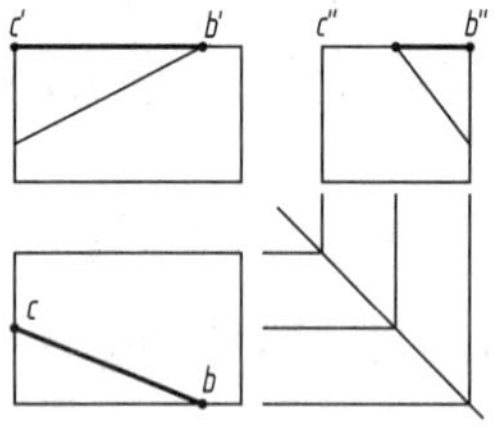	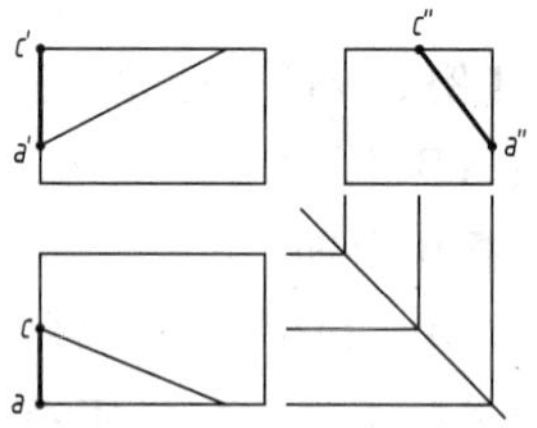
投影图	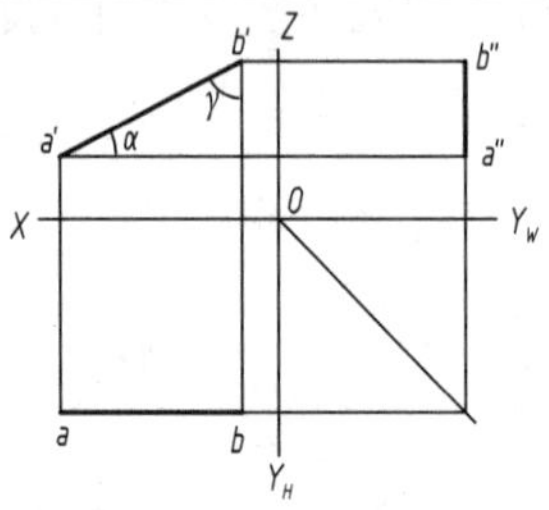	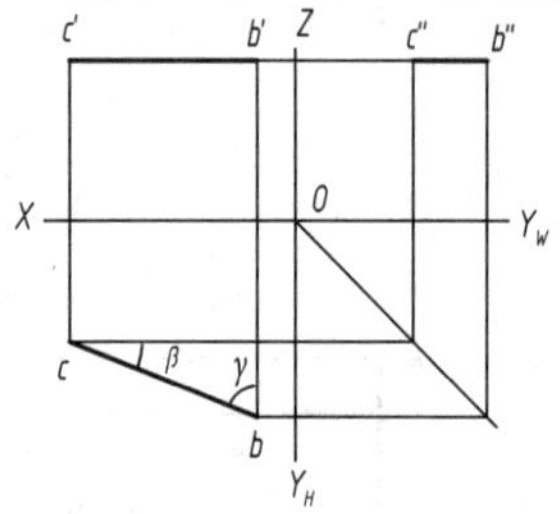	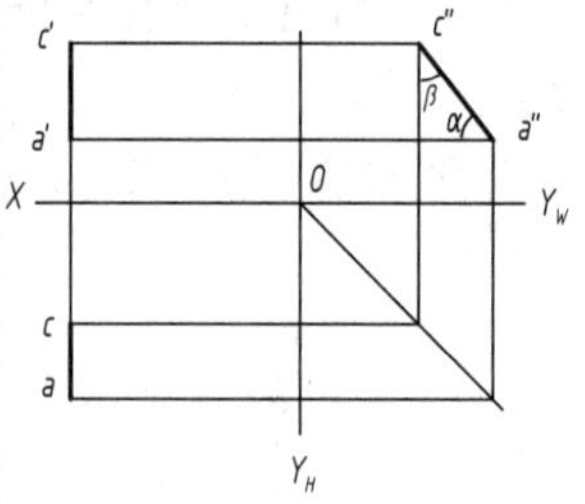
投影特性	(1)$a'b'=AB$,反映实长； (2)$a'b'$与投影轴倾斜,反映α、γ角的真实大小； (3)$ab//OX$,$a''b''//OZ$	(1)$bc=BC$,反映实长； (2)bc与投影轴倾斜,反映β、γ角的真实大小； (3)$b'c'//OX$,$b''c''//OY_W$	(1)$a''c''=AC$,反映实长； (2)$a''c''$与投影轴倾斜,反映α、β角的真实大小； (3)$a'c'//OZ$,$ac//OY_H$
投影特征	(1)在直线所平行的投影面上,其投影反映实长且与投影轴倾斜;它与投影轴的夹角等于直线对另外两个投影面的实际倾角 (2)在另外两个投影面上的投影,都短于线段实长,且分别平行于相应的投影轴		

画图:在画投影面平行线时,应先画它所平行的投影面上的那个投影(反映实长的斜线)。再画其他两个平行于相应投影轴的投影。

读图:在读图时,当一个投影为斜线,对应另一个或二个投影平行于相应投影轴,即可判断为投影面平行线,且平行于投影为斜线所在的那个投影面。

2. 投影面垂直线

垂直于某一投影面,而与其余两个投影面平行的直线,称为投影面垂直线。其中,垂直于V面的直线叫正垂线,垂直于H面的直线叫铅垂线,垂直于W面的直线叫侧垂线。三种投影面垂直线的直观图、投影图及投影特性,见表 2-3。

表 2－3　投影面垂直线的投影图例

名称	正垂线	铅垂线	侧垂线
立体上直线的直观图	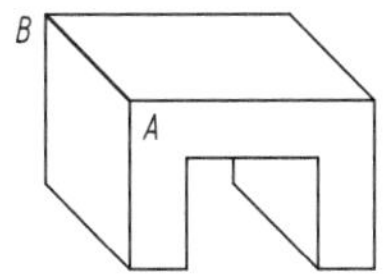	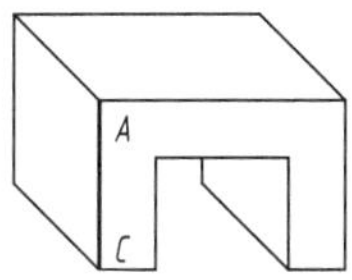	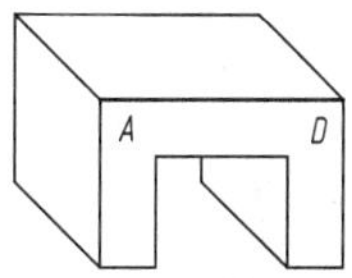
直线在立体三视图中的位置	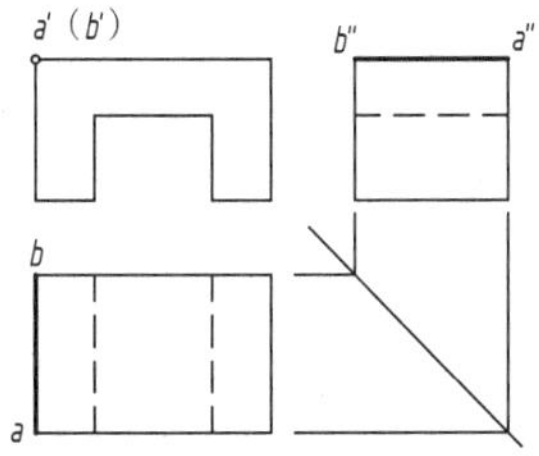	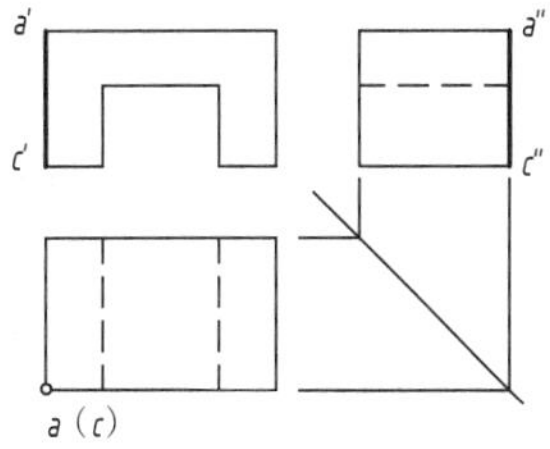	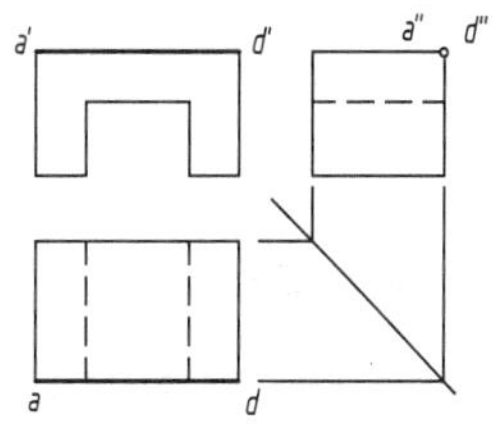
投影图	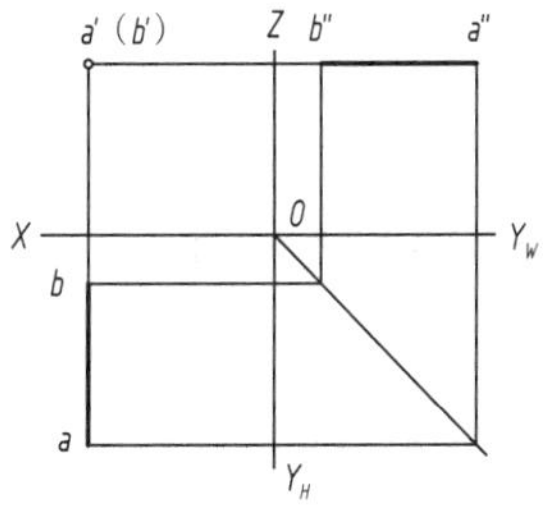	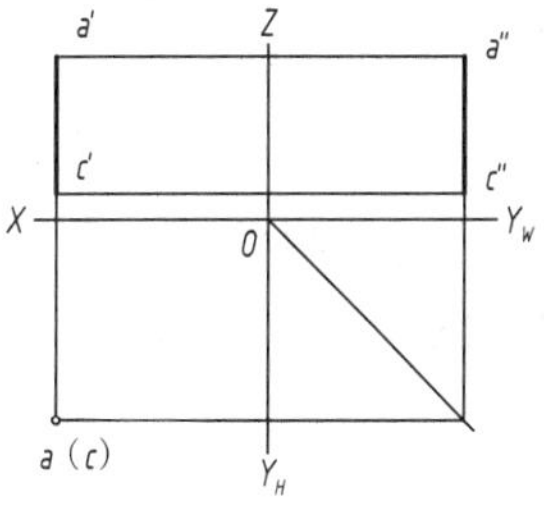	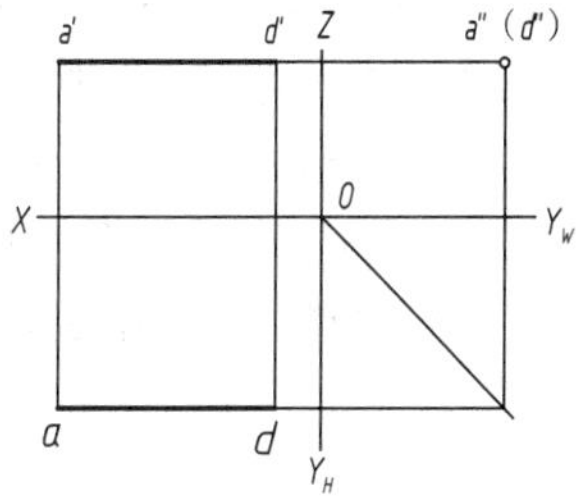
投影特性	(1)$a'(b')$积聚成一点； (2)$ab \perp OX$，$a''b'' \perp OZ$； (3)$ab=a''b''=AB$	(1)$a(c)$积聚成一点； (2)$a'c' \perp OX$，$a''c'' \perp OY_W$ (3)$a'c'=a''c''=AC$	(1)$a''d''$积聚成一点； (2)$ad \perp OY_H$，$a'd' \perp OZ$； (3)$ad=a'd'=AD$
投影特征	(1)投影面垂直线在所垂直的投影面上的投影必积聚成为一个点； (2)在另外两个投影面上的投影都反映实长，且垂直于相应投影轴		

画图：在画投影面垂直线时，应先确定积聚点的投影，再画其他两个反映实长且垂直于相应投影轴的线段。

读图：在读图时，当两面或三面投影中，有一个投影为点，对应其他一个或两个投影为特殊位置线(横线或竖线)，即可判断为投影面垂直线，该线垂直于投影积聚为点所在的投影面。

3. 一般位置直线

与三个投影面都倾斜的直线称为一般位置直线，如图 2－18 所示四棱锥的一棱边 SA。

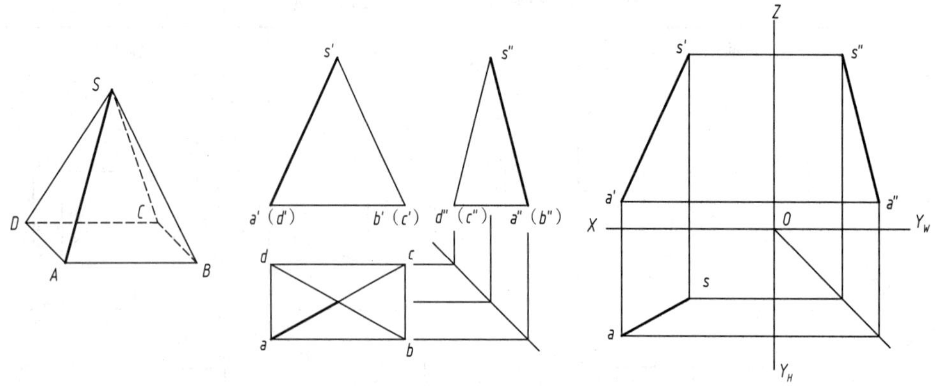

图 2－18　一般位置直线 AB 的直观图和投影图

学与做

试分析如图 2－18 所示四棱锥中其他的棱线是什么位置的直线。

【例 2－2】 已知正平线 AB 长 25mm，与 H 面的倾角 $\alpha=60°$，点 A 的坐标(5,10,25)，点 B 在点 A 的左下方，求作直线的投影。

投影分析：由正平线的投影特征可知，直线 AB 在 V 面的投影是一条斜线，该直线与 OX 轴的夹角反映了其对 H 面的实际倾角 60°，另两个投影则和坐标轴平行。

作图步骤：具体作图步骤如图 2－19 所示。

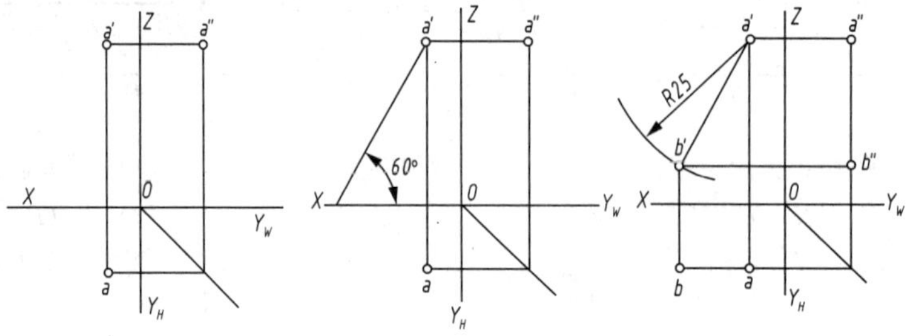

图 2－19　作正平线 AB 的投影

2.4.3　两直线的相对位置及其投影特性

两直线的相对位置有平行、相交、交叉三种情况。前两种位置的直线统称为共面直线，而交叉的两直线则称为异面直线。

1. 两直线平行的投影特性

(1)平行性

若空间两直线相互平行，则其同面投影必相互平行；若两直线的三个同面投影分别相互平行，则空间两直线必相互平行，如图 2－20 所示。

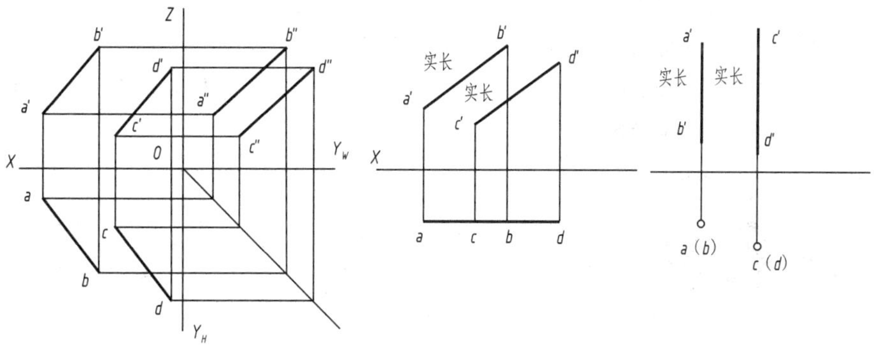

图 2-20　两直线平行

(2)等比性

两平行线段的长度之比等于其同名投影长度之比，即在图 2-20 中由于 $AB /\!/ CD$，

$$\text{则有}:\frac{ab}{cd}=\frac{a'b'}{c'd'}=\frac{a''b''}{c''d''}=\frac{A}{B}=K(\text{定比})$$

判断空间两直线是否平行，一般情况下，只需判断两直线的任意两对同名投影是否分别平行。但是当两平行直线均平行于某一投影面时，只有当所平行的投影面上的投影平行时才能判断其相互平行。在这种情况下，一种方法是求出它们在的平行的投影面上的投影进行判断；另一种方法是利用平行两直线共面，其投影保持定比的规律进行判断。

2. *两直线相交的投影特性*

空间两直线相交，则其同面投影必相交，且交点符合点的投影规律。反之，如两直线的同面投都影相交，且交点符合点的投影规律，则该两直线在空间必相交。

如图 2-21 所示，直线 AB、CD 相交于点 K，其投影 ab 与 cd，$a'b'$ 与 $c'd'$ 分别相交于 k，k'，且 $kk' \perp OX$ 轴。相交两直线的交点是两直线的共有点，因此交点应满足直线上点的投影特性。

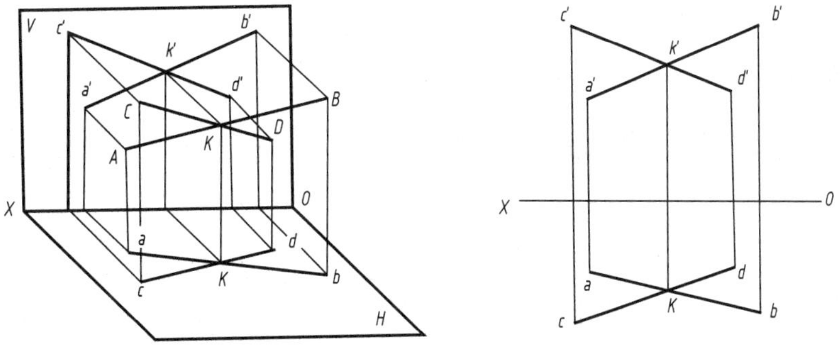

图 2-21　两直线相交

判断空间两直线是否相交，一般情况下，只需判断两组同面投影相交，且交点符合一个点的投影特性即可。但是，当两条直线中有一条为投影面平行线时，只有相对于另两投影面的两组同面投影相交，空间两直线不一定相交。

3. 两直线交叉的投影特性

既不平行又不相交的两条直线称为两交叉直线。交叉两直线的同名投影也可能相交。在图 2-22 中,AB 和 CD 两直线的同名投影都相交,但交点不符合点的投影规律,所以不是两直线共有点的投影。

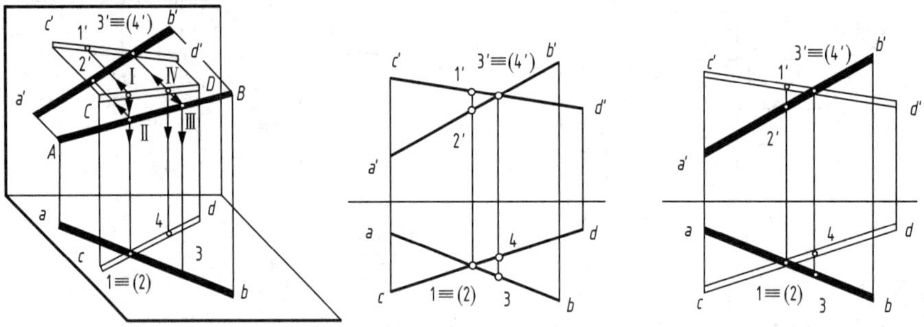

（a）　　（b）　　（c）

图 2-22　两直线交叉

判定交叉两直线重影点可见性的方法是:从重影点画一根垂直于投影轴的直线到另一投影中去,就可将重影分开成两个点;两个点中坐标大的点为可见,小的点为不可见。不可见点加括号,见图 2-22c。

2.5　平面的投影

2.5.1　平面的表示法

1. 用几何要素表示平面

由几何学可知,不在同一直线上的三点可确定一个平面。从这个公理出发,在投影图上可以用下列任何一组几何要素的投影表示平面,如图 2-23 所示。

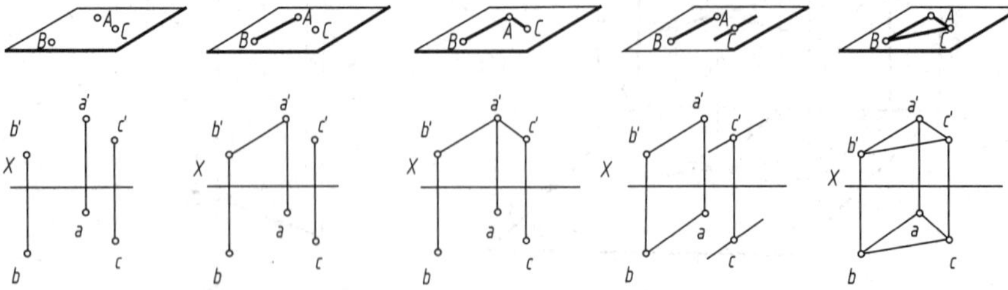

a）不共线的三点　b）直线和线外一点　c）两相交直线　d）两平行直线　e）任意平面形

图 2-23　几何要素表示平面

2. 用迹线表示平面

空间平面与投影面的交线称为平面的迹线，用迹线表示的平面叫做迹线平面。如图 2－24a 所示，空间平面 P 与 V、H、W 面的交线分别称为平面 P 的正面迹线(P_V)、水平迹线(P_H)和侧面迹线(P_W)。

对特殊位置迹线平面，可用两段短的粗实线表示有积聚性的迹线的位置，中间以细实线相连，并在两端标以符号，无积聚性的迹线则可省略不画，如图 2－24b、c 所示。

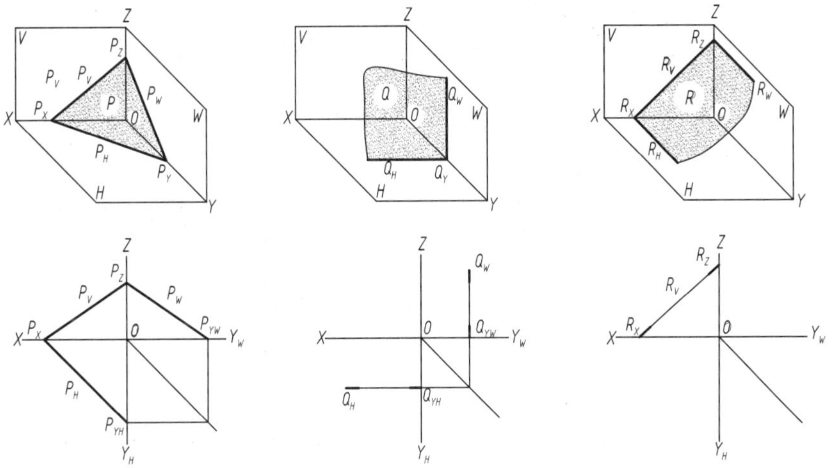

a）一般位置平面　　b）特殊位置平面（//V面）　　c）特殊位置平面（⊥V面）

图 2－24　平面的迹线

2.5.2　各种位置平面的投影特征

平面在三投影面体系中的投影特性取决于平面对三个投影面的相对位置。根据平面与三个投影面的相对位置不同可将平面分为三类：投影面垂直面、投影面平行面和一般位置平面。投影面垂直面和投影面平行面又称特殊位置平面。

1. 投影面平行面

平行于某一投影面从而垂直于其余两个投影面的平面称为投影面平行面。其中，平行于 H 面时叫做水平面，平行于 V 面时叫做正平面，平行于 W 面时叫做侧平面。三种投影面平行面的直观图、投影图及投影特性，见表 2－4 所示。

表 2－4　投影面平行面的投影图例

名　称	正平面	水平面	侧平面
立体上平面的直观图	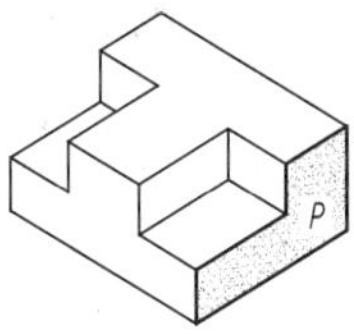	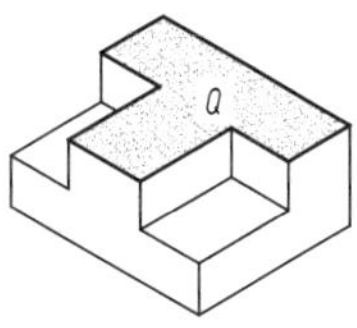	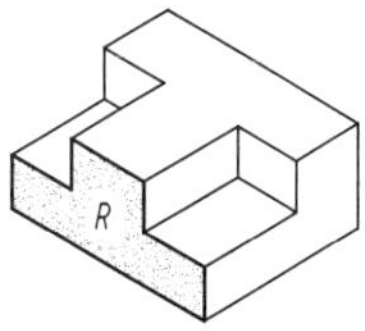

（续表）

名　称	正平面	水平面	侧平面
平面在立体三视图中的位置	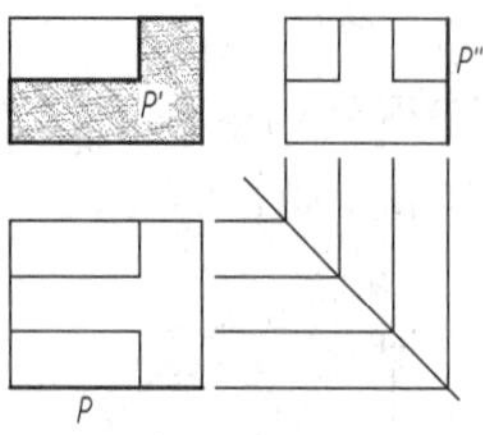	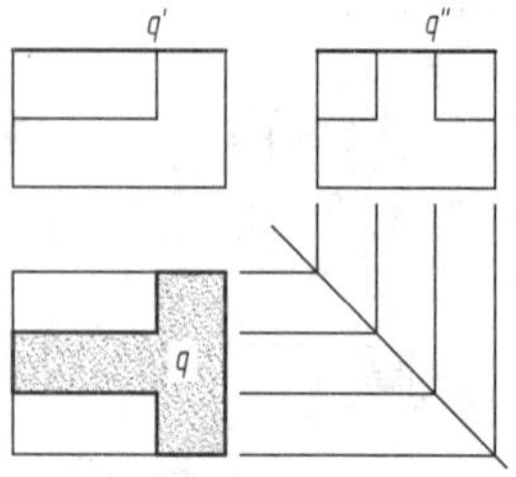	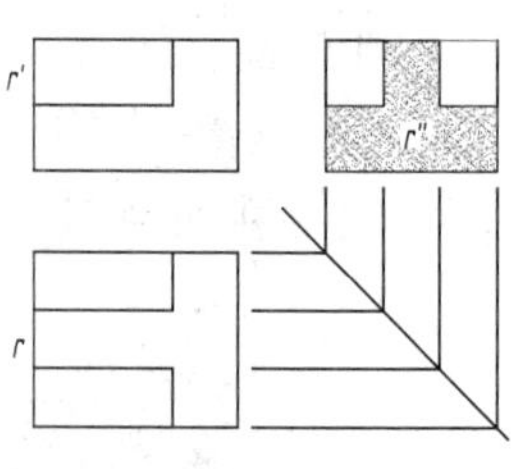
投影图	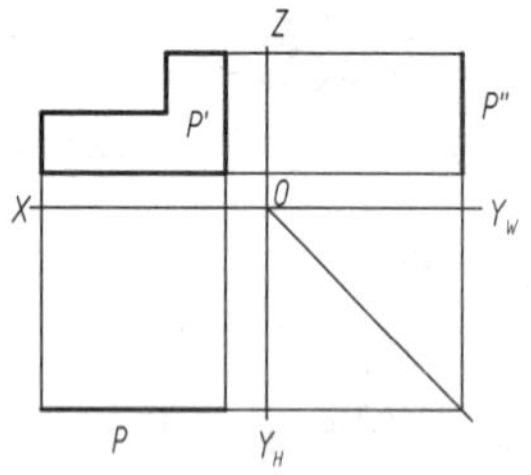	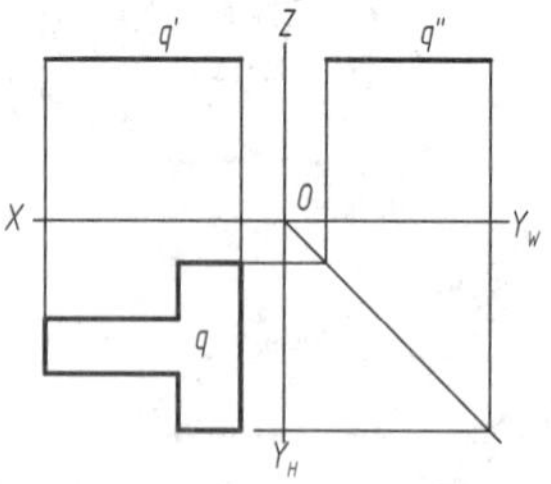	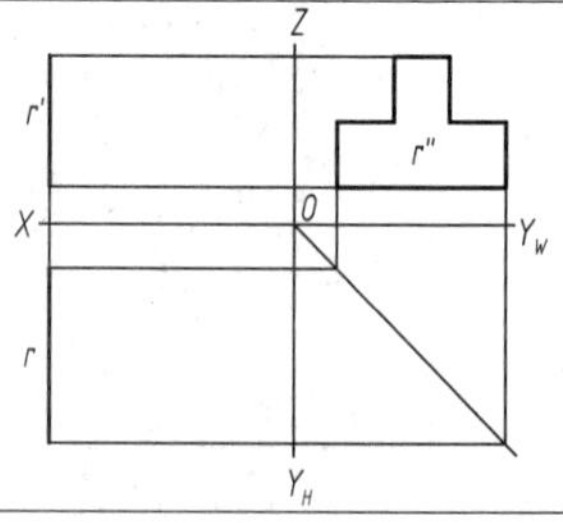
投影特性	(1)V 面投影反映实形； (2)H、W 面投影积聚成直线，且分别//OX、OZ 轴	(1)H 面投影反映实形； (2)V、W 面投影积聚为直线，且分别//OX、OY_W 轴	(1)W 面投影反映实形； (2)V、H 面投影积聚为直线，且分别//OZ、OY_H 轴
投影特征	(1)投影面平行面在所平行的投影面上的投影反映实形； (2)另外两个投影面上的投影积聚成线段，且分别平行于相应投影轴		

画图：在画投影面平行面时，一般应先画反映实形的那个投影。

读图：读图时，只要给出平面图形的一个线框和另一个平行投影轴的积聚投影，就可判断其为投影面平行面，且平行于线框所在的投影面。

2. 投影面垂直面

垂直于某一投影面而与另外两投影面都倾斜的平面称为投影面垂直面。其中，垂直于 H 面时叫铅垂面，垂直于 V 面时叫正垂面，垂直于 W 面时叫侧垂面。三种投影面垂直面的直观图、投影图及投影特性见表 2－5。

表 2－5　投影面垂直面的投影图例

名称	正垂面	铅垂面	侧垂面
立体上平面的直观图	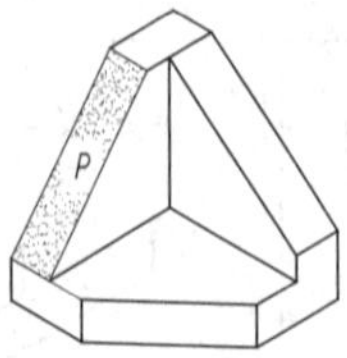	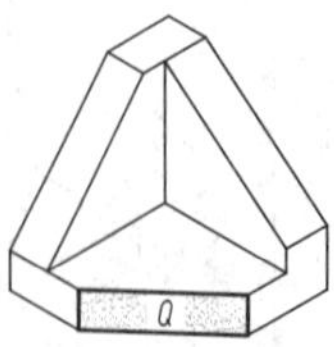	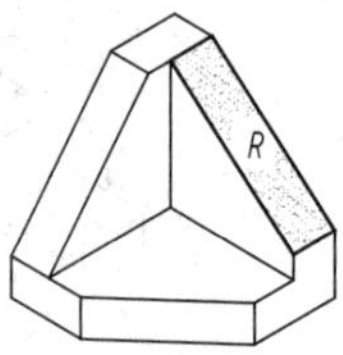

（续表）

名称	正垂面	铅垂面	侧垂面
平面在立体三视图中的位置	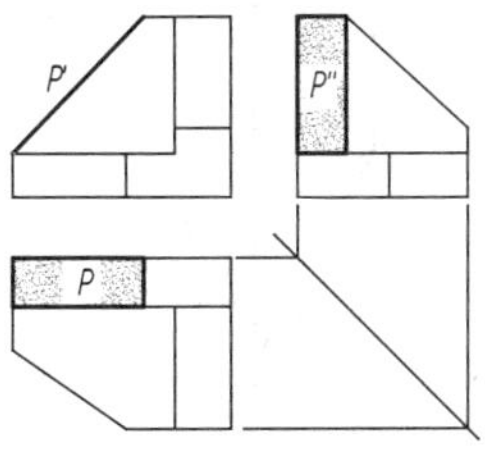	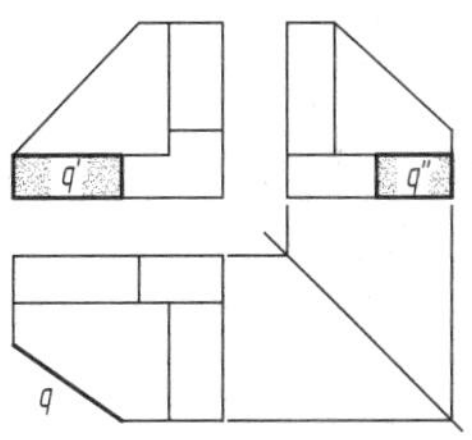	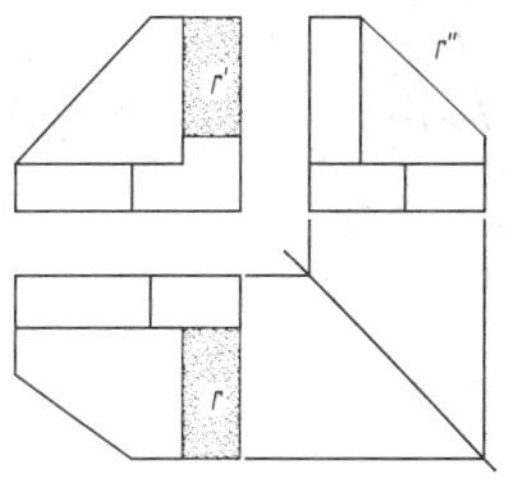
投影图	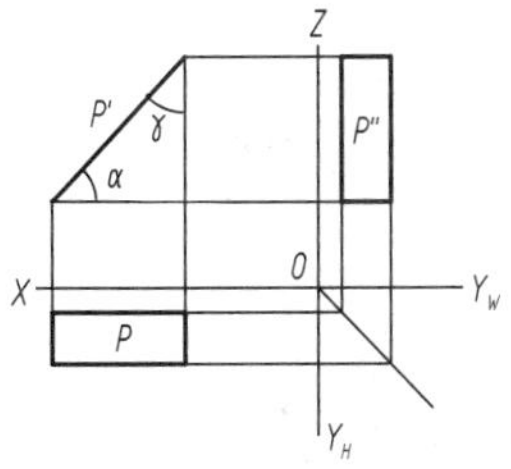	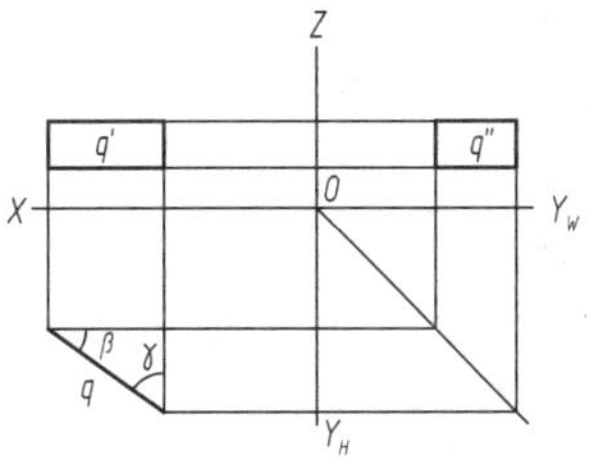	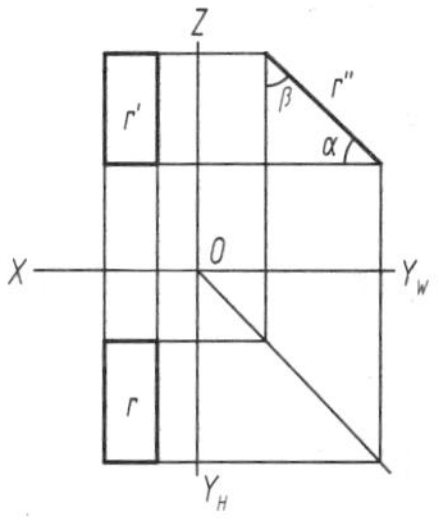
投影特性	（1）V 面投影积聚成倾斜直线且反映 α 和 γ 角真实大小； （2）H、W 面投影为缩小的类似性线框	（1）H 面投影积聚成倾斜直线且反映 β 和 γ 角真实大小； （2）V、W 面投影为缩小的类似性线框	（1）W 面投影积聚成倾斜直线且反映 α 和 β 角真实大小； （2）H、V 面投影为缩小的类似性线框
投影特征	（1）投影面垂直面在所垂直的投影面上的投影积聚成为线段且与投影轴倾斜，所夹角度反映该平面对另外两个投影面倾角的真实大小； （2）另外两个投影面上的投影为该平面形的类似形		

画图：画投影面垂直面时，一般应先画有积聚性的那个投影，然后画出两个类似形线框的投影。

读图：读图时，只要给出平面图形是一斜线和一个类似形线框的投影，就可判定该平面为投影面垂直面，且垂直于斜线所在的投影面。

3. 一般位置平面

与三个投影面都倾斜的平面叫做一般位置平面。一般位置平面的投影特性为：三个投影面的投影均为缩小的类似形。如图 2－25 所示三棱锥直观图，其一侧面△SAB 与三个投影面都倾斜，它的三个投影的形状相类似，都不反映实形。一般位置平面投影图及分析见图 2－25 所示。

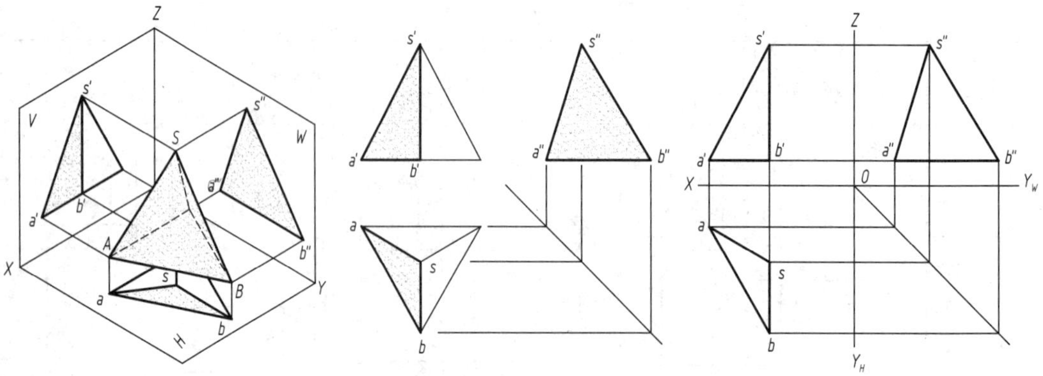

a）三棱锥直观图　　b）△*SAB*在三棱锥中的位置　　c）△*SAB*的投影图

图 2－25　一般位置平面投影图

2.5.3　平面上的直线和点

1. 平面上的直线

具备下列条件之一的直线必位于给定的平面内：

(1)直线通过一平面内的两个点；

(2)直线通过平面内的一个点且平行于平面内的某条直线。

【例 2－3】 如图 2－26a 所示，在相交二直线 AB、AC 所确定的平面内，过 B 点求作直线 BM 和 AC 相交，再过 C 点求作直线 CN 和 AB 平行。

投影分析：

(1)在直线 AC 上任取一点 $M(m,m')$，连接 BM 即用直线连接 B、M 的同名投影，直线 BM 即为所求。

(2)过平面内一点作平面内已知直线的平行线即过点 C 作直线 $CN /\!/ AB(cn /\!/ ab, c'n' /\!/ a'b')$，直线 CN 即为所求。

作图步骤：如图 2－26b、c 所示。

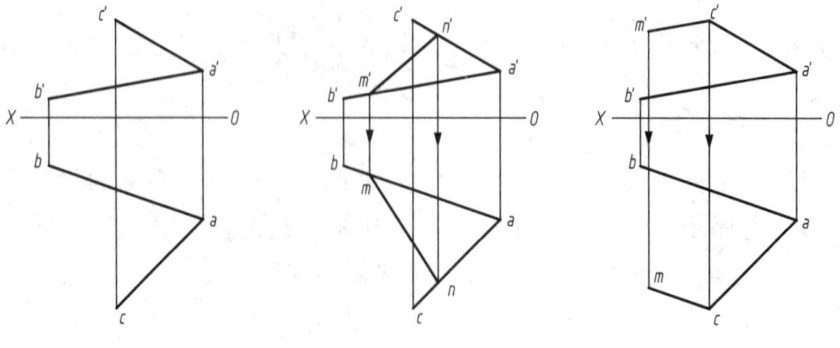

图 2－26　平面上的直线

2. 平面上的点

点在平面内的几何条件是：点在平面内的一条直线上。所以在平面内取点应首先在平面内取直线，然后再在该直线上取符合要求的点。

【例 2-4】 如图 2-27a 所示，已知点 K 位于 $\triangle ABC$ 内，求点 K 的水平投影。

投影分析：在平面内过点 K 任意作一条辅助直线，根据从属性可知 K 的投影必在该直线的同面投影上。连接 $b'k'$ 并延长与 $a'c'$ 交于 d'，求出直线 AC 上点 D 的水平投影 d，连接 bd，按投影关系在 bd 上求得点 K 的水平投影 k。

作图步骤：如图 2-27b 所示。

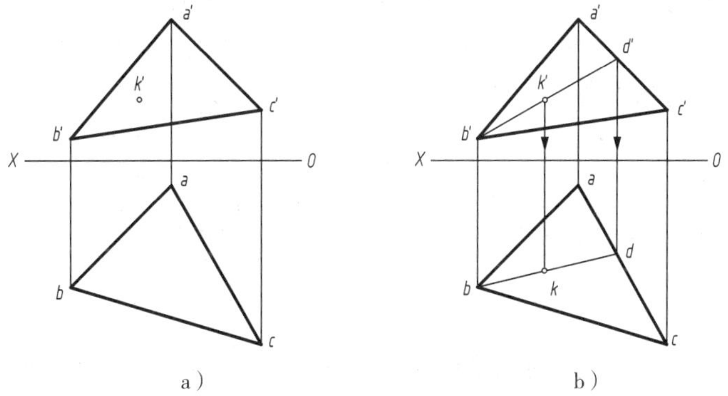

图 2-27　平面内取点

3. 平面上的投影面平行线

凡既在平面上同时又平行于某一投影面的直线叫做平面上的投影面平行线。

【例 2-5】 如图 2-28a 所示，已知 $\triangle ABC$ 的两面投影，试在 $\triangle ABC$ 内取一点 M，使其到 H 面和 V 面的距离均为 10mm。

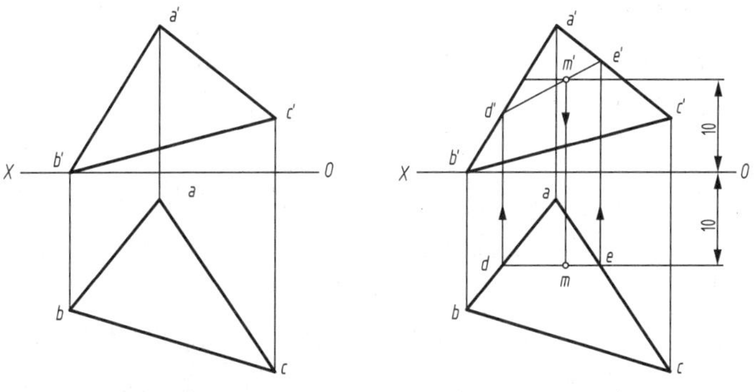

图 2-28　在平面上的投影面平行线上取点

投影分析：由于平面内的正平线是平面内与 V 面等距离的点的轨迹，故点 M 应位于平面内距 V 面为 10mm 的正平线上；同理，点 M 还应位于平面内距 H 面为 10mm 的水平线上。

作图步骤：在 $\triangle ABC$ 内取距 V 面 10mm 的正平线 DE，再在正投影面上作与 OX 轴相距为 10mm 的直线与 $d'e'$交于 m'，即得点 M 的正面投影，再按投影关系在 de 上确定点 M 的水平投影 m，如图 2-28b 所示。

2.6 AutoCAD 界面组成及基本操作

AutoCAD 是美国 Autodesk 公司推出的，集二维绘图、三维设计、渲染及关联数据库管理和互联网通讯功能为一体的计算机辅助设计与绘图软件。自 1982 年推出，从初期的 1.0 版本，经多次典型版本更新和性能完善，现已发展到 AutoCAD2012，在机械、电子和建筑等工程设计领域得到了大规模的应用，目前已成为微机 CAD 系统中应用最为广泛和普及的图形软件。

2.6.1 AutoCAD 的主要功能：

1. 强大的二维绘图功能

AutoCAD 提供了一系列的二维图形绘制命令，可以方便地用各种方式绘制二维基本图形对象，如：点、直线、圆、圆弧、正多边形、椭圆、组合线、样条曲线等。并可对指定的封闭区域填充以图案(如剖面线、非金属材料、涂黑、砖、砂石、渐变色填充等)。

2. 灵活的图形编辑功能

AutoCAD 提供了很强的图形编辑和修改功能，如：移动、旋转、缩放、延长、修剪、倒角、倒圆角、复制、阵列、镜像、删除等，可以灵活方便地对选定的图形对象进行编辑和修改。

3. 实用的辅助绘图功能

为了绘图的方便、规范和准确，AutoCAD 提供了多种绘图辅助工具，包括绘图区光标点的坐标显示、用户坐标系、栅格、捕捉、目标捕捉、自动捕捉、正交方式等功能。

4. 方便的尺寸标注功能

利用 AutoCAD 提供的尺寸标注功能，用户可以定义尺寸标注的样式，为绘制的图形标注尺寸、尺寸公差、几何形状和位置公差、注写中文和西文字体。

5. 显示控制功能

AutoCAD 提供了多种方法来显示和观看图形。“缩放”及“鹰眼”功能可改变当前视口中图形的视觉尺寸，以便清晰地观察图形的全部或某一局部的细节；“扫视”功能相当于窗口不动，在窗口后上、下、左、右移动一张图纸，以便观看图形上的不同部分；“三维视图控制”功能能选择视点和投影方向，显示轴测图、透视图或平面视图，消除三维显示中的隐藏线，实现三维动态显示等；“多视窗控制”能将屏幕分成几个窗口，每个窗口可以单独进行各种显示并能定义独立的用户坐标系；重画或重新生成图形等。

6. 图层、颜色和线型设置管理功能

为了便于对图形的组织和管理，AutoCAD 提供了图层、颜色、线型、线宽及打印样式设置功能，可以对绘制的图形对象赋予不同的图层、用户喜欢的颜色、所要求的线型、线宽及打印控制等对象特性，并且图层可以被打开或关闭、冻结或解冻、锁定或解锁。

7. 图块和外部参照功能

为了提高绘图效率，AutoCAD 提供了图块和对非当前图形的外部参照功能，利用该功能，可以将需要重复使用的图形定义成图块，在需要时依不同的基点、比例、转角插入到新绘制的图形中，或将外部及局域网上的图形文件以外部参照的方式链接到当前图形中。

8. 三维实体造型功能

AutoCAD 提供了多种三维绘图命令，如创建长方体、圆柱体、球、圆锥、圆环、楔形体等，以及将平面图形经回转和平移分别生成回转扫描体和平移扫描体等，通过对立体间进行交、并、差等布尔运算，可以进一步生成更为复杂的形体。AutoCAD 提供的三维实体编辑功能可以完成对实体的多种编辑，如：倒角、倒圆角、生成剖面图和剖视图等。实体的查询功能可以方便地自动完成三维实体的质量、体积、质心、惯性矩等物性计算。此外，借助于对三维图形的消隐或阴影处理，可以帮助增强三维显示效果。若为三维造型设置光源、并赋以材质，经渲染处理后，可获得像照片一样非常逼真的三维真实感效果图。

用 AutoCAD 渲染生成的“轿车”三维真实感效果图

9. 幻灯演示和批量执行命令功能

在 AutoCAD 下可以将图形的某些显示画面生成幻灯片，以供对其进行快速显示和演播。可以建立脚本文件，如同 DOS 系统下的批处理文件一样，自动地执行在脚本文件中预定义的一组 AutoCAD 命令及其选项和参数序列，从而提高绘图的自动化成分。

10. 用户定制功能

AutoCAD 本身是一个通用的绘图软件，不针对某个行业、专业和领域，但其提供了多种用户化定制途径和工具，允许将其改造为一个适用于某一行业、专业或领域并满足用户个人习惯和喜好的专用设计和绘图系统。可以定制的内容包括：为 AutoCAD 的内部命令定义用户便于记忆和使用的命令别名、建立满足用户特殊需要的线型和填充图案、重组或修改系统菜单和工具栏、通过形文件建立用户符号库和特殊字体等

11. 数据交换功能

在图形数据交换方面，AutoCAD 提供了多种图形图像数据交换格式和相应的命令，

通过 DXF、IGES 等规范的图形数据转换接口，可以与其他 CAD 系统或应用程序进行数据交换。利用 Windows 环境的剪贴板和对象链接嵌入技术，可以极为方便地与其他 Windows 应用程序交换数据。此外，还可以直接对光栅图像进行插入和编辑。

12. 连接外部数据库

AutoCAD 能够将图形中的对象与存储在外部数据库（如 dBASE、ORACLE、Microsoft Access、SQL Server 等）中的非图形信息连接起来，从而能够减小图形的大小、简化报表并可编辑外部数据库。这一功能特别有利于大型项目的协同设计工作。

13. 用户二次开发功能

AutoCAD 提供有多种编程接口，支持用户使用内嵌或外部编程语言对其进行二次开发，以扩充 AutoCAD 的系统功能。可以使用的开发语言包括：AutoLISP、Visual Lisp、Visual C++（ObjectARX）和 Visual BASIC（VBA）等。

14. 网络支持功能

利用 AutoCAD 绘制的图形，可以在 Internet/Intranet 上进行图形的发布、访问及存取，为异地设计小组的网上协同工作提供了强有力的支持。

15. 图形输出功能

在 AutoCAD 中可以以任意比例将所绘图形的全部或部分输出到图纸或文件中，从而获得图形的硬拷贝或电子拷贝。

16. 完善而友好的帮助功能

2.6.2 界面组成及基本操作

AutoCAD 提供了方便的在线帮助功能，可以指导用户进行相关的使用和操作，并帮助解决软件使用中遇到的各种技术问题。

启动 AUTOCAD2008 后，其用户界面如图 13－1 所示，主要由标题栏、绘图窗口、菜单栏、工具栏、命令提示窗口、滚动条和状态栏等组成，下面分别介绍各部分的功能。

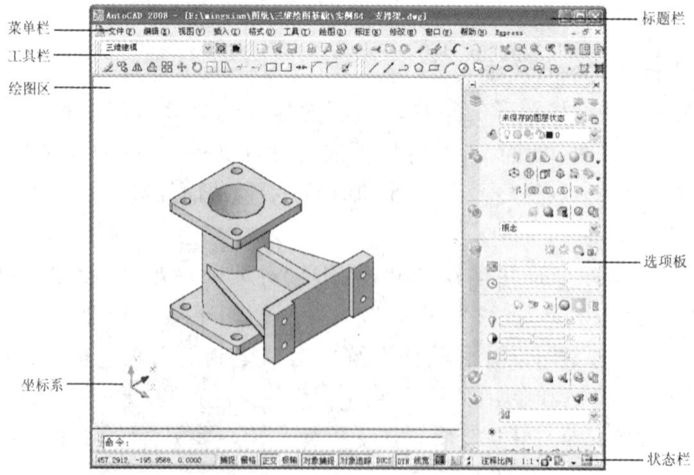

图 13－1 用户界面

2.6.2.1　界面组成

(1)标题栏

在大多数的 Windows 应用程序里面都有，AutoCAD 2008 的标题栏在应用程序的最上面，它的左侧用来显示当前正在运行的应用程序名称，它的右侧为最小化、最大化(还原)和关闭按钮。

(2)绘图窗口

绘图窗口中的光标为十字光标，用于绘制图形及选择图形对象，十字线的交点为光标当前位置，十字线的方向与当前用户坐标系的 X 轴、Y 轴方向平行。

在绘图窗口的左下角有一个坐标系图标，它反映了当前所使用的坐标系形式和坐标系方向。在 AutoCAD 中绘制图形，可以采用两种坐标系：世界坐标系(WCS)和用户坐标系(UCS)。

(3)下拉菜单及光标菜单

AUTOCAD 就执行相应的命令。AUTOCAD 菜单选项有以下 3 种形式：

① 菜单项后面带有三角形标记。

② 菜单项后面带有省略号标记"…"。

③ 单独的菜单项。

(4)工具栏

工具栏是用户访问 AUTOCAD 命令的快捷方式，它包含了许多命令按钮，只要单击某个按钮，AUTOCAD 将会执行相应的命令，图 13－2 为绘图工具栏。

图 13－2　绘图工具栏

(5)命令提示窗口

命令提示窗口在 AUTOCAD 绘图窗口和状态栏的中间。命令行是 AUTOCAD 与用户进行交互对话的地方，它用于显示系统的信息以及用户输入信息。我们可以使用"F2"键来显示该窗口，如图 1－3 所示。

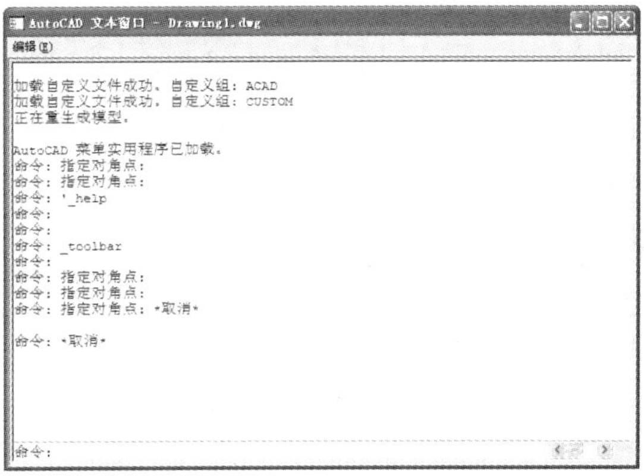

图 13－3　命令提示窗口

(6)滚动条

在 AUTOCAD2008 中,用户可以同时打开多个绘图窗口,其中每个窗口的右边及底边都有滚动条。拖动滚动条上的滑块或单击两端的三角形箭头就可以使绘图窗口中的图形沿水平或垂直方向滚动显示,如图 13-4 所示。

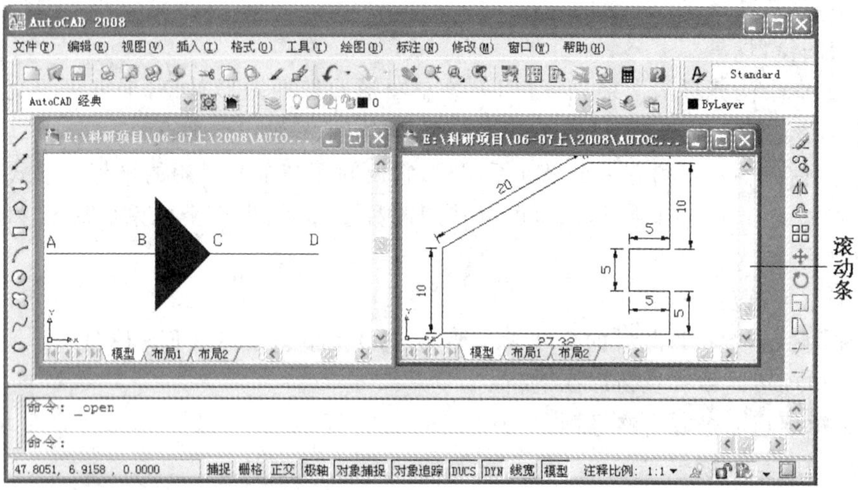

图 13-4 滚动条

(7)状态栏

状态栏位于 AUTOCAD2008 的底部,它反映了此时的工作状态。状态栏右边是指示并控制用户工作状态的 8 个按钮,依次是"捕捉"、"栅格"、"正交"、"极轴"、"对象捕捉"、"对象追踪"、"线宽"和"模型",如图 13-5 所示。

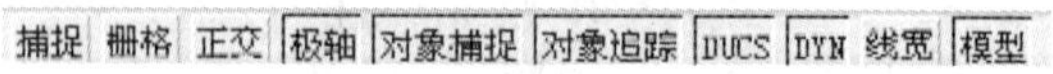

图 13-5 状态栏

2.6.2.2 图形文件管理

AUTOCAD2008 中的图形文件管理指的是创建图形文件、打开图形文件、保存文件和关闭文件,下面我们分别进行介绍。

(1)建立图形文件

命令启动方法:

命令:NEW

下拉菜单:文件→新建

绘图工具栏:"标准"工具栏中的按钮

(2)打开图形文件

命令启动方法:

命令:OPEN

下拉菜单:文件→打开

绘图工具栏:"标准"工具栏中的按钮

(3)保存图形文件

将图形文件保存时，一般采取两种方式：一种是按当前文件名保存；另一种是按新文件名保存。

1. 快速保存

命令启动方法：

命令：QSAVE

下拉菜单：文件→保存

绘图工具栏："标准"工具栏中的按钮

2. 另存文件

命令启动方法：

命令：SAVEAS

下拉菜单：文件→另存为

(4)关闭图形文件

由于 AutoCAD 从 2000 版开始支持多文档环境，因此提供了"close"命令来关闭当前的图形文件，而不影响其他已打开的文件。

命令启动方法：

命令行：close

菜单：文件→关闭

2.6.2.3　基本操作

在本节中我们将介绍 AUTOCAD 的一些基本操作，如启动与撤消命令、缩放以及移动图形等。这些知识都在 AUTOCAD 中绘图的一些基本知识，用户首先应当掌握。

(1)撤消和重复命令

在 AUTOCAD 中，当执行某一个命令时，可以随时使用 ESC 键来终止该命令，此时，AUTOCAD 又回到了命令行。

而在绘图过程中，经常要重复使用某个命令，重复使用命令的方法就是直接按下 ENTER 键。

(2)取消操作

在使用 AUTOCAD 绘图的过程中，不可避免的会出现错误，如果要修正这些错误，可使用 UNDO 命令或单击标准工具栏中的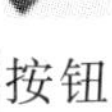按钮。如果想取消前面执行的多个操作，可反复使用 UNDO 命令或反复单击按钮。

(3)快速缩放及移动图形

AUTOCAD 的图形缩放及移动是很完善的，使用起来也很方便。绘图时，我们经常使用标准工具栏上的(按住鼠标中键拖动不放)和(滚动鼠标中键)按钮来完成这两项功能。

① 通过按钮缩放图形

② 通过按钮平移图形

第3章　基本体投影

【内容导读】

生产实际中种类繁多、形状各异的零件，从几何形体的角度看，都是由一些柱、锥、球、环等几何体经过切割、相交等方式组合而成的，我们将这些简单的形体称为基本几何体，简称基本体。基本体分为平面立体和曲面立体两大类，曲面立体的最基本形体为回转体。

【知识要点】

本章将学习基本体的投影特征、三视图画法、读图方法、基本体表面取点的画法、尺寸标注方法及轴测图、草图画法。

本章重点是各种常见基本体的投影特点及其画图步骤；难点是回转体表面上取点、取线的作图方法。

【能力目标】

(1)能根据实物零件或三视图正确判断基本体的种类；

(2)能正确绘制基本体的三视图和轴测图，并学会绘制基本体的草图。

3.1　立体的投影及表面取点

空间物体的形状虽然各不相同，但都可以看成是由一些简单的几何体所组成。而这些简单的几何体又是由一些表面所围成，根据这些表面的性质，几何体可分成两类：

平面立体。由若干平面所围成的几何体，如棱柱、棱锥等。

曲面立体。由曲面或曲面与平面所围成的几何体，最常见的是回转体有圆柱、圆锥、圆球、圆环等。

本章主要介绍常见的一些立体的投影表达及它们的三视图画法，为进一步分析复杂的物体打下基础。

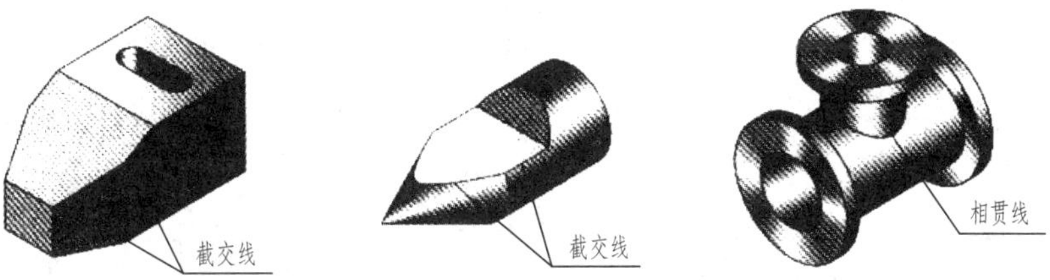

图 3－1 立体中的截交线相贯线

3.1.1　平面立体的投影作图

1. 棱柱

棱柱的棱线相互平行。常见的棱柱有三棱柱、四棱柱、五棱柱和六棱柱等。下面以六棱柱为例，分析投影特征和作图方法。

(1)　投影分析

如图 3－2 所示的正六棱柱的顶面和底面是相互平行的正六边形，六个棱面均为矩形，并且与顶面和底面垂直。为了作图方便，选择正六棱柱的顶面和底面平行于水平面，并且使前后两个棱面和正面平行。

正六棱柱具有以下特征：顶面和底面的水平投影重合，并反映真形（正六边形）；六边形的正面和侧面投影均积聚为直线；六个棱面的水平投影积聚为六边形的六条边；因为前后两个棱面平行于正面，所以正面投影反映真形；侧面投影积聚成两条直线；其余棱面的正面和侧面仍为矩形，但都小于真形。

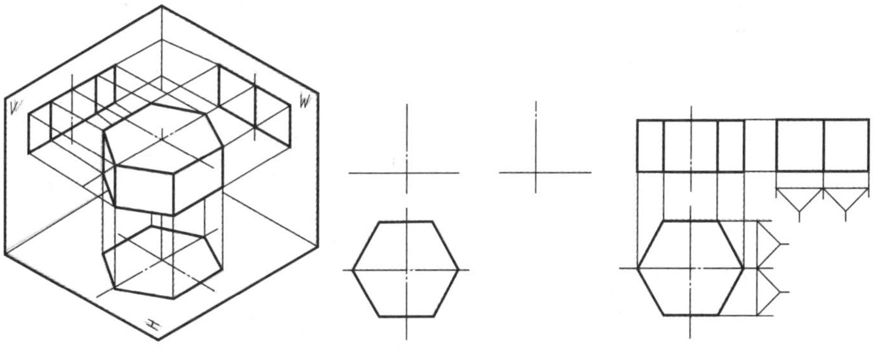

a)　　b)　　c)

图 3－2　正六棱柱的轴测图和三视图的画法

(2)作图步骤

① 作正六棱柱的对称中心线和底面基线，先画出具有轮廓特征的俯视图——正六边形，如图 3－2b 所示。

②按长对正的投影关系，并量取正六棱柱的高度画出主视图，在按照高平齐、宽相等

的投影关系画出左视图如图 3－2c 所示。

（3）识读棱柱的三视图。如图 3－3 所示是各种不同方位棱柱体的三视图，由图可知，当其中一个视图是多边形线框，另两个视图是由粗实线或粗实线和虚线组成的矩形线框时，就可判断该形体为棱柱；棱柱的名称可由多边形的形状决定。

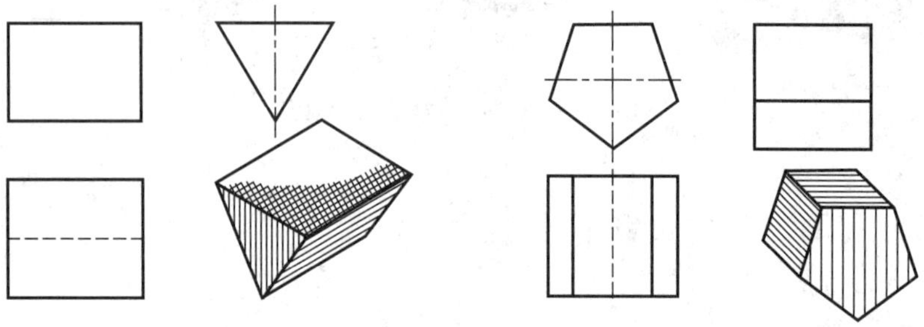

a）下面棱柱　　b）正五棱柱

图 3－3　不同方位的棱柱体及其三视图

棱柱表面取点、取线由于直棱柱的表面都处于特殊位置，所以棱柱表面上点、线的投影均可利用平面投影的积聚性来作图。在判别可见性时，若平面处于可见位置，则该面上点、线的同名投影也是可见的；反之，则为不可见。在平面积聚投影上的点、线的投影，可以不必判别其可见性

【例 3－1】 已知正六棱柱上 A、B、C、D 四点的一个投影如图 3－4a 所示，求这四个点的另二个投影。

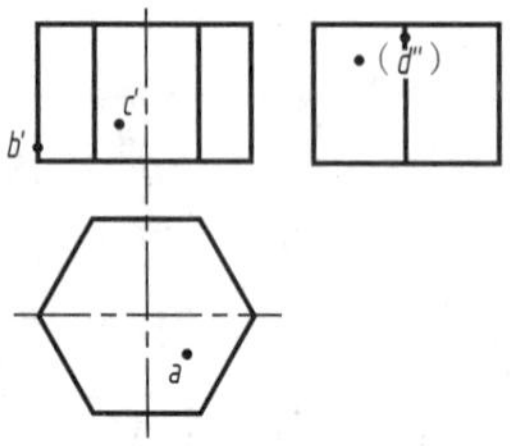

a）题图

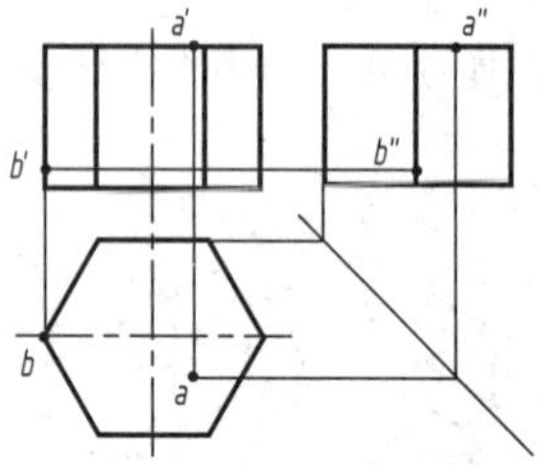

b）利用从属性直接求出A、B两点的另二个投影

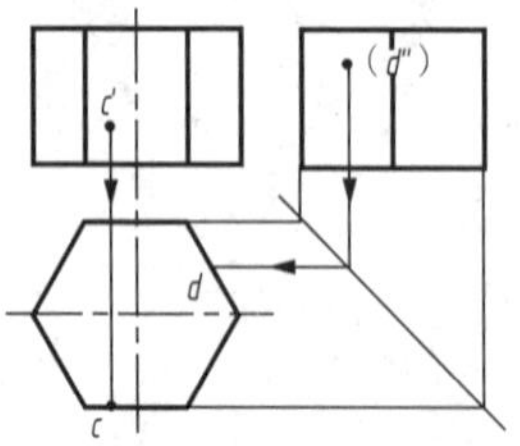

c）利用平面的积聚性求出C、D两点的水平投影

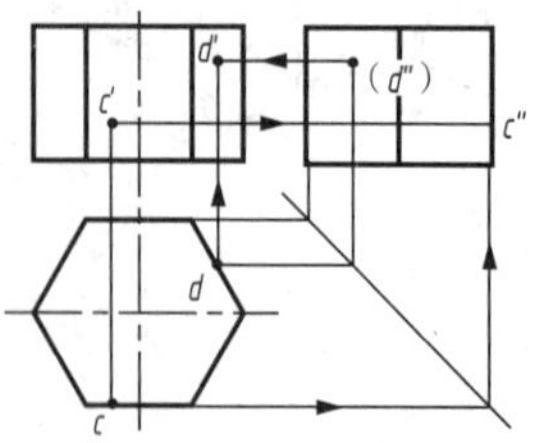

d）根据C、D两点的两个投影求出第三个投影

图 3－4　求正六棱柱表面上的点

投影分析：由图 3－4a 可知，点 A 的水平投影为可见，所以它应在六棱柱的顶面上，而顶面的正面和侧面投影均积聚成直线，因此，可根据投影规律直接求出其两面投影；点 B 在正六棱柱左边棱线上，根据从属性可求出其另两个投影；点 C 和 D 在正六棱柱的棱面上，而正六棱柱的六个棱面的水平投影积聚成正六边形的六条边，因此，这两个点的水平投影一定在正六边形的边上，由于点 C 的正面投影可见，所以其水平投影在六边形的前面，点 D 的侧面投影为不可见，所以其水平投影在六边形的右边，作图时可先求出其水平投影，再由投影规律求出另一个投影。

作图步骤：具体作图步骤见图 3－4b、c、d 所示。

判断可见性：由于点 B 在正六棱柱的左面，所以它的侧面投影为可见；又由于点 D 在正六棱柱的后面，所以它的正面投影 d' 为不可见，加括号表示为(d')。

学与做

若将图 3－4a 中点 B、C 的正面投影 b'、c' 连接成一直线，试求出该直线的另两面投影。

表面取线时，先判断该线通过哪些棱面，再按【例 3－1】方法求出直线的端点以及直线和棱线的交点，判断可见性后按顺序连接起来即可。

2. 棱锥

棱锥的棱线交于一点。常见的棱锥有三棱锥、四棱锥、五棱锥等。下面以棱锥为例，分析投影特征和作图方法。

棱锥投影特征的应用

(1)绘制棱锥的三视图　一般先画底面的投影(即反映底面真实形状的特征视图)，然后画顶点的投影，最后画各棱线的投影并判断可见性。正三棱锥的画图步骤如图 3－6 所示。

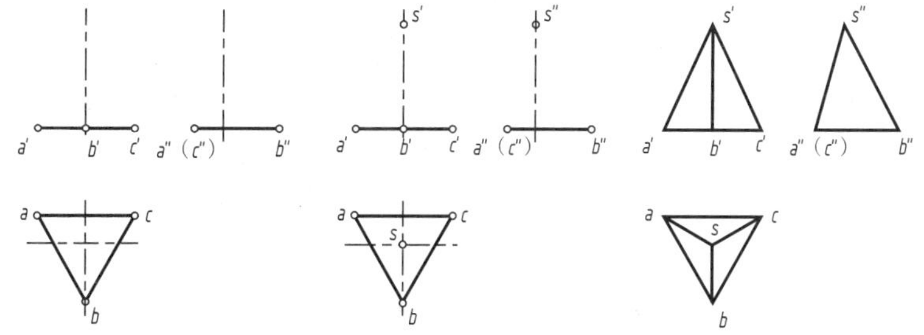

a）画中心线及底面的投影　b）画顶点的投影　c）画棱线的投影并完成全图

图 3－6　正三棱锥的画图步骤

(2)识读棱锥的三视图　如图 3－7 所示是各种不同方位棱锥体的三视图，由图可知，当其中一个视图是由三角形组成的多边形线框，另两个视图是由粗实线或粗实线和虚线组成的三角形线框时，就可判断该形体为棱锥；棱锥的名称可由多边形的形状决定。

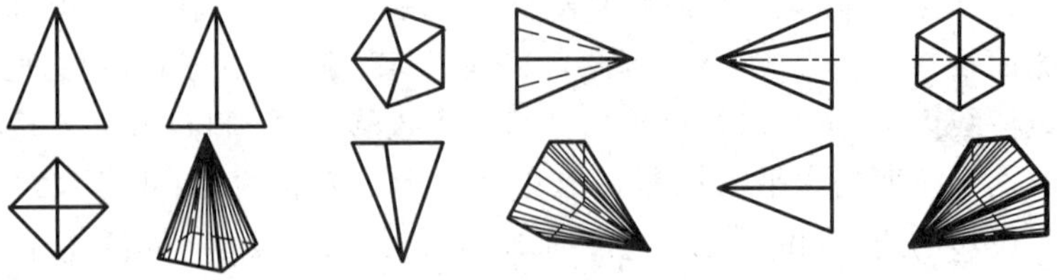

a）正四棱锥　　b）正五棱锥　　c）正六棱锥

图 3－7　不同方位的棱锥体及其三视图

凡属于特殊位置表面上的点，可利用投影的积聚性直接求得；而属于一般位置表面上的点可通过在该面上作辅助线的方法求得。

【例 3－2】　如图 3－8 所示，已知三棱锥上点 M 的 H 面投影和点 N 的 V 面投影，求作 M、N 两点的其余投影。

投影分析：

① 根据点 M 的水平投影 m 的位置及可见性，可知点 M 在正三棱锥 $S-ABC$ 的侧面△SAC 上，且△SAC 的侧面投影有积聚性，可利用积聚性求出其余二投影。

② 根据点 N 的正面投影 n' 的位置及可见性，可知点 N 在正三棱锥的侧面△SAB 上，且侧面△SAB 为一般位置平面，须用辅助线法来求点的其余二投影。

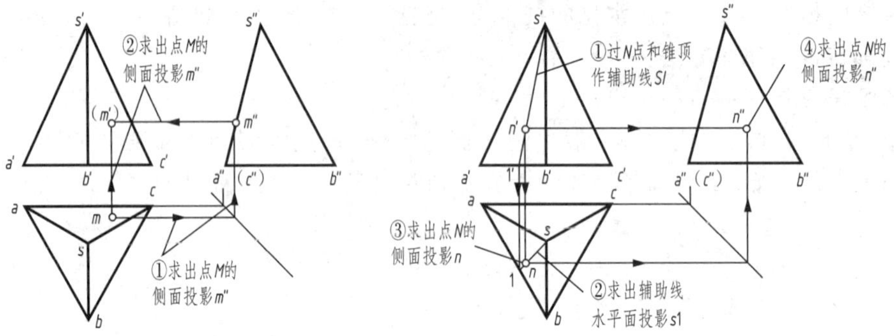

a）利用积聚性M点的两面投影　　b）过锥顶作辅助线求点N的两面投影

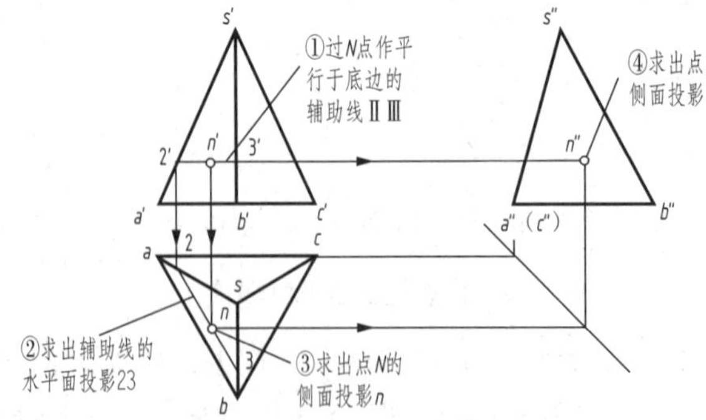

c）作平行于底边的辅助线求点N的两面投影

图 3－8　求作三棱锥上的点

作图步骤：求点 M 的作图方法和步骤如图 3－8a 所示。求点 N 有两种作辅助线的方法，具体作图方法和步骤如图 3－8b、c 所示。

判断可见性：由于点 M 所属棱面△SAC 的 V 面投影看不见，所以其正面投影不可见，写成(m')。又由于点 N 所属棱面△SAB 在 H 面和 W 面上的投影是可见的，所以点 n 和 n'' 也是可见的。

学与做

若将图 3－8 中点 M 和点 N 的水平投影 m、n 连接成一直线，试求出该直线的另两面投影。

棱锥表面取线的分析方法和棱柱相同，可按【例 3－2】的作图方法求出直线的端点以及直线和棱线的交点，判断可见性后连线即可。

3.1.2　曲面立体的投影作图

1. 圆柱

圆柱体的表面由圆柱面和上下底面组成，圆柱面可以看作是由一条直母线绕平行于它的轴线旋转一周而成，如图 3－9 所示，直母线又称为圆柱面的素线。

(1)投影分析

如图 3－9 所示，当圆柱轴线垂直于水平面时，圆柱上下底面的水平投影反映实形，正面和侧面投影积聚为直线。圆柱面的水平投影积聚为一圆周，于底面的水平投影重合。在正面投影中，前、后两个投影面的投影重合为一矩形，矩形的两条竖线分别是圆柱面最左、最右素线的投影，也是圆柱面前、后分界的转向轮廓线。在侧面投影中，左、右两半圆柱面的投影重合为一矩形，矩形的两条竖线分别是圆柱面最前、最后素线的投影，也是圆柱面左、右分界的转向轮廓线。

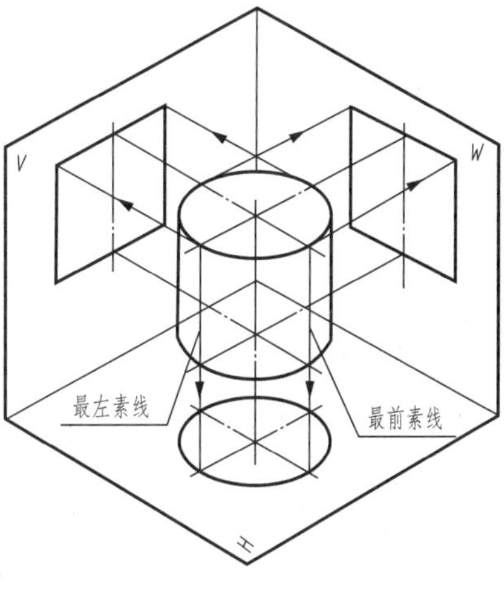

图 3－9　圆柱的形成及其投影图

(2)圆柱表面取点、取线

圆柱面上点的投影,均可用柱面投影的积聚性求得,而表面取线则是作出线的端点、线和轮廓素线的交点及中间的多个点的投影,判断可见性后光滑连接。

【例 3 - 3】 已知圆柱面上 A、B、C、D 四点的一个投影如图 3 - 10a 所示,求作其余两面投影。

投影分析:点 A、B 处在圆柱面最右、最前转向轮廓素线上,是特殊点,可直接求出;点 C、D 是一般位置点,因为圆柱面的投影有积聚性,所以可利用积聚性来求点 C 和 D 的另两面投影。

作图步骤:如图 3 - 10b、c 所示,其中序号①、②指作图的步骤。

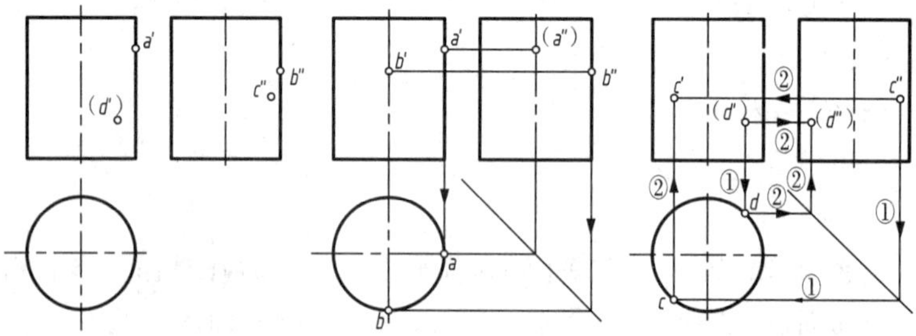

a)题图　　b)求转向轮廓素线上的点　　c)求一般位置点

图 3 - 10　圆柱表面上取点

判断可见性:由 A 点在右面可知其 W 面投影 a'' 为不可见;B 和 C 点在前面,所以其 V 面投影 b' 和 c' 为可见;D 点在后面和右面,所以其 W 面投影 d'' 为不可见。

学与做

若将图 3 - 10c 中点 C、D 的正面投影 c'、d' 连接成一直线,试求出该直线的另两面投影。

圆柱表面取线时,按【例 3 - 3】方法先求出线上的特殊位置点,再求出若干一般位置点,判断可见性后按顺序光滑连接起来即可。

2. 圆锥

圆锥体的表面由圆锥面和底面组成,圆锥面可看作由一条直母线绕与它斜交的轴线旋转一周而成,如图 3 - 11a 所示,直母线又称为圆锥面的素线。

(1)投影分析

如图 3 - 11b 所示,为轴线垂直于水平面的正圆锥的三视图,圆锥底面平行于水平面,水平投影反映实形,正面和侧面投影积聚为直线。圆锥面的三个投影都没有积聚性,其水平投影与底面的水平投影重合,全部可见。在正面投影中,前、后两个半锥投影重合为一等腰三角形,三角形的两腰分别是圆锥面最左、最右素线的投影,也是圆锥面前、后分界的转向轮廓线。在侧面投影中,左、右两半锥面的投影重合为一等腰三角形,三角形的两腰分别是圆锥面最前、最后素线的投影,也是圆锥面左、右分界的转向轮廓线。

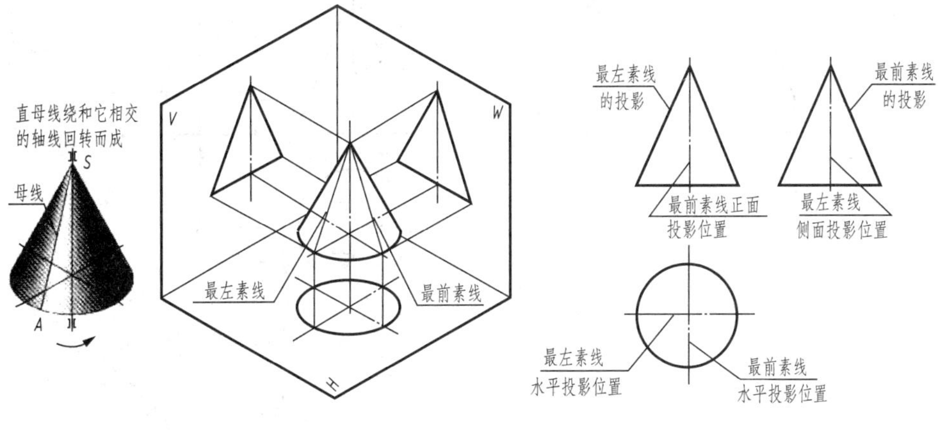

a)　　　　b)

图 3-11　圆锥的形成及其投影图

(1)圆锥面上取点、取线

处于圆锥转向轮廓素线和底面的点是特殊位置点,可利用投影关系或积聚性直接作出;处于圆锥表面任意位置的点是一般位置点,可利用作辅助线的方法求出。圆锥表面取线则是在线上取端点、线和轮廓素线的交点及中间的多个点的投影,判断可见性后光滑连接。

【例 3-4】 如图 3-12a 所示,已知圆锥表面上的点 A、B、C 和 M 的一个投影,求作它们的另外两个投影。

投影分析:由于点 A、B 分别处在圆锥面上最右和最前的转向轮廓素线上,利用点在直线上投影的从属性可直接求出;点 C 的水平投影 c 为不可见,则点 C 在圆锥底面上,利用底面的积聚投影可直接求出 C 的另二个投影。点 A、B、C 是圆锥表面的特殊位置点。

点 M 处于圆锥面上的一般位置,且圆锥面的投影没有积聚性,因此,需要用作辅助线的方法求出其投影。为方便作图,常用的辅助线有两种:一是辅助素线法,即通过圆锥面上已知点连接锥顶作出辅助素线求出点的投影的方法;二是辅助纬线圆法,即通过圆锥面上已知点作一个和底面平行的圆求出点的投影的方法;辅助线法的分析如图 3-12e 所示。

作图步骤:

① 由 A、B、C 三点的已知投影向另两个投影面作投影连线,与最右、最前及三角形的底边的交点即为所求,具体步骤如图 3-12b 所示。

② 辅助素线法:如图 3-12c 所示,过锥顶连接点 M 作一辅助素线 SI,再根据从属性求出另两个投影。具体作图方法和步骤见图 3-12d。

③ 辅助纬线圆法:如图 3-12c 所示,过点 M 在圆锥面上作一垂直于圆锥轴线的水平纬线圆,该圆与圆锥底面平行,其 V 面投影积聚为直线(长度等于辅助纬线圆的直径),H 面投影反映圆的实形;然后同样根据从属性求出点的另两个投影。具体作图方法和步骤见图 3-12e 所示。

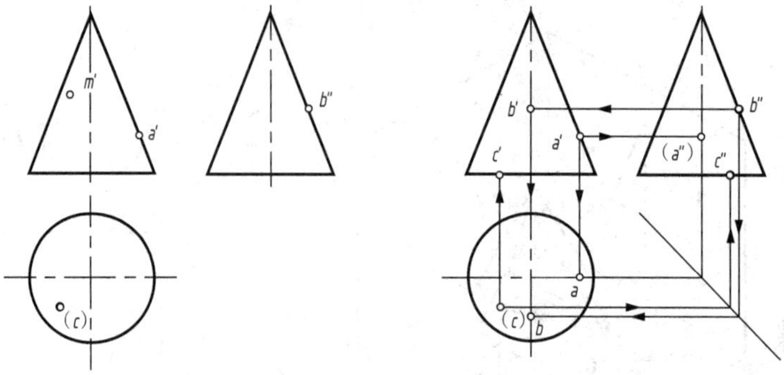

a）题图　　b）求作特殊位置点的投影

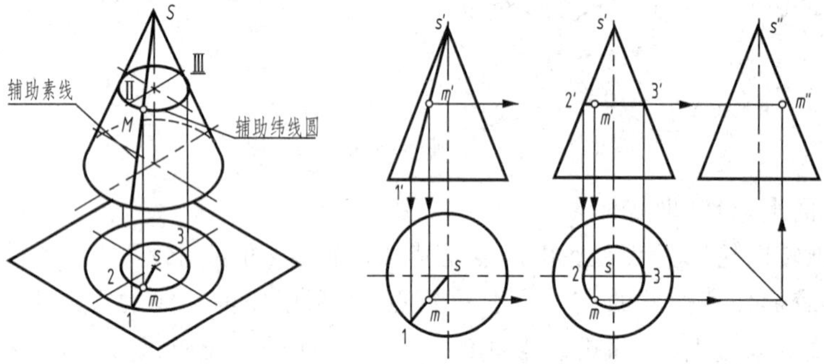

c）辅助线法分析图　　d）辅助素线法　　e）辅助纬线圆法

图 3－12　圆锥表面取点

判断可见性：由于点 A 在圆锥面的右面，所以其 W 面投影为不可见；点 B 在圆锥面的前面，所以其 V 面投影为可见；点 C 在底面的积聚投影上，不需判断可见性，均为可见。点 M 在圆锥面的前面和左面，所以它的三面投影均为可见。

学与做

若将图 3－12c 中点 A、M 的正面投影 a'、m' 连接起来，试求出该线的另两面投影。

圆锥表面取线时，按【例 3－4】方法先求出线上的特殊位置点，再求出若干一般位置点，判断可见性后按顺序光滑连接起来即可。

3. 圆球

圆球面可以看作是圆母线绕其直径旋转一周形成的，如图 3－10a 所示。

(1)投影分析

如图 3－13b、c 所示，球面上最大圆 A 把圆球分成前、后两个半球，前半球可见，后半球不可见，正面投影为圆 a'，形成了主视图的轮廓线，而其水平投影和侧面投影都于相应的中心线重合，不必画出；最大圆 B 把圆球分成上、下两个半球，上半球可见，下半球不可见，俯视图只要画出水平投影圆 b；最大圆 C 把圆球分成左、右两个半球，左半球可见，右半球不可见，左视图只要画出侧面投影圆 c''，BC 的其余两投影与相应的中心线重合，均不必画出。

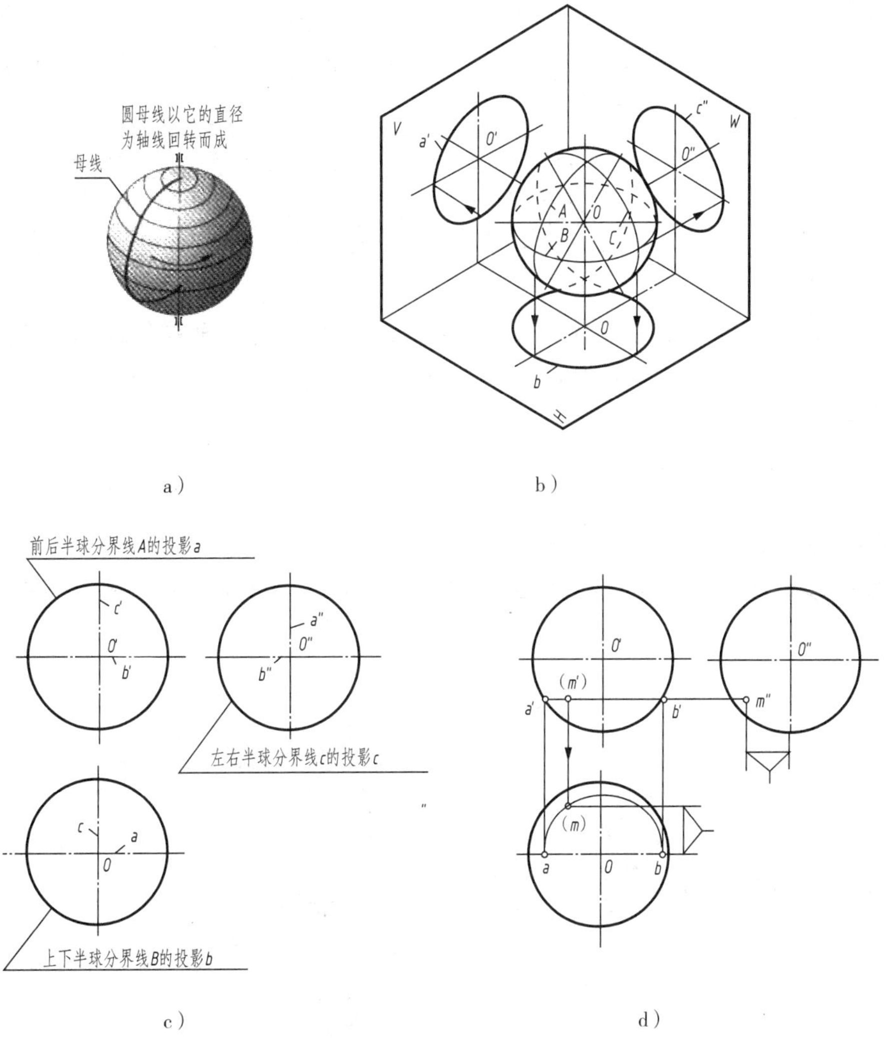

图 3-13　圆球的形成及其投影图

(2)作图方法

如图 3-13c 所示，先确定球心的三面投影，过球心分别画出圆球垂直于投影面轴线的三投影，再画出与球等直径的圆。

(3)表面取点

如图 3-13d 所示，已知球面上点 M 的正面投影(m')，求作 m 和 m''，由于球面的三面投影均无积聚性，需利用辅助纬圆法求解。

过(m')作水平纬圆的正面投影 $a'b'$，在作出其水平投影（以 o 为圆心，$a'b'$ 为直径画圆），由(m')在该圆的水平投影上求得 m，由于(m')不可见，所以 m 在后半球面上。由因为(m')在下半球面上，所以 m 不可见，在投影符号上加括号。再由(m')和(m)求得 m''，由于点 M 在左半球，所以 m''可见。

学与做

圆柱、圆锥、球表面取线时，先求出线上的特殊位置点，再求出若干一般位置点，判断可见性后按顺序光滑连接起来即可。

3.2 截交

由平面切割立体，平面与立体表面的交线称为截交线，该平面称为截平面，由截交线所围成的平面图形称为截断面，如图 3－14a 所示。

3.2.1 平面切割平面立体

平面与平面体相交，其截断面为一平面多边形。

【例 3－5】 如图 3－14a 所示，三棱锥被正垂面 P 切割，求作切割后三棱锥的三视图。

分析：

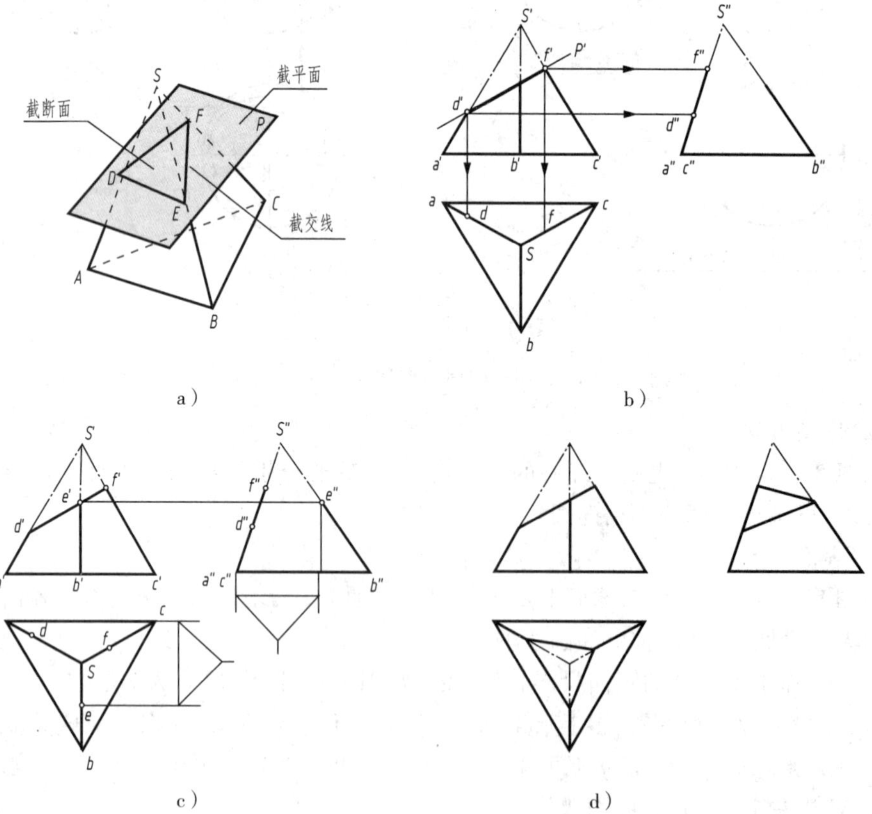

图 3－14 三棱锥截交线的画法

正垂面 P 与三棱锥的三条棱线都相交，所以截交线构成一个三角形，其顶点 D、E、F 是各棱线与平面 P 的交点。由于这些交点的正面投影与正垂面 P 的正面投影重合，所以可利用直线上的点的投影特性，由截交线的正面投影作出水平投影和侧面投影。

作图：

(1)作出三棱锥的三视图以及截平面的正面投影 p'，由 $s'a'$ 和 $s'c'$ 与的交点 d' 和 f'，分别在 sa、sc 和 $s''a''$、$s''c''$ 上直接作出 d、f 和 d''、f''，如图 3-14b 所示。

(2)由于 SB 是侧平线，可由 $s'b'$ 与 p' 的交点 e' 先在 $s''b''$ 上作出 e''，再利用宽相等的投影关系在 sb 上作出 e，如图 3-14c 所示。

(3)连接各顶点的同面投影，即为所求截交线的三面投影，画出切割后的三棱锥图，如图 3-14d 所示。

3.2.2　平面切割回转曲面体

平面切割曲面体时，截交线的性质取决于曲面立体表面的形状以及截平面与曲面立体的相对位置，当平面与曲面立体相交时，截交线的形状和性质见表 3-1。

表 3-1

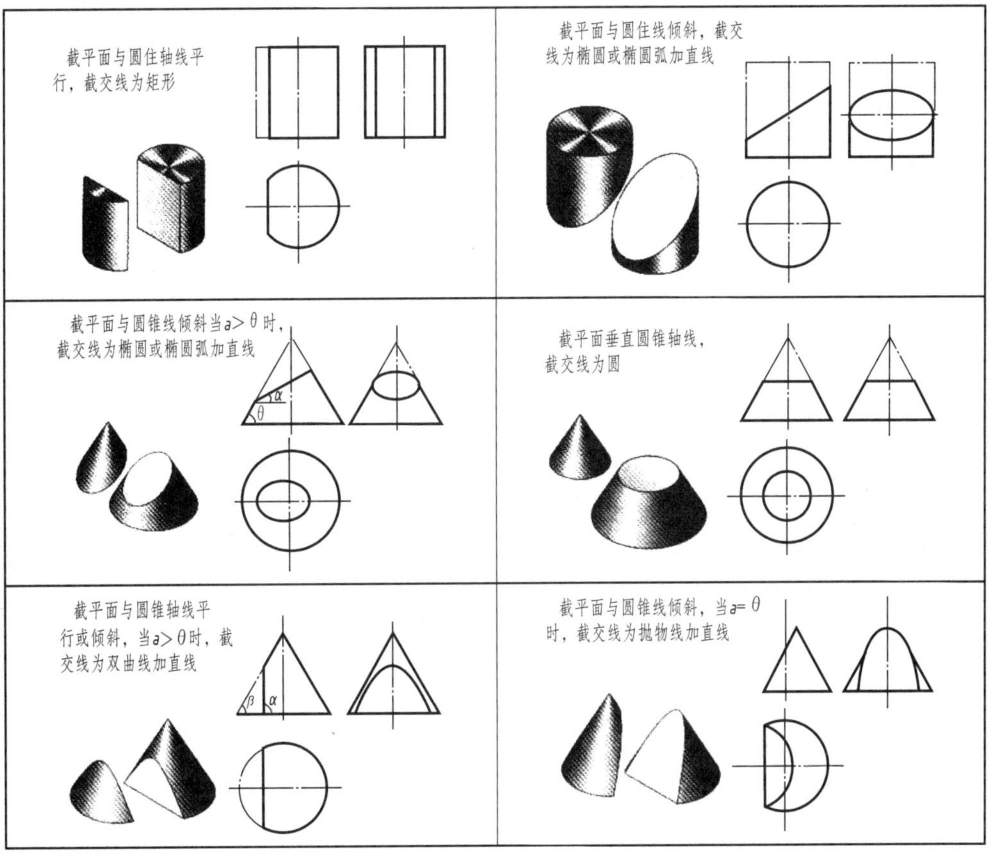

平面与回转曲面体相交时，其截交线一般为封闭的平面曲线或直线，或直线与平面

曲线组成的封闭平面图形。作图的基本法是求出曲面体表面上若干条素线与截平面的交点，然后光滑连接而成。截交线上一些能确定其形状和范围的点，如最高与最低点、最左与最右点、最前与最后点，以及可见与不可见的分界点等，均称为特殊点。作图时通常先作出截交线上的特殊点，再按需要作出一些中间点，最后依次连接各点，并注意投影的可见性。

1. 平面与圆柱相交

平面与圆柱相交时，根据平面与圆柱轴线不同的相对位置可形成两种（当截平面与圆柱轴线垂直时，截交线为圆，未列入表内）不同形状的截交线，见表 3－1。

【例 3－6】 如图 3－15a 所示为圆柱被正垂面斜切的主、俯视图，求作左视图。

分析：

截平面 P 与圆柱的轴线倾斜，截交线为椭圆。由于 P 面是正垂面，所以截交线的正面投影积聚在 p' 上；因为圆柱面的水平投影有积聚性，所以截交线的水平投影积聚在圆周上。而截交线的侧面投影一般情况下为椭圆。

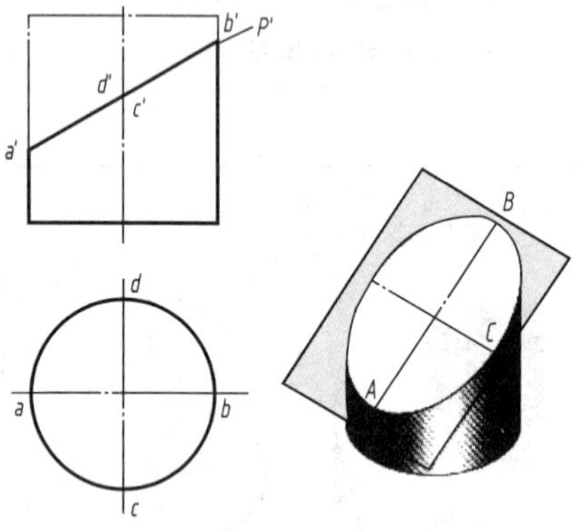

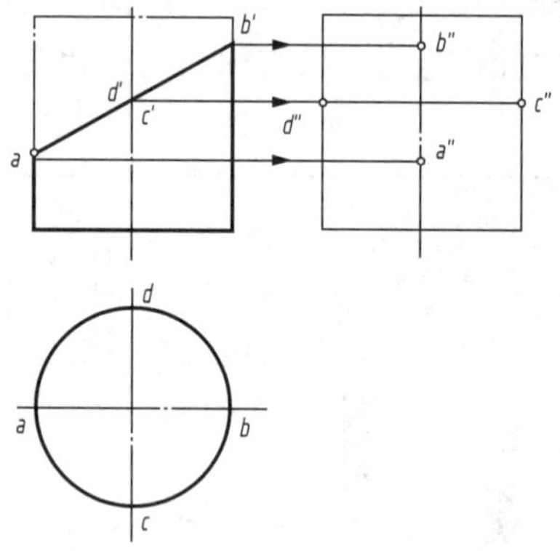

图 3－15 圆柱被正垂面切割

作图：

（1）求特殊点 如图 3－15a 所示，最低点 A、最高点 B 是椭圆长轴的两端点，也是位于圆柱最左、最右素线上的点。最前点 C、最后点 D 是椭圆短轴两端点，也是位于圆柱最前、最后素线上的点。A、B、C、D 的正面投影和水平投影可利用积聚性直接作出，然后由正面投影 a'、b'、c'、d'和水平投影 a、b、c、d 作出侧面投影 a''、b''、c''、d''，如图 3－15b 所示。

（2）求中间点 为了准确作图，还必须在特殊点之间作出适当数量的中间点，如 E、F、G、H 各点。可先作出它们的水平投影 e、f、g、h 和正面投影 $e'f'g'h'$，再作出侧面投影 $e''f''g''h''$如图 3－15c 所示。

（3）依次光滑连接 $a''e''c''g''b''h''d''f''a''$，即为所求截交线椭圆的侧面投影，圆柱的轮廓线在 c''、d''处与椭圆相切，描深，如图 3－15d 所示。

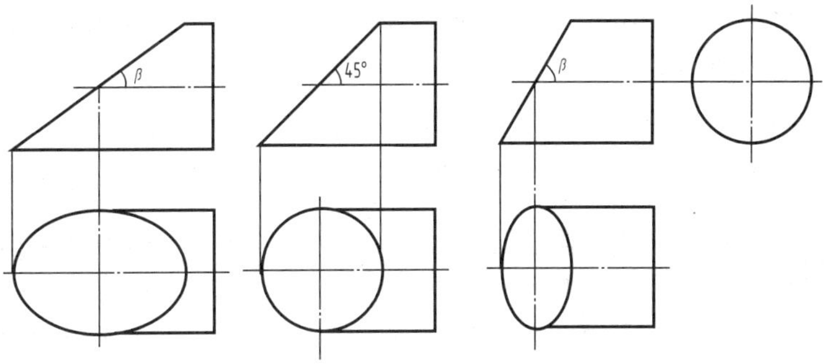

学与做

随着截平面与圆柱轴线倾角的变化，所得截交线椭圆的长短轴的投影也相应变化，如图上所示。当截平面与轴线成 45°时（正垂面位置），交线的空间形状为圆。

【例 3－7】 补全接头的三面投影，如图 3－16a 所示。

分析：接头是一个圆柱体左端开槽（中间被两个正平面和一个侧平面切割），右端切肩（上、下被水平面和侧平面对称地切去两块）而形成。所产生的截交线均为直线和平行于侧面的圆。

作图：

（1）根据槽口的宽度，按前后对称作出槽口的侧面投影（两条竖线），再按投影关系作出槽口的正面投影，如图 3－16b 所示。

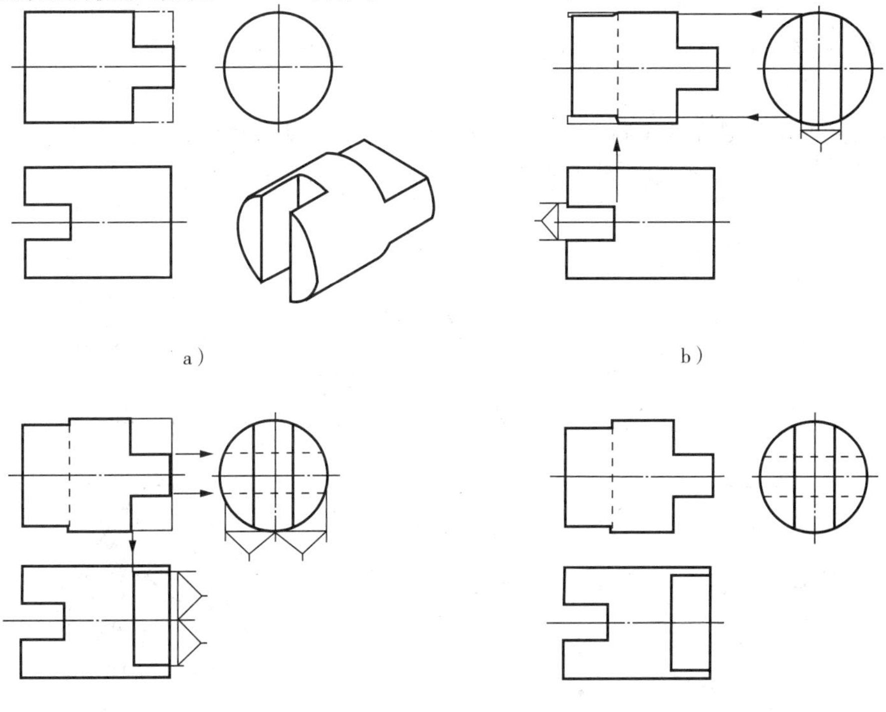

a)　　b)　　c)　　d)

图 3－16　接头表面截交线的作图步骤

(2)根据切肩的厚度，作出切肩的侧面投影（两条虚线），再按投影关系作出切肩的水平投影，如图 3-16c 所示。

(3)擦去多余作图线，描深，如图 3-16d 所示。

学与做

由图 3-16d 的正面投影可看出：圆柱体的最高、最低两条素线因左端开槽而各截去一段，所以正面投影的外形轮廓线在开槽部位向轴线“收缩”，其收缩程度与槽宽有关；又从水平投影可看出：圆柱体右端切肩被切去上、下对称两块，其截交线的水平投影为矩形，因为圆柱体上最前、最后素线的切肩部位未被切去，所以圆柱体水平投影的外形轮廓线是完整的。

2. 平面与圆锥相交

见表 3-1，根据截平面对圆锥轴线的位置不同，圆锥面截交线有五种情况：椭圆、圆、双曲线、抛物线和相交线。除了过锥顶的截平面与圆锥面的截交线是相交两直线外，其他四种情况都是曲线，但不论何种曲线（圆除外），其作图步骤总是先作出截交线上的特殊点，再作出若干中间点，然后光滑连成曲线。

小常识

求作圆锥的截交线时，当圆锥截交线为圆和直线（形状为三角形）时，可直接按截平面的投影对应关系画出；当截交线为椭圆、抛物线、双曲线时，则要应用圆锥表面取点、取线的方法作出。对于截交线上一般位置点的求法，通常采用辅助纬线圆法。

【例 3-8】 求作圆锥被一正垂面切割后的投影，如图 3-17a 所示。

分析：

由于截平面与圆锥轴线倾斜，所以其截交线为一椭圆。截平面是正垂面，其正面投影积聚成一直线，水平投影和侧面投影均为椭圆。

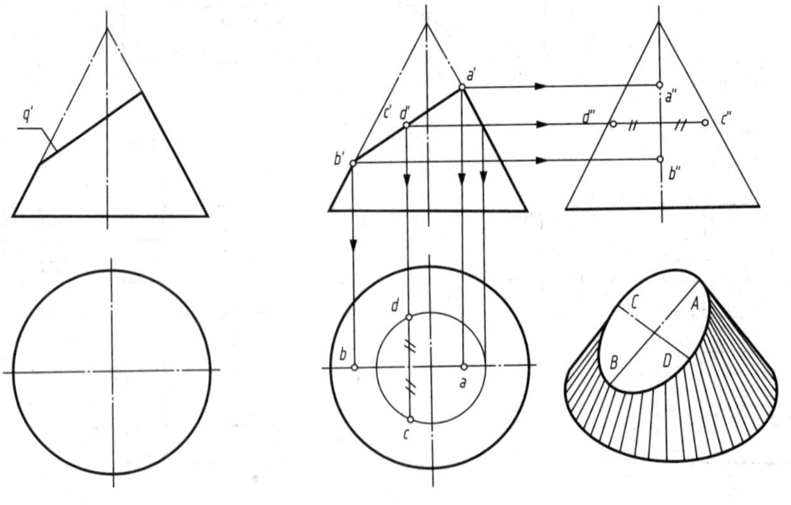

a)　　　　　　　　　　b)

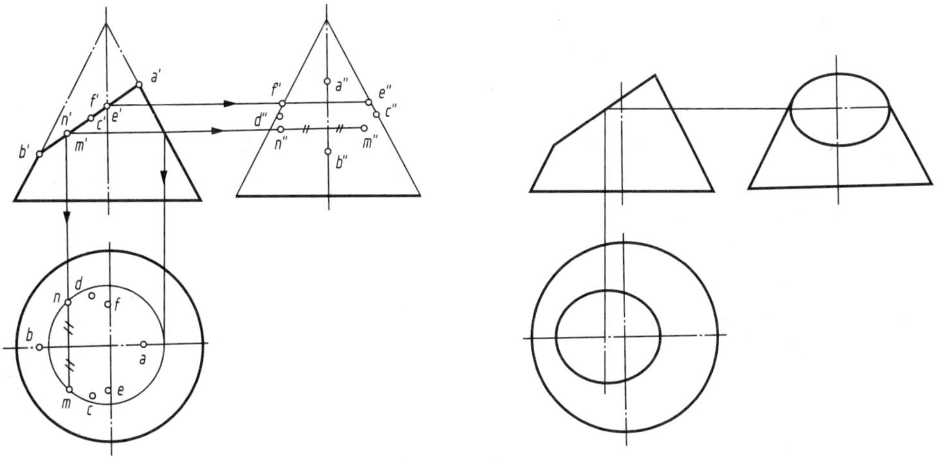

c)　　　　　　　　d)

图 3－17　圆锥被正垂面切割

作图：

（1）求特殊点　如图 3－17b 所示，椭圆长轴上的两个端点 B、A 是截交线上最低、最高和最左、最右点，也是圆锥转向轮廓线上的点，可利用投影关系由 a'、b' 求得 a、b 和 a''、b''；椭圆短轴上两个端点 C、D 是截交线上的最前、最后点，其正面投影 c'、d' 重影于 $a'b'$ 的中点，利用纬圆法即可求得 c、d 和 c''、d''。如图 3－17c 所示，椭圆上 E、F 点也是转向轮廓线上的点，由 e'、f' 求得 e、f 和 e''、f''。

（2）求中间点　用纬圆法在特殊点之间再作出若干中间点，如 $M(m、m'')$、$N(n、n'')$ 等，如图 3－17c 所示。

（3）依次连接各点的水平投影和侧面投影，即为所求（e''、f'' 以上转向轮廓线被切去），作图结果如图 3－17d 所示。

【例 3－9】　求作圆锥被正平面切割后的投影，如图 3－18 所示。

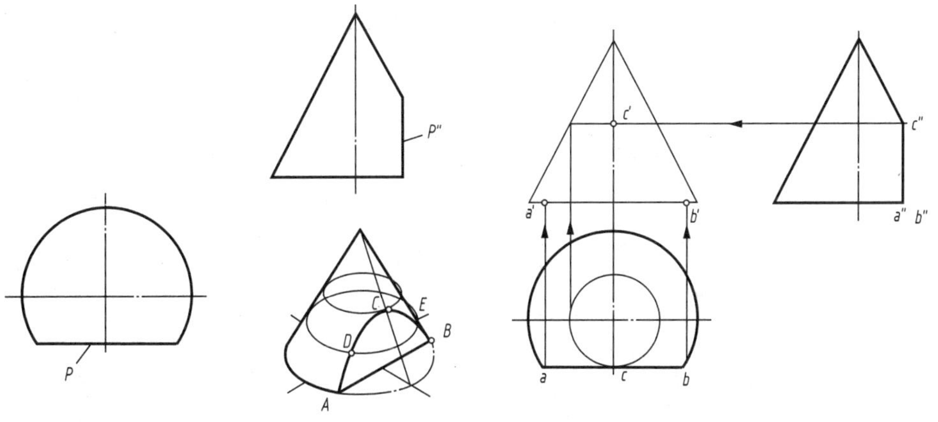

a)　　　　　　　　b)

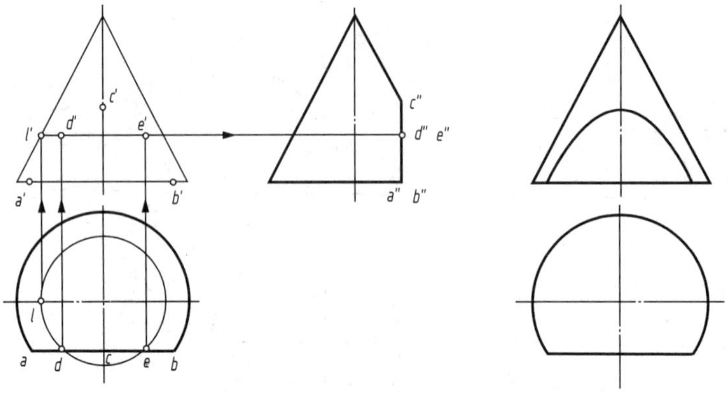

c)　　　　d)

图 3－18　圆锥被正平面切割

分析：

正平面与圆锥轴线平行，与圆锥面的交线为双曲线，其正面投影反映实形，水平和侧面投影均积聚为直线（只要作出双曲线的正面投影）。

作图：

(1)求特殊点　先画出圆锥的正面投影。AB 两点位于底圆上，是截交线上最低、最左、最右点；点 C 位于圆锥的最前素线上，是最高点。可利用投影关系直接求得 $a'b'$ 和 c'，如图 3－18b 所示。

(2)求中间点　用纬圆法在特殊点之间再作出若干中间点，如 DE 等，如图 3－18c 所示。

(3)依次光滑连接各点的正面投影即为所求，如图 3－18d 所示。

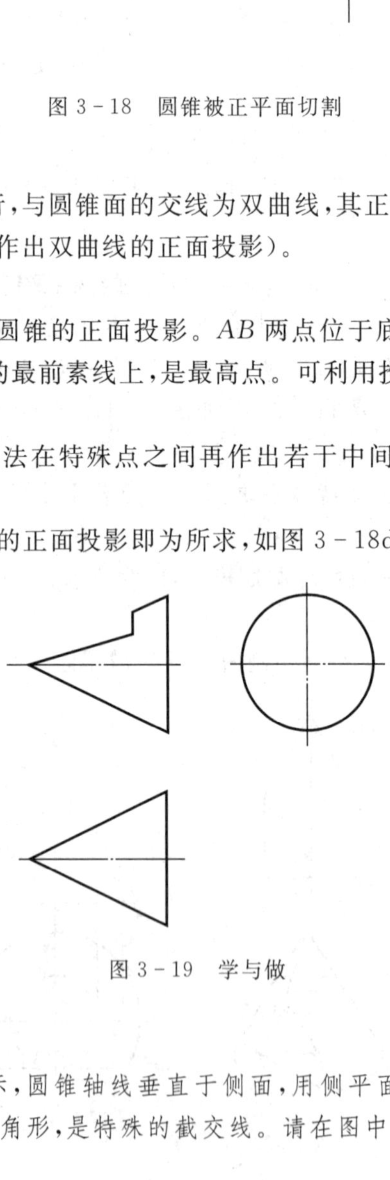

图 3－19　学与做

学与做

如图 3－19 思考题所示，圆锥轴线垂直于侧面，用侧平面和过锥顶的正垂面切割圆锥，截交线的形状是圆和三角形，是特殊的截交线。请在图中作出该截交线的投影。

3. 平面和圆球相交

平面与圆球相交，不论平面与圆球的相对位置如何，其截交线总是圆。根据平面对投影面的相对位置不同，所以截交线的投影可以是圆、直线或椭圆。如图 3－20 所示，当截平面平行于投影面时，截交线圆在该投影面上的投影反映实形，而在另外两个投影面上的投影积聚成长度等于该圆直径的直线段。当截平面垂直投影面时，如图 3－20 所示正垂面与圆球的截交线是圆，圆的正面投影积聚成直线，其水平投影和侧面投影都是椭圆。

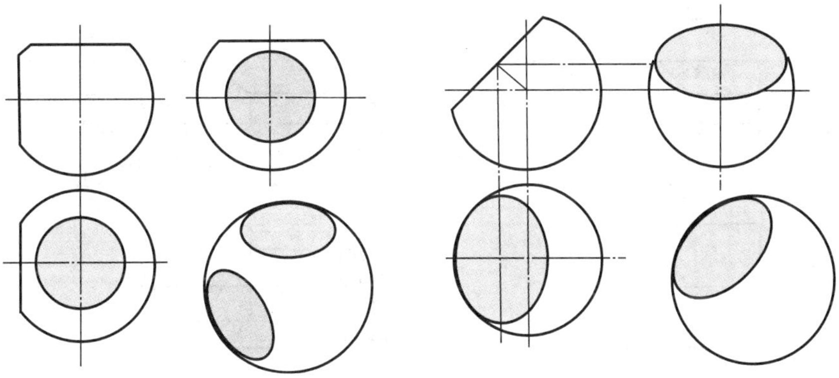

图 3－20　平面切割圆球

【例 3－10】 绘制如图 3－21 所示顶尖的三视图。

分析：顶尖头部是由同轴（侧垂线）的圆锥和圆柱被水平面 P 和正垂面 Q 切割而成。P 平面与圆锥面的交线为双曲线，与圆柱面的交线为两条侧垂线（AB、CD）。Q 平面与圆柱面的交线为椭圆弧。P、Q 两平面的交线 BD 为正垂线。由于 P 面和 Q 面的正面投影以及 P 面和圆柱面的侧面投影都有积聚性，所以只要作出截交线以及截平面 P 和 Q 交线的水平投影。

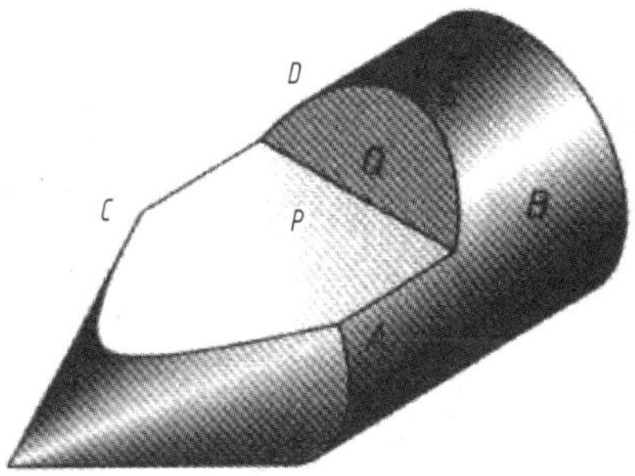

图 3－21　顶尖

作图：

（1）画出同轴回转体完整的三视图，在主视图上作出 P、Q 平面有聚集性的正面投影，如图 3－22a 所示。

(2)如图 3-22 所示的方法作出平面与圆锥面的交线(双曲线)。按投影关系作出平面与圆柱的交线的水平投影 $abcd$,以及 P、Q 两平面交线 BD 的水平投影 bd,如图 3-22b 所示。

(3)正垂面 Q 与圆柱面的交线(椭圆弧)的正面投影积聚为直线,侧面投影积聚为圆。由 e' 作出 e 和 e'',在椭圆弧正面投影的适当位置定出 e' 和 g',直接作出侧面投影 f''、g'',再由 $f''g''$ 和 $e'g'$ 作出 f、g,依次连接 $bfegd$ 即为 Q 平面与圆柱面交线的水平投影,如图 3-22c 所示。

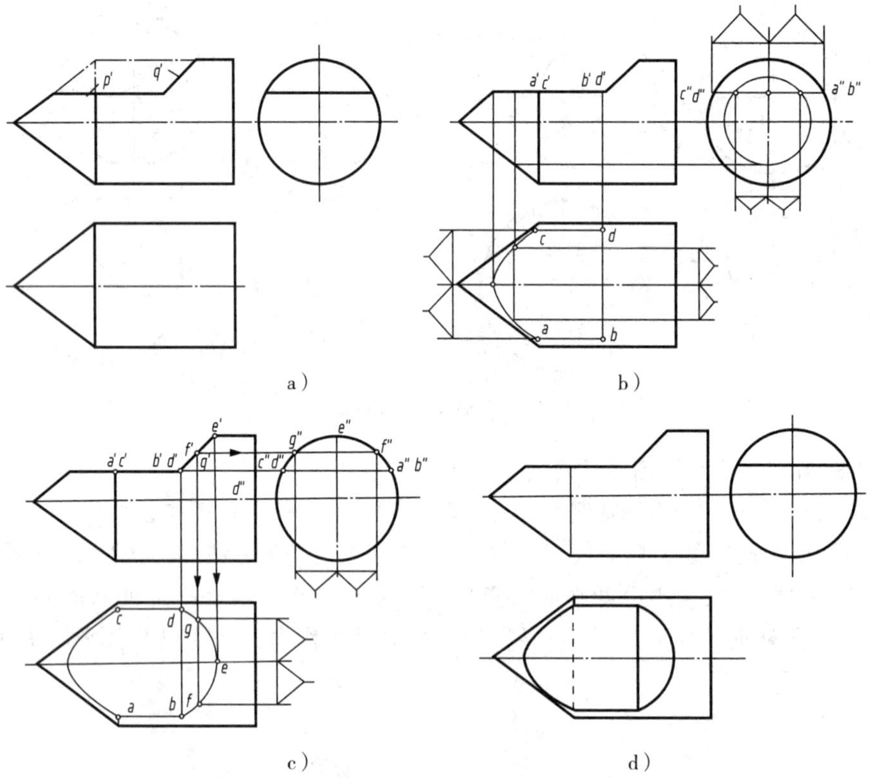

图 3-22　顶尖投影作图

(4)作图结果如图 3-22d 所示,注意俯视图中圆锥与圆柱交接处的一段虚线不要遗漏。

小常识

由几个共轴线的回转体组成的形体称为共轴回转体,其截交线的作图步骤为:

(1)分析共轴回转体是由哪些基本体组成的,并找出分界线;

(2)分析截平面与每个被截切的基本体的相对位置、截交线的形状和投影特性;

(3)逐个画出基本体的截交线,并在分界线处将它们连接成封闭的平面图形。

3.3　相贯

两回转体相交，最常见的是圆柱与圆柱的相交，圆锥与圆柱相交以及圆柱与圆球相交，其表面的交线称为相贯线，相贯线的形状取决于两回转体各自的形状、大小和相对位置，一般情况下为闭合的空间曲线。两回转体的相贯线，实际上是两回转体表面上一系列共有点的连线，求作共有点的方法通常采用表面取点法（积聚性法）和辅助平面法。

3.3.1　圆柱与圆柱相交

两圆柱正交是工程上最常见的，如图 3－1 所示三通管就是轴线正交的两圆柱表面所形成相贯线的实例。

【例 3－11】　两个直径不等的圆柱正交，求作相贯线的投影，如图 3－23 所示。

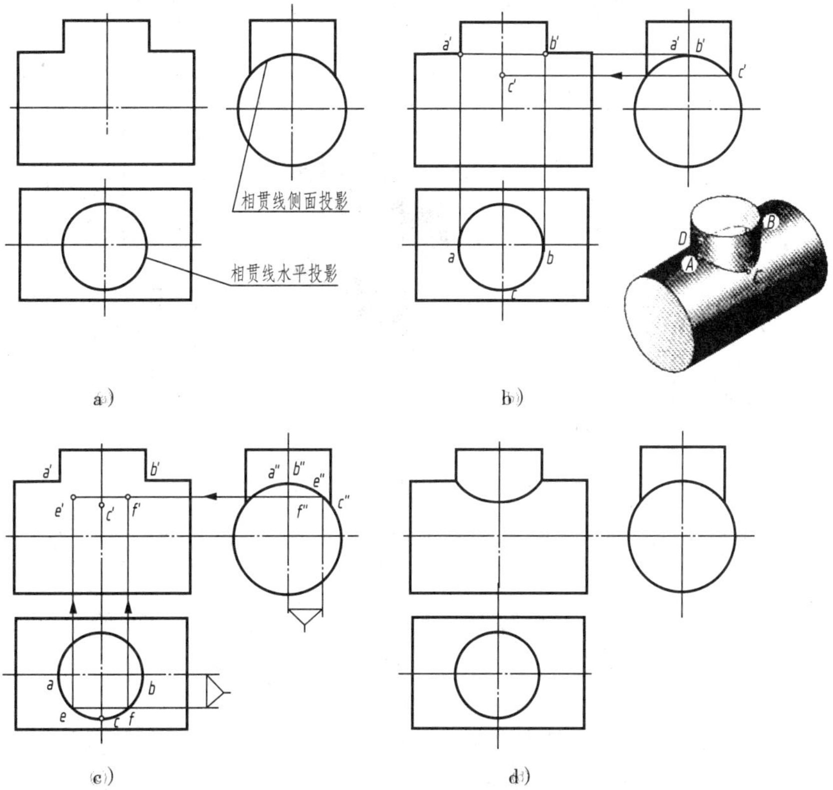

图 3－23　两圆柱正交

分析：

两圆柱轴线垂直相交称为正交，当直立圆柱轴线为铅垂线，水平圆柱轴线为侧垂线时，直立圆柱面的水平投影和水平圆柱面的侧面投影都有积聚性，所以相贯线的水平投影和侧面投影分别积聚在它们的圆周上，如图 3-23a 所示。因此，只要根据已知的水平和侧面投影求作相贯线的正面投影即可。两不等径圆柱正交形成的相贯线为空间曲线，如图 3-23b 所示。因为相贯线前后对称，在其正面投影中，可见的前半部分与不可见的后半部分重合，且左右也对称。因此，求作相贯线的正面投影，只需作出前面的一半。

作图：

(1)求特殊点　水平圆柱的最高素线与直立圆柱最左、最右素线的交点是相贯线上的最高点，也是最左、最右点，点 A 和点 B 均可直接作出，点 C 是相贯线上最低点，也是最前点，c'可直接作出，如图 3-23b 所示。

(2)求中间点　利用积聚性，在侧面投影和水平投影上定出 $e''f''$和 $e'f'$，再作出 e、f 如图 3-23c 所示。

(3)光滑连接　即为相贯线的正面投影，作图结果如图 3-23d 所示。

讨论：

(1)如图 3-24a 所示，若在水平圆柱上穿孔，就出现了圆柱外表面与圆柱孔内表面的相贯线。这种相贯线可以看成是直立圆柱相贯后，再把直立圆柱抽出而形成。

再如图 3-24b 所示，若要求作两圆柱孔内表面的相贯线，作图方法与求作两圆柱外表面相贯线的方法相同。

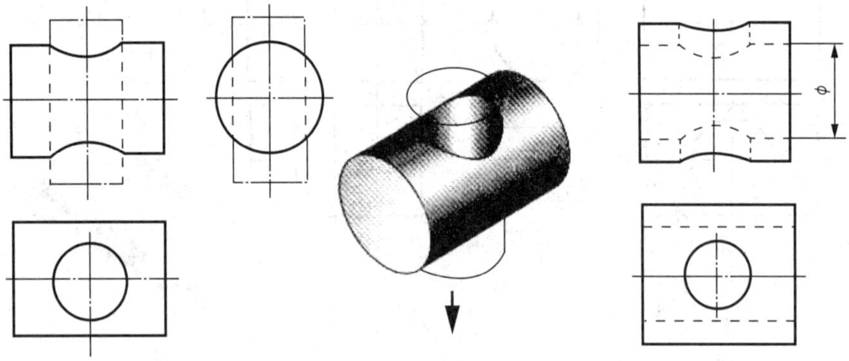

图 3-24　圆柱穿孔后的相贯线的投影

(2)如图 3-25 所示，当正交两圆柱的相对位置不变，而相对大小发生变化时，相贯线的形状和位置也将随之变化。

当 $\phi < \phi 1$ 时，相贯线的正面投影为上下对称的曲线，如图 3-25a 所示。

当 $\phi = \phi 1$ 时，相贯线在空间为两个相交的椭圆，其正面投影为两条相交的直线，如图 3-25b 所示。

当 $\phi > \phi 1$ 时，相贯线的正面投影为左右对称的曲线，如图 3-25c 所示。

如图 3-25 所示可以看出，在相贯线的非积聚性投影上，相贯线的弯曲方向总是朝向较大圆柱的轴线。

(3)工程上两圆柱正交的实例很多，为了简化作图，国家标准规定，允许采用简化画法作出相贯线的投影，即以圆弧代替非圆曲线。当轴线垂直相交，且轴线均平行于正面的两个不等径圆柱相交时，相贯线的正面投影以大圆柱的半径为半径画圆弧即可。简化画法的作图过程如图 3 - 26 所示。

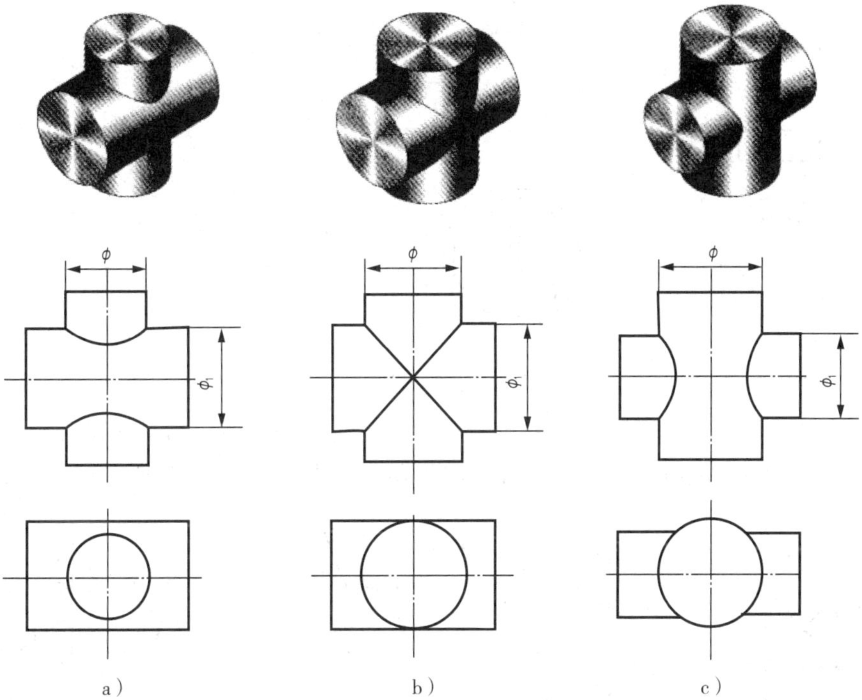

图 3 - 25　两圆柱正交时相贯线的画法

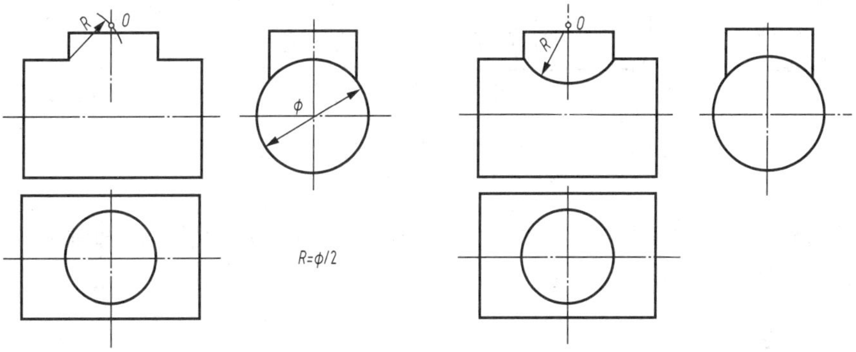

图 3 - 26　相贯线的简化画法

3.3.2　相贯线的特殊情况

1. 相贯线为平面线

(1)两个同轴回转体相交时，它们的相贯线一定是垂直于轴线的圆，当回转体轴线平行于某投影面时，这个圆在该投影面的投影为垂直于轴线的直线，如图 3 - 27 所示。

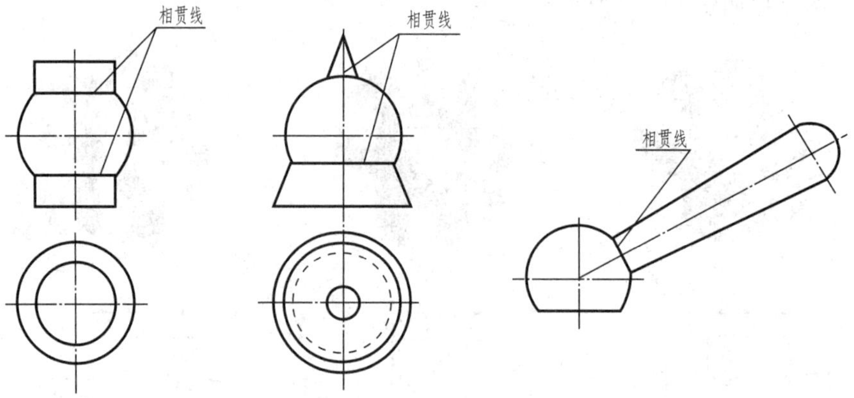

图 3-27　同轴回转体的相贯线

(2)当轴线相交的两圆柱或圆柱与圆锥公切于一个球面时,相贯线是平面曲线——两个相交的椭圆,椭圆所在的平面垂直于两条轴线所决定的平面,如图 3-28 所示。

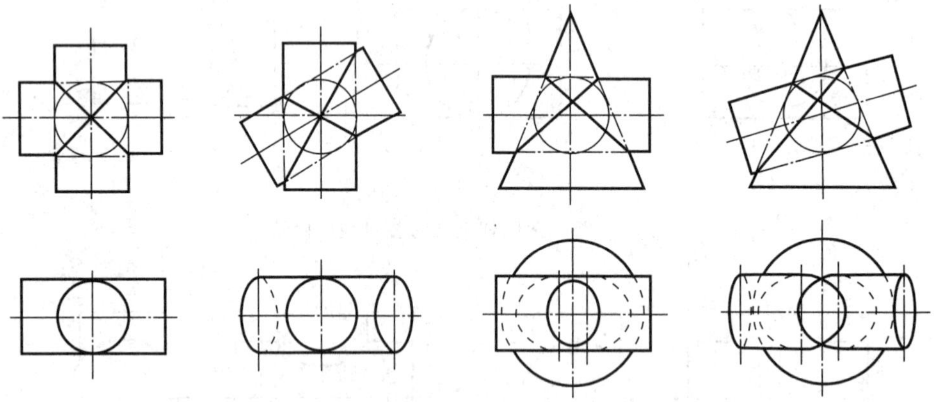

图 3-28　两回转体公切于一个球面时的相贯线

2. 相贯线为直线

当两圆柱面的轴线平行时相贯线为直线,如图 3-29a 所示。当两圆锥面共顶时,相贯线为直线如图 3-29b 所示。

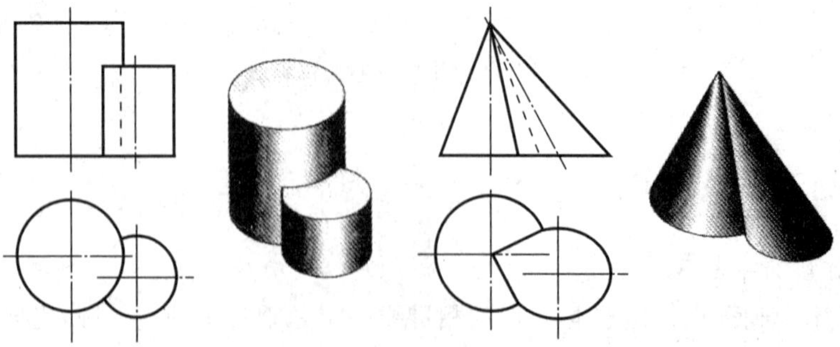

a)　　b)

图 3-29　两回转体相贯线为直线

3.4　绘制简单图形

3.4.1　点的基本输入方法

在 AutoCAD 中绘制工程图，既可按工程体的实际尺寸来绘图，也可按一定比例来绘图，这些都靠在绘图命令提示中输入一个一个点的位置来实现。如图的圆心、直线的起点、终点等等。

AutoCAD 有多种输入点的方法，在此简要地介绍几种基本的输入方法。

(1)移动鼠标选点。当移动鼠标时，十字光标各坐标随着变化，状态行左边的坐标显示区将显示当前位置，单击左键确定。

(2)输入点的绝对直角坐标。输入点的绝对坐标(指相对于当前坐标系原点的直角坐标)"X，Y"。从原点 X 向右为正，Y 向上为正，反之为负，输入后按回车键确定。

(3)输入点的相对直角坐标。输入点的相对坐标(指相对于前一点的直角坐标)"@X，Y"，相对于前一点 X 向右为正，Y 向上为正，反之为负，输入后按回车键确定。

(4)直接距离。用鼠标导向，从键盘直接输入相对前一点的距离，按回车键确定。

3.4.2　常用辅助对象工具的设置

为了快速准确地绘图，AutoCAD 提供了辅助绘图工具供用户选择。下面介绍常用的几种。它们位于屏幕底部的状态栏上，可以通过单击开启或关闭。

(1)捕捉。捕捉是 AutoCAD 约束鼠标每次移动的步长。即定鼠标每次在 X 轴或 Y 轴的移动距离，通过这个固定的间距可以控制绘图精确度。如果这个固定间距是 1，在捕捉模式打开的状态下，用鼠标拾取点的坐标值都是 1 的整数倍。使用命令"Snap"或直接用鼠标单击状态栏上的"捕捉"或按下 F9 键可控制捕捉的开启或关闭。

(2)栅格。栅格是一种可见的位置参考图标，它是由一系列有规则的点组成，类似于在图形下放置栅格的纸。栅格有助于排列物体并可看清它们之间的距离。如与捕捉功能配合使用，对提高绘图的精确度作用更大。

(3)正交模式。当用户绘制水平或垂直直线时，可以使用 AutoCAD 的正交模式进行图形绘制。使用正交模式，还可以方便绘制或编辑水平或垂直的图形对象。使用"Ortho"命令或直接用鼠标单击状态栏上的"正交"或按下 F8(Ctrl+L)键，即可打开或关闭正交状态。

(4)"草图设置"对话框。AutoCAD 新提供了一个"草图设置"对话框。如图所示。用于设置栅格的各项参数和状态、捕捉的各项参数和状态及捕捉的样式和类型、对象捕捉的相应状态、角度追踪的相应参数等。打开方式：

① "工具"菜单。在"工具"菜单下拉式菜单中选择"草图设置"选项，打开"草图设置"

对话框。

② 快捷方式。用鼠标右键单击状态栏上的“捕捉”、“栅格”、“正交”、“极轴”、“对象捕捉”及“对象追踪”按钮，并从弹出的快捷菜单中选择“设置”选项。

在“草图设置”对话框中，共有 3 张选项卡：“捕捉和栅格”、“极轴追踪”和“对象捕捉”。各选项卡含义为

“捕捉和栅格”选项卡。如图所示，用于设置栅格的各项参数和状态、捕捉的各项参数和状态及捕捉的类型和样式。

“极轴追踪”选项卡。如图所示，用于设置角度追踪和对象追踪的相应参数。该功能可以在 AutoCAD 要求指定一个点时，按预先设置的角度增量显示一条辅助线，用户可以沿辅助线追踪得到光标点。

“对象捕捉”选项卡。如图所示，用于设置对象捕捉的相应状态。

准确实用的定点方式是精确绘图时不可缺少的。对象捕捉方式可把点精确定位到可见图形的某特征点上。在 AutoCAD 中提供了两种对象捕捉方式：单一对象捕捉和固定对象捕捉。

1. 单一对象捕捉方式。在任何命令中，当 AutoCAD 要求输入点时，可以通过以下方式激活单一对象捕捉方式：

- 从下拉弹出式工具栏中单击相应捕捉模式；
- 在绘图区任意位置，先按住“Shift”键，在单击鼠标右键，将弹出一右键菜单，可从该菜单中单击相应捕捉模式；
- 从“对象捕捉”工具栏单击相应捕捉模式，它是激活单一对象捕捉的常用方式，按尺寸绘图时将该工具栏弹出放在绘图区旁。

利用 AutoCAD 的对象捕捉功能可以捕捉到实体上下列几点：

捕捉直线段或圆弧等实体的端点。

捕捉直线段或圆弧等实体的中点。

捕捉直线段、圆弧、圆等实体之间的交点。

捕捉实体延长线上的点；捕捉此点前，应先捕捉该实体上的某端点。

捕捉圆或圆弧的圆心。

捕捉圆或圆弧上 0°、90°、180°、270°位置上的点。

捕捉所画线段与某圆弧的切点。

捕捉所画线段与某直线、圆、圆弧或其延长线垂直的点。

捕捉与某线平行的点（不能捕捉绘制实体的起点）。

捕捉图块的插入点。

捕捉由 POINT 等命令绘制的点。

捕捉直线、圆、圆弧等实体上最靠近光标方框中心的点。

【例 3－12】 如图 3－26 所示，画一个圆与已知的三角形相切。

操作步骤：

命令：_circle 指定圆的圆心或[三点(3P)/两点(2P)/相切、相切、半径(T)]：3P

指定圆上的第一点：{从“对象捕捉”工具栏单击图标——表示第一点要捕捉切点}_tan 到（选择

C1)。

指定圆上的第一点:{从"对象捕捉"工具栏单击图标——表示第一点要捕捉切点}_tan 到(选择 C2)。

指定圆上的第一点:{从"对象捕捉"工具栏单击图标——表示第一点要捕捉切点}_tan 到(选择 C3)。

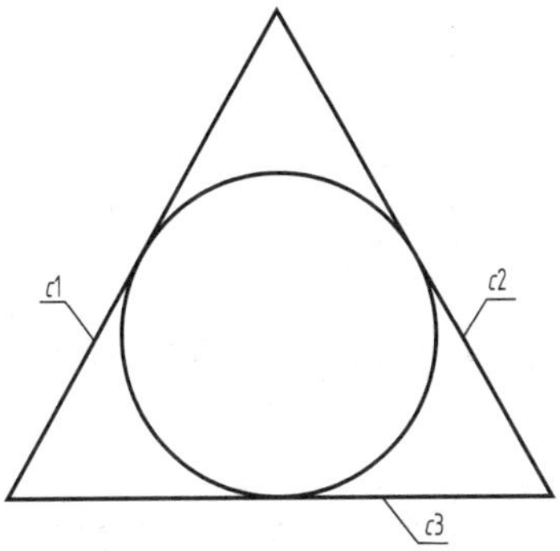

图 3-26　单一对象捕捉应用

b. 固定对象捕捉方式

通过以下方式可以打开或关闭"固定对象捕捉方式":

- 单击状态栏上的"对象捕捉"按钮;
- 按 F3 功能键;
- 按 Ctrl+F 组合键。

固定对象捕捉方式与单一对象捕捉方式的区别:位置不同——单一对象捕捉位于工具栏上,固定对象捕捉位于状态栏上;单一对象捕捉方式是一种临时性的捕捉,选择一次捕捉模式只捕捉一个点,固定对象捕捉方式是固定在一种或数种捕捉模式下,打开它可自动执行所设置模式的捕捉,直至关闭。

绘图时,一般将常用的几种对象捕捉模式设置成固定对象捕捉,对不常用的对象捕捉模式使用单一对象捕捉。

(5)图形显示命令。AutoCAD 提供了多种显示方式,以满足用户观察图形的不同需要。Zoom 就是其中一个命令,它如同一个缩放镜,可按所指定的范围显示图形,而不改变图形的真实大小,具体操作如下:

① 启动命令:Zoom 或 Z。

② 在"视图"菜单中选择"缩放"子菜单。

③ "缩放"工具栏。

系统提示:

指定窗口角点,输入比例因子(NX or NXP),或[全部(A)/中心点(C)/动态(D)/范围(E)/上一个](P)/比例(S)/窗口(W)]<实时>:

各选项含义如下:

"A"选项:在当前视口显示整个图形。

“C”选项:用指定中心和高度的方法定义一个新的显示窗口。

“D”选项:用一方框动态地确定显示范围。

“E”选项:充满绘图区显示当前所绘图形(与图形界限无关)。

“P”选项:返回显示的前一屏。

“S”选项:输入缩放系数,按比例缩放显示图形。(系数大于1为放大,小于1为缩小)。直接输入系数为对图形界限作缩放;系数后带“x”表示对当前屏幕作缩放;系数后带“xp”表示对图纸空间作缩放。

“W”选项:直接指定窗口大小,把指定窗口内的图形部分充满绘图区进行显示。

“实时”选项:按住鼠标左键移动放大镜符号,可在0.5~2倍之间确定缩放的大小来显示图形。

【例3-13】 用1∶1的比例绘制如图所示的“图线练习”(不注尺寸)。

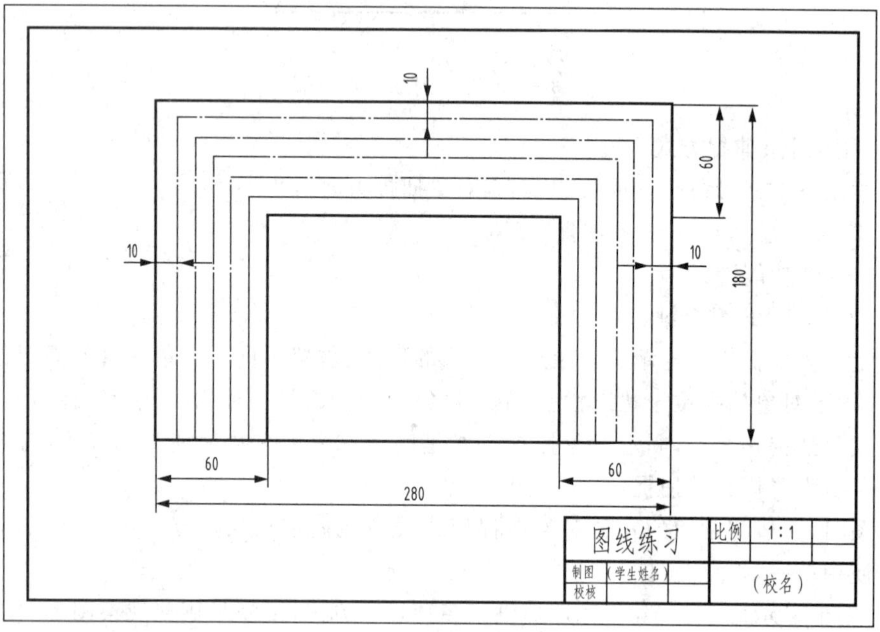

图线练习

操作步骤:

① 用“新建”命令再新建一个图形文件,进行绘图环境的基本设置(A3)。

注意:A3图幅的全局线型比例应设为“0.36”。

② 单击“保存”命令图标保存图形文件,图名为“图线练习”。

③ 画粗实线。

保持“捕捉”、“栅格”、“正交”模式处于打开状态(栅格间距与捕捉间距均使用默认值。

设粗实线图层为当前图层;用“直线”命令;应用栅格捕捉目测确定起点,用直接距离方式给尺寸画粗实线。

④ 画其他图线。

设虚线图层为当前图层;用“直线”命令,应用栅格捕捉确定直线端点画虚线。

设点画线图层为当前图层;用“直线”命令,同理绘制点画线。

设双点画线图层为当前图层;用“直线”命令,同理绘制双点画线。

设细实线图层为当前图层;用“直线”命令,同理绘制细实线。

注意:绘图过程应根据需要,经常使用 ZOOM. 命令将图按所需方式显示。

⑤ 保存图形。

绘图过程中应经常单击“保存”命令以防意外的退出或死机丢失。

绘图全部完成后,全屏显示;再单击一次“保存”命令按钮,保存图形文件。

第四章 轴测投影图

【内容导读】

轴测图是一种能同时反映物体长、宽、高三个方向形状的单面投影图，这种图直观性强，符合人们的视觉习惯，但其度量性差，作图繁琐。因此，将它作为生产中的一种辅助图样，常用来表达机器外观、内部结构或工作原理等。在制图课程的学习过程中，也可以用轴测图帮助进行空间构思、分析和表达，作为发展空间思维能力的手段之一，培养制图者的空间想象能力。

【知识要点】

(1)了解轴测图的概念；

(2)熟练掌握正等轴测图和斜二测轴测图的画法；

(3)了解轴测图的草图的画法。

【能力目标】

能正确绘制机件的正等轴测图和斜二测轴测图，并学会绘制基本体的草图。

4.1 轴测图基本概念

在前面所介绍的组合体的三视图，都是采用正投影的方法，画出一组视图来表达一个形体的，视图的最大优点是度量性好，但直观性差，要依靠综合一组视图的信息想象出整体的结构形状，原因是在单个视图里只能看到形体某个方向的面。如果选定三面投影体系的某个面如 V 面作为投影面，改变空间立体相对于该投影面的位置，使沿投影方向可以看到较多的面，然后进行投影，或者不改变位置而改变方向进行投影，这样画出的投影图称为轴测投影图，即通常所说的立体图。轴测投影图的种类很多，本节仅介绍常用的正等测和斜二测投影图。

4.1.1 轴测投影面

用于进行轴测投影的那个投影面叫轴测投影面，用 P 表示。如图 4-1 所示，用 V 作投影面，V 即为轴测投影面。

4.1.2　轴测轴

立体上设定的三条空间直角坐标轴在轴测投影面上的投影，称为轴测轴。空间直角坐标系用 $O-XYZ$ 表示；轴测坐标系用 $O_1-X_1Y_1Z_1$ 表示。

4.1.3　轴间角

两正向轴测轴之间的夹角称为轴间角，由于空间坐标系的各坐标轴对轴测投影面的倾角可以不一样，因此三条轴测轴间的轴间角可以不一样。

4.1.4　轴测坐标面

任两轴测轴之间的部分所构成的坐标面称为轴测坐标面。

4.1.5　轴向伸缩系数

在轴测投影中，由于空间坐标系的各坐标轴倾斜于轴测投影面，坐标轴上的线段经正投影后将变短，将投影长与实长之比定义为轴向伸缩系数，也称为轴向变形系数。

立体表面的线段倾斜于轴测投影面，因此作正投影后其投影将变短，在各坐标轴上取单位长的线段 u，在对应轴测轴上的投影长分别用 i、j、k 表示，x、y、z 三坐标轴的轴向伸缩系数分别用 p、q 和 r 表示。则轴向伸缩系数表达式分别为：

$$p=i/u;q=j/u;r=k/u$$

4.2　正等测轴测图

4.2.1　正等轴测图的形成

如图 4－1a 所示，正方体放在三面投影体系内，为确定正方体上各几何要素间的相对位置，在其上取一直角坐标系，用 $O-XYZ$ 表示，并使其完全与三面投影体系的投影轴重合，然后让该立体连同坐标系一起沿箭头所指的方向，绕投影轴 z 旋转 α 角，绕投影轴 x 旋转 β 角，再向 V 进行正投影，画出的投影图称为正等轴测投影图，如图 4－1b 所示。

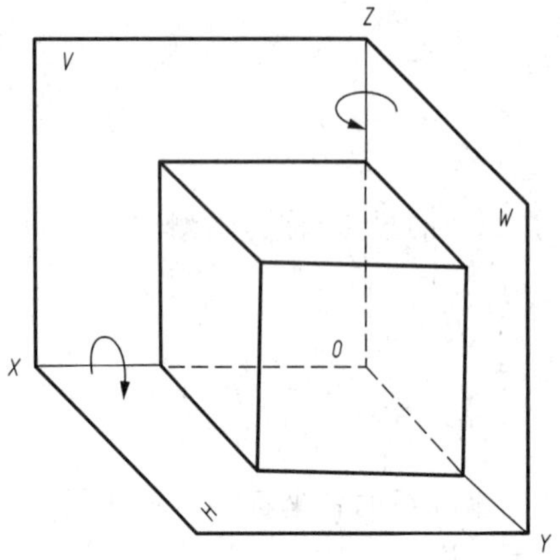

a）三面投影体系中的正方体

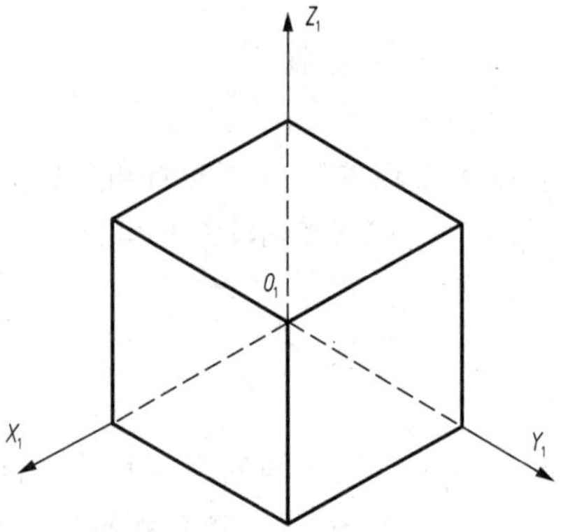

b）正等轴测图

图 4-1　正等轴测图的形成

4.2.2　正轴测投影的特性

无论是正轴测投影还是斜轴侧投影，都是平行投影，它们具有平行投影的全部特性。

（1）空间相互平行的线段，其轴测投影仍相互平行；

（2）平行坐标轴的线段与对应轴的轴向伸缩系数相同；

（3）平行于坐标轴的线段，其轴测投影平行于对应的轴测轴；

（4）平行坐标面的平面其轴测投影平行于对应的轴测坐标面，立体上的矩形在正轴测图中一般变为平行四边形，立体表面的圆在正轴测图中一般变为椭圆。

4.2.3　正等测轴测图的特征

如图 4-1 所示的正等轴测图形成的过程中，如果 $\alpha=45°$，$\beta=35.26°$，经正投影后画出的轴测图称为正等测轴测图。

通过理论计算，各坐标轴对轴测坐标面的倾角都相等，这种投影具有如下一些特性：

（1）轴测轴之间轴间角均为 120°，即$\angle X_1O_1Y_1=\angle Y_1O_1Z_1=\angle Z_1O_1X_1=120°$，轴测轴的一般形式如图 4-2a 所示。

（2）三坐标轴的轴向变形系数均为 0.82，即 $p=q=r=0.82$。画图时为简便，采用简化伸缩系数，均取 1。

4.2.4　正等测轴测图的画法

根据三视图画轴测图的关键是要弄清直角坐标系与轴测坐标系间的对应关系。点是描述形体最基本的几何元素，首先研究点的正等测投影。

1. 点的正等测投影

点的投影图如图 4-2b 所示，为作图简便起见，采用简化伸缩系数 1，A 点的直角坐标用(xa，ya，za)表示．其作法如下。

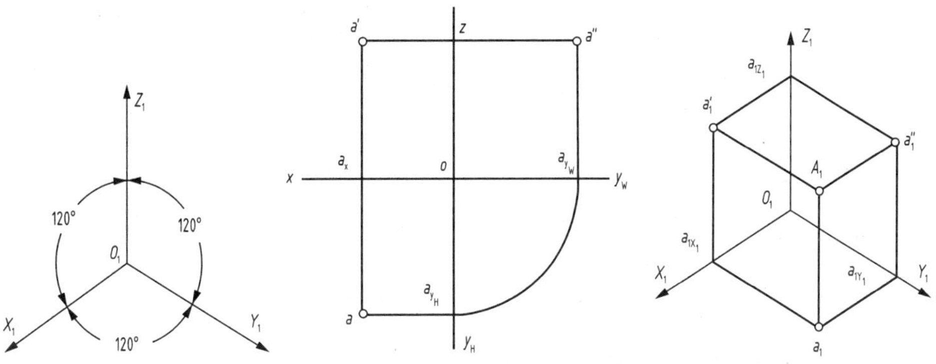

a）正等测图的轴间角　　b）点的投影图　　b）点的正等测图

图 4-2　正等测轴测轴和点的正等测轴测图的画法

(1)在如图 4-2c 所示中按图 4-2a 所示的形式画出正等测轴测坐标系 $O_1—X_1Y_1Z_1$；

(2)在轴测轴 O_1X_1 上找出投影图中 ax 的对应点 a_1x_1，即在 O_1X_1 轴上截取 $O_1a_1x_1=oax=xa$；

(3)在 $O_1—X_1Y_1Z_1$ 中过 a_1x_1 作 O_1Y_1 的平行线，根据投影图在该平行线上截取 $a_1x_1a_1=axa=ya$；

(4)在 $O_1—X_1Y_1Z_1$ 中过 a_1 作 O_1Z_1 轴的平行线，在该平行线上截取 $a_1A_1=axa'=za$。所得 A1 点即为空间点 A 的正等测投影图。

a_1 称为 A 在水平轴测坐标面上的次投影。我们也可以先作出 A 在 X_1OZ_1 上的次投影 a_1'或在 $Y_1O_1Z_1$ 的次投影 a''再作出再作出 A_1。作出的点的正等测投影图如图 4-2c 所示。

2. 平面立体的正等测投影

在立体上选定空间坐标系后，根据坐标值和采用的简化轴向变形系数，将立体上的各定位点画到轴测坐标体系中，然后连接各顶点即得平面立体的轴测图。

(1)确定坐标系

在投影图中确定形体的空间直角坐标系，并在投影图中标出坐标轴的投影，坐标轴的方向不具有正负的含义，只表示截取线段的方向。从如图 4-1 所示轴测图的形成过程中形体的旋转方向可知，轴测图上面可见，下面不可见；左面可见，右面不可见；前面可见，后面不可见。因此在画图的过程中，应根据形体特点选取坐标原点与坐标轴的方向，对应的轴测轴形式常见的如图 4-3 所示。

(2)画轴测图

画轴测图实质是画立体表面的各个可见面的轴测投影，而面由多边形表示，多边形的边由端点确定，因此画出多边形的各个顶点的轴测投影，依次连线，即得到面的轴测投影。画各个面的顺序是从前向后、从上向下、从左向右依次画出各个可见面，这样可避免把不可见的面也画出来。画这些面的过程中，又应该选择形体特征明显的面先画。这些面一般为投影面平行面，容易画出。此外，面与面之间有相关性，即具有公共边，画出了这些面也就画出了另一些面的某些边。最后补充某些未画的边，即完成了全图。

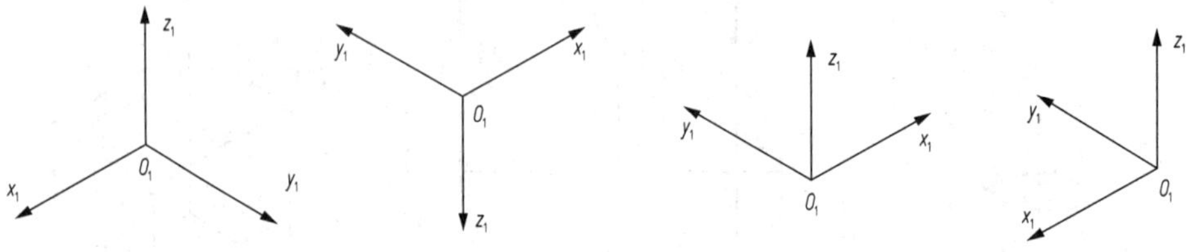

a)　　b)　　c)　　d)

图 4-3　正等测轴测轴的常见形式

【例 4-1】 作如图 4-4a 所示正六棱柱的正等测轴测图.

分析：

从如图 4-4a 所示投影图可知，六棱柱只有前面、顶面和两个侧面可见，所以在轴测图中只应画出这些面。从图中还可知顶面是形体特点最明显的面，应先画，然后作其他面。

作图：

(1)在正六棱柱视图上选定空间直角坐标系，如图 4-4a 所示。

(2)作正等测轴，如图 4-4b 所示。

(3)根据如图 4-4a 所示投影图给出的点的坐标，作正六棱柱顶面各顶点Ⅰ、Ⅱ、Ⅲ、Ⅳ、Ⅴ和Ⅵ点的轴测投影Ⅰ1、Ⅱ1、Ⅲ1、Ⅳ1、Ⅴ1 和Ⅵ1 点，相邻两点连线得顶面的轴测投影，如图 4-4b 所示。

(4)过点Ⅰ1、Ⅱ1、Ⅲ1、Ⅳ1、Ⅴ1 和Ⅵ1 分别作 $Z1$ 轴的平行线，并以各点为一端在所作平行线上截取长度等于六棱柱的高度 H 的线段，得正六棱柱的下底面的可见侧棱上的各顶点。依次连接各可见对应顶点，即得正六棱柱的正等测轴测图，如图 4-4b 所示。

(5)去掉不可见部分，描深图线，即完成作图，如图 4-4c 所示。

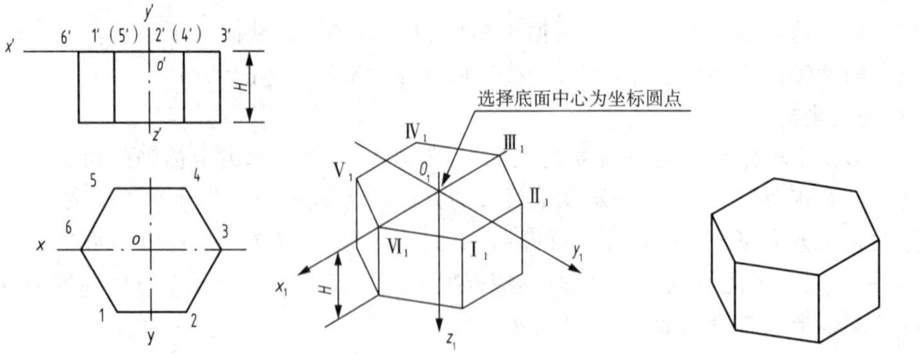

a) 在视图上选定坐标系　　b) 作图过程　　c) 图线加深后的正等测轴测图

图 4-4　用坐标法画轴测图

根据点的坐标作轴测投影图的方法通常称为坐标法。

对于叠加形式的组合体,我们可以采用坐标法逐个画出基本体的轴测图,按相对坐标位置将它们叠加,即可得到组合体的轴测图。

【例 4－2】 画出如图 4－5a 所示立体的正等测轴测图。

分析:

形体由三部分组成,都是规则的平面立体,坐标轴的取法如图 4－5a 所示。利用点的轴测投影的作图方阼出几个特殊点,再利用平行性作面,依次作出各基本立体,从而得到组合体的轴测图。作图:作图步骤如图 4－5c～e 所示。

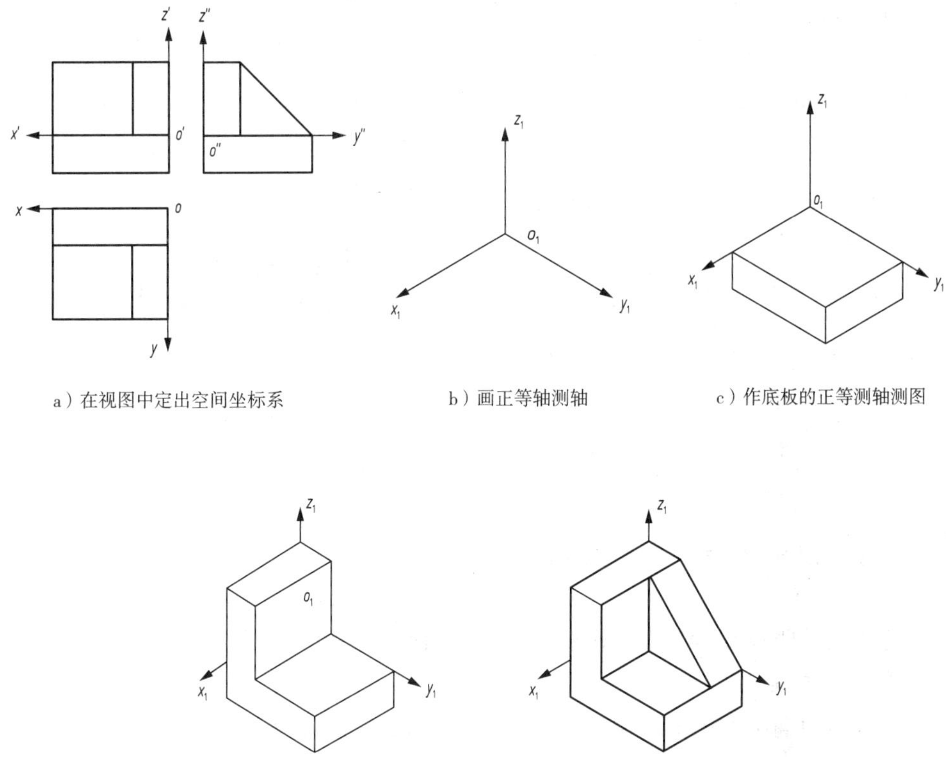

a)在视图中定出空间坐标系　　b)画正等轴测轴　　c)作底板的正等测轴测图

d)作后侧竖板的正等测轴测图　　e)作右侧三棱柱的正等测轴测图并描深

图 4－5　叠加法作轴测图

对于切割形式生成的组合体,先画出基本立体的轴测图,然后再逐步挖切出孔、槽等结构,形成给定的形体。

【例 4－3】 画出如图 4－6a 所示组合体的正等测轴测图。

分析:

形体经一系列的平面组合切割得到。画出轴测图就是要画出这些面及切割过程中产生的一些交线。画用切割方式生成的形体的轴测图时,应先作反映实形的面,即平行于坐标面的平面,再作一般位置平面。作如图 4－6 所示中的 V 形槽的投影时,应先作槽的底面和形体两侧的顶面,再作两侧面。作底面时应根据投影图中的定位坐标,确定其在轴测投影图中的位置。

作图：

作图步骤如图 4-6b～e 所示。

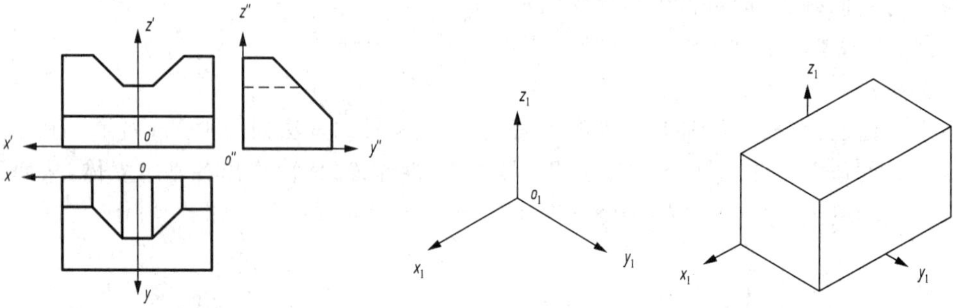

a）视图中选定空间直角坐标系　　b）画正等测轴测轴　　c）作基本立体的正等测轴测图

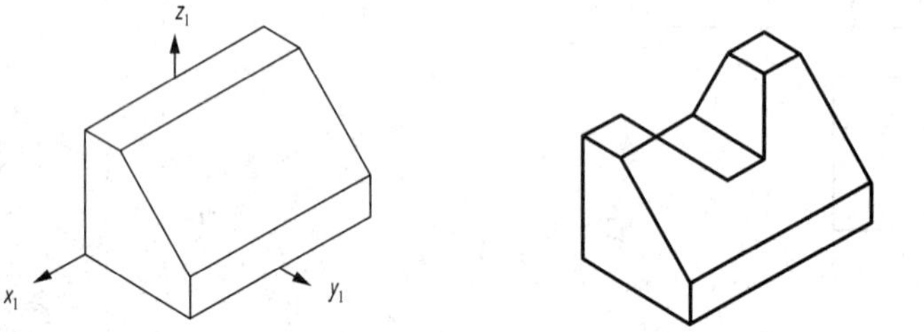

d）有侧垂面切除一个三棱柱　　e）中间切出一个V形槽，并描深

图 4-6　切割法画轴测图

4.2.5　回转体的正等测轴测图

回转体经轴测投影后端面的圆变为椭圆，下面介绍椭圆的画法。

1. 椭圆的画法

在轴测图中椭圆有不同的画法，现介绍常用的弦线法和菱形法。

(1)弦线法

弦线法实质为坐标法，先作出椭圆上的若干点的投影，然后连成光滑的曲线，其作图过程如图 4-7 所示此法作椭圆较为准确，但作图比较繁琐。

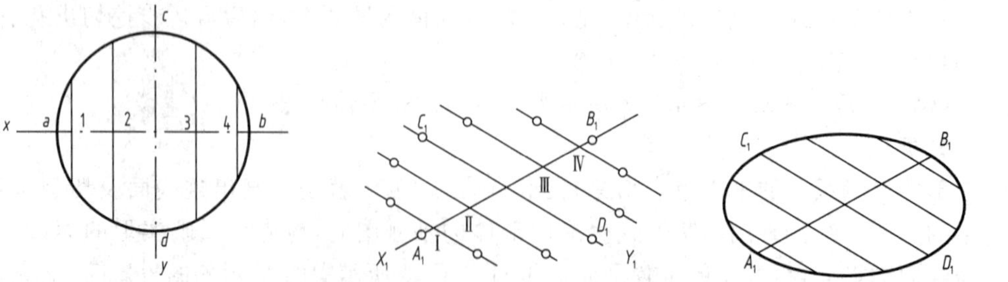

a）在圆上作适当数量的与Y（X）轴平行弦　　b）作轴测轴，确定各弦端点的轴测投影　　c）依次光滑连接各端点，即得椭圆

图 4-7　弦线法作椭圆

图中 $x1$ 轴上的各点与 x 轴上的各点对应相等，过 $x1$ 轴上各点所作的弦仍保持平行，且长度仍等于过 x 轴上对应点的弦长。

(2)菱形法

菱形法是一种近似画法，它用四段圆弧组成一个椭圆，弧的端点正好是外切菱形的切点，在正等测投影中的画法步骤见表 5－2。

表 5－2　正等测中用菱形法画椭圆(以水平坐标面上的圆为例，圆的直径为 d)

步骤	Ⅰ	Ⅱ	Ⅲ	说　明
画法	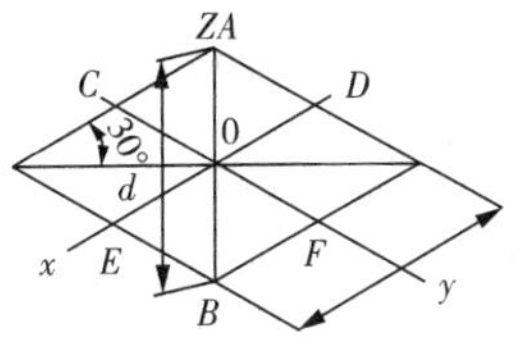 作圆的外切正方形的正等测图—菱形，其对角线即为长轴和短轴所在的线。	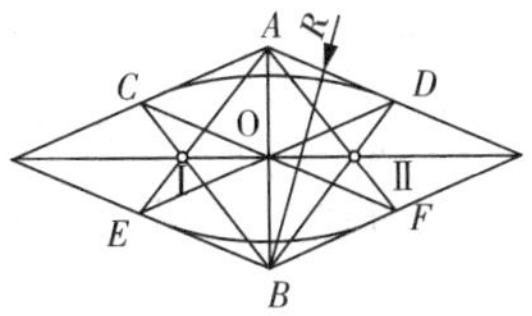 连 AE、AF 交长轴于Ⅰ、Ⅱ。以 A、B 为圆心，R＝AE，画两圆弧(CD、EF)。	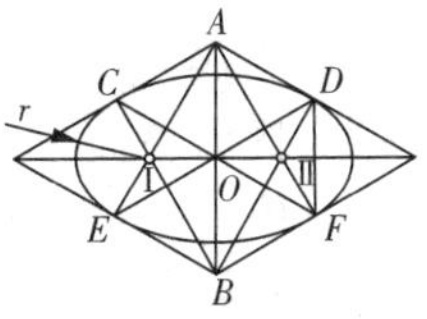 以Ⅰ、Ⅱ为圆心，r＝IC，画两圆弧 CE、DF，即得所要画的椭圆。	此法画图简便，易于确定长、短轴方向，便于徒手画图。长、短轴误差较大。

2. 平行于各投影面的圆的正等测轴测图画法

在正等测轴测图中，平行于各投影面的圆，经轴测投影后均为椭圆，如图 4－8 所示。

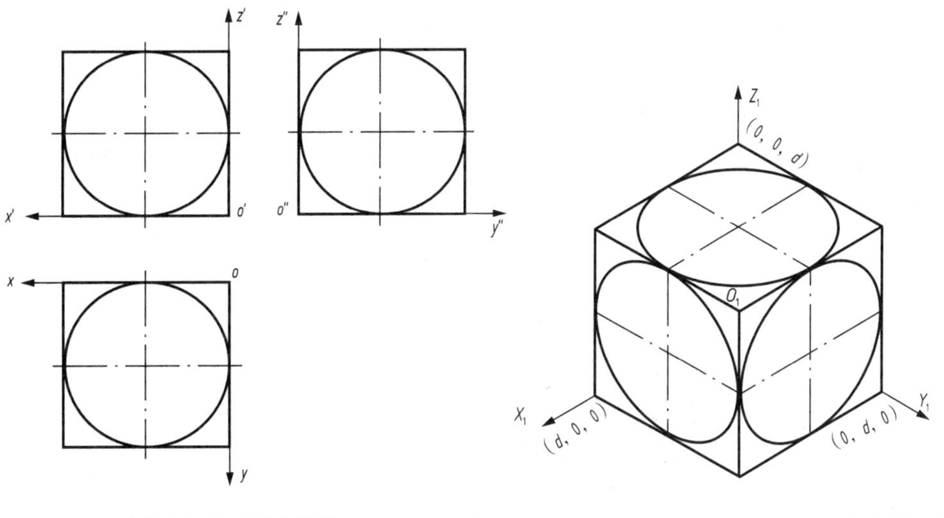

a）正方体及表面上的圆的投影图　　b）正方体及表面上的圆的正等测轴测图（采用简化伸缩系）

图 4－8　圆的正等测轴测图

在三面投影体系中放置组合体时，一般使回转体的端面平行于对应的投影面，这样组合体经轴测投影后各端面都平行于对应的轴测坐标面，端面圆成为平行于对应轴测坐标面的椭圆。

如图 4－8a 所示为一正方体的三视图，在其顶面、前面和左面分别有一个和各面正方形内切的圆，各圆的中心线分别平行于对应的坐标轴，中心线与各对应边的交点为切点。

经正等测投影后，各圆的外切正方形成为菱形，中心线平行于对应的轴测轴，切点的属性不变，即椭圆内切于菱形。在正等测投影图中，正方体的前面与后面、顶面与底面、左面与右面完全重合，所以画其轴测图，实质为画看得见的前面、顶面与左面及其上的圆。为便于理解，正方体在三面投影体系中的位置及其上坐标系的取法完全同如图 4-8a 所示。而如图 4-8a 所示中的三视图按如图 4-1a 所示中的位置进行投影，然后调整视图间的位置得到的。而正等测的轴测图，完全按如图 4-1a 所示的方式生成，只不过 $\alpha=45°$，$\beta=35.26°$，作图过程如下：

(1)作出正方体的正等测投影，采用简化伸缩系数，设正方体的边长为 d，在轴测轴上分别作出(d,0,0)和(0,d,0)和(0,0,d)三点，过这三点分别作对应轴测轴的平行线，即得正方体各面的投影，找出各边中点作可见面上内切圆的中心线的轴测投影；

(2)在各菱形内用菱形法作出内切的椭圆，如图 4-8b 所示。

(3)回转体的正等测图画法。

画回转体的正等测图，一般把坐标原点取在某个端面圆心的位置，把回转轴取为某条坐标轴，并作出对应的正等测轴测图。根据端面圆所在的坐标平面，用菱形法先画出一个端面圆的正等测图—椭圆。然后在回转轴所在的轴测坐标轴上从画出的椭圆中心起量取长度等于该回转体两端面间距离的点，即得另一端面圆的正等测投影椭圆的中心。作出该椭圆，并作两个椭圆的公切线，去掉不可见部分即可。

【例 4-4】 作如图 4-9a 所示圆柱的正等测轴测图。

作图，如图 4-9b～c 所示。

作法：

(1)用菱形法作顶圆的正等测图；

(2)将作顶圆椭圆的四个圆心沿 $Z1$ 轴方向向下移动，移动距离等于圆柱的高度，并作出底圆的正等测图。

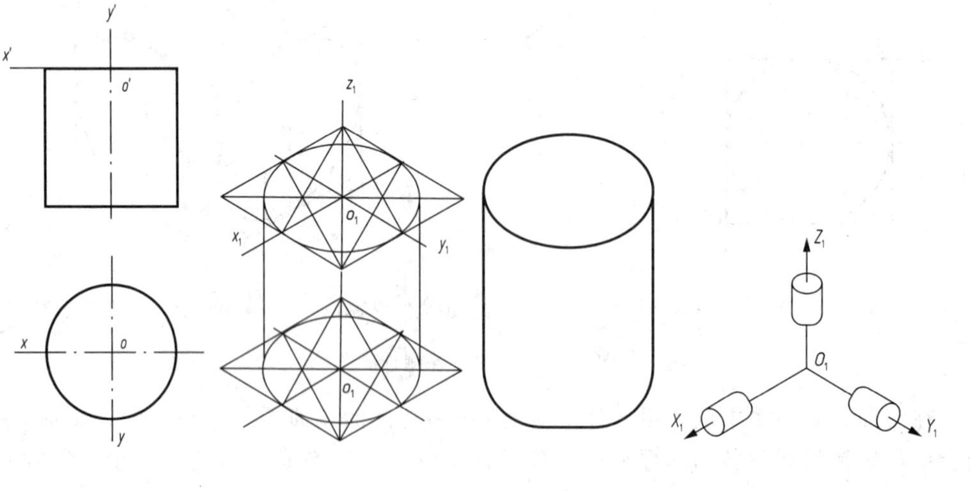

a）视图　　b）作轴测图的过程　　c）轴测图　　d）不同方向圆柱的轴测图画法

图 4-9　圆柱的正等测画法

(3)作两端面椭圆的公切线,去掉不可见部分,描深图线。

作回转体的正等测轴测图时,一定要注意端面圆所平行的坐标面,然后用互相垂直的两条中心线的轴测投影确定圆所在的平面的位置,在中心线投影上找出对应的切点,最后用菱形法作出椭圆,才能正确地作出回转体的正等测轴测图。如图 4-9d 所示为端面平行于不同坐标面的圆柱体的轴测图。

学与做

画圆柱的端面圆,首先看端面圆平行哪个投影面,找出决定这个投影面的两个坐标轴,选好中心点画圆,则此圆与这两个坐标轴有 4 个交点,过这 4 个交点作于另一坐标轴的平行线,得一正方形。再在正等轴测图坐标的相应 4 个交点作于另一坐标轴的平行线,得一菱形,在此菱形中作椭圆即可。

【例 4-5】 如图 4-10a 所示为一球体被平面对称地切割后的投影图,试画出其正等测的轴测图。

分析:

如图 4-10a 所示为球体被平面对称切割后所形成的立体的投影图,坐标原点取在球心。从图形特点看形体由 6 个圆形平面和 8 个曲边三角球面围成,而三角球面均为对应圆平面的圆弧所围成,画出各平面圆的投影,即画得了切割后形体的投影。

作图:

(1)前面、顶面和左面圆在轴测投影图中均可见,根据三视图中各圆心的坐标,采用简化伸缩系数,在轴测轴上确定对应圆心的位置,用菱形法作出椭圆;

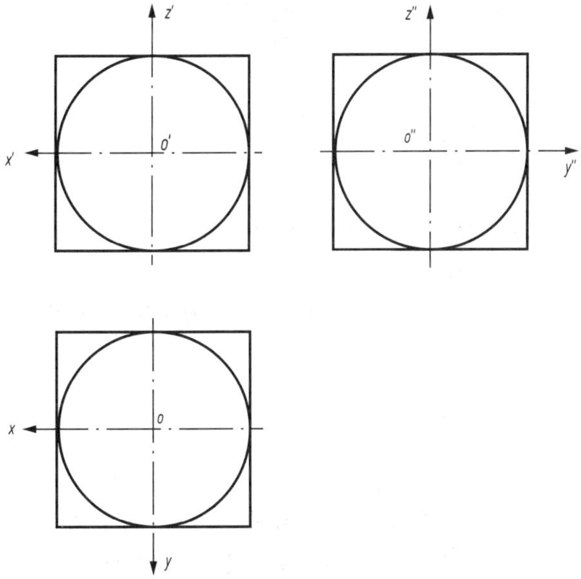

a)

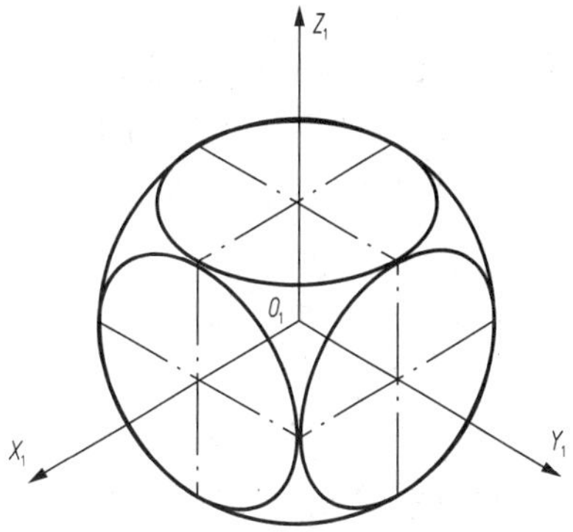

b)

图 4-10　球被切割后的三视图和正等测图

(2)将前面的第二象限的圆弧的圆心沿 Y_1 向后移动圆的直径长，半径不变，作出左、顶两椭圆的包络圆弧(相切)；以同样的方式作出左、前两椭圆和前、顶两椭圆的包络圆弧，即完成了全图。完成的图形如图 4－10b 所示。

【例 4－6】 根据如图 4－10a 所示的三视图，画出其正等测的轴测图。

分析：

该组合体由两部分组成，上面部分的圆及圆弧位于平行于 V 面的平面上，下部底板上的圆弧位于平行于 H 面的平面上。为了便于作图，空间坐标系的选择应如图 4－11a 所示。

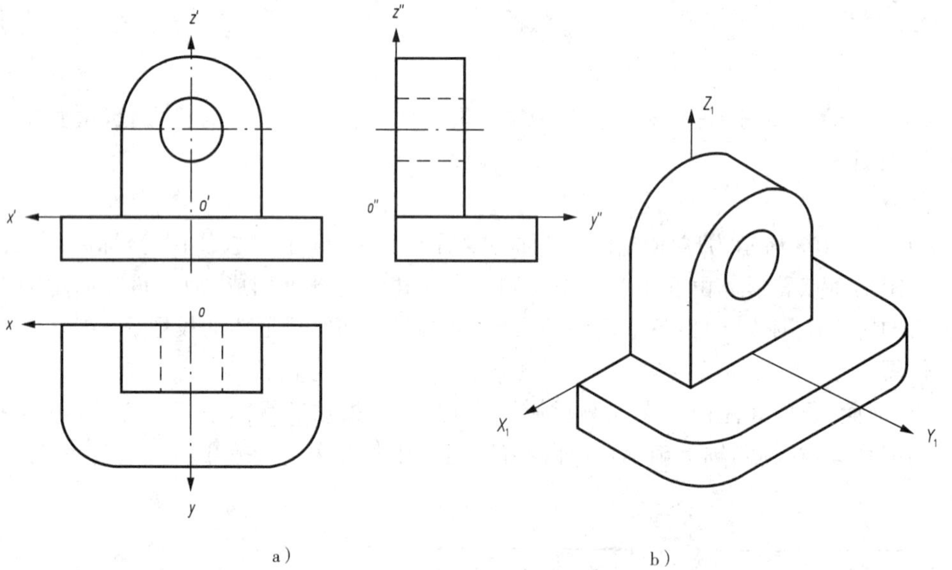

图 4－11 根据组合体三视图画轴测图

作图：

(1)先确定前面的位置，然后按从前向后的顺序画出可见面、可见轮廓线以及回转面投影轮廓线。回转面投影轮廓线为两圆弧的公切线，它平行于 Y1 轴。

(2)按从上向下的顺序先画出底板的顶面，再按圆弧平移的方式画底板的轮廓及侧面的可见轮廓线，完成全图。

4.2.6 圆角的正等测画法

如图 4－12a 所示图形的四个角均为 1/4 圆，画其正等测图时，分别以四个角顶点为圆心，圆角半径为半径，在四边形的边上截取各点，然后过这些点分别作边的垂线，交点即为画出圆角正等测图的圆心。以此圆心到四边形边的垂足间的距离为半径，画出该角两边垂足间的圆弧即可。如图 4－12b 所示。

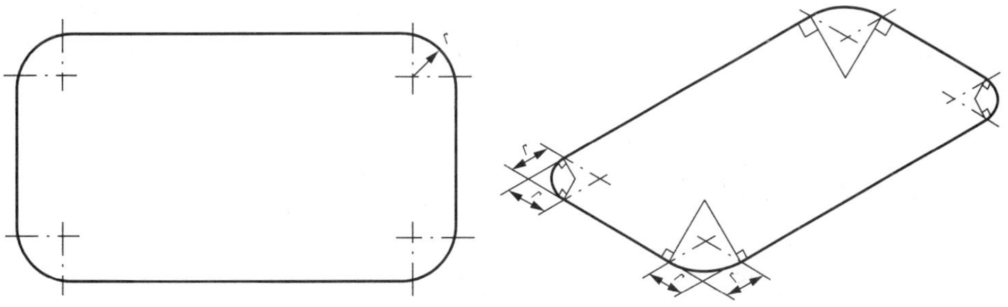

a）视图　　　　b）正等测图

图 4－12　小圆角的正等轴测画法

4.3　斜二测轴测图

4.3.1　斜二测轴测图的形成原理

正轴测投影图生成原理是改变形体相对于轴测投影面的位置，然后进行正投影得到的轴测图。斜二测轴测图则是从另一个角度考虑生成轴测图的。在三面投影体系中，如果不改变形体相对于轴测投影面的位置，而是改变轴测投影的方向，同样可以生成轴测投影图。如图 4－13a 所示的正方体，坐标系的取法和投影轴完全一致，取 V 面或平行于 V 面的平面作轴测投影面，为简便起见，取 V 面作轴测投影面，按如下方式取轴测轴及确定轴测投影的方向：

1. 设置轴测轴

取轴测轴 O_1X_1 和 O_1Z_1 与投影轴 OX 和 OZ 对应重合，取 W 和 H 的角平分面与 V 面的交线的反向延长线为 Y_1 轴；如图 4－13b 所示。

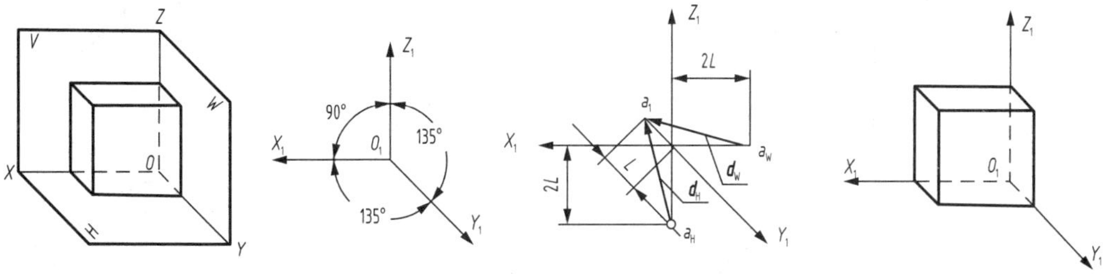

a)　　b)　　c)　　d)

图 4－13　斜二测轴测图

2. 设置投影方向

设 L 为任意长的一线段，自 O_1 点起在轴测投影轴 Y_1 上取距离为 L 的点 a_1；在空间

直角坐标系的 Y 轴上自 O_1 取坐标为(0,2L,0)的点 A,过 A、$a1$ 作直线,该直线方向取为轴测投影的方向,用 d 表示投影方向的矢量,dH 和 dw 分别表示其在 H 和 W 面上的投影,示意图如图 4-13c 所示。

4.3.2 斜二测轴测图的特征

斜二测轴测图的主要特征有:

(1)轴间角:$\angle Z_1O_1X1=90°$,$\angle Y_1O_1Z_1=\angle X_1O_1Y_1=135°$;

(2)轴向伸缩系数:$p=\gamma=1$,$q=1/2$。

斜二测轴测轴画法如图 4-13b 所示。

4.3.3 斜二测轴测图的画法

斜二测图的特点是形体上凡是平行于 XOZ 坐标面的平面其轴测投影的形状和线段的长度都不变,凡是平行于 Y 轴的线段长度变为 1/2,对应轴测轴的平行性不变,因此斜二测特别适合画轴线方向相同的回转体构成的组合体。

作图时,因平行于 V 面的面反映实形,所以很容易作出,然后沿 $y1$ 轴方向作出立体上各平行于 y 轴的棱线,按 1/2 的伸缩系数截取各点,将对应点相连即可。如图 4-15 所示。若是圆柱,则只需在 $y1$ 轴上截取两端面圆中心距长度的一半,分别以两个端点为圆心,以圆柱半径为半径画圆,然后作两圆的分切线,并去掉后底圆的不可见部分即可,如图 4-14b~c 所示。

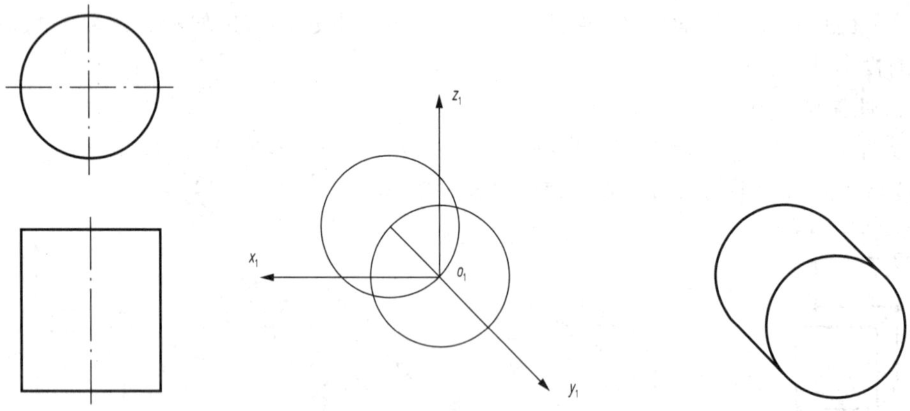

a) b) c)

图 4-14 圆柱的斜二测画法

【例 4-7】 根据如图 4-15a 所示的三视图画斜二测轴测图。

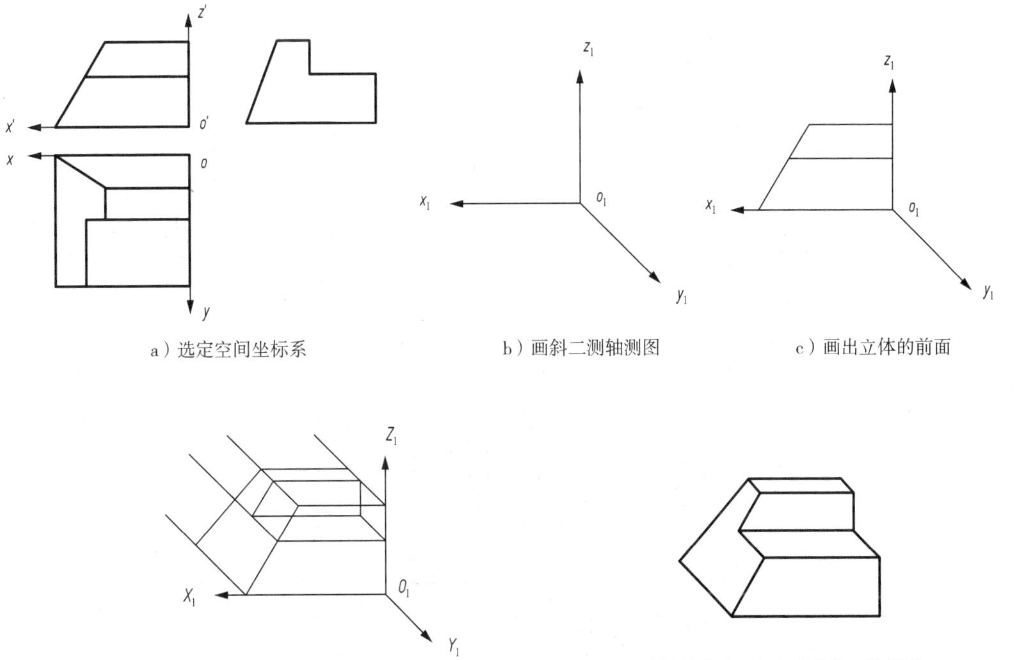

a）选定空间坐标系　b）画斜二测轴测图　c）画出立体的前面

d）画出立体上平行于y轴的各棱线并按1/2比例截取　e）去掉挖去的一块和多余线，并描深各对应线段的长度，连接同一线段的两端点

图 4－15　组合体的斜二测轴测图

4.4　基本体草图的绘制

目测基本体的形状和大小，并徒手（或部分使用绘图仪器）画出的视图称为草图。虽然被称为草图，但绘制时绝对不能潦草马虎，其表示形体应完整、正确、符合投影关系，图线应符合国家标准的要求，标注的尺寸也应符合规定，且所注的尺寸应是由量具准确测量出来的数据。

4.4.1　基本体视图草图的绘制

虽然草图没有准确比例和真实大小，但草图所表示物体总体和局部以及各部分长、宽、高应大体接近于实物。因此学画视图草图必须先学会目测实物的方法。

1. 目测基本体实物的方法

初学时，常借助于铅笔、手指等进行目测，如图 4－16 所示。还可以先确定一个基本单位长度，并以此单位长度目测划分基本体各部分大体的比例，如图 4－17 所示。

2. 绘制基本体草图

画图时，初学者可在方格纸上作图，如图 4－18 所示；熟练后，可在白纸上按作图步

骤绘

制基本体的草图，如图 4 - 19 所示。

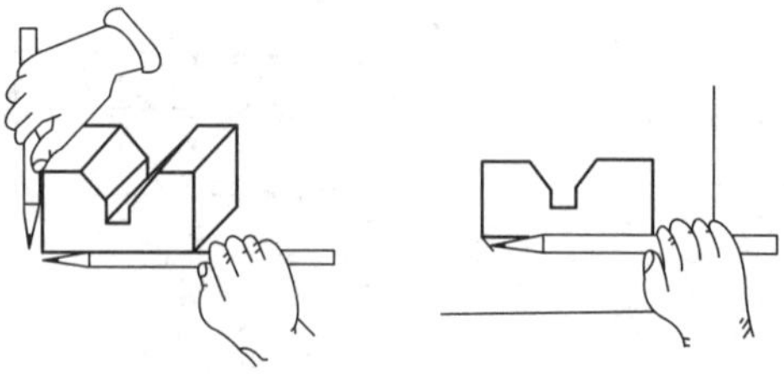

图 4 - 16　用铅笔目测基本体的尺寸

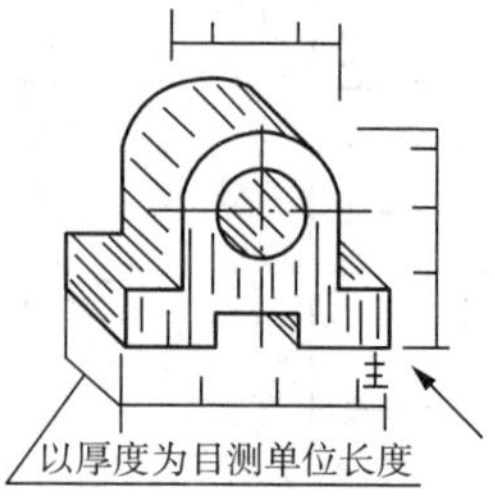

图 4 - 17　以基本单位长度目测基本体的尺寸

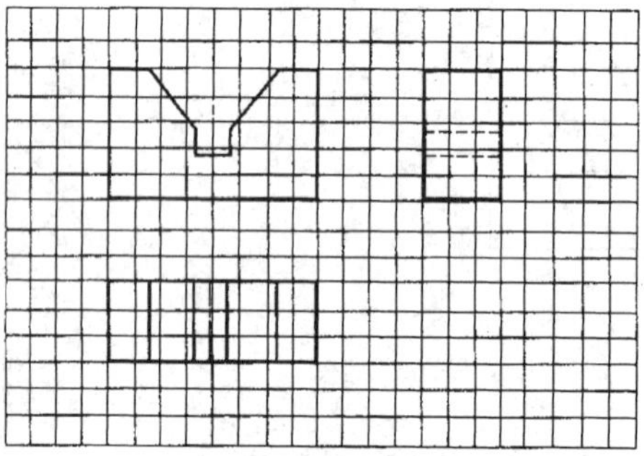

图 4 - 18　在方格纸上绘制草图

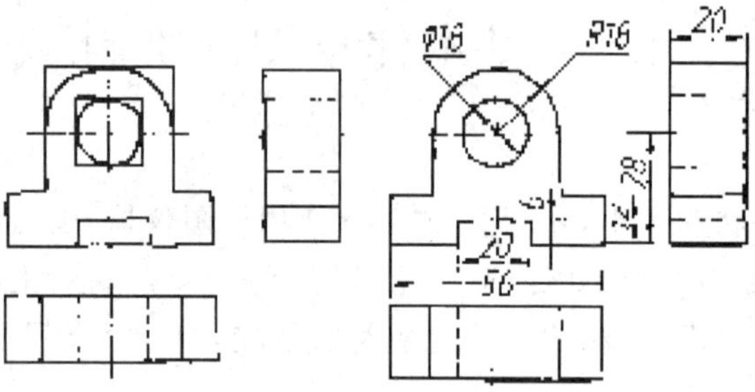

a）画草图底稿图　　b）描深、标注尺寸

图 4 - 19　在白纸上绘制草图并标注尺寸

4.4.2　基本体轴测草图的绘制

工程上常用轴测草图表示或记录物体的形状，读图时常借助画轴测草图来帮助想象物体的形状，验证想象的正确性。若由三视图画轴测草图，应先读懂三视图，想象物体的空间结构形状，然后在三视图中设置坐标原点和坐标轴，并按所选轴测图类型徒手画出轴测草图。具体作图方法和步骤如图 4 - 20 所示。

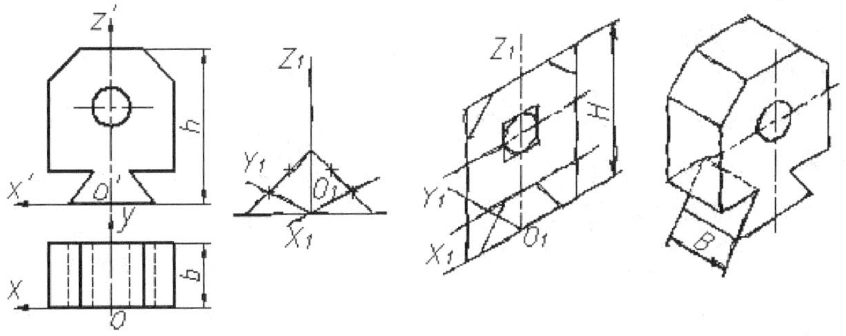

a）在视图上确定坐标轴　b）画轴测轴　c）画出特征面　d）完成全图

图 4-20　画轴测草图的的方法和步骤

4.5　AutoCAD 基本绘图环境

在实际绘图时，首先要设置基本的绘图环境，如设置图形界限、图形单位、图层、线型、线宽等，以便顺利、准确地完成图形。

4.5.1　设置绘图环境

1. 设置图形界限

图形界限是指用户所设定的绘制图的区域大小。在“启动”对话框中的“使用向导”选项设置图形区域。实际上，图形界限也可以通过 LIMITS 命令实现随时改变。

(1)功能 LIMITS 命令用于设置绘图区的界限，控制绘图边界的检查的功能。

(2)输入方法

①下拉菜单：“格式”→“图形界限”

②命令：LIMITS↓

(3)命令及提示

命令：LIMITS↓

重新设置模型空间界限：

指定左下角点或[开](ON)/关(OFF)]〈0.0000,0.000〉：

(4)说明

①指定左下角点：这是默认选项。当输入图纸左下角坐标并回车后，命令提示：指定右上角点〈420.0000,297.0000〉：输入图纸右上角坐标。左下角点和右上角点可从键盘键入，也可用光标在屏幕上指定。

②开(ON)：此项是打开图形界限检查功能。这时 AutoCAD 检查用户输入的点是否在设置的图形界限之内，超出图形界限的点不被接受，并有“＊＊超出图形界限”的提示，

提醒操作者不要将图画到“图纸”外面去。

③关(OFF):关闭图形界限检查。

2. 设置图形单位

绘制不同类别的图样所采用的计数制及精度不尽相同,因而在开始绘一个新图时,应进行图形单位的设置。可通过 UNITS 命令的对话框来设置,而且在绘图过程中,用户可以随时更改。若没有设置,则采用 AutoCAD 的默认设置。

(1)功能用来设置所绘图形的长度、角度单位及其精度和角度的度量方向等。

(2)输入方法

①下拉菜单:“格式”→“单位”

②命令:UNITS↓

(3)提示及说明

命令:UNITS↓

命令输入后,系统弹出“图形单位”对话框,如图 4-21 所示。

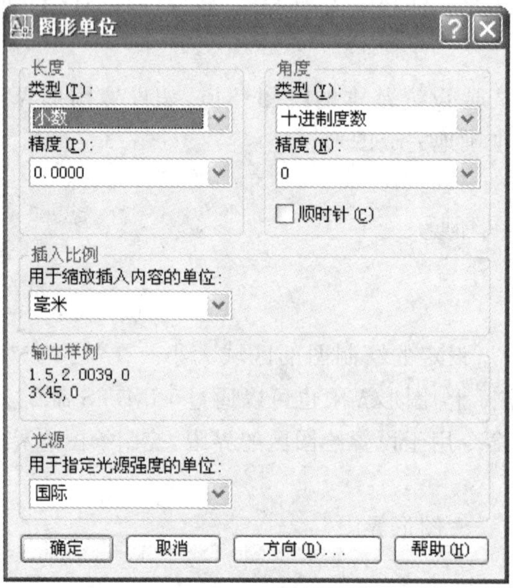

图 4-21 “图形单位”

(4)说明

①“长度”区:设置长度单位类型和精度。

a.“类型”下拉列表框:用来设置测量长度单位的类型。其测量类型有分数、工程、建筑、科学和小数。

b.“精度”下拉列表框:用来设置当前长度单位的精度。

②“角度”区:设置角度单位类型和精度。

a.“类型”下拉列表框:用来设置测量角度单位的类型。其测量类型有百分度、度/分/秒、弧度、勘测单位、十进制度数。

b.“精度”下拉列表框:用来设置当前角度单位的精度。

c.“顺时针”复选框“用来确定角度的正方向。选择此项，顺时针方向为角度正向，否则逆时针方向为角度正向，为默认选项。

③“用于缩放插入内容的单位”下拉列表框：用来设置插入块或图形文件的单位。如果一个块在创建时定义的单位与列表框中所确定的单位不同，在插入时将会按照列表框中设置的单位进行插入与缩放。如果选择“无单位”选项，那么在插入块时，将不按指定的单位进行缩放。

④“方向”铵钮：单击此按钮，在屏幕上弹出“方向控制”对话框，如图 4－22 所示。

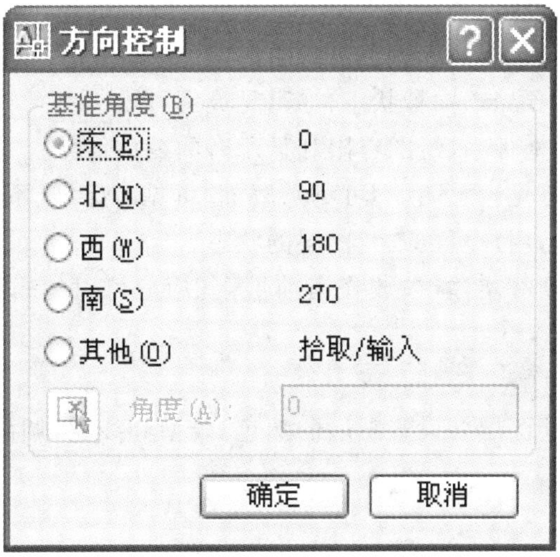

图 4－22　“方向控制”对话框

AutoCAD 的缺省设置中，0 方向是指向右（即正东方或 3 点钟）的方向，逆时针方向为角度增加的正方向。可以选择 5 个单选按钮中的任意一个来确定基准角度的方向，也可以指定两点确定 AutoCAD 测量的基准方向。选择“其他”按钮后，选择“拾取角度”按钮，AutoCAD 允许用两点确定的方向作为测量的基准方向，然后选择“确定”按钮，关闭“方向控制”对话框。

在“图形单位”对话框中修改了必要的设置后，选择“确定”按钮，AutoCAD 将所作的修改保存在当前图形中关闭“图形单位”对话框。

4.5.2　图层、线型、颜色

1. 图层的概念及特性

(1)图层的概念

用户绘图都是在图层上进行的，虽然前面没有接触图层的概念，但用户已经使用了 AutoCAD 提供的缺省层“0”层。

一幅图样可能有许多对象（如各种线型、符号、文字等），诸对象的属性不同，它们都绘制在图层上。可以把图层想象为一张没有厚度的透明纸，各层之间都具有相同的坐标系、绘图界限和缩放比例。在画图时，将图形中的对象进行分类，把具有相同属性的对象

（如相同的线型、颜色、尺寸标注、文字等）放在同一图层，这些图层叠放在一起就构成一幅完整的图样，使绘图、编辑等操作变得十分方便。

（2）图层的特性

①每个图层都赋予一个名称，其中“0”层是 AutoCAD 系统自动定义的，其余的图层用户根据需要自己定义。

②每个图层容纳的对象数量不受限制。

③用户使用的图层数量不受限制，一般应根据需要设定。

④层本身具有颜色、线宽和线型，用户可以使用图层的颜色、线宽和线型绘图，也可以使用不同于图层的线型、线宽和颜色进行绘图。

⑤同一图层上的对象处于同种状态，如可见或不可见。

⑥图层具有相同的坐标系、绘图界限和显示时的缩放倍数。

⑦图层具有打开（可见）/关闭（不可见）、解冻（可见）/冻结（不可见）、解锁（可编辑）/锁定（不可编辑）等特性，用户可以改变图层的状态。

⑧用户所画的线、圆等实体，被放在当前层上，用户可以编辑任何可见、解锁状态的图层上的实体。

3. 图层的创建与管理

（1）功能用于创建新图层并设置图层的颜色、线型和线宽，调出当前层和改变图层的状态。

（2）输入方法

①工具栏：“图层”→  按钮

②下拉菜单：“格式”→“图层”

③命令：LAYER↓

（3）命令及提示执行上述命令后，屏幕弹出“图层特性管理器”对话框，如图 4－23 所示

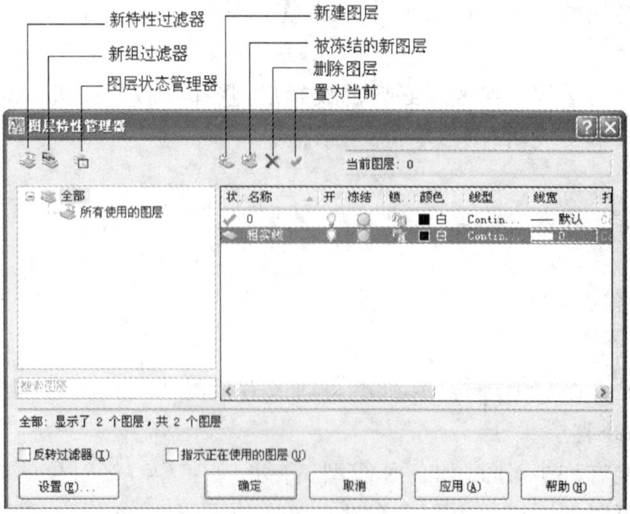

图 4－23 “图层特性管理器”对话框

(4)说明该对话框上面的六个按钮分别是:“新特性过滤器”、“新组过滤器”、“图层状态管理器”、“新建图层”、“删除图层”、“置为当前”按钮。按钮后面为“当前图层”文本框;中部有两个窗口,左侧为树状图窗口,右侧为列表框窗口;下面分别为“搜索图层”文本框、状态行和复选框。

①“新特性过滤器”按钮:用于打开“图层过滤器特性”对话框,如图 4-24 所示。该对话框可以对图层进行过滤,改进后的图层过滤功能大大简化了用户在图层方面的操作。在该对话框中,可以在“过滤器定义”列表框中设置图层名称、状态、颜色、线型及线宽等过滤条件。

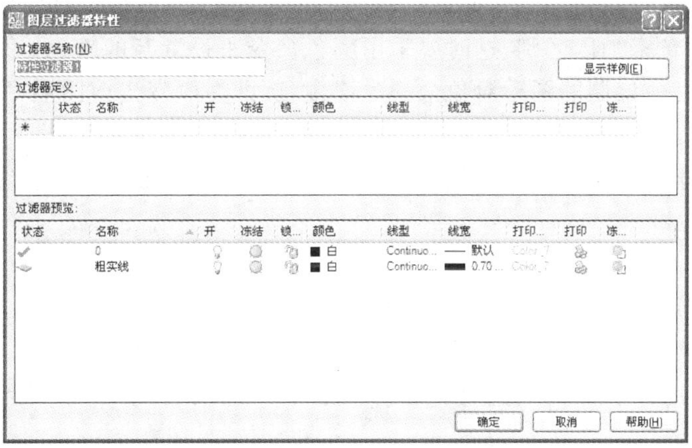

图 4-24　“图层过滤器特性”对话框

②“新组过滤器”按钮:用于创建一个图层过滤器,其中包括已经选定并添加到该过滤器的图层。

③“图层状态管理器”按钮:单击该按钮,打开“图层状态管理器”对话框,如图 13-12 所示,用户可以通过该对话框管理命名的图层状态,即实现恢复、编辑、重命名、删除、从一个文件输入或输出到另一个文件等操作。

④“新建图层”按钮:用于创建新图层。单击该按钮,建立一个以“图层 1”为名的图层,连续单击该按钮,系统依次创建“图层 2”、“图层 3”、…为名的图层,为了方便确认图层,可以用汉字来重命名。

⑤“删除图层”按钮:用于删除不用的空图层,在“图层特性管理器”对话框中选择相应的图层,单击该按钮,被选中的图层名前出现“X”,按“确定”键后将被删除。“0”图层、当前图层、有实体对象的图层不能被删除。

⑥“置为当前”按钮:用于设置当前图层。在“图层特性管理器”对话框中选择某一层的图层名,然后单击该按钮,这时被选中的图层名前出现“√”,则这一层图层被设置成当前图层。

⑦“树状图”窗口:用于显示图形中图层和过滤器的层次结构列表。顶层节点“全部”显示了图形中的所有图层。过滤器按字母顺序显示,“所有使用的图层”过滤器是只读过滤器。

扩展节点以查看其中嵌套的过滤器。双击一个特性过滤器,以打开“图层过滤器特性”对话框并可查看过滤器的定义。

⑧“列表框”窗口:用于显示图层和图层和图层过滤器及其特性和说明。如果在树状图中选定了某一个图层过滤器,则“列表框”窗口仅显示该图层过滤器中的图层。

4.5.3 颜色设置

颜色在图形中具有非常重要的作用,可用来表示不同的组件、功能和区域。

图层的颜色实际上是图层中图形对象的颜色,一般由图层设定的颜色来控制。不同图层的颜色可以设置成相同或不同,但在同一图层上绘制图形对象时,对不同的对象也可使用不同的颜色来加以区别,这时要采用颜色命令来设置新的颜色。采用此方法进行颜色设置后,以后所绘制的图形对象全都为该颜色,即使改变当前图层,所绘对象的颜色也不会改变。

(1)功能用于设置颜色,使以后所绘图形象均为该颜色,与图层的颜色设置无关。

(2)输入方法

①下拉菜单:“格式”→“颜色”

②命令:COLOR↓

(3)命令及提示执行上述命令后,系统弹出“选择颜色”对话框,如图 4-25 所示。该对话框包括“索引颜色”、“真颜色”和“配色系统”三个选项卡,用于设置图层颜色。

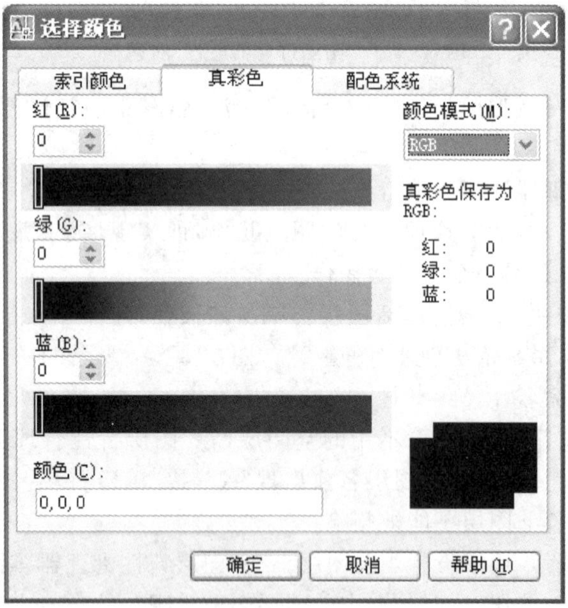

图 4-25 “真彩色”选项卡

4.5.4 线型设置

一幅图样往往由不同的线型构成,在绘图时根据需要可从系统的线型库中加载标准线型，也可自定义线型来满足使用需要。不同图层上的线型可设置成相同或不同。同一图层上的图形对象也可用不同的线型绘制，这就需要进行线型设置。线型设置后所绘制的图形对象全都用该线型，即使改变当前层，所绘实体的线型也不改变。

(1)功能设置当前线型，加载线型文件库中线型和删除无用的线型。

(2)输入方法

①下拉菜单："格式"→"线型"

②命令：LINETYPE↓

③命令及提示：执行上述命令后，系统弹出"线型管理器"对话框，

如图 4－26 所示。

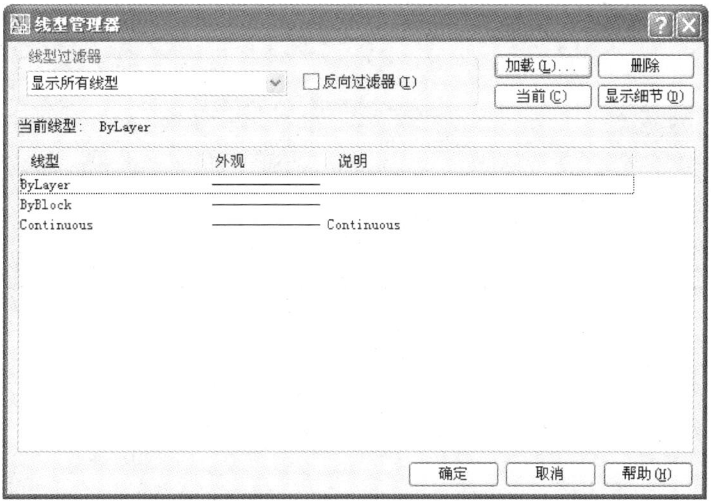

图 4－26　"线型管理器"对话框

(3)说明

①"线型过滤器"下拉列表框：用于设置过滤条件，以确定在线型列表框中显示哪些线型。如果选中"反向过滤器"复选框，则显示与过滤器设置相反的线型。

②"加载"按钮：用于加载新的线型。单击该按钮后，系统弹出"加载或重载线型"对话框。选择要输入的新线型，单击"确定"按钮，完成加载线型操作，返回"线型管理器"。

③"当前"按钮：用于将在线型列表框中选中的线型设置为当前线型。

④"删除"按钮：用于删除在线型列表框中选中的线型。被删除的线型是在作图时没有用过的线型。

⑤"显示细节"按钮：用于显示或隐藏"线型管理器"对话框中的"详细信息"，如图 4－27 所示。

"详细信息"区用于对线型的一些属性的显示和设置，它包括：

①"名称"文本框：显示所选线型名或更改线型名。

②"说明"文本框"对所选线型的描述和形状显示，可以修改线型的描述和形状。

③"缩放时使用图纸空间单位"复选框：控制图纸空间和模型空间是否使用相同的比例因子。

④“全局比例因子”文本框：设置所有线型比例因子。

⑤“当前对象缩放比例”文本框：设置当前对象的线型比例因子。

⑥“ISO 笔宽”列表框：将线型比例设置为标准 ISO 值列表中的一个，实际比例是“全局比例因子”值与当前对象的比例因子的乘积。

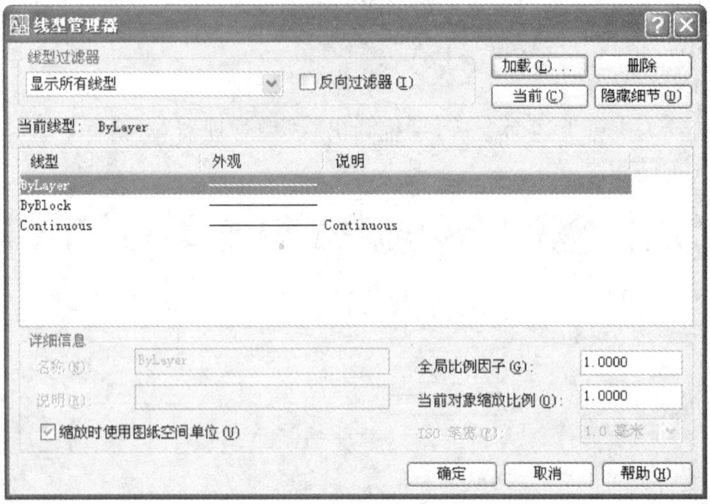

图 4-28 “加载或重载线型”对话框

4.5.5 线型比例及线宽设置

1. 线型比例

在 AutoCAD 定义的各种线型中，除了 CONTINUOUS 线型外，每种线型都是由线段、间隔、点或线段及文本所构成的序列。系统对线型中每小段的长度是按照绘图单位进行定义的，在屏幕上显示的长度与使用时设置的缩放倍数及线型比例成正比。因此，当屏幕上显示或从绘图仪输出的线型不合适时，可通过调整线型比例值来进行设置，使之符合工程制图的要求，同时与图形相协调。

(1)设置全局比例因子

①功能：用于确定图形中所有线型的比例，即调整线型中线段及其间隔的长度。

②输入方法：命令 LTSCALE↓

③命令及提示：

命令：LTSCALE↓

提示：输入新线型比例因子〈当前值〉：(输入一个新的比例值)↓

说明：当输入一个新的比例值后，系统以输入的新比例值乘以线型定义的每小段长度，然后将图形重新生成。显然线型比例值越大，线型中的要素也越大。

(2)设置当前对象的线型比例

①功能：设置该线型比例后，此后所绘图形对象的线型比例均为该值，对原有线型不产生影响。

②输入方法:命令 CELTSCALE↓

③命令及提示:

命令:CELTSCALE↓

提示:输入 CELTSCALE 的新值〈当前值〉:(输入一个新比例值)

2. 线宽设置

(1)功能设置后续绘制对象的线型宽度,并在所有图层上均采用此线宽绘制图形,对原图形对象的线宽不产生影响。

(2)输入方法

①下拉菜单:"格式"→"线宽"

②命令:LWEIGHT↓

③状态栏:在状态栏中,右键单击"线宽"按钮,在弹出的快捷菜单中选择"设置"选项。

(3)命令及提示

执行上述命令后,屏幕弹出"线宽设置"对话框,如图 4-29 所示。

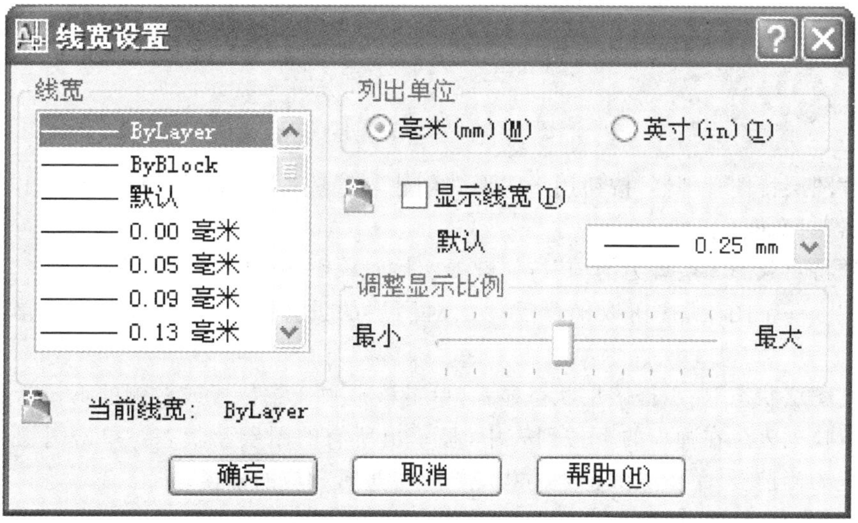

图 4-29　"线宽设置"对话框

(4)说明

①"线宽"列表框:设置当前线宽。从列表中选择合适的线宽来作为当前线宽。

②"列出单位"区:通过"毫米"和"英寸"两个单选框来选择单位。

③"显示线宽"复选框:用于确定是否按设置的线宽显示图形。通过单击状态栏上的"线宽"按钮也可进行"显示"与"不显示"的切换。

④"默认"设置框:用于设置默认的线宽值。通过单击该设置框右边的下拉列表箭头,从下拉列表框中选择一个数值作为系统线宽的默认值。

⑤"调整显示比例"滑块:用于设置线宽的显示比例。

⑥"当前线宽"显示框:显示当前线宽值。

4.5.6 “图层”和“对象特性”工具栏

“图层”和“对象特性”工具栏可以让用户更为方便、快捷地对图层、颜色、线型、线宽进行设置和修改。

1.“图层”工具栏

“图层”工具栏如图 4－30 所示。其功能如下：

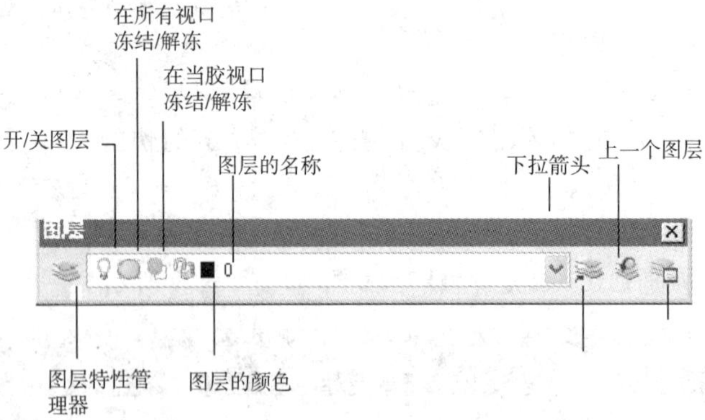

图 4－30 “图层”工具栏

(1)“图层特性管理器”按钮用于图形的创建与管理。单击该按钮，系统弹出“图层特性管理器”对话框。

(2)“将对象的图层置为当前”按钮选择实体对象所在的图层为当前层。

(3)“上一个图层”按钮取消最后一次对图层的设置或修改，返回到上一次图层的设置。

(4)“图层状态”显示框图层状态显示，单击该框中任意位置或右侧的下拉箭头，都会弹出一下拉列表。在弹出的下拉列表中，显示出所有的图层及状态。单击图层名，则该层被设置为当前层；单击除颜色外的相应图标可进行相应的切换。

2.“对象特性”工具栏

“对象特性”工具栏如图 4－31 所示。其功能如下：

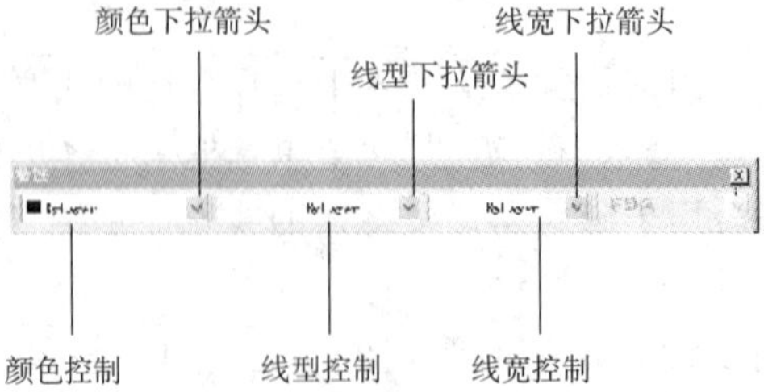

图 4－31 “对象特性”工具栏

(1)“颜色控制”框用于设置颜色。单击该框中任意位置或右侧的下拉箭头，会弹出下拉列表(图 4-32)。从中可设置当前图形对象的颜色。

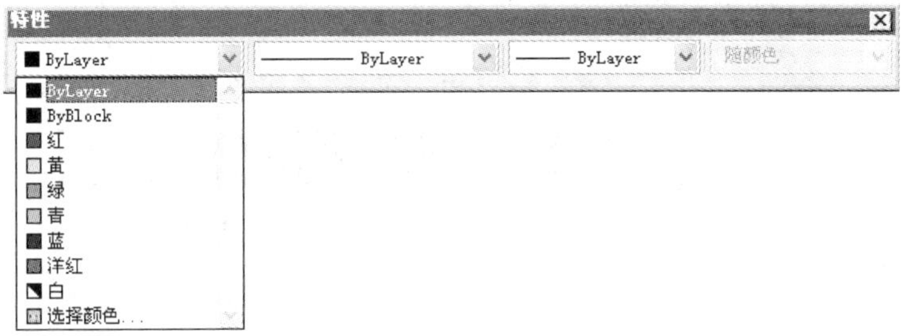

图 4-32　“颜色控制”框

(2)“线型控制”框用于设置线型。单击该框中任意位置或右侧的下拉箭头,会弹出下拉列表(图 4-33)。从中可设置当前图形对象的线型。也可加载线型。

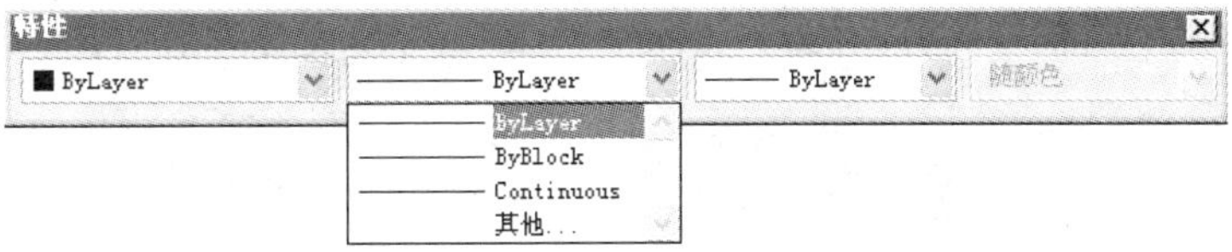

图 4-33　“线形控制”框

(3)“线宽控制”框用于设置线宽。单击该框中任意位置或右侧的下拉箭头,会弹出下拉列表(图 4-34)。从中可设置当前图形对象的线宽。

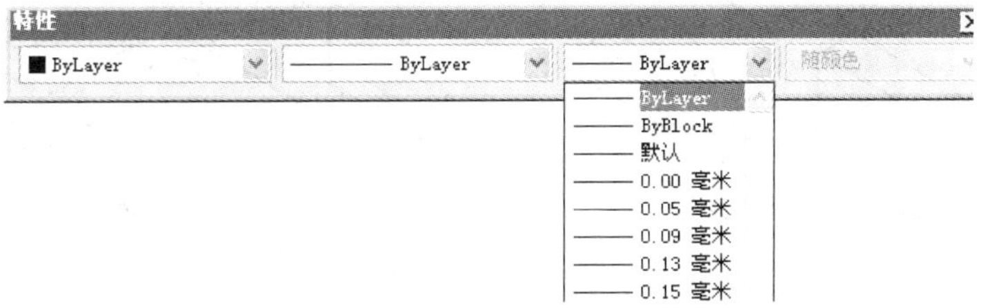

图 4-34　“线宽控制”框

(4)“打印样式控制”框用于设置出图样式。若未设置,则该项为不再可选。

第五章 组合体

【内容导读】

生产实际中的机械零件，尽管其形状千差万别，但从几何形体的角度都可以看成是由若干基本几何体组合而成的，称为组合体。如图 a 所示支座零件，可看成是由图 b 所示的基本形体组成的。

学习绘制、识读组合体的三视图及尺寸标注是读、画零件图的基础。

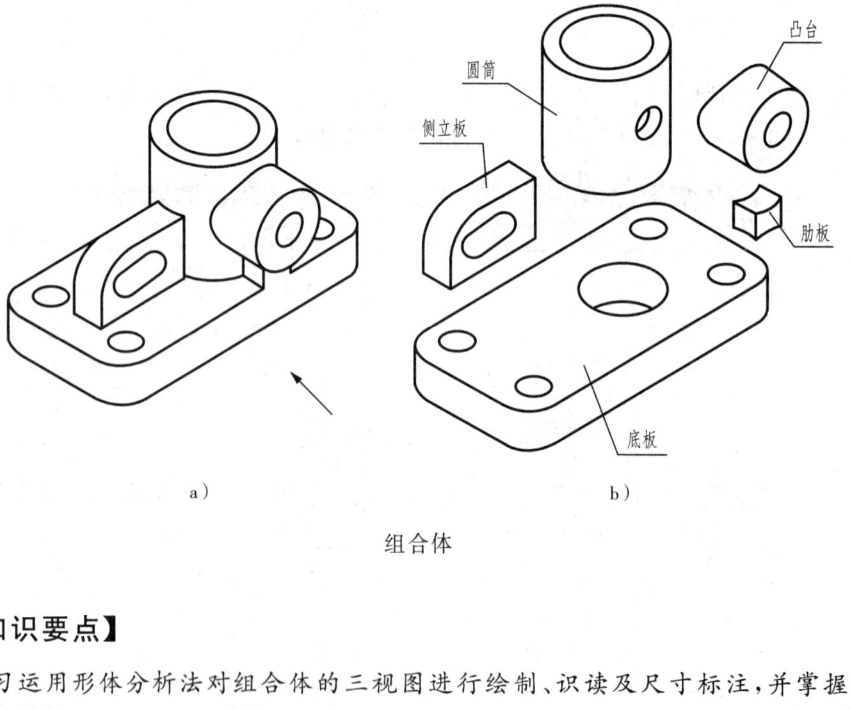

a）　　b）

组合体

【知识要点】

学习运用形体分析法对组合体的三视图进行绘制、识读及尺寸标注，并掌握组合体轴测图的画法。

本章的重点是组合体三视图的绘制、识读和尺寸标注的基本方法。难点是形体分析法在读图中的应用和由组合体的两视图求作第三个视图的方法。

【能力目标】

(1)能运用形体分析法对组合体进行分析

(2)能正确绘制和识读组合体的三视图及尺寸。

5.1　组合体的组合形式及其形体分析

大多数机器零件都可以看作是由几个基本体组合而成的组合体。为了便于画图、看图和标注尺寸，通常假想把组合体分解成若干基本形体，并弄清各基本形体的形状、组合形式及其相对位置关系，以使复杂的问题简单化。

5.1.1　组合体的组合形式及其相对位置

1. 组合形式

组合体的组合形式可分为：叠加和挖切两种基本形式，通常是叠加和挖切的综合，如图 5 - 1 所示。

(1)叠加

叠加是将若干基本形体按一定方式堆积起来组成的一个整体，如图 5 - 1a 所示。

(2)挖切

挖切是在某一基本形体上去掉某些基本形体而形成一个新的形体，如图 5 - 1b 所示。

(3)叠加与挖切的综合

有几个基本体的叠加，又有切割几个基本形体而形成的一个形体，如图 5 - 1c 所示。大部分机器零件都以这种方式组成，组成过程通常以一种形式为主，同时伴随另一种形式。

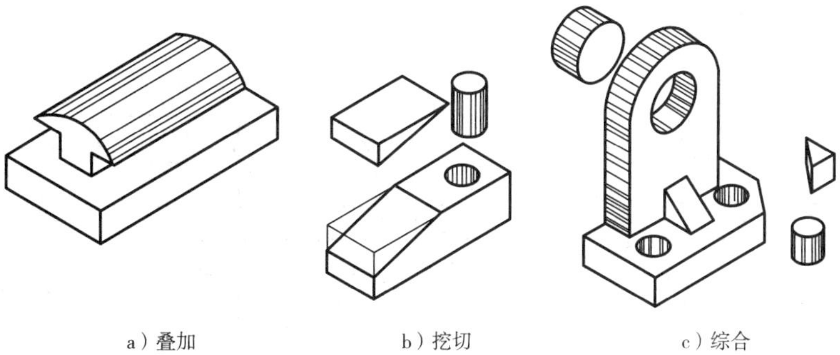

a）叠加　　b）挖切　　c）综合

图 5 - 1　组合体的组合形式

学与做

如图 5 - 2a、b 所示是组合体的三视图和正等测图，试按叠加或切割的方式分别根据正等测图画三视图或根据三视图画正等测图。该形体叠加分析和切割分析如图 5 - 2c、d 所示。

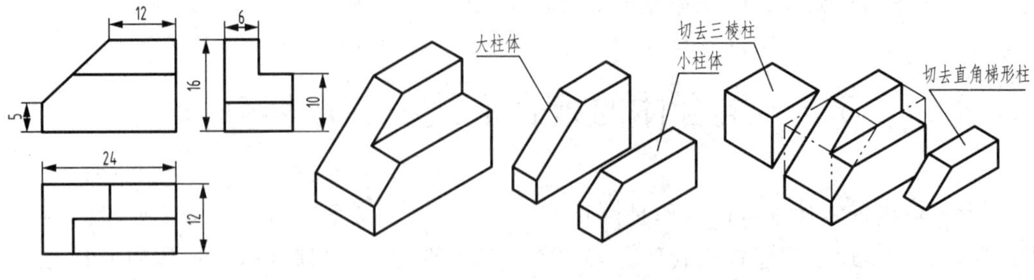

a）组合体三视图　b）组合体正等测图　c）叠加分析　d）切割分析

图 5－2　组合体的分析与思考

2. 组合体表面间的相对位置

组合体邻接表面间的连接关系是画组合体三视图的关键，组合体表面连接具有下面几种典型的形式。

(1)平齐与不平齐

①两表面间不平齐的连接处应有线隔开，如图 5－3a 所示。

②两表面间平齐的连接处不应有线隔开，如图 5－3b 所示。

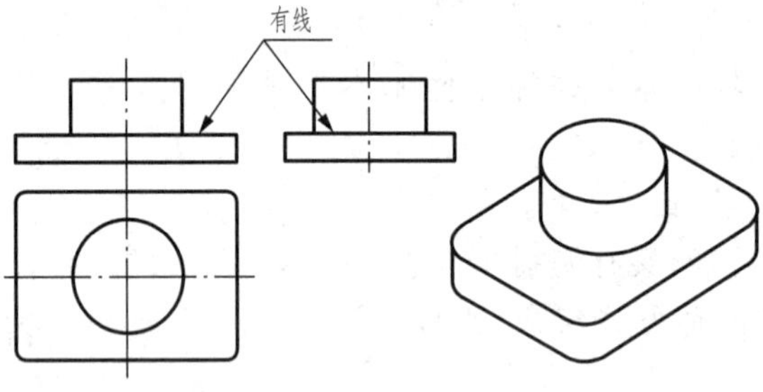

图 5－3a　表面不平齐

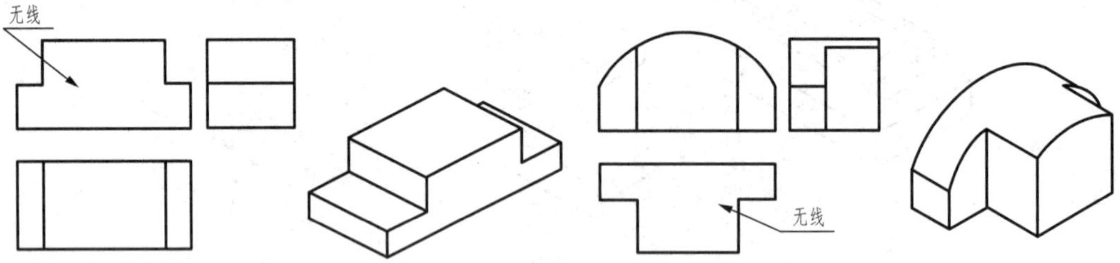

图 5－3b　表面平齐

(2)相切

当组合体上的曲面与曲面，曲面与平面相切时，其相切处光滑过渡，不存在交线，如图 5－4 所示。

曲面与曲面相切时，如果相切两表面存在公切面（平面或圆柱面）并垂直于投影面，在该投影面的图上应画出线，如图 5－5 所示。

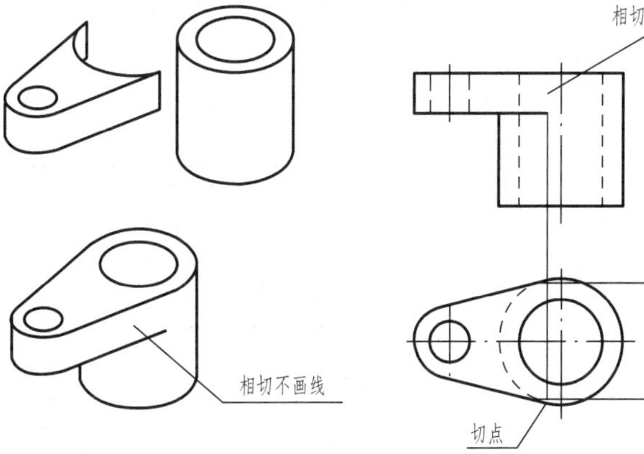

图 5-4　曲面与平面相切

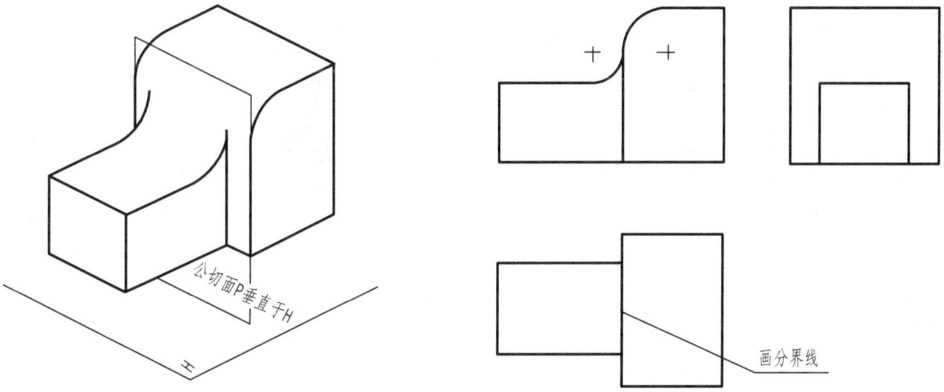

图 5-5　曲面与曲面相切

(3)相交

当基本立体表面相交时,应画出交线,有截交线和相贯线两种,如图 5-6 所示。

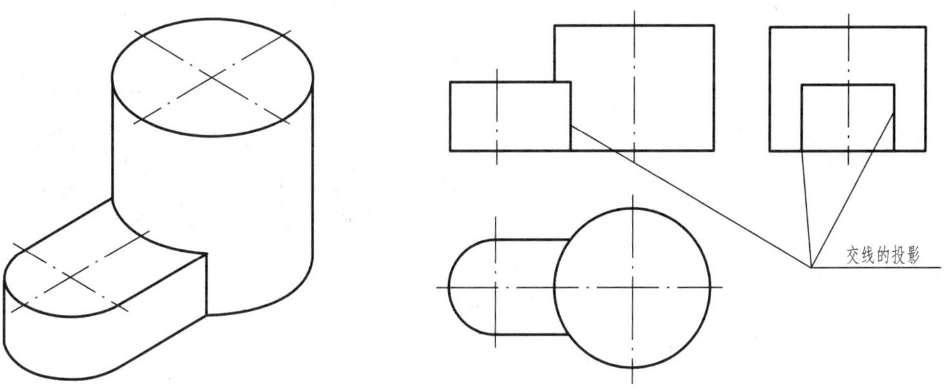

a）截交线

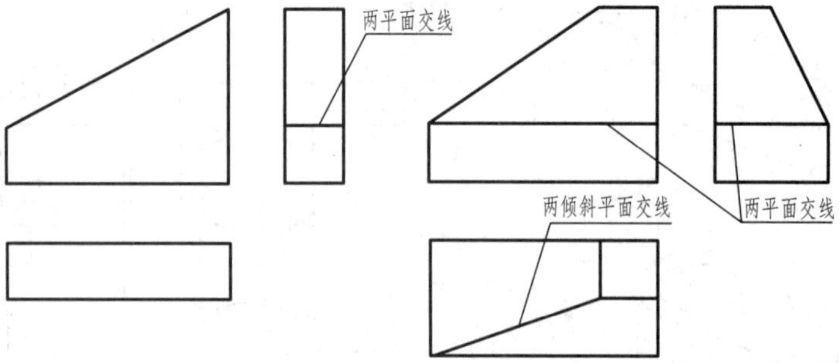

b）两平面相交

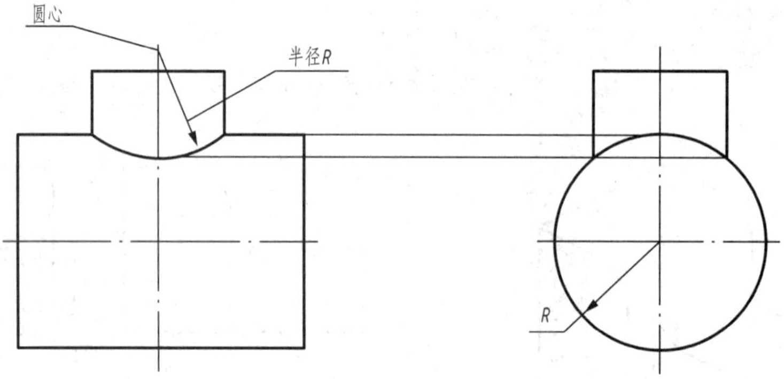

c）相贯线的简化画法

图 5－6　相交

5.1.2　典型结构的画法

1. 阶梯孔的画法

如图 5－7 所示，是不同类型阶梯孔的画法，应注意结合处的表面投影有无分界线。

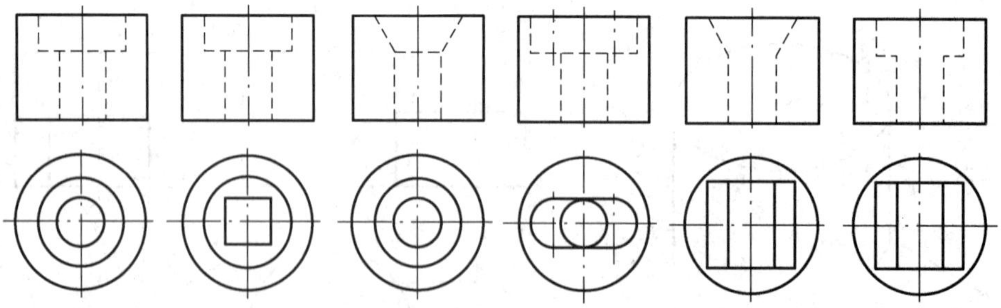

图 5－7　各种阶梯孔的画法

2. 圆筒切口的画法

如图 5－8 所示，圆筒由截平面切割后，由截平面与圆柱表面的交线所围成的形状，应注意交线的正确绘制位置。

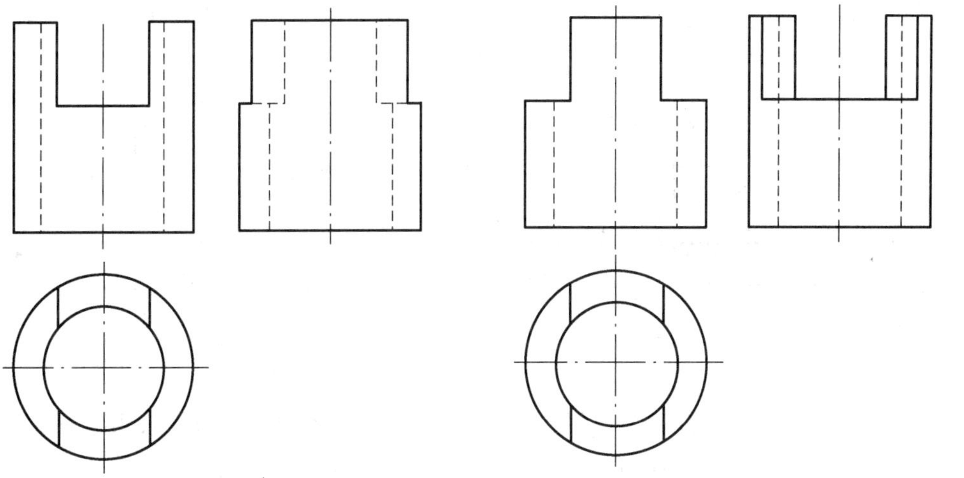

图 5-8　圆筒切口的画法

5.2　画组合体三视图的方法和步骤

1. 形体分析

画组合体三视图之前,应该对组合体进行形体分析,将组合体分解为若干基本体,并分析它们的形状、相对位置、组合形式以及表面连接关系。

如图 5-9 所示,支座是由底板、竖板、挡板、支撑板组成,竖板、支撑板、挡板放置在底板的上面,支撑板竖板相切,并与底板后面平齐,竖板与挡板相贴,并与底板右侧面平齐。

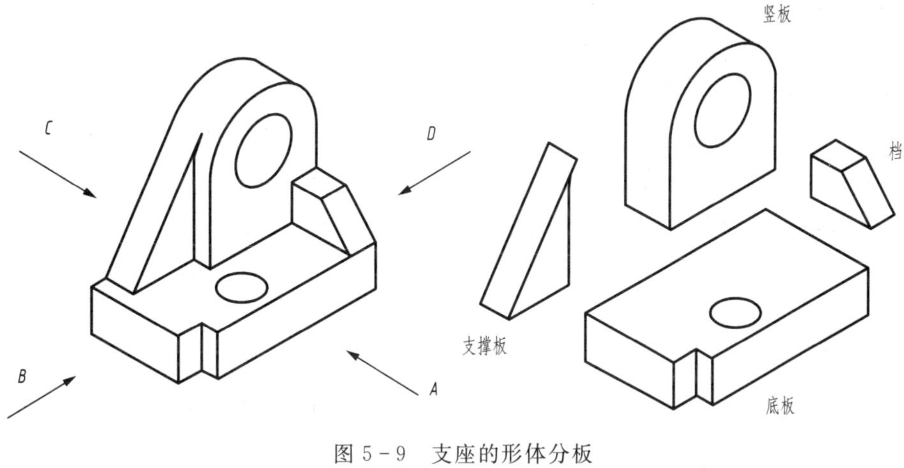

图 5-9　支座的形体分板

2. 确定主视图

主视图通常是反映物体主要形状的视图。选择主视图就是确定主视图的投影方向相对于投影面的放置问题。一般是选择反映形状特征最明显、反映形体间相对位置最多的投影方向作为主视图的投影方向,并尽可能使形体上主要表面平行于投影面,以便使投影能得到实形,同时考虑组合的自然安放位置,还需兼顾其他视图的表达。

如图 5－10 所示的几个视图中，该组合体（支座）以 A 方向作为主视图的投影方向，并将其按自然位置放置。

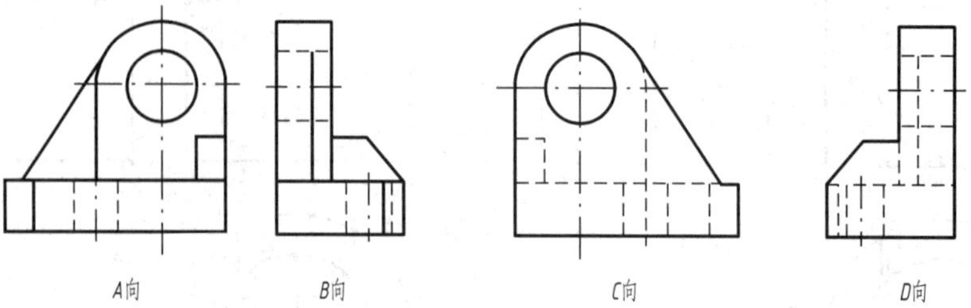

图 5－10　主视图方案的比较

画组合体三视图之前，应该对组合体进行形体分析，将组合体分解为若干基本体，并分析它们的形状、相对位置、组合形式以及表面连接关系。

3. 确定比例，选定图幅

在一般情况下，画图尽可能采用 1∶1 的比例。根据组合体的长、宽、高尺寸及所选用的比例，选择合适幅面的图纸。根据主视图长度方向尺寸和左视图宽度尺寸，计算出主、左视图间以及与图框边线间的空白间隔，使主、左视图沿长度方向均匀分布。同样根据主视图的高度尺寸和俯视图的宽度尺寸计算出上下的空白间距，使主、俯视图沿高度方向均匀分布。当选定的图纸固定到图板上后，应先画好图框和标题栏，然后根据计算结果用基准线将三视图的位置固定在图纸上。基准线常采用对称线、轴线和较大的投影面平行面的积聚性投影线。主视图的位置由长、高方向的基准线确定，左视图由高、宽方向的基准线确定，俯视图由长、宽方向的基准线确定。这些基准线应根据前面计算出的尺寸精确画出。

4. 画图步骤

(1)画各个视图的作图基准线，如图 5－11a 所示。

(2)按形体分析画各个基本形体的三视图，如图 5－11b～e 所示。

对每个基本立体应先画最能反映其形状特征和所处位置的那个视图，然后按照“长对正、高平齐和宽相等”的投影关系画出其他视图。

(3)检查、描深，如图 5－11f 所示。

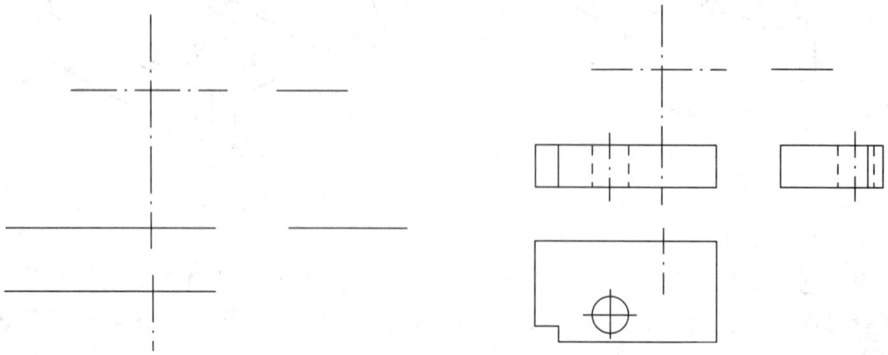

a)　　　　b)

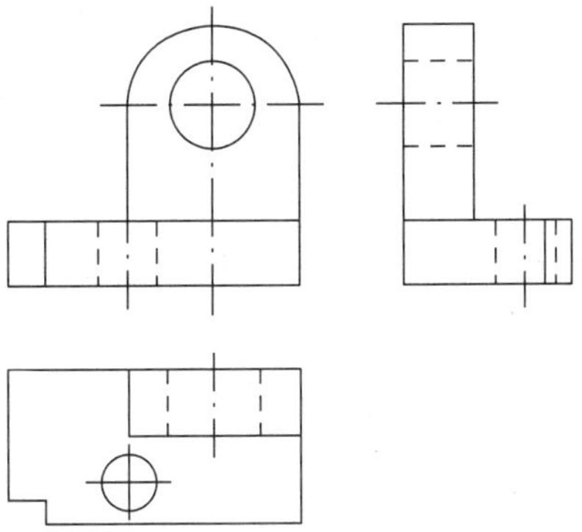
c）

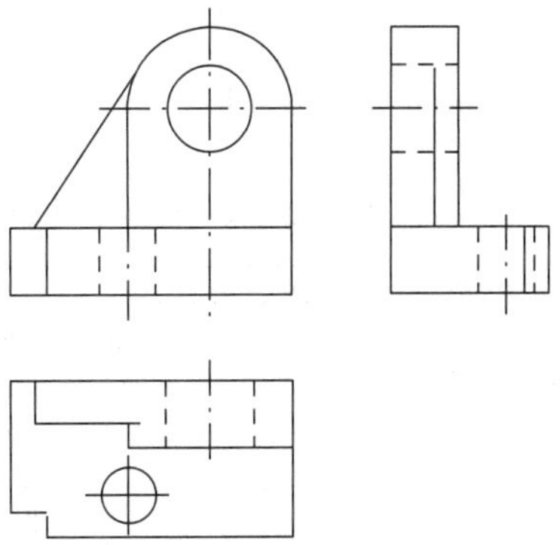
d）

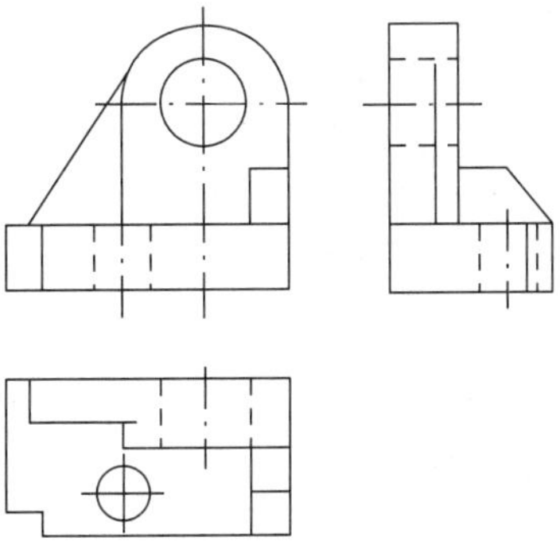
e）

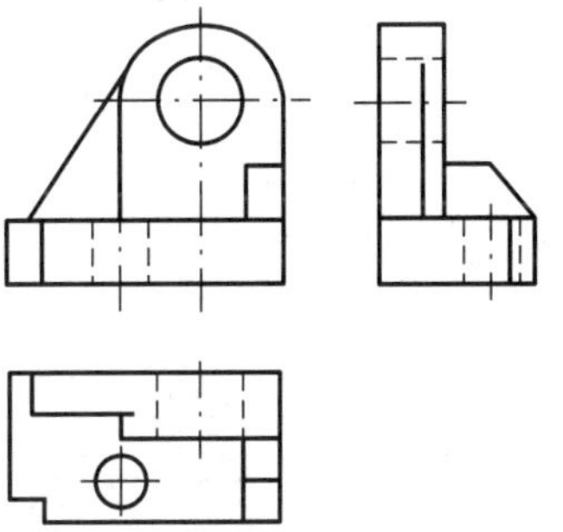
f）

图 5－11　画支座三视图的步骤

检查视图画得是否正确，应按各个基本立体的投影来检查，并要注意基本体之间邻接表面的相切、相交或共面的关系。经过全面检查、修改，确定无误后，擦去多余底稿线，方可描深。描深时，应遵守“机械制图国家标准”规定。

5．画组合体三视图举例

【例 5－1】 画图 5－12a 所示组合体的三视图。

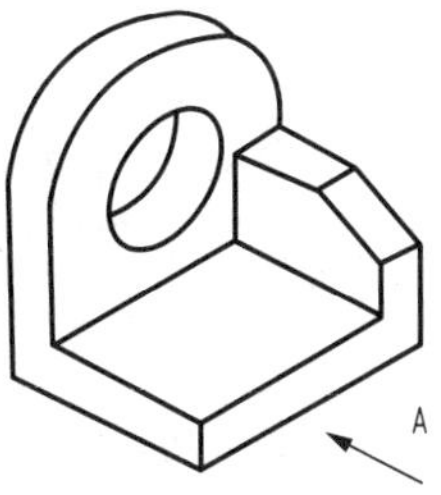

a）组合体立体图

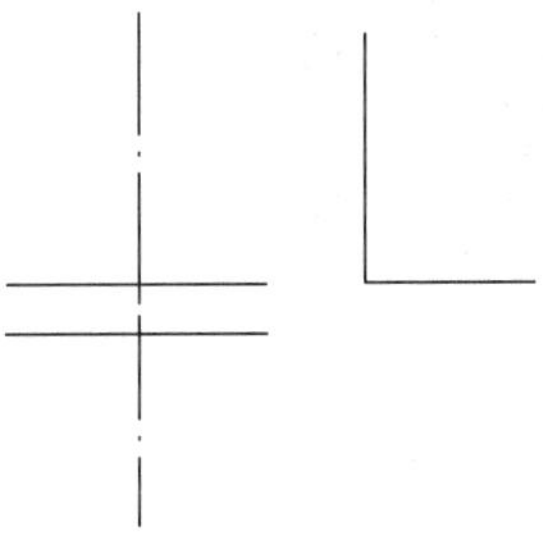
b）画基准线

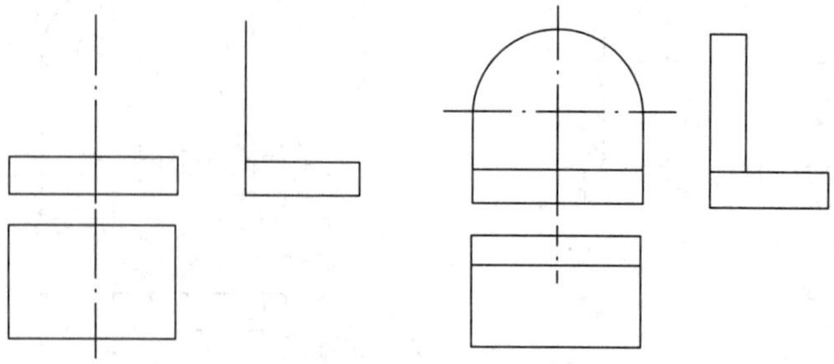

c）画底板　　　　d）画正立板

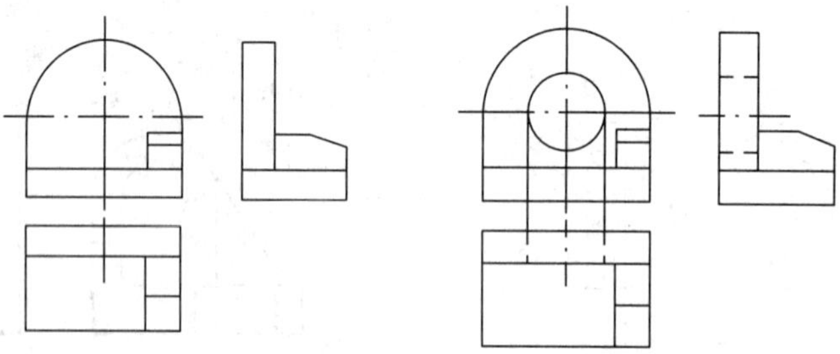

e）画侧立板　　　　f）画圆柱孔

图 5－12　组合体三视图的画图步骤举例(一)

【例 5－2】 画如图 5－13a 所示组合体的三视图。

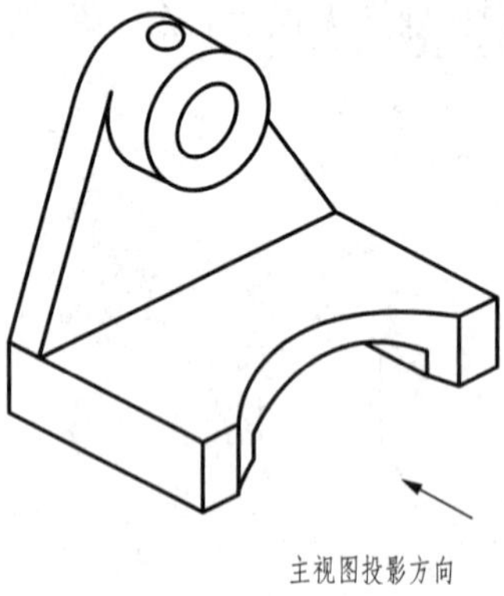

a）组合体立体图

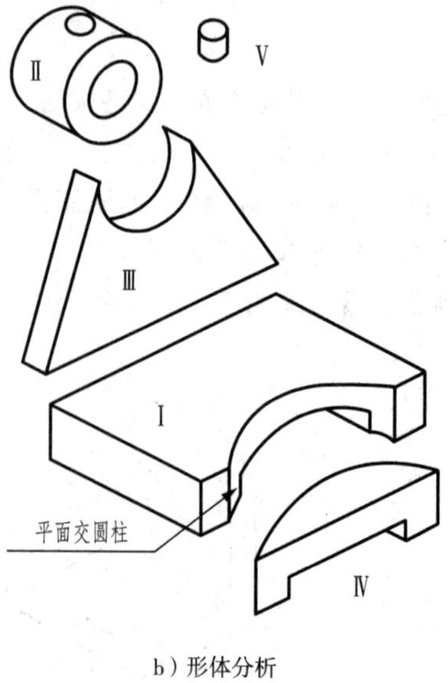

b）形体分析

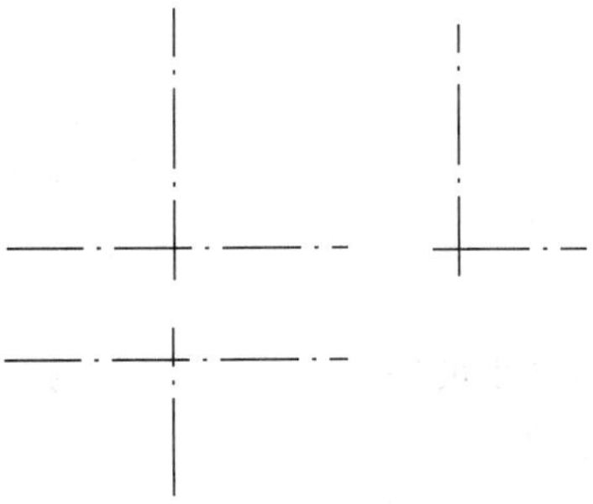

c）画基准线

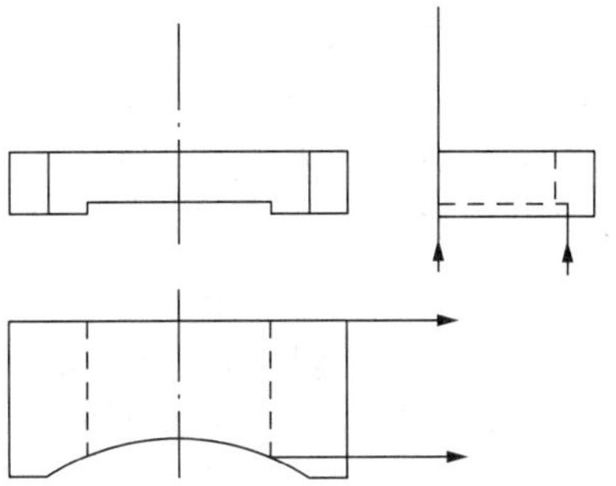

d）画形体Ⅰ和Ⅳ

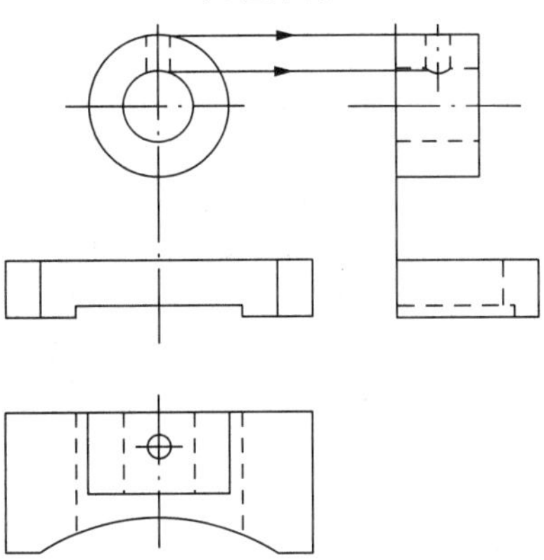

e）画形体Ⅱ和Ⅴ

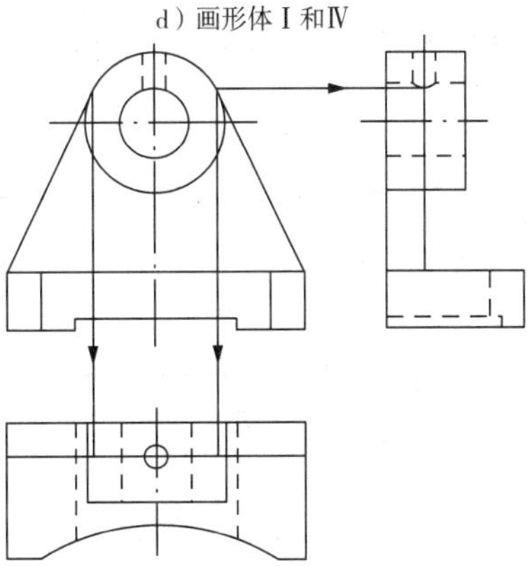

f）画形体Ⅲ

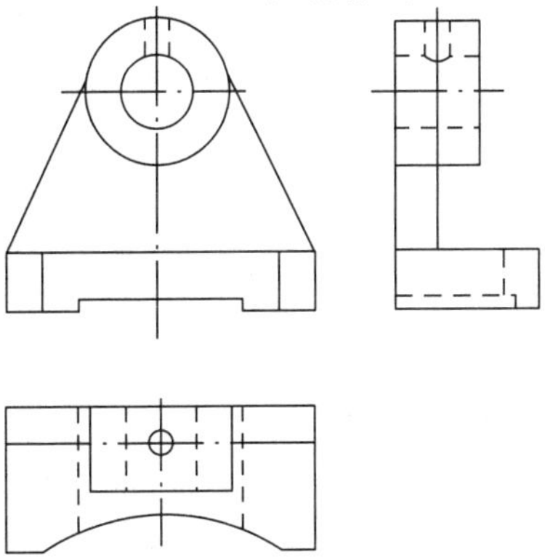

g）检查并去掉多余线

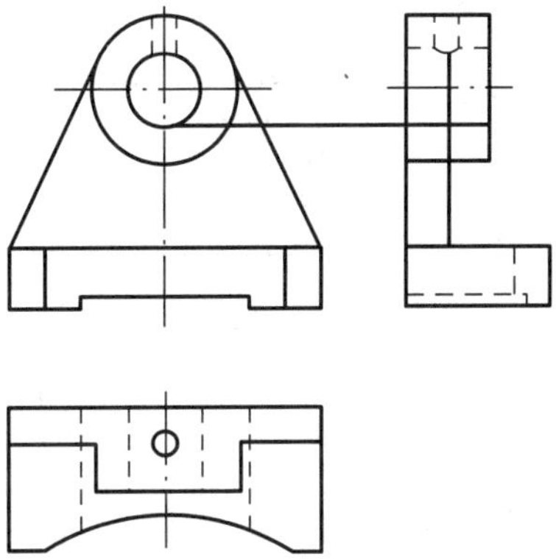

h）描深

图 5－13　组合体三视图的画图步骤举例(二)

5.3　组合体的尺寸注法

5.3.1　尺寸标注的基本要求

组合体的形状是由视图来表达的，其大小是由所注尺寸来确定的。组合体尺寸标注的基本要求是正确、完整和清晰，如图 5－15 所示。

1．正确

所注尺寸的数值必须是正确的，其尺寸标注的形式要符合机械制图国家标准中有关尺寸注法的基本规定。

2．完整

尺寸标注要完整，是指确定组合体中各基本体大小的定形尺寸、相对位置的定位尺寸以及组合体的总体外形尺寸要齐全，不遗漏，不重复。

3．清晰

尺寸标注要清晰，主要是指尺寸的布局要整齐清晰，便于看图。

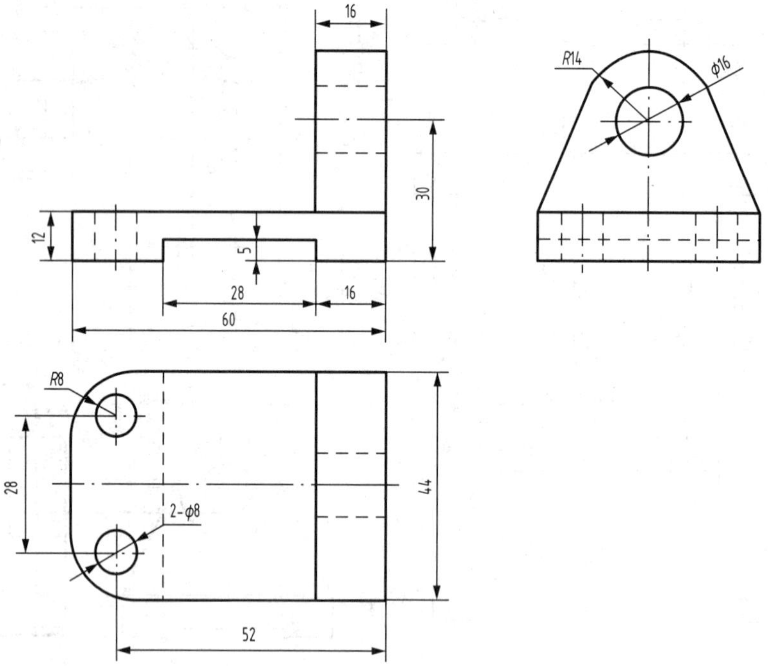

图 5－14　组合体尺寸标注的基本要求

5.3.2　常见基本形体的尺寸注法

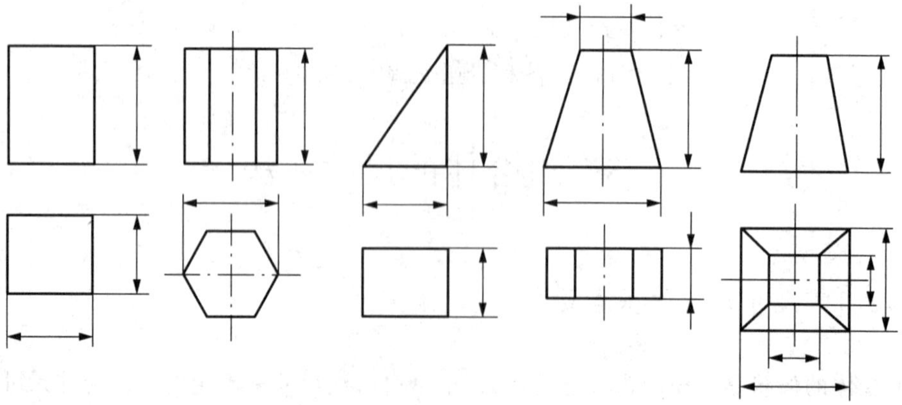

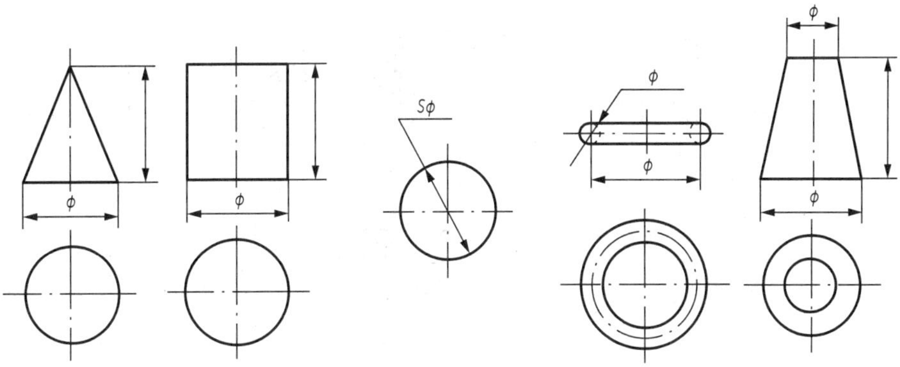

图 5-15　常见平面立体和回转体的尺寸注法

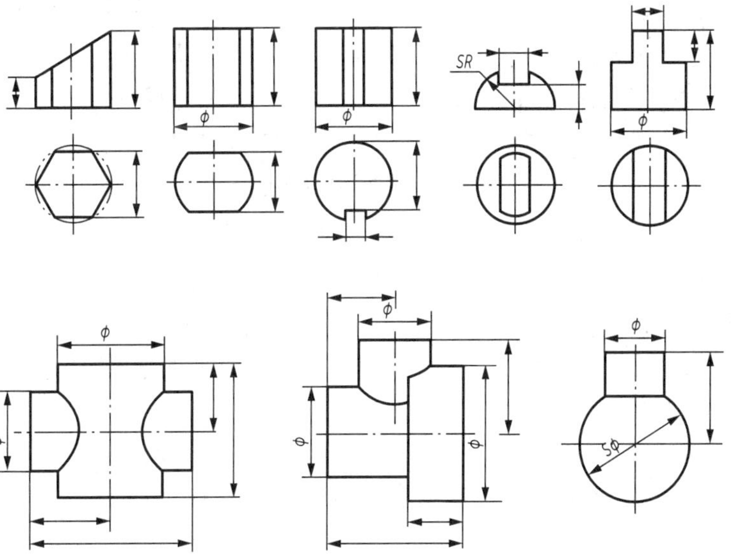

图 5-16　切割体和相贯体的尺寸注法

5.3.3　组合体的尺寸标注

1. 尺寸种类

(1)定形尺寸。确定组合体各基本形体的形状和大小的尺寸称为定形尺寸。如图 5-17所示,圆筒尺寸 ϕ50、ϕ30 和 50,底板尺寸 100、60、20、ϕ15 和 R15,支撑板尺寸 10,肋板尺寸 10 等都是定形尺寸。

(2)定位尺寸。确定组合体各基本形体之间的相对位置的尺寸称为定位尺寸。如图 5-17 所示,圆筒后端面的定位尺寸 5 及其圆筒轴线定位尺寸 75,底板上两个 ϕ15 孔的定位尺寸 70 和 45 等都是定位尺寸。

(3)总体尺寸。由于组合体的总长、总宽分别和底板对应的长和宽相同,组合体的总高正好就是圆筒中心高 75 加外圆半径 25,所以均不需再标。

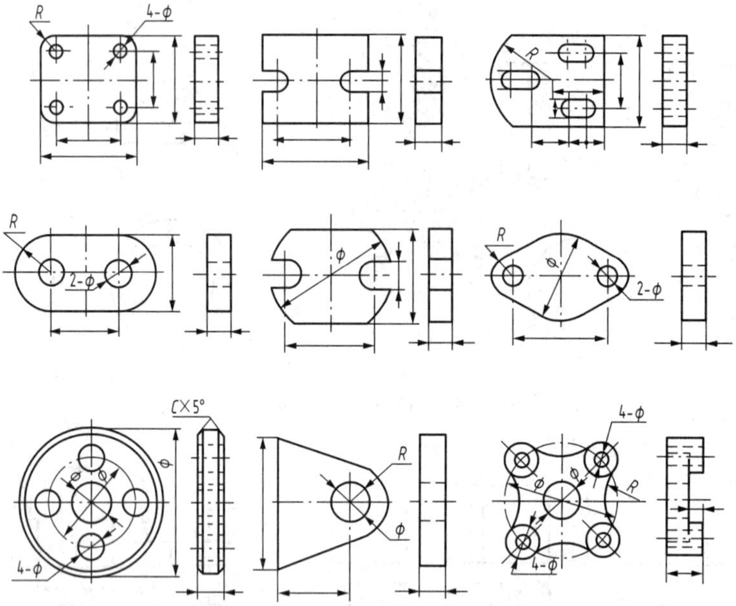

图 5-17　常见几种平板的尺寸注法

2. 尺寸基准

所注尺寸的起点称为尺寸基准。通常以对称平面、重要的底面或端面以及回转体的轴线作为尺寸基准，一般在长、宽、高方向至少各有一个尺寸基准，如图 5-17 所示。当某个方向的尺寸基准多于一个时，只能有一个主要基准，即起主要作用的那一个基准，其余的基准都属于辅助基准。

3. 尺寸的清晰布置

标注尺寸要清晰，就是尺寸要恰当布局，便于看图、查找、不致于发生误解或混淆。尺寸的布置应注意下列几点：

(1)尺寸应尽量标注在形体特征、位置特征较明显的视图上，如图 5-18 所示。

(2)尺寸应尽量标注在视图之外，排列要整齐，并使小尺寸在里，大尺寸在外，如图 5-19所示。

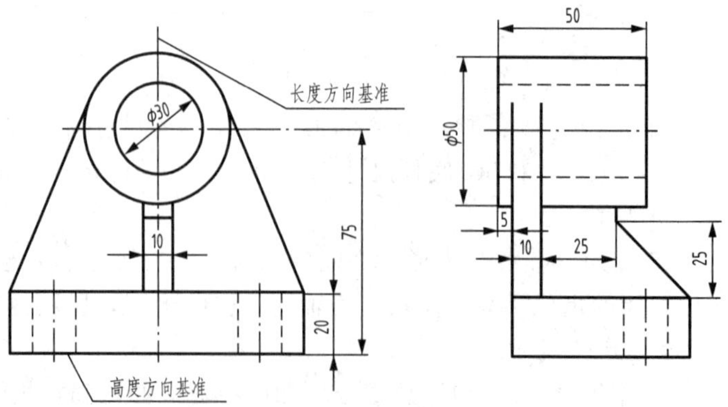

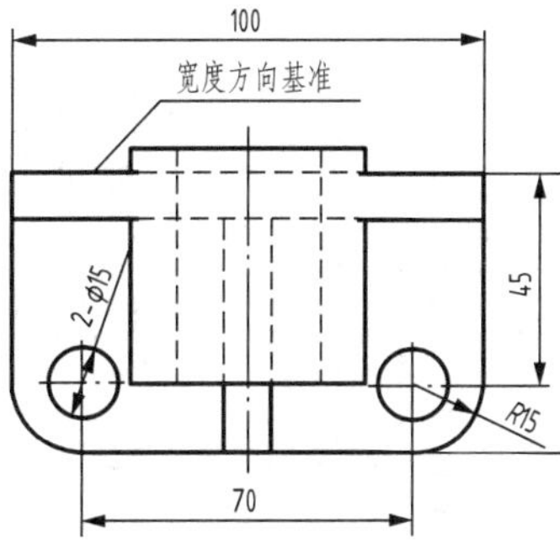

图 5-18　组合体的尺寸标注

(3)应尽量避免在虚线上标注尺寸。

(4)同轴回转体的各直径尺寸最好标注在非圆视图上,如图 5-21 所示。

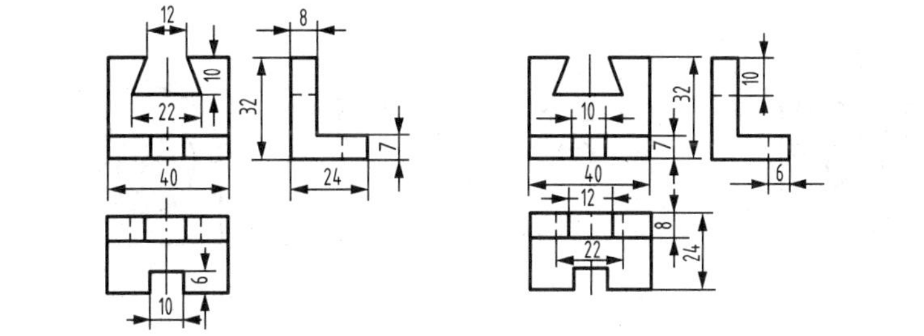

a) 清晰　　b) 不清晰

c) 清晰　　d) 不清晰

图 5-19　尺寸应尽量标注在形体特征、位置特征较明显的视图上

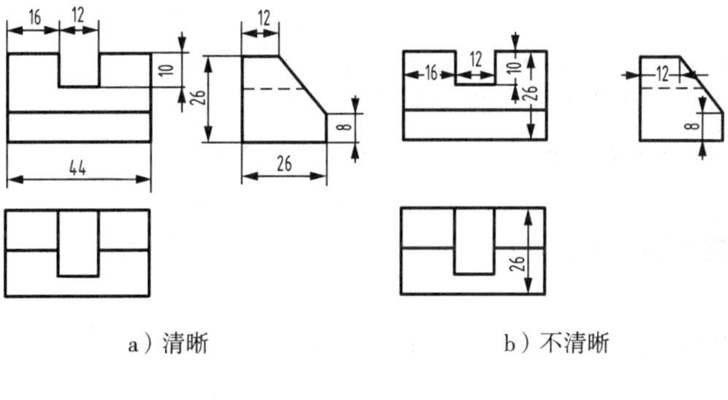

a) 清晰　　b) 不清晰

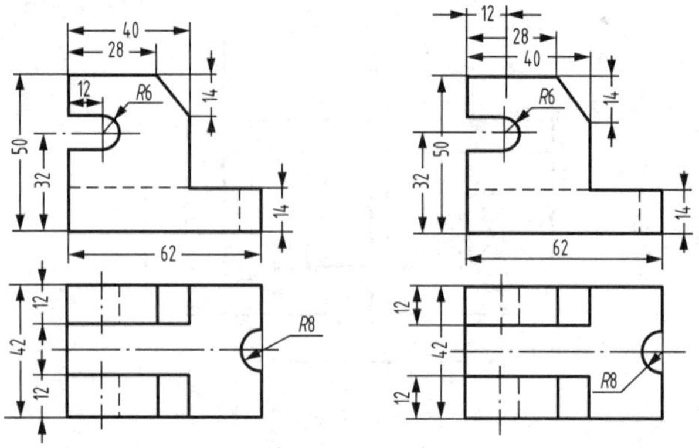

c）清晰　　d）不清晰

图 5-20　尺寸应尽量标注在视图之外，并使小尺寸在里，大尺寸在外

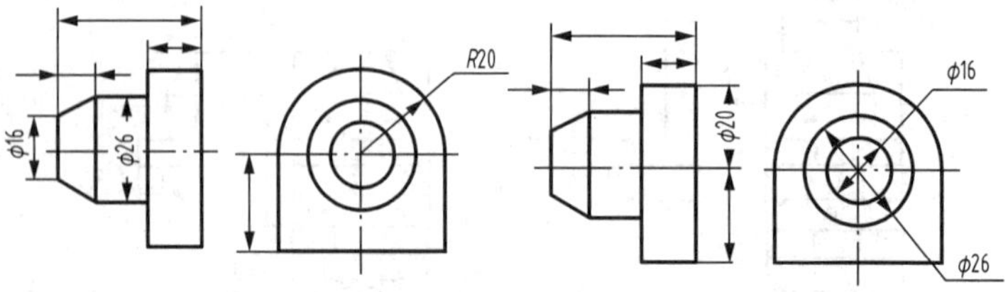

a）清晰　　b）不清晰

图 5-21　直径和半径的尺寸注法

5.3.4　组合体的尺寸标注的步骤

1. 形体分析

组合体的尺寸标注方法，通常是采用形体分析法，将组合体分解为若干基本几何体，分别标注基本体的定形尺寸和确定基本体间相对位置的定位尺寸，最后调整尺寸，注出总体尺寸，以达到正确、完整和清晰的基本要求，如图 5-22 所示。

2. 尺寸基准的选择

组合体的尺寸标注方法，通常是采用形体分析法，将组合体分解为若干基本几何体，分别标注基本体的定形尺寸和确定基本体间相对位置的定位尺寸，最后调整尺寸，注出总体尺寸，以达到正确、完整和清晰的基本要求。

(1)局部基准

圆筒：圆筒为回转体，故选后端面为轴向基准，选轴线为径向基准；

底板：选左右对称面为长度方向的基准，后面为宽度方向的基准，底面为高度方向的基准；

支撑板：选左右对称面为长度方向的基准，后面为宽度方向的基准，底面为高度方向的基准；

肋板：选左右对称面为长度方向的基准，后面为宽度方向的基准，底面为高度方向的基准；

(2)全局基准

从总体看形体左右对称，所以选左右对称面为长度方向的全局基准；底板与支撑板的后面共面，选该面为宽度方向的全局基准；选底板的底面为高度方向的全局基准。

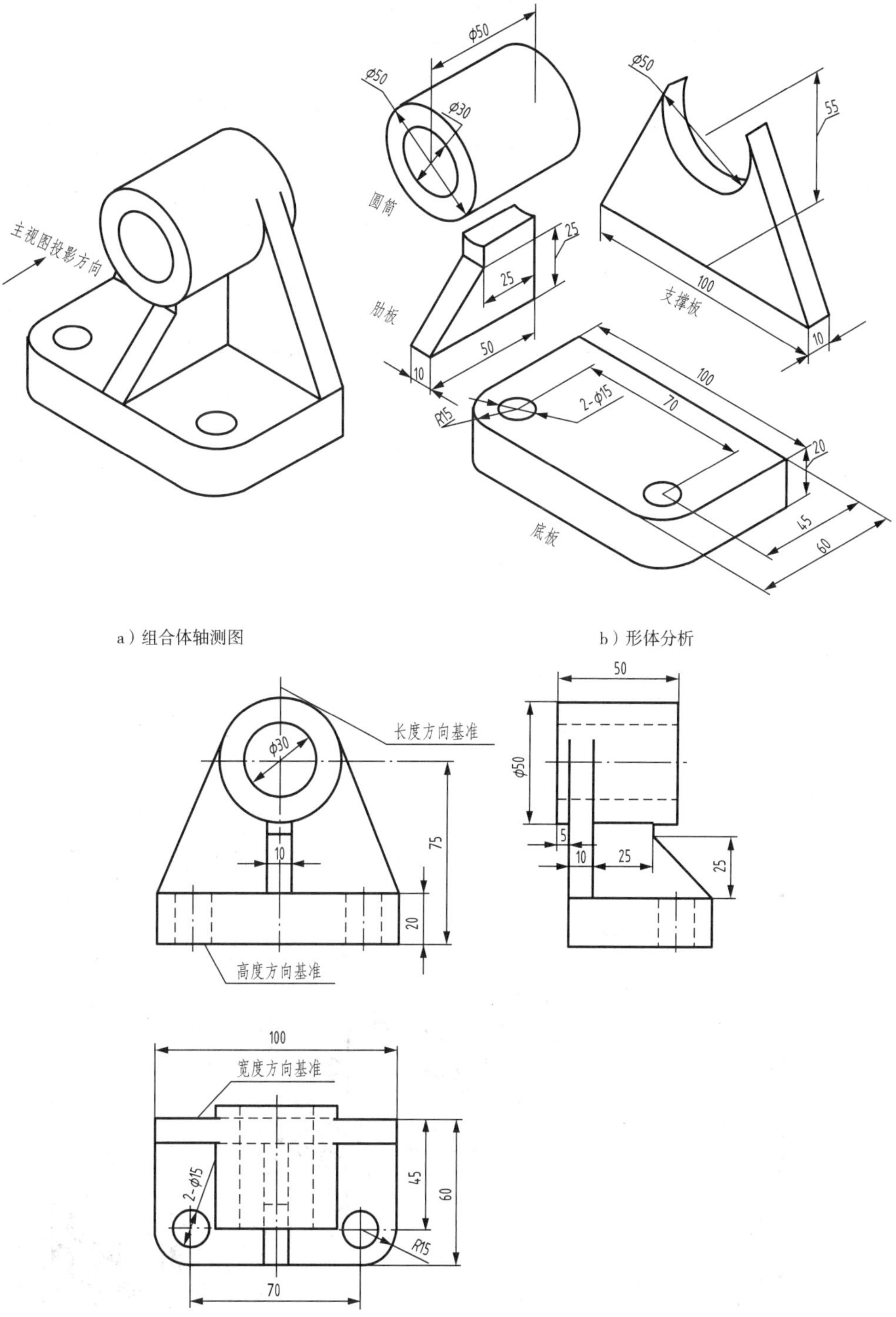

a）组合体轴测图　　b）形体分析

c）尺寸标注

图 5-22　直径和半径的尺寸注法

3. 标注定形尺寸

标注圆筒尺寸 ϕ50、ϕ30 和 50，底板尺寸 100、60、20、ϕ15 和 R15，支撑板尺寸 10，肋板尺寸 10 等定形尺寸。

4. 标注定位尺寸

从全局基准出发，标注出全部定位尺寸，圆筒后端面的定位尺寸 5 及其轴线定位尺寸 75，底板上两个 ϕ15 孔的定位尺寸 70 和 45 等。

5. 标注总体尺寸

由于组合体的总长、总宽分别和底板对应的长和宽相同，组合体的总高正好就是圆筒中心高 75 加外圆半径 25，所以均不需再标。

6. 检查并调整好尺寸的分布

根据尺寸标注的基本要求，检查和调整尺寸的分布，如图 5-22 所示。

5.4 组合体读图

5.4.1 读组合体视图的一般原则

1. 读图时应将几个视图联系起来看

通常一个视图不能确定物体的形状，有时两个视图也不能确定空间物体的唯一形状。如图 5-23 所示，由主视图和第一个俯视图可以想象出三个不同的形体（见前面三个

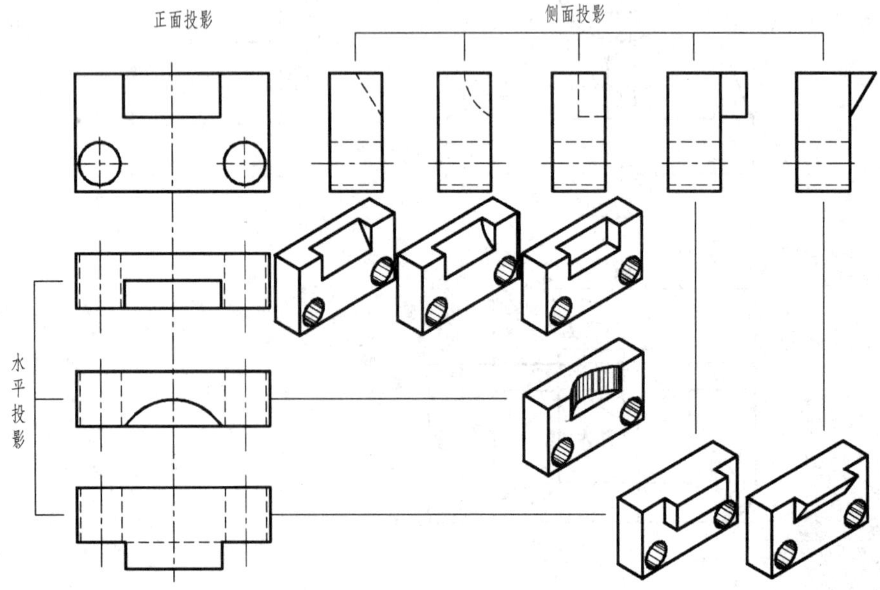

图 5-23 不同形状的视图特征及投影

轴测图和右边三个左视图），由主视图和右边的第三个左视图至少可以想象出两个不同的形体，其余读者可自行分析。由此可见，看图时必须将几个视图联系起来，互相对照、联想构思才能想象出物体的真实形状。

2. 读图时应从形状特征视图想象物体的结构形状

不同的基本体有不同的形状特征视图，而且组成组合体时也不是全部集中在一个视图上的。如图 5－23 所示的立体，整体结构的形状特征视图是主视图，由主视图和俯视图可以想出其形状是长方体下面挖掉了二个圆孔；上部切口由主视图和俯视图则不能确定其结构，它的特征视图是左视图，由左视图可知是挖切了三棱柱或部分圆柱或长方体。

3. 读图时应从位置特征视图想象各形体之间的相对位置

组合体是由一些基本体叠加或挖切形成的，反映各基本体之间的相对位置关系明显的视图就是位置特征视图。如图 5－24 所示，从主、俯两个视图看，物体上的凸出或凹下部分无法确定；从主、左两个视图看，则只能唯一的判定一个物体。显然，反映该物体各组成部分之间相对位置特征最明显的视图是左视图，即左视图是位置特征视图。

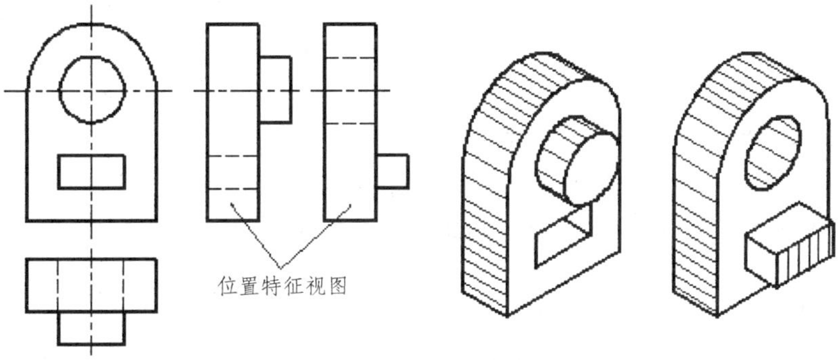

图 5－24　物体的位置特征视图

4. 读图时应利用视图中的虚线来分析物体的结构形状

虚线是表示物体上的不可见轮廓线，可利用虚线的位置及变化来分析物体的形状和各基本体之间的相对位置。如图 5－25a 所示，通过对主、俯视图中虚线的分析，很容易想象出圆柱和穿孔四棱柱的形状和位置；又如图 5－25b 所示的在圆筒上挖方孔和圆孔，主视图是实线的，说明方孔在前，圆孔在后，主视图是虚线的说明方孔在后而圆孔在前。

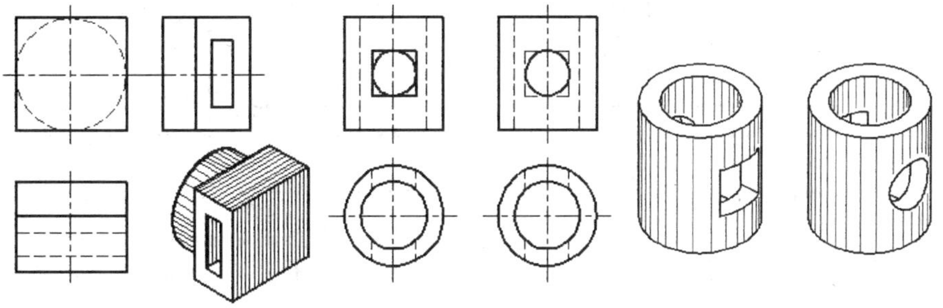

图 5－25　利用虚线分析物体的形状

学与做

由图 5 - 26a、b 中两个物体的左视图上斜线的虚、实变化，判断对应的立体图是图 c 还是图 d。

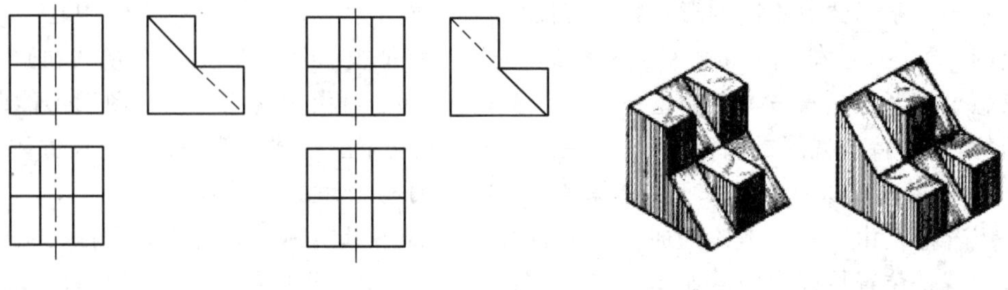

a)　　b)　　c)　　d)

图 5 - 26　利用虚、实线的变化分析物体的形状

5.4.2　形体分析法

1. 用形体分析法看图的基本步骤

根据三视图的基本投影规律，将组合体视图分解成若干个基本形体，再确定它们的组合形式及其相对位置，综合起来想象出组合体的整体形状。

具体步骤：

(1)分线框，对投影

从主视图入手，联系其他视图，根据投影规律找出基本形体投影的对应关系。

(2)识形体，定位置

根据各个基本形体的三视图，逐个想象出各基本形体的形状和位置。

(3)综合起来想整体

2. 形体分析法看图举例

【例 5 - 3】 读如 5 - 27a 所示的组合体三视图，想象出它的整体形状。

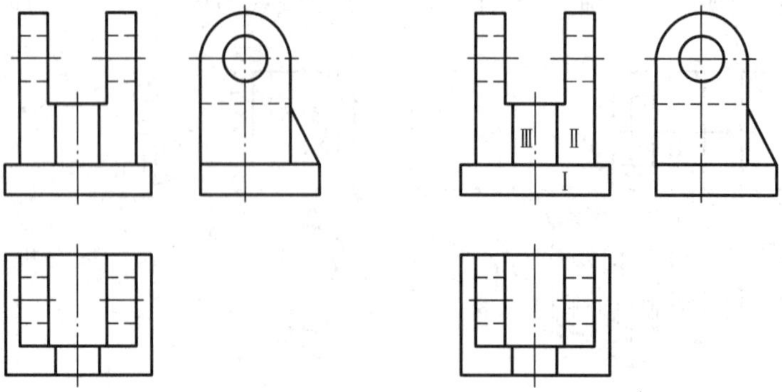

a) 组合体三视图　　b) 分线框，对投影

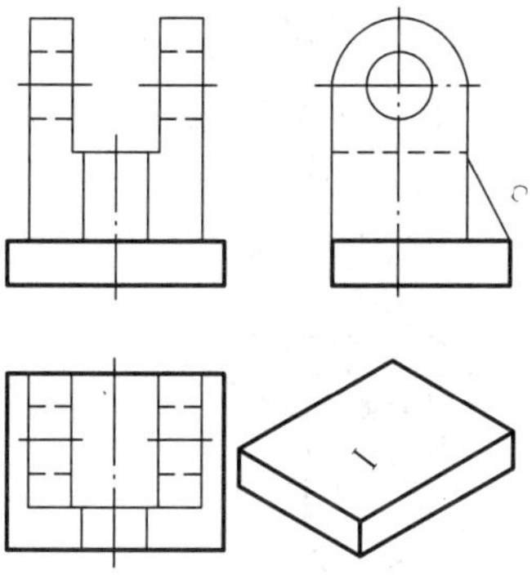

c）想出形体Ⅰ

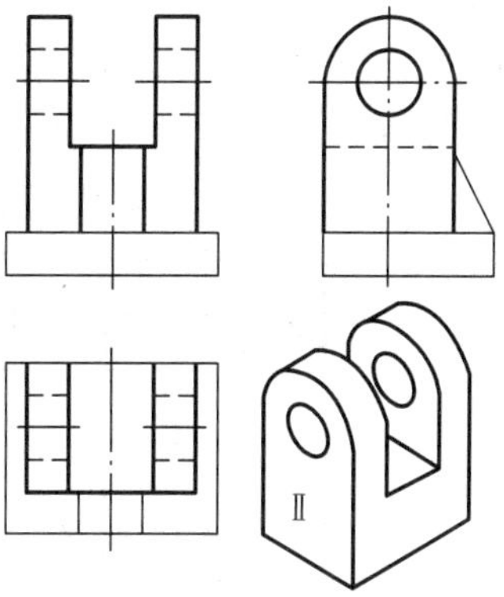

d）想出形体Ⅱ

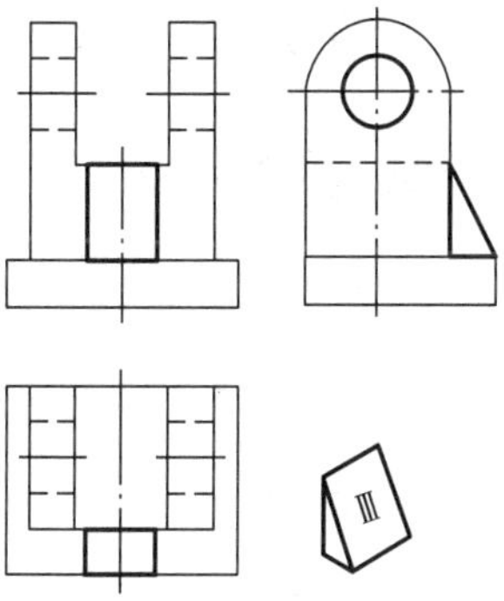

e）想出形体Ⅲ

f）综合起来想整体

图 5－27　用形体分析法看图举例

5.4.3　线面分析法

组合体可以看成是由若干个面(平面或曲面)围成的,面与面间常存在交线。把组合体分解为若干个面,逐个根据面的投影特性确定其空间形状和相对位置,并判别各交线的空间的形状及相对位置,从而想象出组合体的形状,这种方法称为线面分析法。

1. 用线面分析法看图要点

(1)要善于利用线及面投影的真实性、积聚性和类似性看图。

(2)分线框,识面形

从体的角度分线框,对投影是为了识别面形和位置。三视图中:凡“一框对两线”,则表示投影面平行面;“一线对两框”,则表示投影面垂直面;“三框相对应”,则表示一般位置面。投影面垂直面的两个投影、一般位置平面的各个投影都具有类似性,其线框呈类似形(其多边形线框的边数相同,方位一致)。熟记此特点,可以很快想出面形及其空间位置。图 5－28 所示的组合体,线框 I(1、1′、1″)在三视图中是“一框对两线”,故表示正平面;线框 II(2、2′、2″)在三视图中是“一线对两框”,故表示正垂面。同样可分析出线框 III(3、3′、3″)表示侧平面,线框 IV(4、4′、4″)表示侧垂面,等等。

(2)识交线,想形状

面与面相交时,结合分析各面的形状和相对位置,还应分析各交线的形状(直线或曲线)和相对位置,并弄清它们在视图中的表示方法。图 5-28 中各棱线(交线),请读者自行分析。

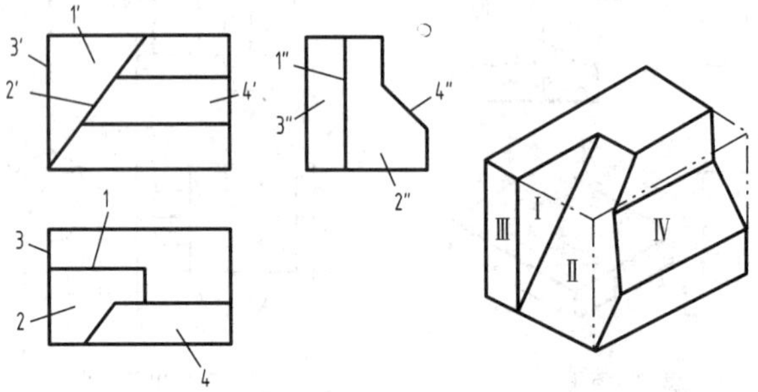

图 5-28 用线面分析法看图举例

2. 线面分析法看图举例

【例 5-4】 读 5-29a 所示的组合体三视图,想象出它的整体形状。

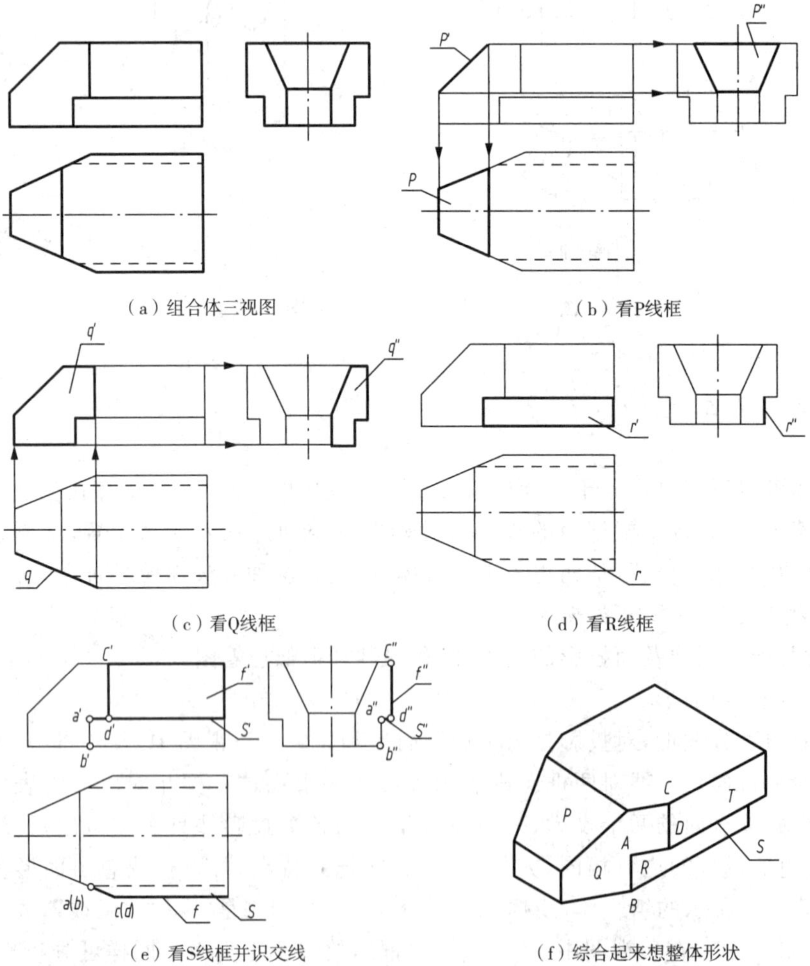

(a) 组合体三视图　(b) 看P线框

(c) 看Q线框　(d) 看R线框

(e) 看S线框并识交线　(f) 综合起来想整体形状

图 5-29 用线面分析法看图举例

5.5 二维基本绘图命令

实体是预先定义好的绘图元素，分为基本实体与复杂实体。基本实体又叫简单实体，如点、直线、圆、圆弧、椭圆、椭圆弧、单行文本等等；复杂实体由基本实体组成，如多段线、矩形、多边形、多行文本、圆环、多线、块、三维实体等等。它们都可以用相关的命令绘制出来，构成各种形状和要求的图形。本节主要介绍二维绘图命令。

绘图命令可以通过以下方式进行调用。

1. 在文本行输入绘图命令

在 AutoCAD 中，所有的命令都有键盘输入的方式，每个命令对应一个指令，可以在命令进入输入执行该命令。一些常用的命令有其快捷键。

2. 绘图命令下拉菜单

在 AutoCAD 工作界面的主菜单中，单击“绘图(D)”菜单，即会弹出绘图命令的下拉菜单列表，如图 5－30 所示，单击其中的选项即可完成命令的输入。

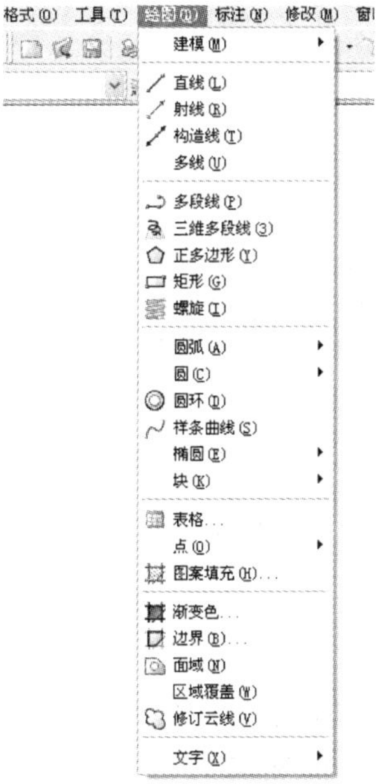

图 5－30　绘图菜单

3. 绘图命令工具栏

点击在 AutoCAD 工作界面上显示的“绘图”命令工具栏中的每个图标按钮，即可完成对该命令的输入。如图 5－31 所示。

图 5－31　绘图工具栏

5.5.1 直线命令

1. 功能

直线命令可以画出一条线段，也可以不断地输入下一点，画出连续的多段线段，直到用回车键、空格键或鼠标右键退出命令。用直线命令画出的线段都是单独的对象，可以对其中的某一段单独处理。

2. 调用方式

(1)命令:LINE 或 L

(2)菜单:绘图→直线

(3)图标:绘图工具栏中

3. 说明

命令:L↙

指定第一点:

指定下一点或[放弃(U)]:

指定下一点或[放弃(U)]:

指定下一点或[闭合(C)/放弃(U)]:

5.5.2 圆命令

1. 功能

圆命令可以根据已知条件绘制出准确的圆。

2. 调用方式

(1)命令:CIRCLE 或 C

(2)菜单:绘图→圆→圆心、半径

→圆心、直径

→两点

→三点

→相切、相切、半径

→相切、相切、相切

(3)图标:绘图工具栏中

3. 说明

命令:C↙

指定圆的圆心或[三点(3P)/两点(2P)/相切、相切、半径(T)]:

【例 5-5】 已知三角形的三个顶点的坐标，如图 5-32 所示，绘制该三角形的内切圆和外接圆。

分析:首先可以利用 LINE 命令绘制三角形，然后利用绘制圆中的方法，3P 可以绘制三角形的外接圆，相切、相切、相切可以绘制三角形的内切圆。

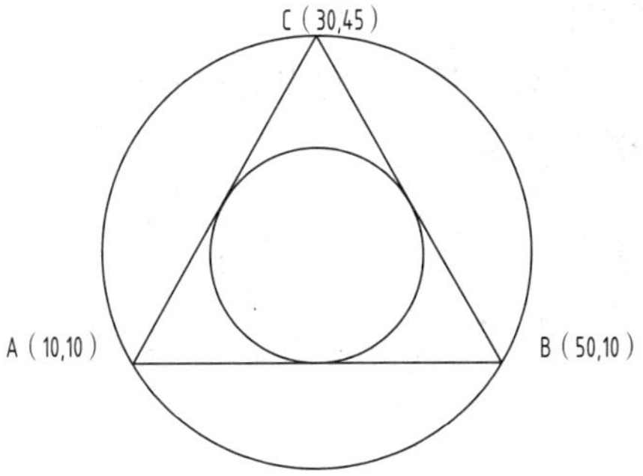

图 5－32　绘制圆

操作步骤：

(1)绘制三角形

命令:LINE

(2)绘制外接圆

命令:_circle 指定圆的圆心或[三点(3P)/两点(2P)/相切、相切、半径(T)]:3p

(3)绘制内切圆

命令:_circle 指定圆的圆心或[三点(3P)/两点(2P)/相切、相切、半径(T)]:_3p 指定圆

5.5.3　圆弧命令

1. 功能

圆弧命令可以根据已知条件绘制出准确的圆弧。

2. 调用方式

(1)命令:ARC 或 A

(2)菜单:绘图→圆弧→三点

→起点、圆心、端点

→起点、圆心、角度

→起点、圆心、长度

→起点、端点、角度

→起点、端点、方向

→起点、端点、半径

→圆心、起点、端点

→圆心、起点、角度

→圆心、起点、长度

→继续

(3)图标:绘图工具栏中

3. 说明

命令:A↙

指定圆弧的起点或[圆心(C)]:

【例 5-6】 已知圆弧 AB、圆弧 BC 起点和端点的坐标,且 AB、BC 角度为 180 度,如图 5-33 所示,请按要求绘制圆弧。

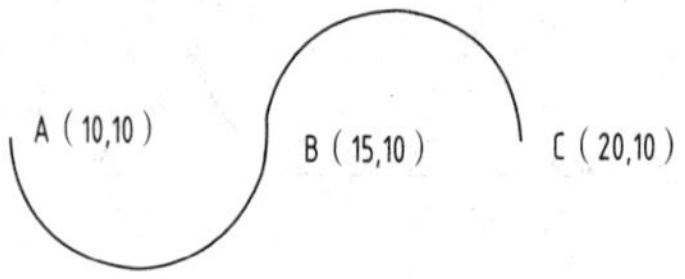

图 5-33 绘制圆弧

分析:已知圆弧的起点、端点以及角度,因此可以使用"绘图"下拉菜单"圆弧"的二级菜单中第(5)种方法来进行绘制圆弧。

操作步骤:

(1)单击"绘图"下拉菜单,选择"圆弧"的二级菜单中的"起点(S)、端点(E)、角度 a"来绘制圆弧 AB

(2)单击"绘图"下拉菜单,选择"圆弧"的二级菜单中的"起点(S)、端点(E)、角度 a"来绘制圆弧 BC

5.5.4 点命令

1. 功能

点命令可以创建点对象。

2. 调用方式

(1)命令:POINT 或 PO

(2)菜单:绘图→点→单点

→多点

(3)图标:绘图工具栏中

3. 说明

命令:PO↙

当前点模式:PDMODE=0 PDSIZE=0.0000(此行为系统提示,显示当前点的模式)

指定点:

5.5.5 椭圆命令

1. 功能

椭圆命令可以创建椭圆或椭圆弧。

2. 调用方式

(1)命令:ELLIPSE 或 EL

(2)菜单:绘图→椭圆→中心点

→轴、端点

→圆弧

(3)图标:绘图工具栏中⭕

3. 说明

命令:EL↙

指定椭圆的轴端点或[圆弧 a/中心点(C)]:

【例 5-7】 绘制经过(30,0)、(-30,0)两点,旋转角度为 60o 的椭圆,如图 5-34 所示。

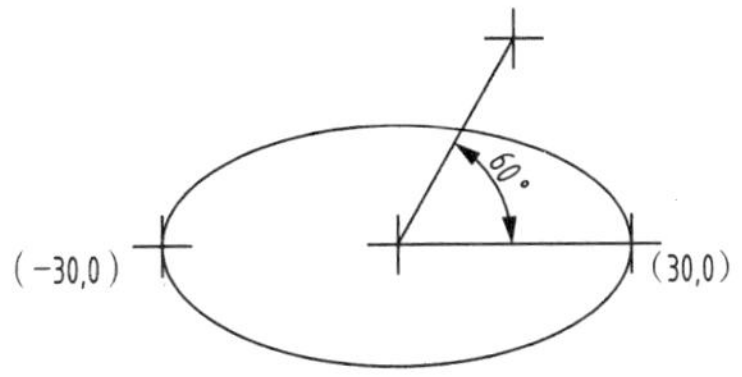

图 5-34　轴、端点方法旋转绘椭圆

操作步骤:

命令:EL↙

指定椭圆的轴端点或[圆弧 a/中心点(C)]:30,0↙

指定轴的另一个端点:-30,0↙

指定另一条半轴长度或[旋转(R)]:R↙

指定绕长轴旋转的角度:60↙

(2)按中心点方式生成椭圆:先指定椭圆中心点,再指定一个轴的端点,然后再用另一个点确定椭圆另一个半轴的长度,它到椭圆中心的距离即为该轴的半轴长度,也可以用旋转方式绘制椭圆。

5.5.6 射线命令

1. 功能

射线命令用于创建一条由某个起点开始沿确定方向无限延长的直线。在图中主要用于作辅助线。

2. 调用方式

(1)命令:RAY

(2)菜单:绘图→射线

3. 说明

命令:RAY↙

指定起点:(指定射线的开始点)

指定通过点:(用点确定射线的方向)

指定通过点:(可以继续指定另一射线,若键入回车则结束命令)

5.5.7 构造线命令

1. 功能

构造线命令与射线命令相似，它可以创建过一点向两个方向无限延长的直线。它常用于作角平分线、建筑或机械制图中用于画透视图。构造线与射线均可以用编辑命令进行编辑。经过修剪命令编辑后，线的类型可能改变成射线或线段。

2. 调用方式

(1)命令：XLINE 或 XL

(2)菜单：绘图→构造线

(3)图标：绘图工具栏中

3. 说明

命令：XL↙

指定点或[水平(H)/垂直(V)/角度 a/二等分(B)/偏移(O)]：

5.5.8 多段线命令

1. 功能

多段线命令用于生成二维多段线。多段线又名多义线，是由直线段与圆弧线段连接而成的一个复杂实体。它可以由不同的线型、不同的线宽组成，而且可以进行各种编辑，也有专门的多段线编辑命令对其进行编辑。

2. 调用方式

(1)命令：PLINE 或 PL

(2)菜单：绘图→多段线

(3)图标：绘图工具栏中

3. 说明

命令：PL↙

指定起点：(输入多段线起点)

当前线宽为 0.0000

指定下一个点或[圆弧 a/半宽(H)/长度(L)/放弃(U)/宽度(W)]：

5.5.9 矩形命令

1. 功能

矩形命令是用多段线根据两个角点或者矩形的长度和宽度画出一个矩形。

2. 调用方式

(1)命令：RECTANGLE 或 REC

(2)菜单：绘图→矩形

(3)图标：绘图工具栏中

3. 说明

命令:REC↙

当前矩形模式:倒角=(当前值)X(当前值)旋转=(当前值)(此行为系统提示)

指定第一个角点或[倒角(C)/标高(E)/圆角(F)/厚度(T)/宽度(W)]:

5.5.10 正多边形命令

1. 功能

正多边形命令是用多段线绘制一个封闭的等边多边形。

2. 调用方式

(1)命令:POLYGON 或 POL

(2)菜单:绘图→正多边形

(3)图标:绘图工具栏中

3. 说明

命令:POL↙

输入边的数目＜4＞:(输入下多边形的边数)↙

指定正多边形的中心点或[边(E)]:

5.5.11 圆环命令

1. 功能

圆环命令可以创建空心的或实心的圆环。

2. 调用方式

(1)命令:DONUT 或 DO

(2)菜单:绘图→圆环

3. 说明

命令:DO↙

指定圆环的内径＜默认值＞:(输入内径长度)↙

指定圆环的外径＜默认值＞:(输入外径长度)↙

确定圆环的中心点或＜退出＞:(指定圆环的中心点位置)

确定圆环的中心点或＜退出＞:↙

5.5.12 定数等分命令

1. 功能

定数等分命令将一已知对象用点或块对象分为 N 个相等的部分。

2. 调用方式

(1)命令:DIVIDE

(2)菜单:绘图→点→定数等分

3. 说明

命令:DIVIDE↙

选择要定数等分的对象:(用光标拾取要等分的对象)

输入线段数目或[块(B)]:(输入数目或键入 B)

【例 5-8】 分别将如图 5-35 所示的直线、圆、圆弧、多段线各等会为 5 等份。

操作步骤:

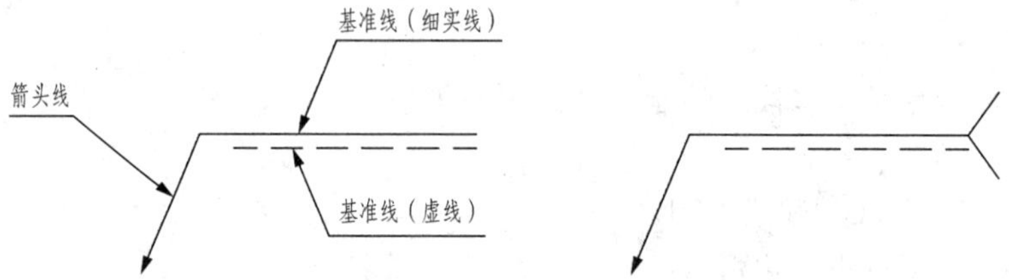

图 5-35 定数等分实例

命令:DDPTYPE↙

(弹出点样式对话框,选择其中某一种非小圆点样式,确定点的尺寸)

命令:DIVIDE↙

选择要定数等分的对象:(用光标拾取要等分的对象)

输入线段数目或[块(B)]:5↙

5.5.13 定距等分命令

1. 功能

定距等分命令用点或块对象按输入的长度将一已知对象等分。

2. 调用方式

(1)命令:MEASURE

(2)菜单:绘图→点→定距等分

3. 说明

命令:MEASURE↙

选择要定距等分的对象:(用光标拾取要等分的对象)

输入线段长度或[块(B)]:(输入数目或键入 B)

【例 5-9】 分别将如图 5-36 所示的直线、圆弧、多段线从左开始分成 50mm 一段。

图 5-36 定距等分实例

操作步骤：

命令：MEASURE↙
选择要定距等分的对象：(用光标拾取要等分的对象的左侧部分)
输入线段数目或[块(B)]：50↙

5.5.14　边界命令

1. 功能

边界命令用多段线将一封闭区域的边界连接起来或将封闭区域转换为面域。

2. 调用方式

(1)命令：BOUNDARY 或 BO

(2)菜单：绘图→边界

3. 说明

命令：BO↙
(显示"边界创建"对话框，如图 5-37 所示)
单击"拾取点"按钮
选择内部点：
(在一封闭区域内拾取一点，此时图形边界变为虚线)↙
单击"确定"按钮

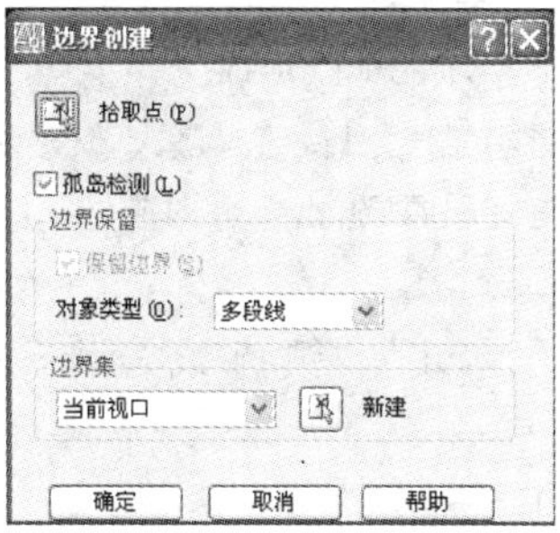

图 5-37　"边界创建"对话框

5.5.15　面域命令

1. 功能

面域命令可以从现有对象的选择集中创建面域对象。面域是以封闭边界创建的二维封闭区域。边界可以是一条曲线或一系列相边的曲线，组成边界的对象可以是直线、多段线、圆、圆弧、椭圆、椭圆弧、样条曲线、三维面、宽线或实体。这些对象或者是自选封闭的，或者与其他对象有公共端点从而形成封闭的区域，但它们必须共面，即在同一平面上。此命令常用在三维绘图中创建封闭的区域。

2. 调用方式

(1)命令：REGION

(2)菜单：绘图→面域

(3)图标：绘图工具栏中

3. 说明

命令：REGION↙
选择对象：(选择构成面域的实体对象)
选择对象：↙
已提取 n 个环。
已创建 n 个面域。

5.5.16 修订云线命令

1. 功能

修订云线命令通过移动鼠标用一系列相连的小圆弧来绘制云形线段。

2. 调用方式

(1)命令:REVCLOUD

(2)菜单:绘图→修订云线

(3)图标:绘图工具栏中

3. 说明

命令:REVCLOUD↙

最小弧长:默认值　最大弧长:默认值

指定起点或[弧长 a/对象(O)]＜对象＞:

5.5.17 填充线命令

1. 功能

填充线命令又叫等宽线命令,可以绘制一定线宽的实心或空心线段。各段都是一个独立的实体,只能在二维平面内绘制。该命令不常用。

2. 调用方式

命令:TRACE

3. 说明

命令:TRACE↙

指定宽线宽度＜默认值＞:(输入线宽)

指定起点:(输入线段的起点)

指定下一点:(输入线段的下一点)

指定下一点:↙

5.5.18 区域覆盖

1. 功能

区域覆盖对象是一块多边形区域,它可以使用当前背景色屏蔽底层的对象。此区域由区域覆盖边框进行绑定,可以打开此区域进行编辑,也可以关闭此区域进行打印。

2. 调用方式

(1)命令:Wipeout

(2)菜单:绘图→区域覆盖

3. 操作步骤

使用空白区域覆盖现有对象的步骤:

(1)依次单击绘图(D)菜单→区域覆盖(W)或在命令提示下,输入 wipeout。

(2)在定义被屏蔽区域周边的点序列中指定点。

(3)按 ENTER 键结束。

将所有区域覆盖边框打开或关闭的步骤

(1)依次单击绘图(D)菜单→区域覆盖(W)或在命令提示下,输入 wipeout。

(2)在命令提示下,输入 f(边框)。

(3)输入 on 或 off 并按 ENTER 键。

5.5.19　螺旋

1. 功能

使用 SWEEP 命令可以将螺旋用作路径。例如,可以沿着螺旋路径来扫掠圆,以创建弹簧实体模型。

2. 调用方式

(1)命令:Helix

(2)菜单:绘图→螺旋

(3)图标:绘图工具栏中

3. 创建螺旋的步骤

(1)依次单击绘图(D)菜单→螺旋或在命令提示下,输入 Helix。

(2)指定螺旋底面的中心点。

(3)指定底面半径。

(4)指定顶面半径或按 ENTER 键以指定与底面半径相同的值。

(5)指定螺旋高度。

【例 5-10】 绘制如图 5-38 所示,一底面半径为 10,顶面半径为 10,高为 50,圈数为 3,方向为逆时针的螺旋线。

操作步骤:

命令:_Helix

圈数=3.0000　　扭曲=CCW

指定底面的中心点:

指定底面半径或[直径(D)]＜1.0000＞:10

指定顶面半径或[直径(D)]＜10.0000＞:10

指定螺旋高度或[轴端点 a/圈数(T)/圈高(H)/扭曲(W)]＜1.0000＞:50

图 5-38　螺旋线

5.5.20　图案填充命令

1. 功能

图案填充命令将一确定区域填充入特定的图案或渐变色。

2. 调用方式

(1)命令:BHATCH 或 H

(2)菜单:绘图→图案填充

(3)图标:绘图工具栏中▦或▦(渐变色按钮)

3. 说明

命令:H↙(弹出“图案填充和渐变色”对话框,如图 5-39 所示)

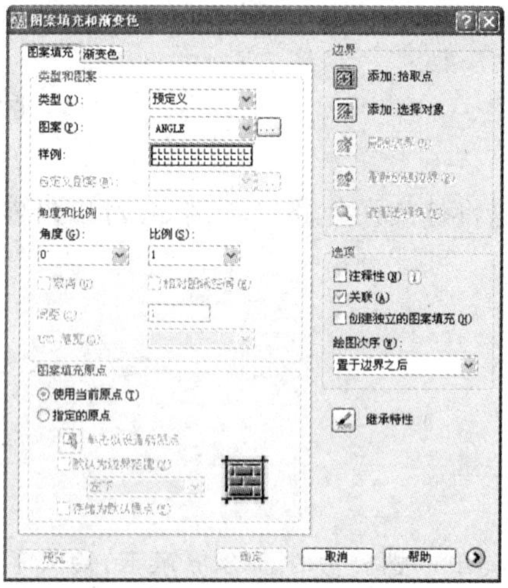

图 5-39 “图案填充和渐变色”对话框

【例 5-11】 填充如图 5-40 所示的图形。

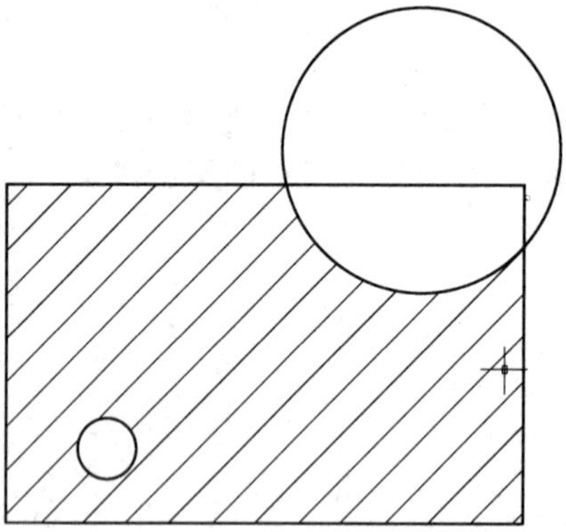

图 5-40 图案填充实例

操作步骤:

命令:H↙

(弹出“图案填充和渐变色”对话框)

(点选“图案(P)”下拉列表框中,选择 ANSI31 图案)

(点击“添加:拾取点”功能按钮,系统显示:)

拾取内部点或[选择对象(S)/删除边界(B)]:

拾取内部点或[选择对象(S)/删除边界(B)]:↙(系统再次弹出"图案填充和渐变色"对话框)

点击"确定"功能按钮完成填充

5.5.21　样条曲线命令

1. 功能

AutoCAD 用样条曲线命令创建基于 ACIS 的"真实"的样条曲线即 NURBS 曲线,也可以把多段线转换为样条曲线。当然用户也可以使用 PEDIT(多段线编辑)命令对多段线进行平滑处理,以创建近似于样条曲线的线条。

2. 调用方式

(1)命令:SPLINE 或 SPL

(2)菜单:绘图→样条曲线

(3)图标:绘图工具栏中

3. 说明

命令:SPL↙

指定第一个点或[对象(O)]:(指定样条曲线的第一点或选择选项命令)

指定下一点:(指定样条曲线第二点)

指定下一点或[闭合(C)/拟合公差(F)]＜起点切向＞:(指定下一点或选择选项命令或回车选择起点切线方向)↙

指定起点切向:(指定方向)

指定端点切向:(指定方向)

5.5.22　多线命令

1. 功能

利用多线命令,可以一次将多条平行线绘出。

2. 调用方式

(1)命令:MLINE 或 ML

(2)菜单:绘图→多线

3. 说明

命令:ML↙

当前设置:对正＝上,比例＝20.00,样式＝STANDARD

指定起点或[对正(J)/比例(S)/样式(ST)]:(指定第一点或输入选项命令)

指定下一点:(指定第二点)

指定下一点或[放弃(U)]:(指定下一点)

指定下一点或[闭合(C)/放弃(U)]:

【例 5-12】 绘制如图 5-41 所示墙体,中心线宽度为 0.35mm,线型为 CENTER,边线线宽为 0.7mm,线型为实线。墙体厚度为 250mm,长度为 5m,宽度为 3m。

操作步骤:

命令:MLSTYLE↙

弹出“多线样式”对话框

点击“新建(N)”按钮,弹出“创建新的多线

样式”对话框

输入新样式名称,点击“继续”按钮

点击“添加 a”按钮,再点击“线型(Y)”,

弹出“选择线型”对话框

点击“加载(L)”按钮,弹出“加载或重载线型”对话框

选择 CENTER 线型,点击“确定”按钮,回到“选择线型”对话框

选择刚加载好的 CENTER 线型,点击“确定”完成多线中心线的设定,回到“新建多线样式”对话框

点击“确定”按钮回到“多线样式”对话框,将刚设定的多线样式“置为当前”,点击“确定”完成多线样式的设置

命令:ML↙

当前设置:对正=上,比例=20.00,样式=＜当前样式＞

指定起点或[对正(J)/比例(S)/样式(ST)]:S↙

输入多线比例:250↙

当前设置:对正=上,比例=250.00,样式=＜当前样式＞

指定起点或[对正(J)/比例(S)/样式(ST)]:J↙

输入对正类型[上(T)/无(Z)/下(B)]＜上＞:B↙

当前设置:对正=下,比例=250.00,样式=＜当前样式＞

指定起点或[对正(J)/比例(S)/样式(ST)]:0,0↙

指定下一点:5000,0↙

指定下一点或[放弃(U)]:5000,3000↙

指定下一点或[闭合(C)/放弃(U)]:0,3000↙

指定下一点或[闭合(C)/放弃(U)]:C↙

图 5-41 多线命令实例

第六章　机械图样的基本表示法

【内容导读】

在生产实践中，有些简单的物体，用一个或两个视图并配合尺寸标注就可以表达清楚。但是，当机件的形状、结构比较复杂时，如果仍采用两面视图或三面视图来表达，就难以把机件的内外形状和结构准确、完整、清晰地表达出来。为了满足复杂零件的表达要求，国家标准《技术制图》（GB/T 17451～17452—1998）和《机械制图》（GB/T 4458.1—2002 和 GB/T 4458.6—2002 等）中的“图样画法”规定了各种画法——视图、剖视图、断面图、局部放大图、简化画法和其他规定画法等。

【知识要点】

本章将学习视图、剖视图、断面图等的定义、应用范围、画法、图形的配置和标注方法。

本章的重点是用单一剖切平面剖切后形成的三种剖视图（全剖、半剖和局部剖）的画法、标注和应用场合。难点是剖视图、断面图的标注。

【能力目标】

在绘制图样时，能针对机件的形状、结构特点，合理、灵活地选择表达方法，并进行综合分析和比较，确定出最佳的表达方案。

6.1　视　图

根据有关标准规定，用正投影法绘制出物体的图形称为视图。视图主要用于表达机件的外部结构和形状，一般只画出机件的可见部分，必要时才用虚线表达其不可见部分。视图分为有基本视图、向视图、局部视图和斜视图。

6.1.1　基本视图

将机件的基本投影面投射所得的视图称为基本视图。

表示一个机件可以有六个基本投射方向，如图 6-1a 所示，相应地有六个与基本投射方向垂直的基本投影面。基本视图是物体向六个基本投影面投射所得的视图。空间的六个基本投影面可设想围成一个正六面体，为使其上的六个基本视图位于同一平面内，可将六个基本投影面如图 6-1b 所示方法展开。

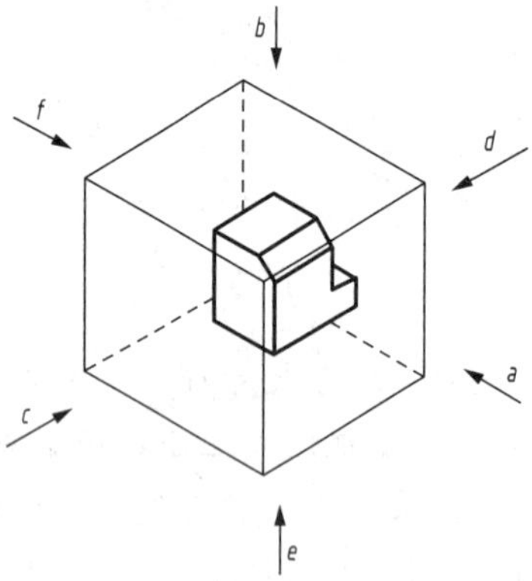

a)

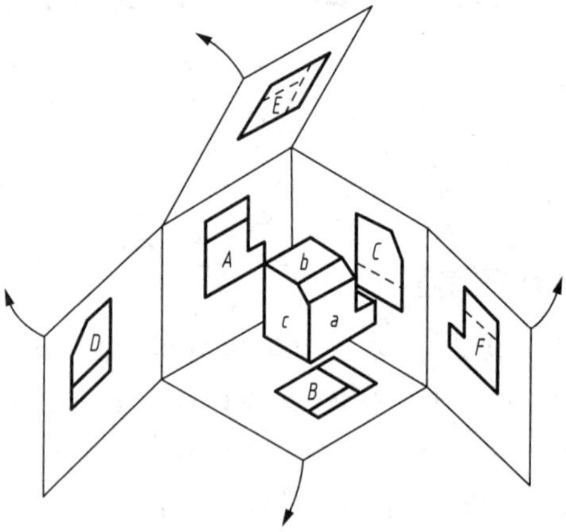

b)

图 6-1　六个基本视图的形成

六个基本投射方向及视图名称见下表。

方向代号	*a*	*b*	*c*	*d*	*e*	*f*
投射方向	由前向后	由上向下	由左向右	由右向左	由下向上	由后向前
视图名称	主视图	俯视图	左视图	右视图	仰视图	后视图

在机械图样中，六个基本视图的名称和配置关系如图 6-2 所示。符合如图 6-2 所示的配置规定时，图样中一律不标注视图名称。

六个基本视图仍保持“长对正、高平齐、宽相等”的三等关系。

主、俯、仰、后长对正；主、左、右、后高平齐；俯、左、右、仰宽相等。

六个基本视图的方位对应关系如图 6-2 所示，除后视图外，在围绕主视图的俯、仰、左、右四个视图中，远离主视图的一侧表示机件的前方，靠近主视图的一侧表示机件的后方。

实际画图时，无需将六个基本视图全部画出，应根据机件的复杂程度和表达需要，选用其中必要的几个基本视图，若无特殊情况，优先选用主、俯、左视图。

图 6-3 是一个阀体的视图和轴测图。按自然位置安放这个阀体，选定能够全面反映阀体各部分主要形状特征和相对位置的视图作为主视图。如果用主、俯、左三个视图表达这个阀体，则由于阀体左右两侧的形状不同，左视图中将出现很多虚线，影响图形的清晰程度和增加尺寸标注的困难。如果在表达时再增加一个右视图，就能完整和清晰地表达这个阀体。

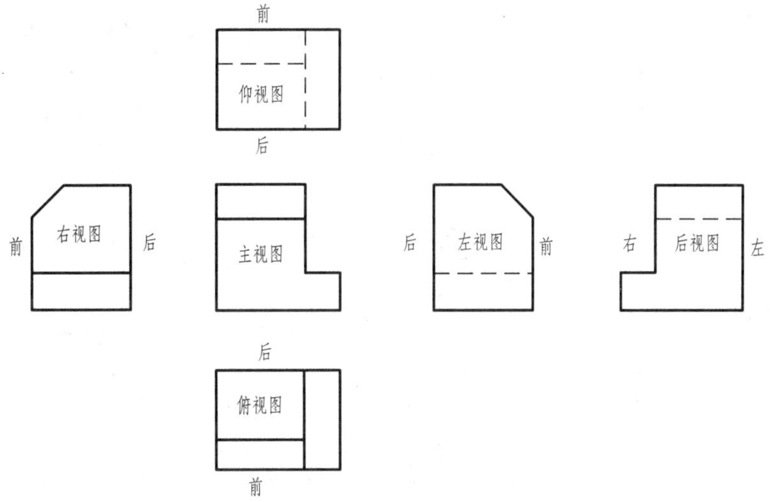

图 6－2　六个基本视图的配置和方位对应关系

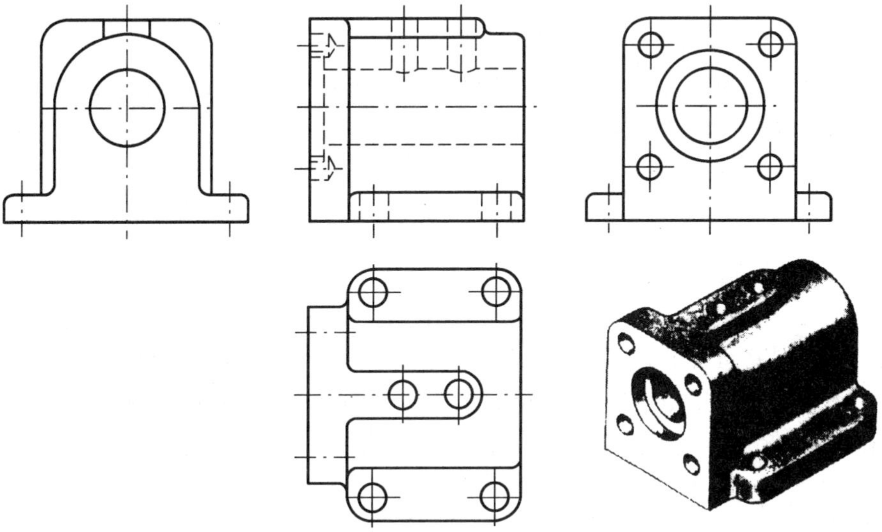

图 6－3　阀体的视图和轴测图学与做

图 6－3 中的阀体采用了四个基本视图，并在主视图中用虚线画出了显示阀体的内腔结构以及各个孔的不可见投影。由于将这四个视图对照起来阅读，已能清晰、完整地表达出阀体的结构和形状，所以在其他三个视图中的不可见投影应省略，不再画出虚线。

6.1.2　向视图

向视图是移位配置的基本视图。在实际绘图过程中，为了合理布置视图，各基本视图可不按如图 6－2 所示配置，而可自由地配置各基本视图。这种自由配置的视图称为向视图。

如图 6－4 所示，向视图应在视图上方用大写拉丁字母标注视图名称，在相应的视图附近用箭头指明投影方向，并标注相同的大写拉丁字母。且表示投影方向的箭头应尽可能配置在主视图上，只是表示后视图的投影方向的箭头才配置在其他视图上。向视图必须在图形上方中间位置处注出视图名称“×”（“×”为大写拉丁字母），并在相应的视图附近用箭头指明投射方向，注上相同的字母。

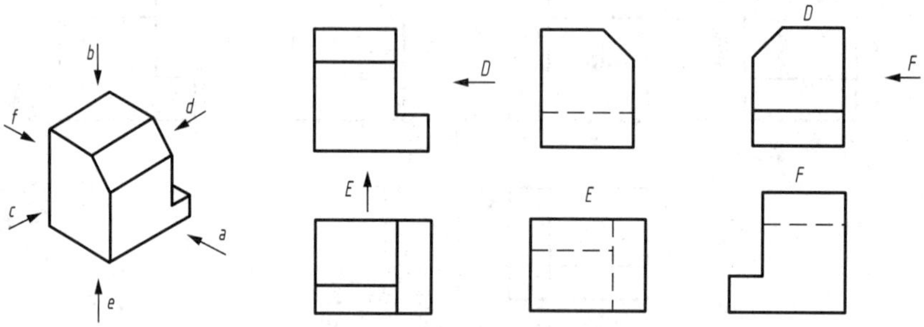

图 6－4　向视图及其标注

小常识

表示投影方向的箭头应尽可能配置在主视图上以使视图与基本视图相一致，如图 6－4中的“*D*”、“*E*”向所示。表示后视图的投射方向箭头最好配置在左视图或右视图上，如图 6－4 中的“*F*”向所示。

6.1.3　局部视图

局部视图是将机件的某一部分向基本投影面投射所得的视图。如图 6－5 所示的机件，用主、俯两个基本视图表达了主体形状，但左、右两边凸缘形状如用左视图和右视图表达，则显得繁琐和重复。采用 A 和 B 两个局部视图来表达两个凸缘形状，既简练又突出重点。

局部视图的配置、标注及画法：

(1)局部视图可按基本视图配置的形式配置，中间若没有其他图形隔开时，则不必标注，如图 6－4 所示的局部视图 A。

(2)局部视图也可按向视图的配置形式配置在适当位置，如图 6－5 所示的局部视图 B。

(3)局部视图的断裂边界用波浪线或双折线表示，如图 6－4 所示的局部视图 A。但当所表示的局部结构是完整的，其图形的外轮廓线呈封闭时，波浪线可省略不画，如图 6－4所示的局部视图 B。

(4)波浪线的画法。波浪线应画在物体的轮廓范围内，不应超过断裂机件的轮廓线；应画在机件的实体上，不可画在机件的中空处。

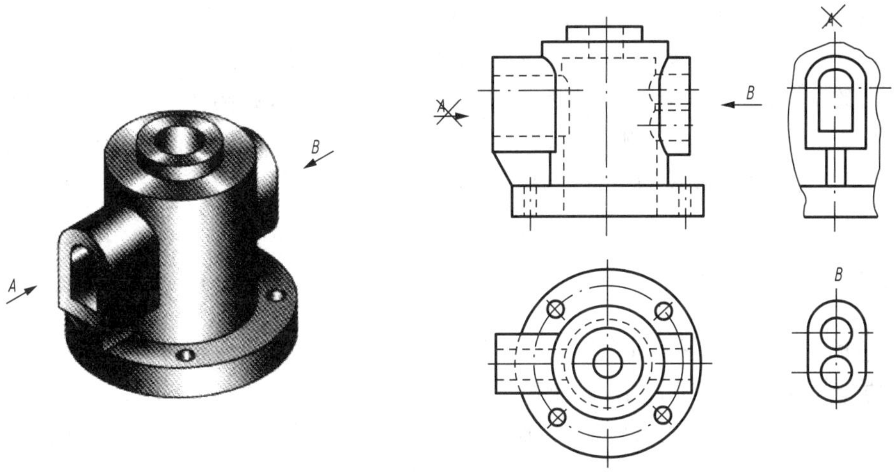

a)　　　　　　　　b)

图 6 - 5　局部视图

6.1.4　斜视图

斜视图是物体向不平行于任何基本投影面的平面投射所得的视图。如图 6 - 6a 所示,当机件上某局部结构不平行于任何基本投影面,在基本投影面上不能反映该部分的实形时,可增加一个新的辅助投影面,使它与机件上倾斜结构的主要平面平行,并垂直于一个基本投影面。然后将倾斜结构向辅助投影面投射,就得到反映倾斜结构实形的视图,即斜视图。

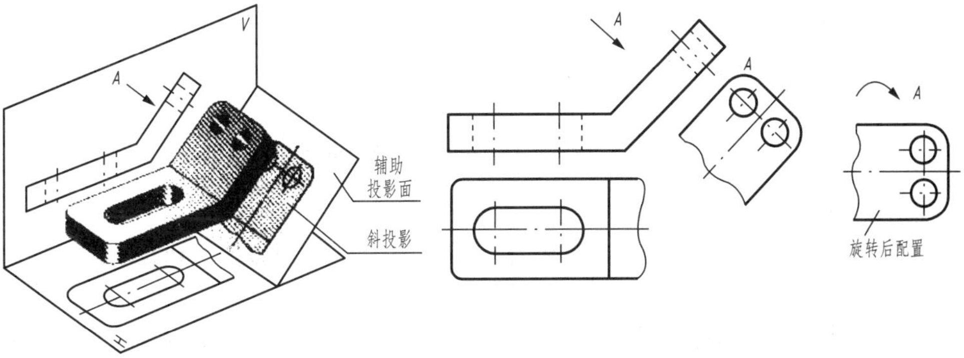

a)　　　　　　　　b)　　　　　　　　c)

图 6 - 6　斜视图

画斜视图时应注意:

(1)斜视图常用于表达机件上的倾斜结构。画出倾斜结构的实形后,机件的其余部分不必画出,此时可在适合位置用波浪线或双折线断开即可,如图 6-6b 所示。

(2)斜视图的配置和标注一般按向视图相应的规定,必要时,允许将斜视图旋转后配置到适当的位置。此时,应按向视图标注,并加注旋转符号,如图 6-6c 所示。旋转符号为半径等于字体高度的半圆弧,表示斜视图名称的大写拉丁字母应靠近旋转符号的箭头端“×↶”,也允许将旋转角度标注在字母之后“A30°↶”。

6.1.5 应用举例

以上介绍了基本视图、向视图、局部视图和斜视图,在实际画图时,并不是每个机件的表达方案中都有这四种视图,而应根据表达需要灵活选用。

如图 6-7a 所示为压紧杆的三视图。由于压紧杆左端耳板是倾斜的,所以俯视图和左视图都不反映实形,画图比较困难,表达不清楚。为了清晰表达倾斜结构,可按如图 6-6b 所示在平行于耳板的正垂面上作出耳板的斜视图,以反映耳板的实形。因为斜视图只是表达压紧杆倾斜结构的局部形状,所以画出耳板的实形后,用波浪线断开,其余部分的轮廓线不必画出。

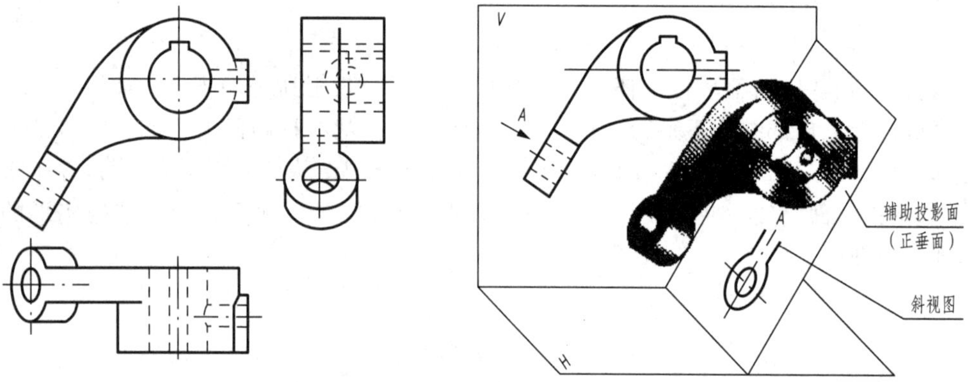

a)　　　　b)

图 6-7　压紧杆的三视图及斜视图的形成

如图 6-8 所示为压紧杆的两种表达方案:

方案一(如图 6-8a):采用一个基本视图(主视图),一个斜视图 a 和两个局部视图(B 和 C)。

方案二(如图 6-8b):采用一个基本视图(主视图)、一个配置在俯视图位置上的局部视图(不必标注)、一个旋转配置的斜视图 A,以及画在右端凸台附近的,按第三角画法配置的局部视图(用细点画线连接,不必标注)。

比较压紧杆的两种表达方案,显然,方案二的视图布置更加紧凑。

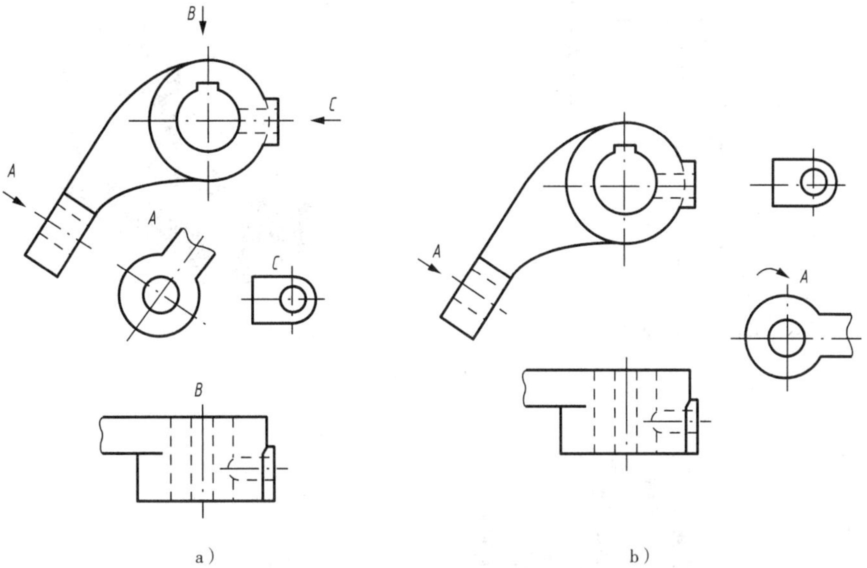

图 6－8　压紧杆的两种表达方案

学与做

斜视图和局部视图在画法、配置和标注上有很多相似之处，它们的综合应用可参见图 6－8，请读者自行分析压紧杆的视图表达方案。

6.2　剖视图

视图主要用来表达机件的外部形状。如图 6－9a 所示支座的内部结构比较复杂，视图上会出现较多虚线而使图形不清晰，不便于看图和标注尺寸。为了清晰地表达它的内部结构，常采用剖视图的画法。剖视图的画法要遵循 GB/T 17452—1998、GB/T 4458.6—2002 的规定。

6.2.1　剖视图的形成、画法和标注

1. 剖视图的形成

假想用剖切面剖开机件，将处在观察者与剖切面之间的部分移去，将其余部分向投影面投射所得的图形称为剖视图，简称剖视。剖视图的形成过程如图 6－9b，c 所示。如图 6－9d 所示的主视图即为机件的剖视图。

2. 剖面符号

机件被假想剖开后，剖切面与机件的接触部分（即剖面区域）要画出与材料相应的剖面符号，以便区别机件的实体与空腔部分，如图 6－8d 所示的主视图。

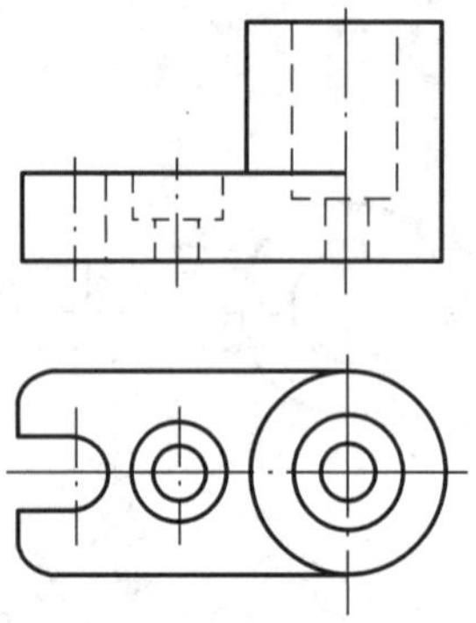

a）主视图中虚线较多

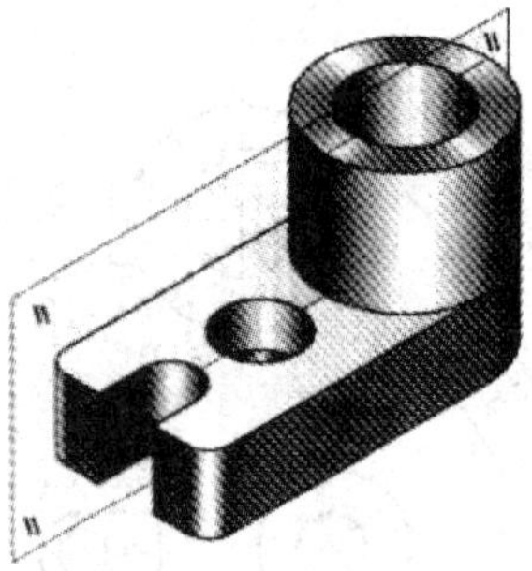

b）剖切面剖开支座

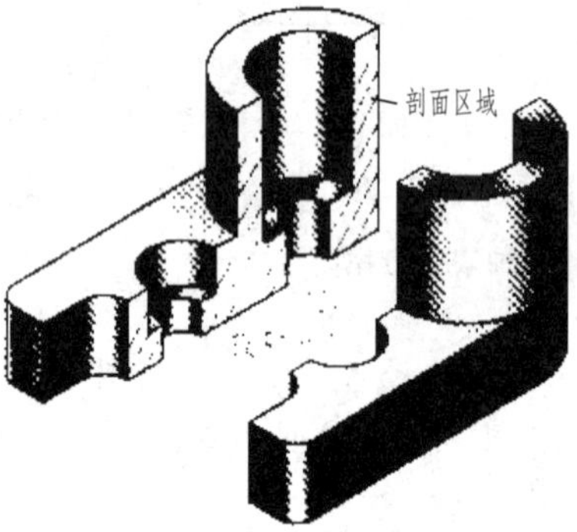

c）将支座后半部分进行投射

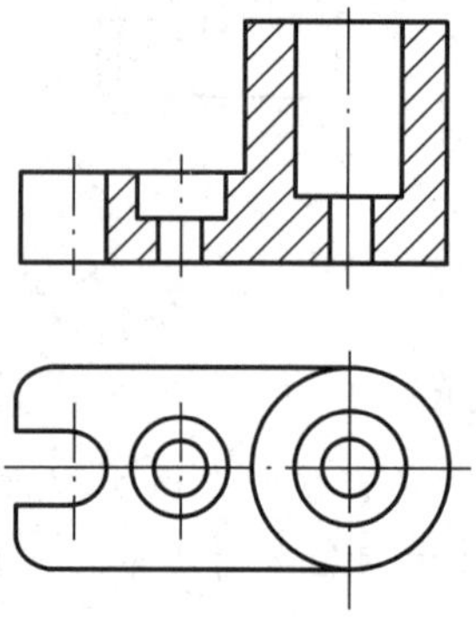

d）主视图为剖视图

图 6－9　剖视图的形成

当不需要在剖面区域中表示材料的类别时，剖面符号可采用通用的剖面线表示。通用剖面线为间隔相等的平行细实线，绘制时最好与图形主要轮廓线或剖面区域的对称线成 45°，如图 6－10 所示。

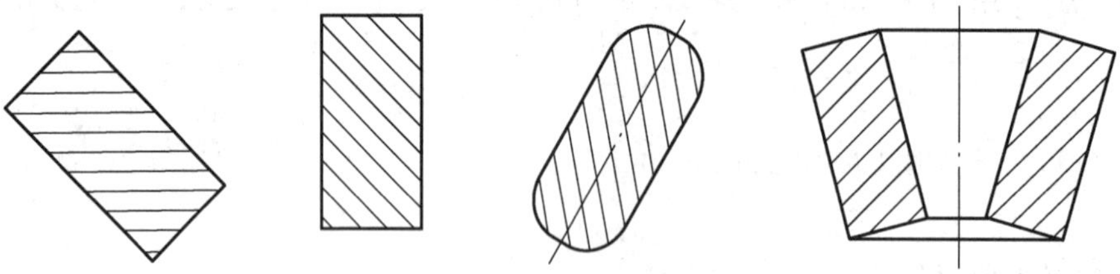

图 6－10　剖面线的方向

当图形中的主要轮廓线与水平线成 45°时，该图形的剖面线应画成与水平线成 30°或 60°，其倾斜方向应与其他图形的剖面线一致，如图 6－11 所示。

同一物体的各个剖面区域的剖面线应间隔相等、方向一致。

当需要在剖面区域中表示材料类别对应采用特定的剖面符号表示。国家标准规定了各种材料类别的剖面符号，见表 6－1。

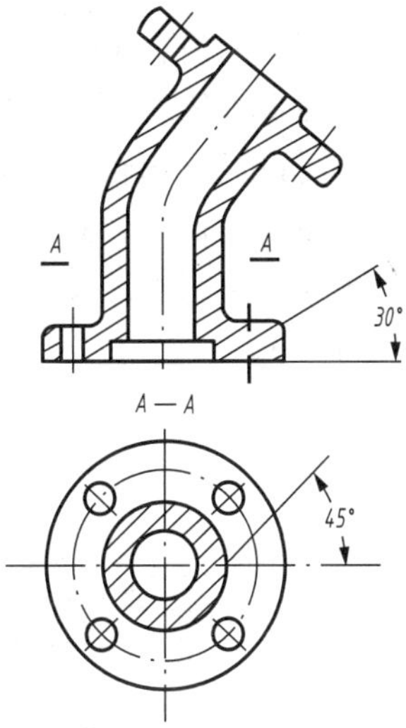

图 6－11 30°(或 60°)的剖面线

表 6－1 剖面符号

金属材料(已有规定剖面符号者除外)	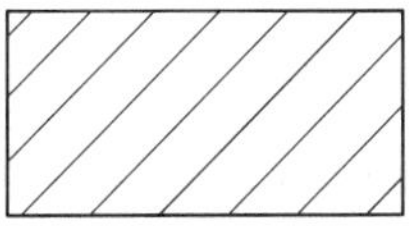	非金属材料(已有规定剖面符号者除外)	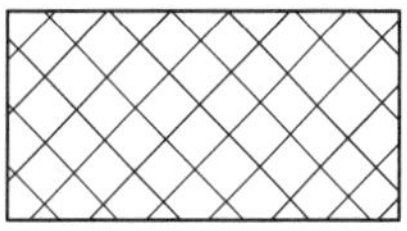
线圈绕组元件	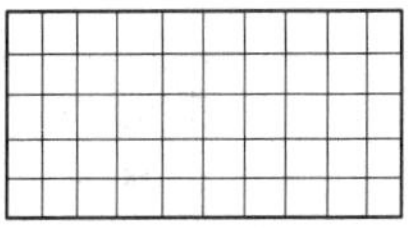	转子、电枢、变压器和电抗器等的迭钢片	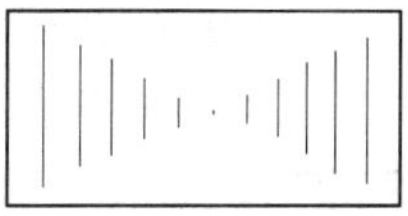
木材 纵向	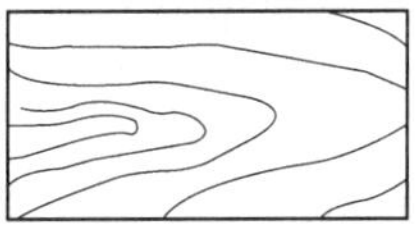	液体	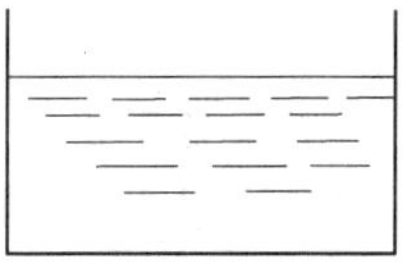
木材 横向	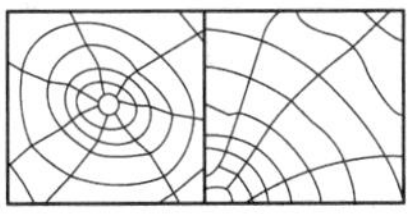		
型砂、填砂、粉末冶金、陶瓷刀片、硬质合金刀片等	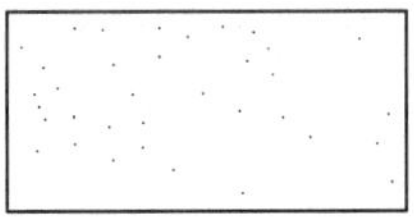	木质胶合板	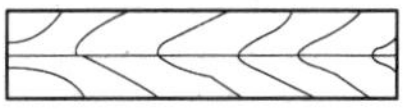
玻璃及其他透明材料	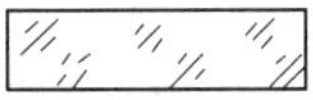	格网(筛网、过滤网等)	

注:(1)剖面符号仅表示材料的类别,材料的代号和名称必须另行注明;

(2)迭钢片的剖面线方向,应与束装中迭钢片的方向一致;

(3)液面用细实线绘制。

3. 剖视图的标注

为便于读图，剖视图一般应标注，标注的内容包括以下三个要素：

(1)剖切线指示剖切面的位置，用细点画线表示。剖视图中通常省略不画出。

(2)剖切符号指示剖切面起止和转折位置(用粗短线表示)及投射方向(用箭头表示)的符号，在剖切面的起、迄和转折处标注与剖视图名称相同的字母。

(3)字母表示剖视图的名称，用大写拉丁字母注写在剖视图的上方。

标注的形式如图 6-12 所示的 $A-A$。

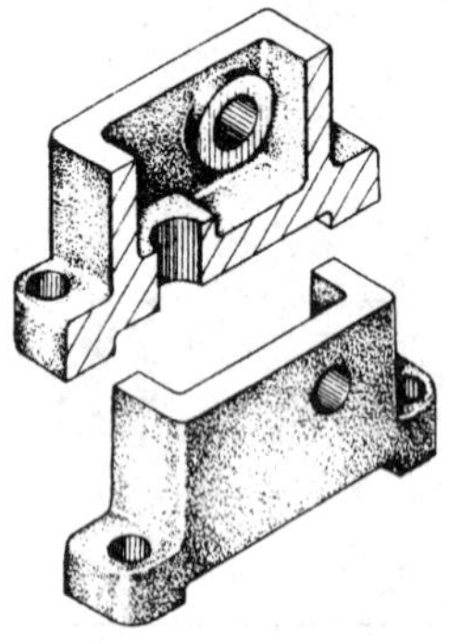

a)

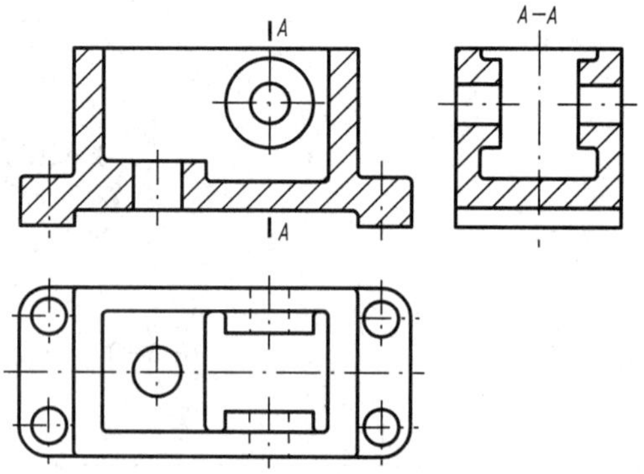

b)

图 6-12　剖视图的配置与标注(一)

下列情况的剖视图可省略标注：

(1)当单一剖切面通过机件的对称平面或基本对称平面，且剖视图按投影关系配置，中间没有其他图形隔开时，可不标注，如图 6-12b 所示的主视图。

(2)当剖视图按基本视图投影关系配置时，可省略箭头，如图 6-12 所示的 $A-A$。

4. 剖视图的配置

剖视图的位置配置有三种方式：

(1)按基本视图的规定位置配置；

(2)按投影关系配置在与剖切符号相对应的位置上；

(3)必要时允许配置在其他适当位置上。

剖视图应首先考虑配置在基本视图位置上，如图 6-13 所示的 $B-B$ 剖视和如图 6-12 所示的 $A-A$ 剖视都在左视图的位置上，属于第一种配置方式。由于左视图的位置已被占用，所以如图 6-13 所示的 $A-A$ 剖视是按投影关系配置在与剖切符号相对应的位置上，属于第二种配置方式。

5. 画剖视图时应注意：

(1)由于剖切是假想的，所以将一个视图画成剖视图后，其他视图仍应按完整的机件画出，如图 6-9 所示的俯视图。根据表达机件形状结构的需要，在一组视图中，可同时在几个视图上采用剖视，如图 6-16、6-17 所示。

(2)画剖视图时，在剖切面后面的可见部分一定要全部画出，在剖切面后面的不可见轮廓线一般不画，只有对尚未表达清楚的结构，才用虚线表示，如图 6-14a、b 所示。不可将已经假想移去的部分画出，如图 6-14c 所示是画剖视图时常见的错误。

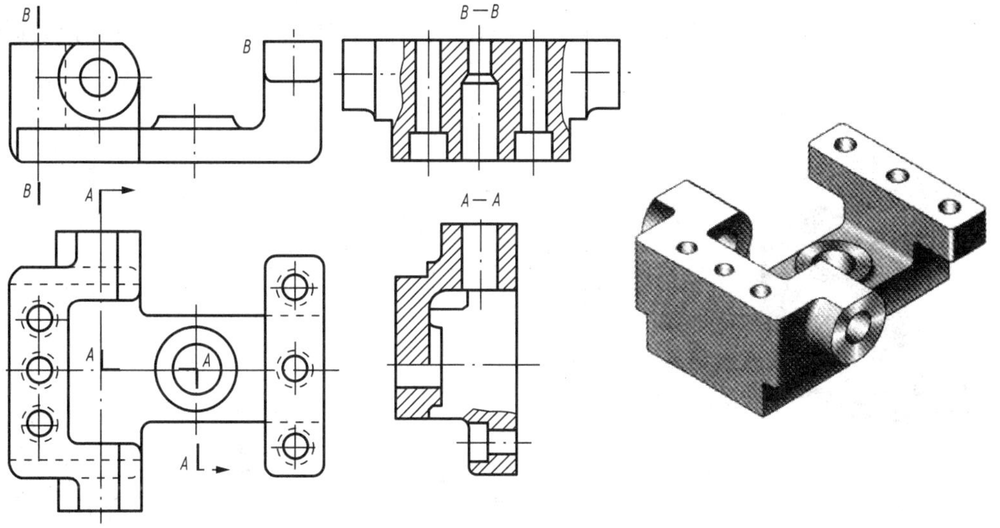

a）视图　　b）轴测图

图 6-13　剖视图的配置与标注(二)

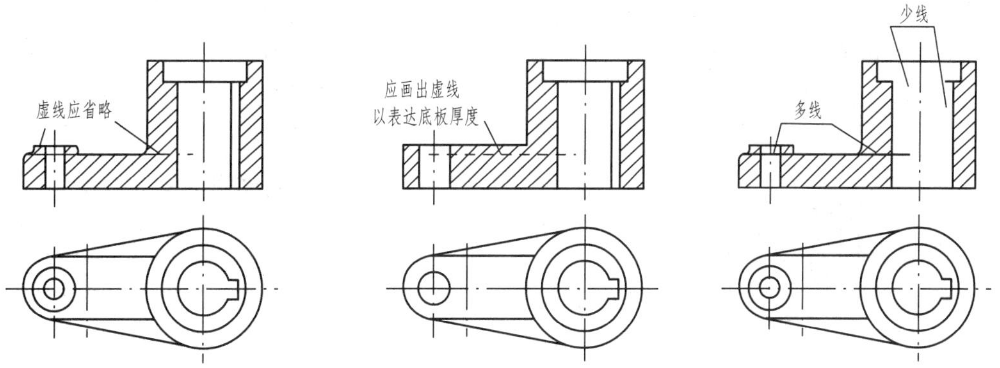

a）　　b）　　c）

图 6-14　剖视图画法

(3)画剖视图的目的是表达物体的内部结构形状，所以应使剖切平面平行于剖视图所在的投影面，且尽量通过内部结构(孔、槽等)的对称平面或轴线，如图 6-12、6-13、6-14 所示。

6. 画剖视图的方法与步骤

如图 6-15a 所示机件为例，说明画剖视图的方法与步骤。

(1)确定剖切面的位置。如图 6-15b 所示，剖切平面位置选择通过机件上孔和槽的前后对称面，可以省略标注。

(2)画剖视图。先画出剖切平面与机件实体接触部分的投影，即剖切区域的轮廓曲线，如图 6 - 15c 所示的区域；再画出剖切平面之后的机件可见部分的投影，如图 6 - 15d 所示的台阶面的投影和键槽的轮廓线(也可以 c、d 两步同时绘制)。

(3)在剖面区域内画剖面线，描深图线，标注符号和视图名称，校核，完成做图，如图 6 - 15e 所示。

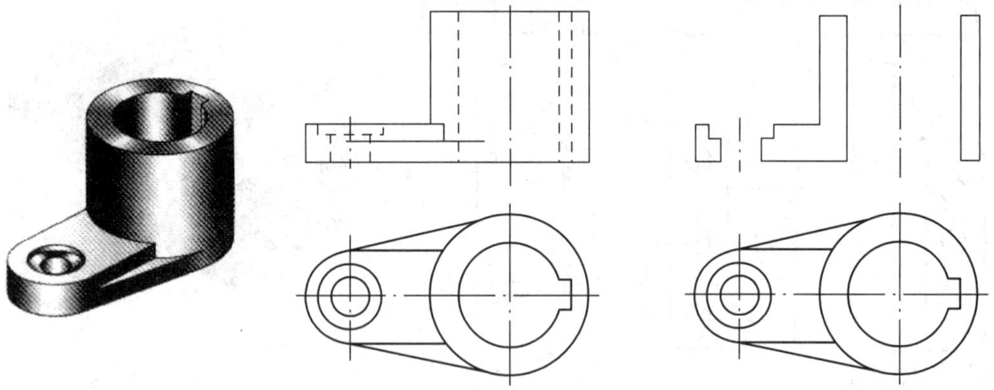

a）机件的立体示意图　　b）画出视图底稿　　c）画出剖面区域

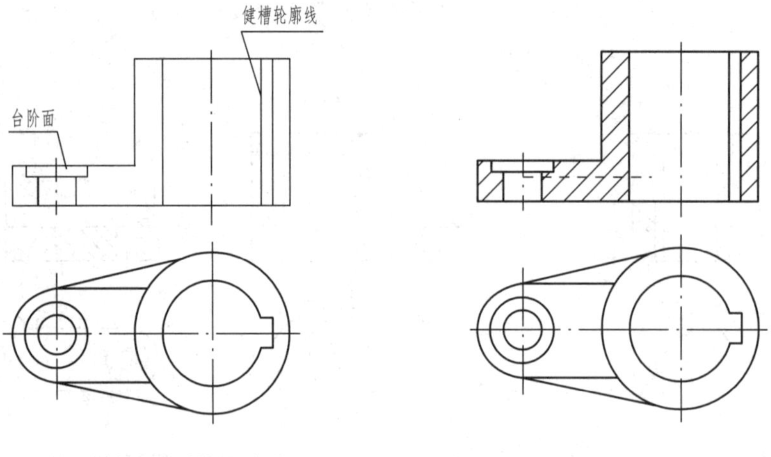

d）补画出剖切平面后的可见部分　　e）画出剖面线和必要的虚线、标注出剖切符号和名称

图 6 - 15　画剖视图的方法和步骤

6.2.2　剖视图的种类及其应用

根据剖视图的剖切范围可分为全剖视图、半剖视图和局部剖视图三种。前述剖视图的画法和标注，是对三种剖视图都适用的基本要求和规定。

1. 全剖视图

全剖视图是用剖切面完全地剖开机件所得的剖视图，适用于表达外形比较简单，而内部结构较复杂且不对称的机件，如图 6 - 9d 和 6 - 12b 所示的主视图。

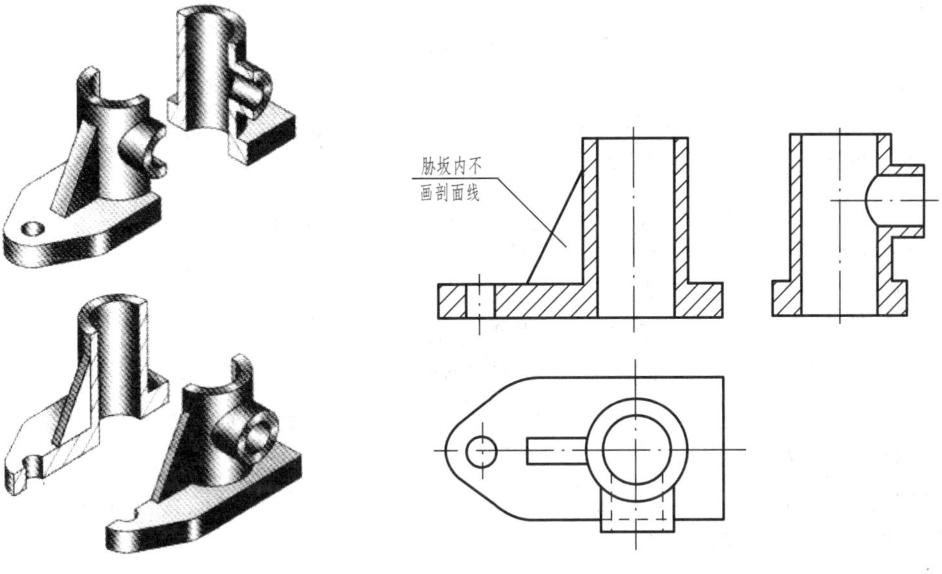

a)　　　　b)

图 6-16　全剖视图

同一机件可以假想进行多次剖切，画出多个剖视图，如图 6-16 所示。必须注意，各剖视图的剖面线方向和间隔应完全一致。

2. 半剖视图

当机件具有对称平面时，向垂直于对称平面的投影面上投影所得的图形，可以对称中心线为界，一半画成剖视图，另一半画成视图，这种剖视图称为半剖视图。如图 6-17 所示，机件左右及前后都对称，所以它的主视图、俯视图和左视图可分别画成半剖视。

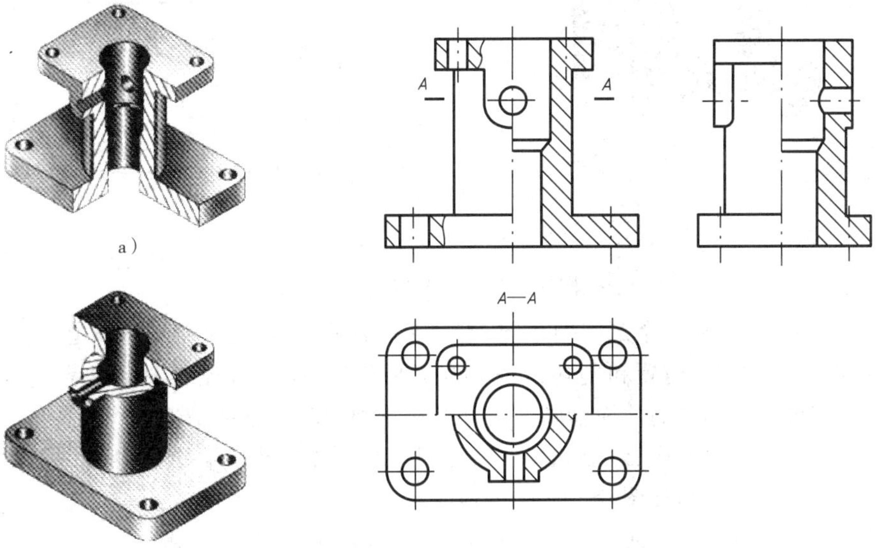

a)　　　　b)　　　　c)

图 6-17　半剖视图(一)

半剖视图既表达了机件的内部形状，又保留了外部形状，所以常用于内、外形状都比较复杂的对称机件。

当机件的形状接近对称，且不对称部分已另有图形表达清楚时，也可画成半剖视图，如图 6－18 所示。

必须注意，半个剖视图与半个视图的分界线应为细点画线，不得画成粗实线，且半剖视标注按全剖视标注。机件内部形状已在半剖视中表达清楚的，在另一半表达外形的视图中一般不再画出虚线。

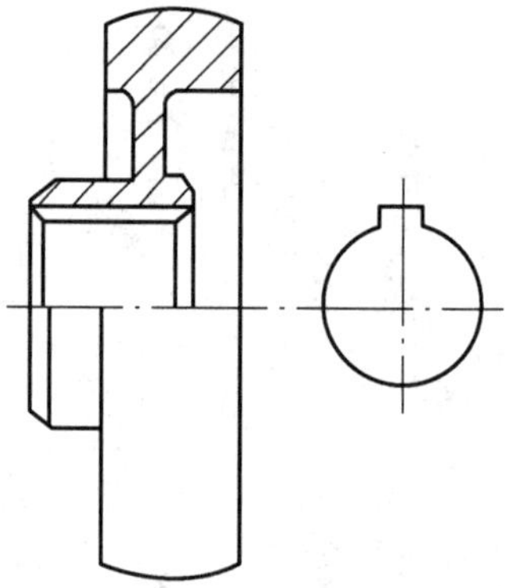

图 6－18 半剖视图(二)

但对于孔或槽等，应画出中心线的位置，并且对于那些在半个剖视图中未表示清楚的结构，可以在半个视图中做局部剖视，如图 6－17 所示的主视图中两处局部剖视。

3. *局部剖视图*

局部剖视图是用剖切面局部的剖切机件所得的剖视图。

如图 6－19 所示的箱体，其顶部有一矩形孔，底板上有四个安装孔，箱体的左右、上下、前后都不对称。为了兼顾内外结构形状的表达，将主视图画成两个不同剖切位置的局部剖视图。在俯视图上，为了保留顶部的外形，采用 $A-A$ 剖切位置的局部剖视图。

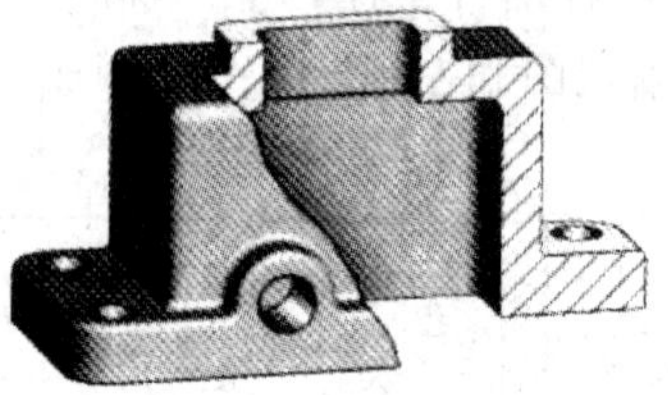

a）

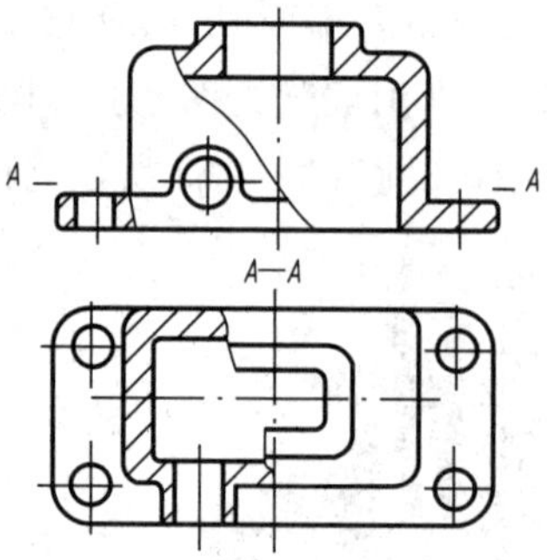

b）

图 6－19 局部剖视图(一)

局部剖视图的标注与全剖视图相同，当剖切位置明确时，局部剖视图不必标注。

局部剖视图的剖切位置和剖切范围根据需要而定，是一种比较灵活的表达方法，运用得当，可使图形表达的简洁而清晰。局部剖视图通常用于下列情况：

(1)当不对称机件的内、外形状均需要表达，或者只有局部结构的内形需剖切表示，而又不宜采用全剖视时，如图 6－19 所示。

(2)当对称机件的轮廓线与中心线重合，不宜采用半剖视时，如图 6－20 所示。

(3)当实心机件(如轴、杆等)上面的孔或槽等局部结构需剖开表达时，如图 6－20 所示。

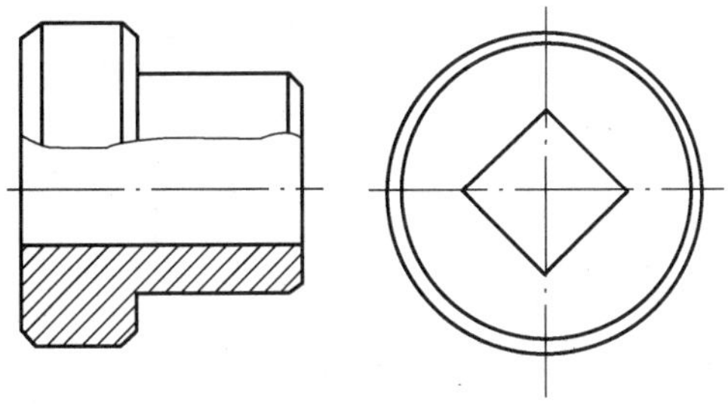

图 6-20　局部剖视图(二)

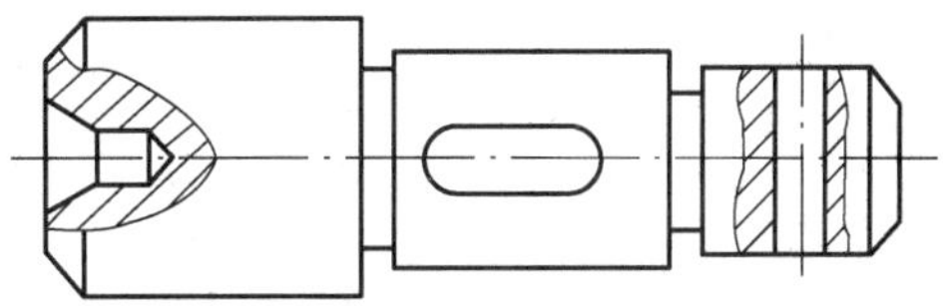

图 6-21　局部剖视(三)

画局部剖视图时应注意以下几点：

(1)当被剖的局部结构为回转体时,允许将该结构的中心线作为局部剖视图与视图的分界线,如图 6-22 所示。而如图 6-20 所示的方孔部分,只能用波浪线(断裂边界线)作为分界线。

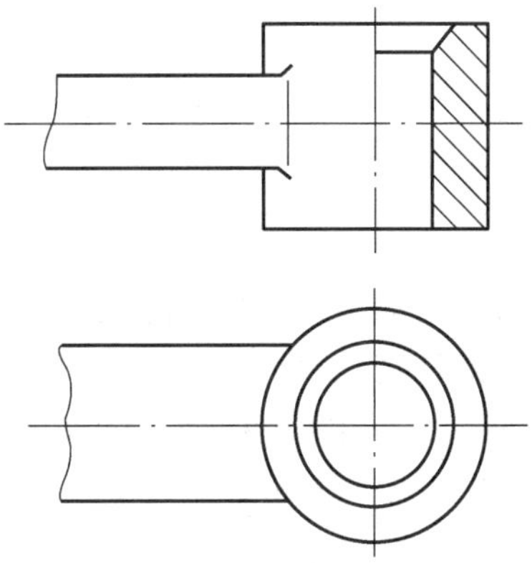

图 6-22　局部剖视(四)

(2)剖切位置与范围根据需要而定,剖开部分和原视图之间用波浪线分界。波浪线应画在机件的实体部分,不能超出视图的轮廓线或与图样上其他图线重合,如图 6-23 所示。

(3)局部剖视图是一种比较灵活的表达方法,哪里需要哪里就剖。但在同一视图中,使用局部剖这种表示法的次数不宜过多,否则会显得零乱而影响图形清晰。

(4)局部剖视图的标注方法与全剖视相同。当单一剖切平面的剖切位置明显时,局部剖视的标注可省略。

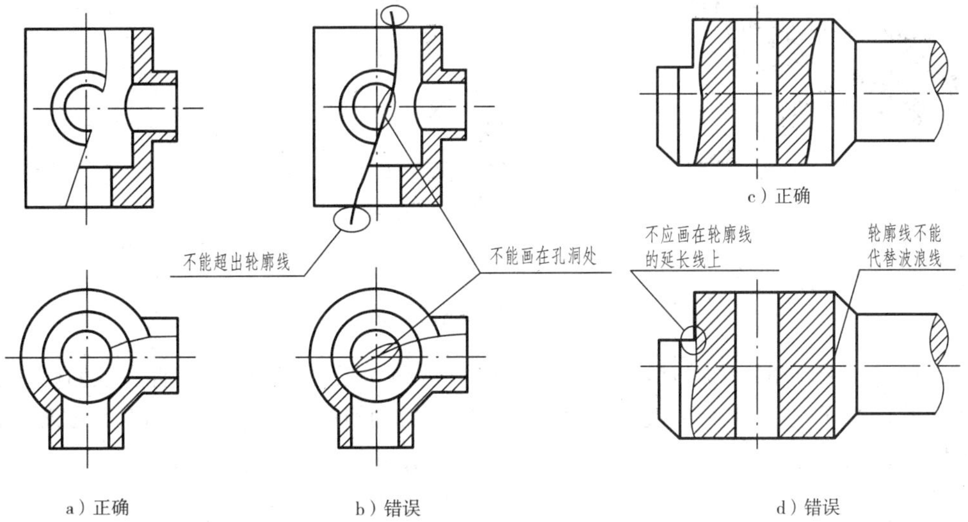

图 6-23　局部剖视图中波浪线画法

(5)局部剖视图的剖切范围也可以用双折线代替波浪线分界,如图 6-24 所

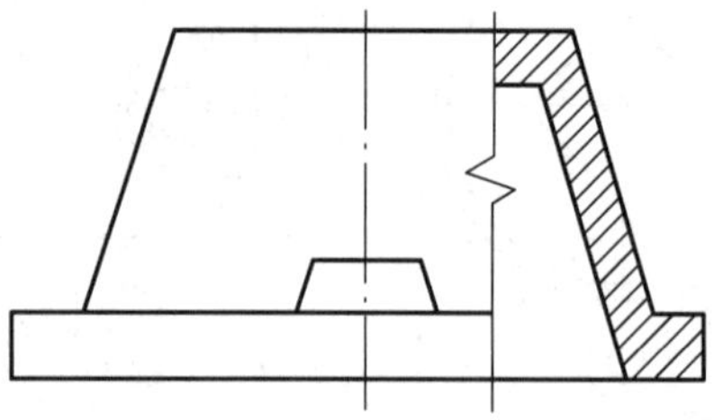

图 6-24　局部剖视图(五)

6.3　断面图

假想用剖切面将机件的某处切断,仅画出剖切面与机件接触部分的图形称为断面图,简称断面。如图 6-25a 所示的小轴,为了将轴上的键槽表达清楚,假想用一个垂直于轴线的剖切平面在键槽处将轴切断,只画出断面的形状,并画上剖面的符号,即为断面图,如图 6-25b 所示。

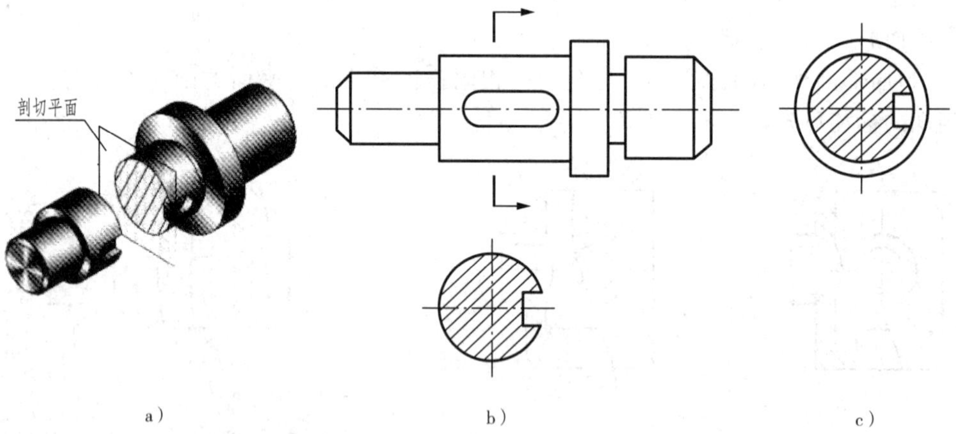

图 6-25　断面图的形成

剖视图与断面图的区别是:断面图只画机件被剖切后的断面形状,而剖视图除了画出断面形状之外,还必须画出机件上位于剖切平面后的可见轮廓线(如图 6-25c 所示)。断面图的画法要遵循 GB/T 17452—1998、GB/T 4458.6—2002 的规定。

按断面图配置位置不同,断面图分为移出断面图和重合断面图两种。

6.3.1 移出断面图——画在视图轮廓线之外的断面图

1. 移出断面图的配置

(1)移出断面图通常配置在剖切符号或剖切线的延长线上,如图 6-26b、c 和图 6-26 所示。必要时也可以配置在其他适当位置,如图 6-26 所示的 $A-A$ 和 $B-B$。

(2)当断面图形对称时,移出断面图可配置在视图的中断处,如图 6-28 所示。

在不致引起误解时,允许将图形旋转,如图 6-29 所示的 $A-A$。

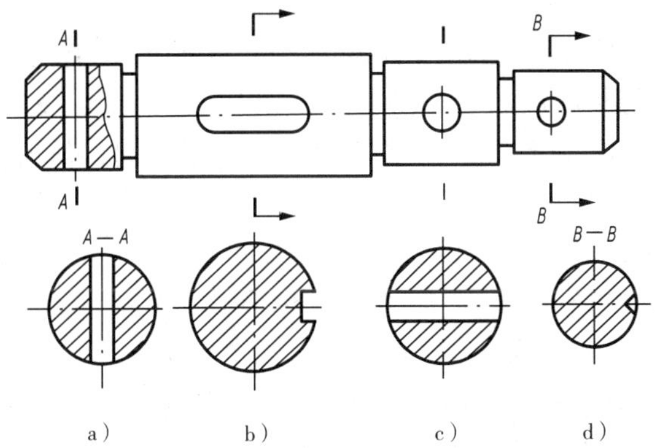

图 6-26 移出断面画法(一)

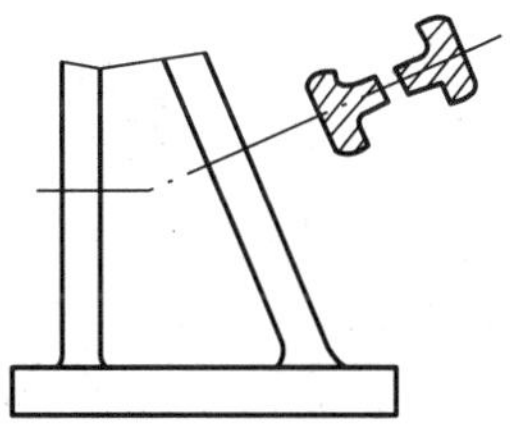

图 6-27 移出断面画法(二)

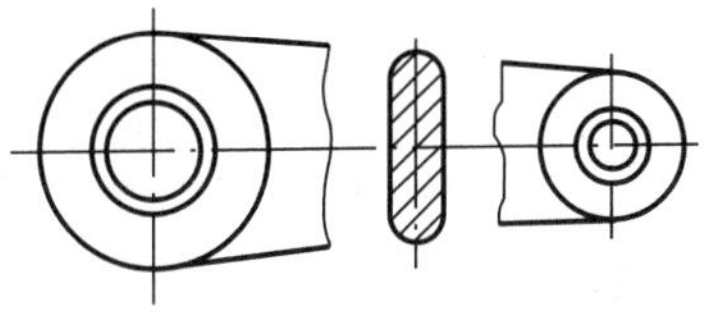

图 6-28 移出断面画法(三)

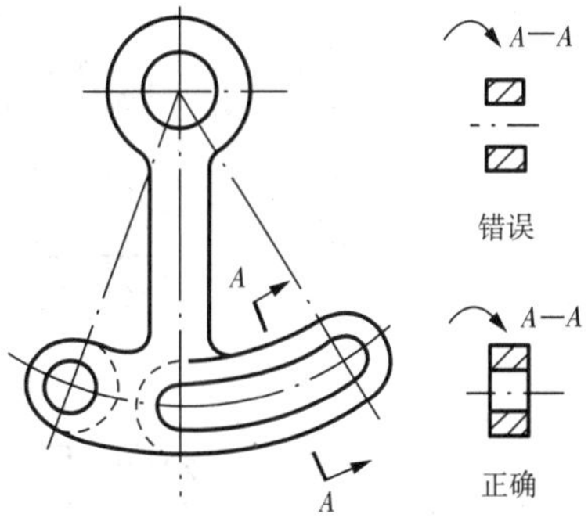

图 6-29 移出断面画法(四)

2. 移出断面图的画法

(1)移出断面图的轮廓线用粗实线绘制。当剖切平面通过由回转面形成的孔和凹坑的轴线时,这些结构应按剖视绘制,如图 6-26 所示和如图 6-30 所示。

(2)当剖切平面通过非圆孔,会导致完全分离的两个断面时,这些结构也应按剖视图绘制,如图 6-29 所示。

(3)剖切平面应与被剖切部分的主要轮廓线垂直。由两个或多个相交的剖切平面剖切所得到的移出断面图,中间应断开,如图 6-28 所示。

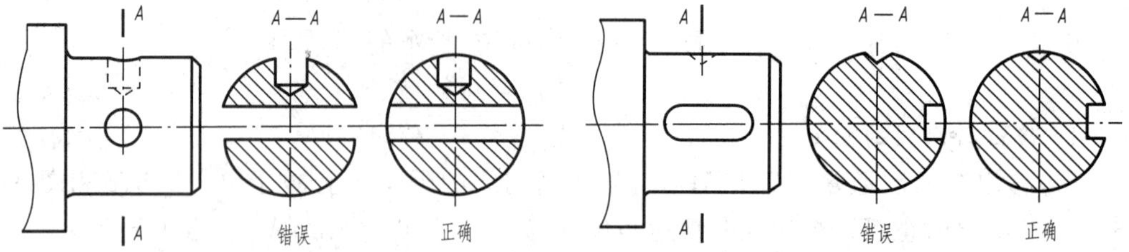

图 6-30　移出断面图画法正误对比

3. 移出断面图的标注

移出剖面一般应用剖切符号表示剖切位置，用箭头表示投影方向，并注上大写字母“×”，在剖面图上方应用同样的字母标出相应的剖面图名称“×－×”。如图 6-31 所示。但可根据剖面图是否对称及其配置不同，可作相应的省略。在不致于引起误解时，允许将图形旋转，但必须在剖面图上方标注“X－X 旋转”。

(1)配置在剖切符号延长线上的对称移出剖面，不必标注，如图 6-31a 所示；配置在剖切符号延长线上的不对称移出剖面，可省略字母，如图 6-31b 所示。

(2)按投影关系配置的移出剖面，可省略箭头，如图 6-31c 所示；

(3)配置在其他位置的对称移出剖面，可省略箭头，如图 6-31a 所示的 B－B；配置在其他位置的不对称移出剖面，必须标注，如图 6-31a 所示的 A－A。

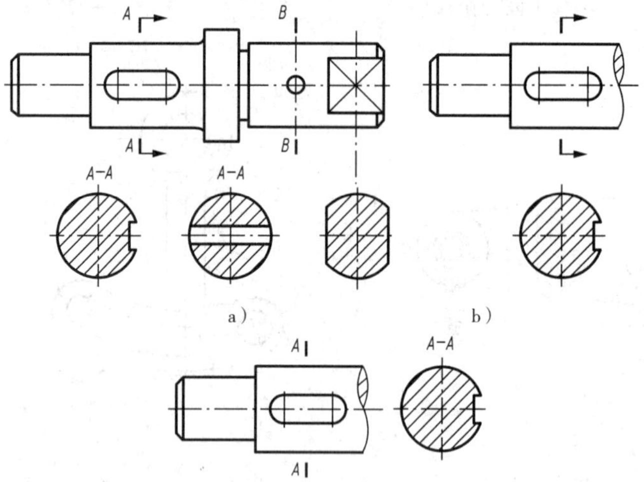

图 6-31　移出剖面的标注

6.3.2　重合断面图——画在视图轮廓线之内的断面图

1. 重合断面图的画法

重合断面图的轮廓线用细实线绘制。当视图中的轮廓线与重合断面图的图形重合时，视图中的轮廓线仍应连续画出，不可间断（如图 6－32 所示）。

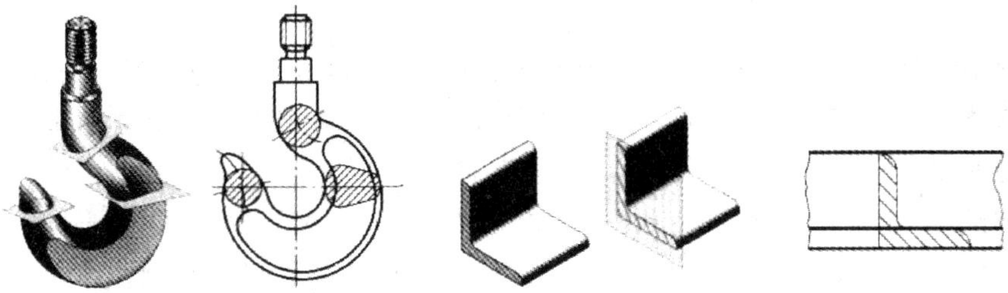

a）　　b）

图 6－32　重合断面图画法

2. 重合断面图的标注

对称的重合断面不必标注（如图 6－32a 所示）；不对称的重合断面，在不致引起误解时可省略标注（如图 6－32b 所示）。

6.4　局部放大图和简化画法

6.4.1　局部放大图（GB/T 4458.1—2002）

将机件的部分结构，用大于原图形所采用的比例画出的图形，称为局部放大图。如图 6－32 所示，当同一机件上由几处需要放大时，可用细实线圈出放大的部位，用罗马数字依次标明放大的部位，并在局部放大图的上方标注出相应的罗马数字和所采用的比例。对于同一机件上不同部位，但图形相同或对称时，只需画出一个局部放大图，如图 6－33所示。

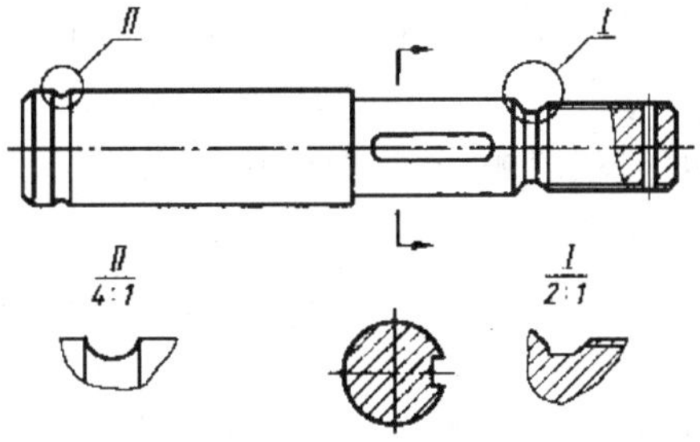

图 6－33　局部放大图（一）

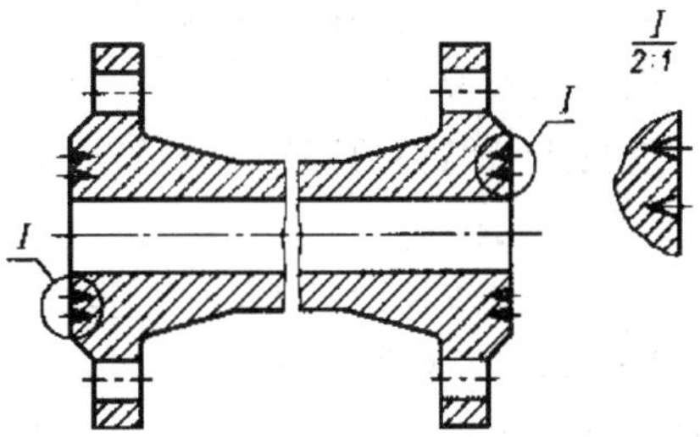

图 6－34　局部放大图（二）

6.4.1 简化画法(GB/T 4458.6—2002)

简化画法是在视图、剖视、剖面等画法的基础上,对机件上某些特殊结构和结构上的某些特殊情况,通过简化图形(包括省略和简化投影等)和省略视图等办法来表示,在便于看图的前提下,达到简化画图的目的。规定如下:

(1)对于机件上的肋、轮幅及薄壁等结构,如按纵向剖切,这些结构都不画剖面符号,而用粗实线将它与其邻接部分分开;若按横向剖切,这些结构也要画剖面符号。如图 6-35a 所示。

(2)当零件回转体上均匀分布的肋、轮幅、孔等结构不处于剖切平面上时,可将这些结构旋转到剖切平面上画出,且对均布孔只需详细画出一个,其余只画出轴线即可。如图 6-35b 所示。

(3)在需要表示位于剖切平面前面的机件结构时,这些结构按假想投影的轮廓线用双点划线绘制。如图 6-35c 所示。

(4)当需要在剖视图的剖面中再作一次局部剖时,可采用剖中剖的方法表达,两个剖面的剖面线应同一方向、同间隔,但要互相错开,并用引出线标注其名称,当剖切位置明显时,也可省略标注。如图 6-35d 所示。

(5)当机件具有若干相同的结构(如齿、槽等),并按一定规律分布时,只需画出几个完整的结构,其余用细实线连接,在图中标明该结构的总数。如图 6-35e 所示。

(6)若干直径相同且呈规律分布的孔(如圆孔、螺孔、沉孔等),可以仅画出一个或几个,其余只需用点划线画出其中心位置,在零件图中应注明孔的总数。如图 6-35f 所示。

(7)当图形不能充分表达平面时,可用平面符号(相交的两细实线)表示。如图 6-35g 所示。

(8)圆柱形法兰或类似零件上均匀分布的孔可用如图 6-35h 所示的方法(由机件外向该法兰端面方向投影)表示。

(9)在不致于引起误解时,对于对称机件的视图可只画一半或四分之一,并在对称中心线的两端画出两条与其垂直的平行细实线。如图 6-35i 所示。

(10)当机件上较小的结构或斜度等已在一个图形中表示清楚时,其他图形可简化或省略。如图 6-35j 所示。

(11)与投影面倾斜角度小于或等于 30 的圆或圆弧,其投影可用圆或圆弧代替。如图 6-35k 所示。

(12)对于一些较长的机件,当沿其长度方向的形状一致或按一定规律变化时,允许断开画出,但标注尺寸时仍按实际大小标注。如图 6-35l 所示。

(13)机件上较小的结构,若在一个图形中已表示清楚时,其他图形可简化或省略。如图 6-34m 所示。

(14)零件上对称结构的局部视图,可按如图 6-35n 所示的方法绘制。

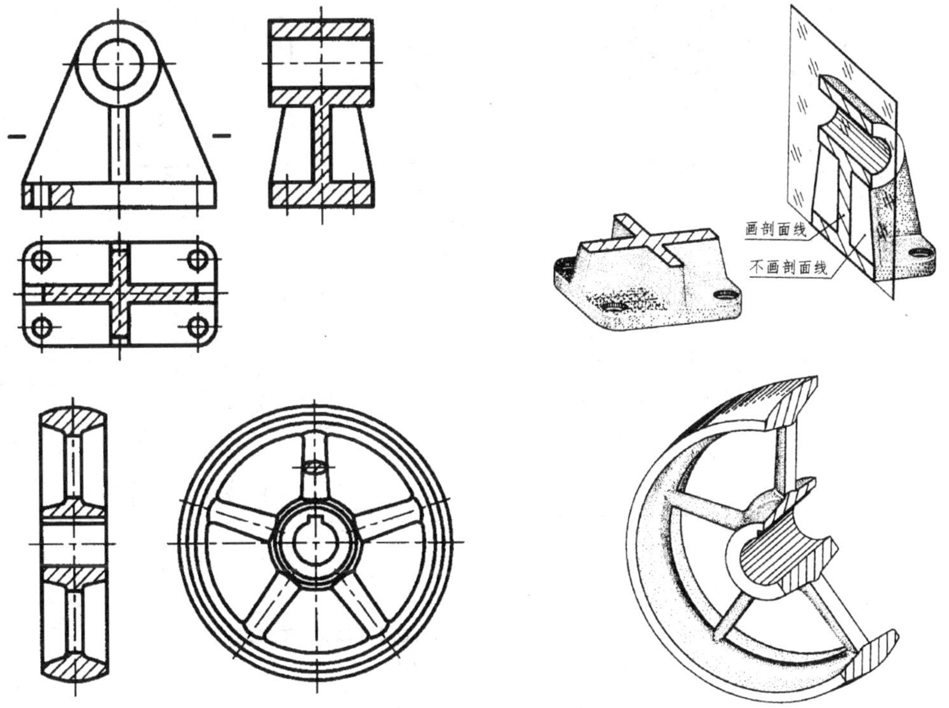

a）

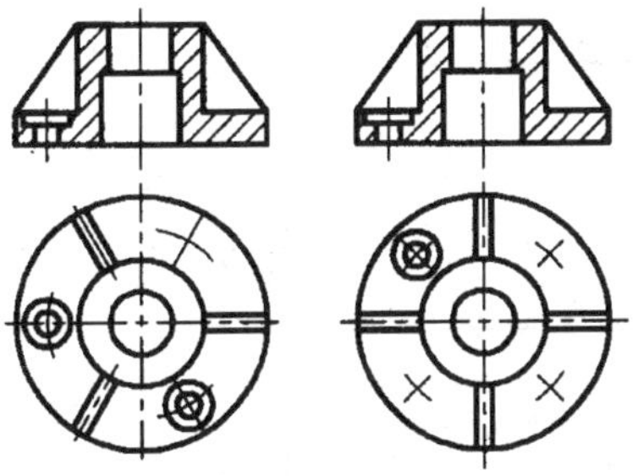

b）

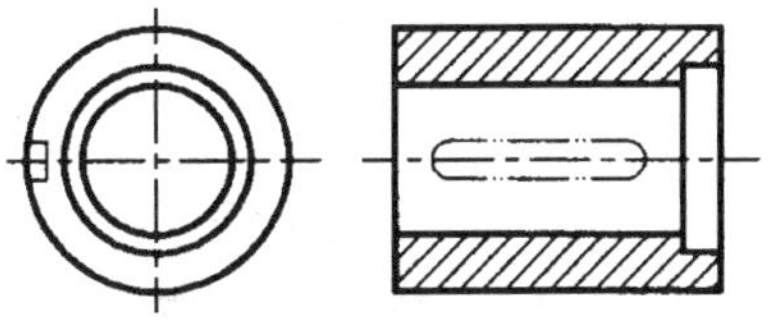

c）

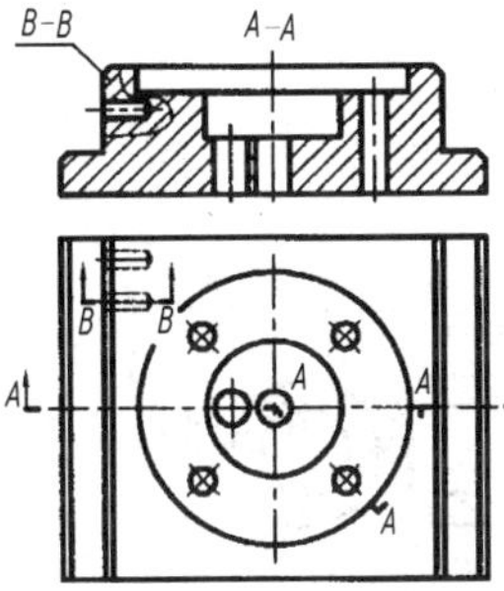

d）

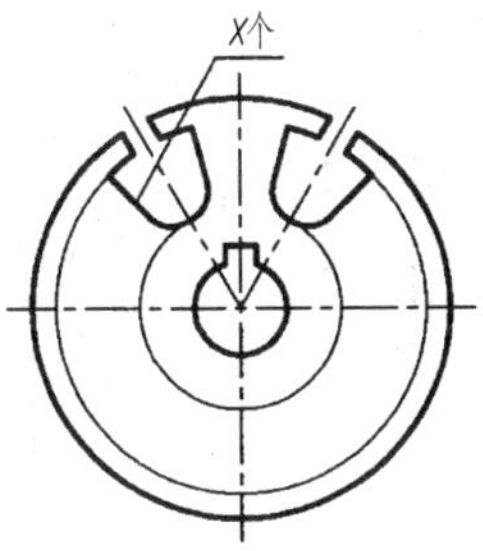

e）

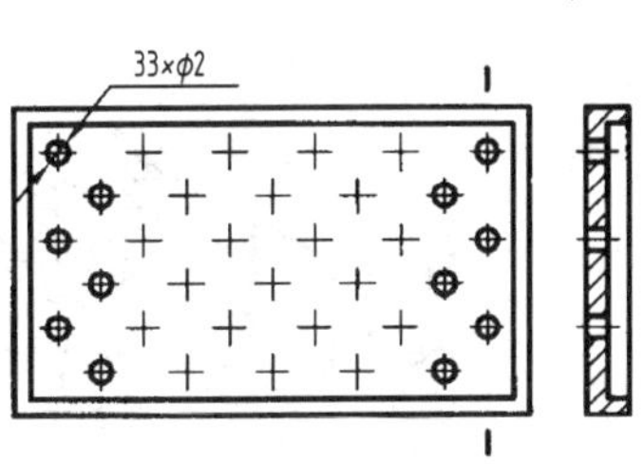

f）

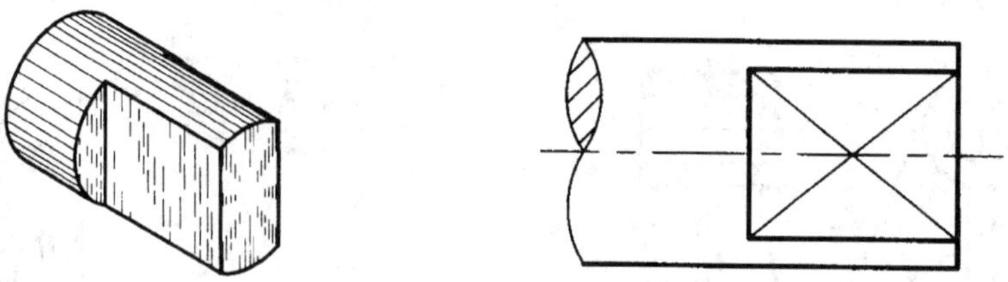

g)

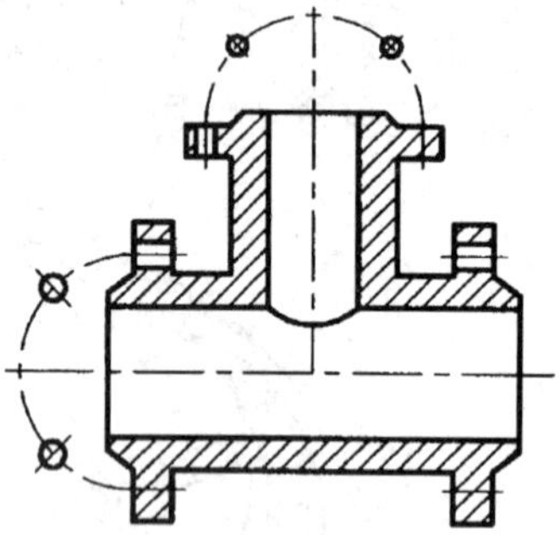

h)

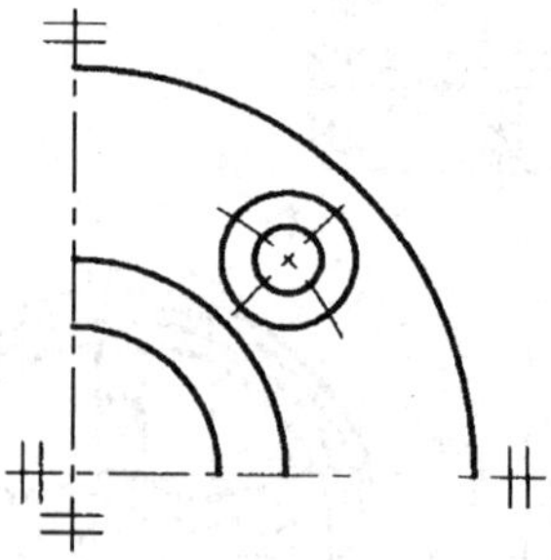

i)

j)

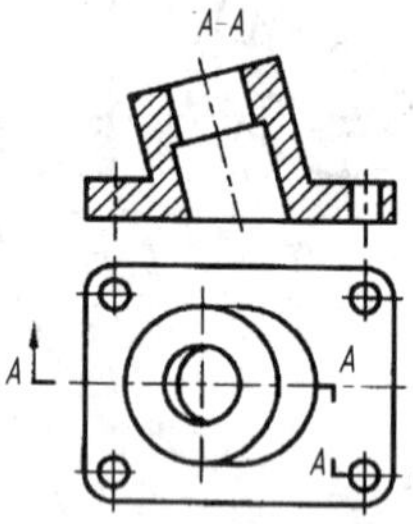

k)

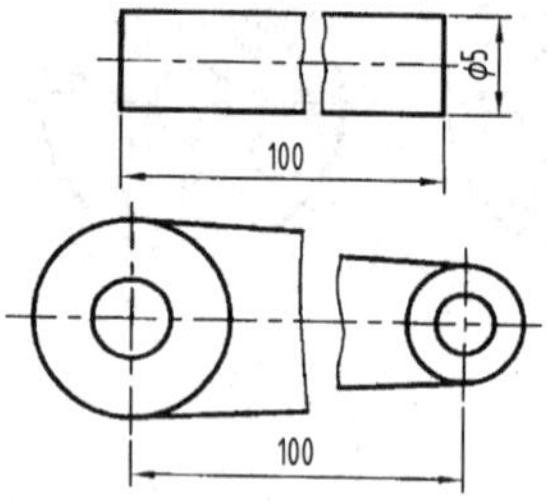

l)

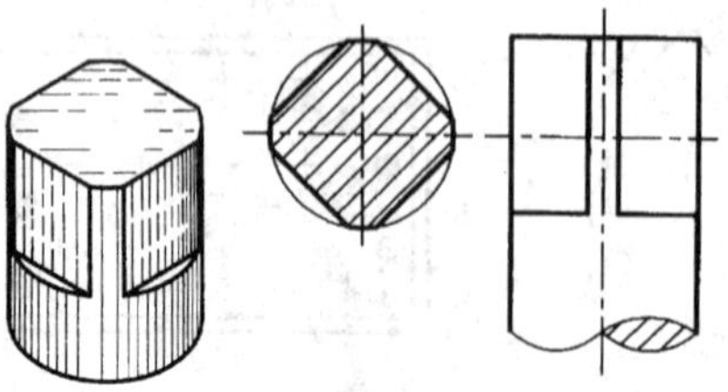

m)

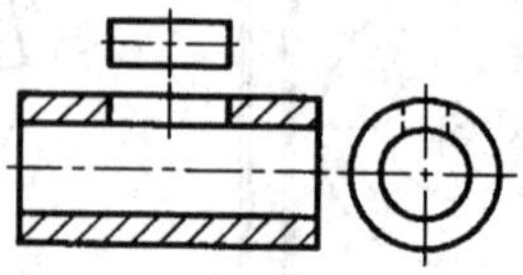

n)

图 6－35　简化画法和其他规定画法

6.5　读剖视图

6.5.1　读图要求

读剖视图是根据已有的视图、剖视、断面图等，通过分析这些视图的对应关系及表达意图，从而想像出机件内外结构形状。

读懂剖视图，是在读组合体视图基础上进行的。因此，读剖视图时，必须进一步应用读组合体视图的思维方法，同时应熟悉和应用图样画法的基本知识。现以图 6－36 所示四通管说明读剖视图的方法和步骤。

6.5.2　读剖视图方法和步骤

1. 概括了解

了解机件选用几个视图，明确其名称和剖视图的剖切位置及投影对应关系，初步了解各图形的作用。

如图 6－36 所示四通管有五个视图，主视图全剖是采用两相交剖切面 $B-B$；俯视图全剖是采用两个平行剖切平面 $A-A$，这两个图是表示三通管主体内外形及内孔相对位置；$C-C$、$E-E$ 剖视采用单一剖切平面及 D 向局部视图分别表示三个凸缘的形状、小孔的形状及分布位置。

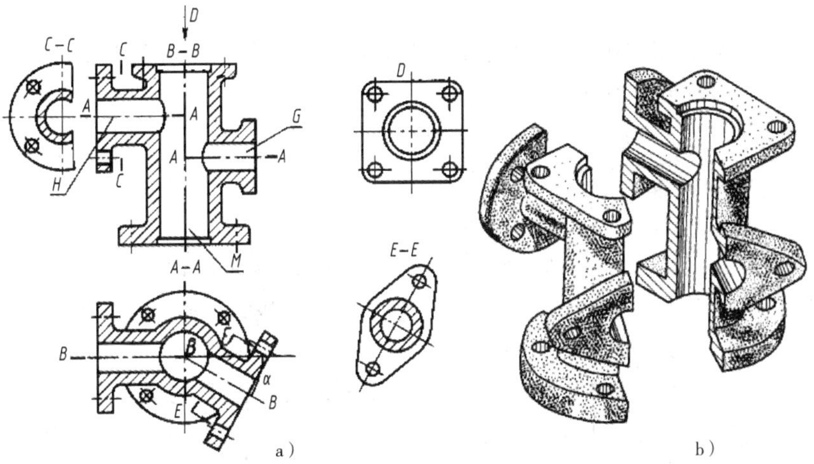

图 6－36　读四通管视图

2. 想像各部分的形状

(1)区分各结构的空与实、远与近的方法。在剖视图中凡是带剖面符号的封闭线框一般是表示剖切面与机件相交的断面(实体部分)。不带剖面符号的空白封闭线框，在一般情况下，表示机件的空腔或剖切面后的结构形状。如主视图的 M、G、H 的空白线框表示四通管的四个通孔的结构。

(2)确定机件内形及相对位置的方法。剖视图中的空白线框往往不能直接确定其形状和位置，必须在其他视图上找到其对应的剖切位置，并从相应特征形线框和位置关系，确定其内形的真实形状和相对位置。如主视图的 M、G、H，在俯视图找到 $B-B$ 剖切位置，说明 M 是圆孔，G 孔与 M 孔为斜交，交角 a，H 孔与 M 孔是正交，并从 $E-E$、$C-C$ 剖视，确定 G、H 是圆孔及带小圆孔和圆角的棱形和圆形的凸缘；从 D 向局部视图确定机件顶部是带小圆孔的方形凸缘。

(3)综合想像整体形状。把各部分形状综合起来想像，归纳出整体形状。以主、俯视图为主，想像四通管主体为圆筒形状，确定机件内腔的相对位置，然后再通过其他视图表示的其他部分形状，进行综合想像，整体形状就想像出来了，见图 6-36b。

6.6 各种表达方法的综合应用

国标规定：绘制技术图样时，应首先考虑看图方便，还应根据机件的结构特点，选用适当的表示方法，在完整、清晰地表示物体形状的前提下，力求读图方便、制图简便。

同一机件可以有多种表示方案，各种表示方案各有其优缺点。应通过分析对比、确定最佳方案。现以图 6-37 所示支架零件说明应用各种表达方法表达零件的方法和步骤。

6.6.1 形体分析

如图 6-37 所示，支架的主体由底板、圆筒和工字形连接板三个主要部分组成，在圆筒上还有一个凸台和斜交耳板。

6.6.2 选择主视图

主视图应能明显地反映出机件内、外主要结构特征和相对位置，并应兼顾其他视图表达的清晰性。如图 6-37 所示，从 a、d 两个方向观察都能反映支架结构特征。考虑其他视图表示，选择 a 向为主视图的投射方向较佳。

根据投射方向和机件结构特点(即内外形状及位置关系)确定表达方法。如图 6-38 所示主视图应以表示支架外形及各部分相对位置为主，并采用局部剖视表达底板上的拱形槽。

6.6.3 确定其他视图

当主视图确定后，首先应考虑俯、左视图的选择。如选用俯视图并采用 $A-A$ 全剖视，表示工字形连接板和底板的形状及其左右、前后相对位置和拱形槽分布位置。左视图采用 $C-C$ 全剖视，用来表示圆筒形状、凸台上圆孔正交关系及圆筒与工字板的连接关系。有了这三个基本视图，支架主体形状已表示清楚。此时，还应考虑用其他表达方法补充尚未表达清楚的结构形状，如 D 向局部视图表示凸台特征，$B-B$ 剖视表示斜交耳板的圆孔、厚度及与圆筒的连接关系。

通过以上表达方法的选择，把支架的结构形状完整、清晰表示出来，如图 6－38 所示。

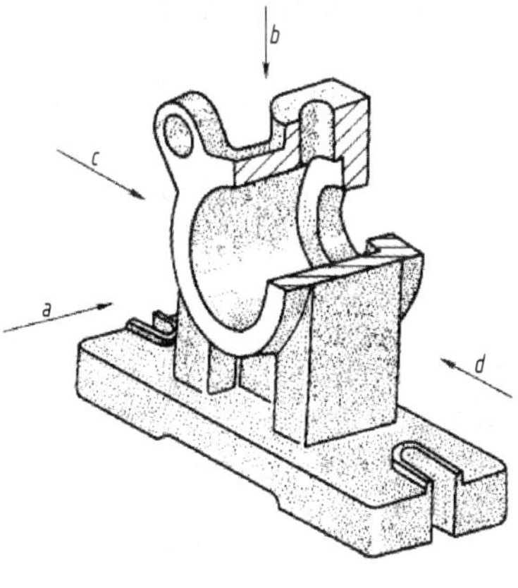

图 6－37　支架直观图

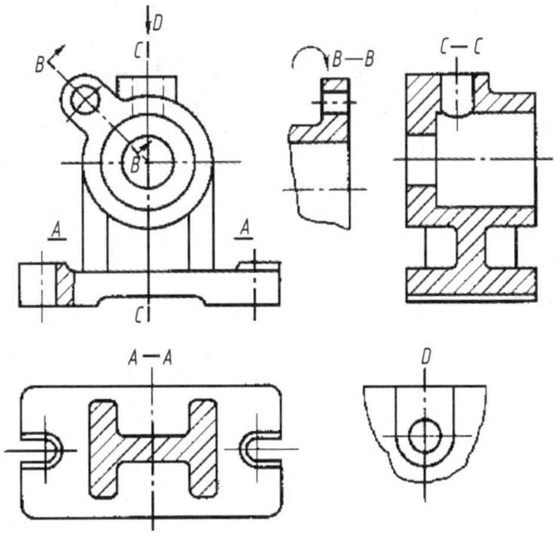

图 6－38　支架的表达方案

6.7　图形编辑命令

图形编辑是对已有图形进行移动、旋转、缩放、复制、删除等修改操作。在绘图和设计时，经常需要对绘制的图形进行编辑处理，对绘制的产品重新设计以构成所需图形。AutoCAD 具有强大的图形编辑功能，使图形的编辑十分方便、快捷，在设计绘图中发挥了重要作用，也是手工绘图达不到的功能。它可以帮助用户合理地构造与组织图形，保证作图准确性，减少重复的绘图操作，从而提高设计绘图效率，缩短了产品的设计周期。

6.7.1　图形编辑对象的选择模式

AutoCAD 的编辑命令要求用户选择一个或多个对象进行编辑。选择了对象之后，AutoCAD 用虚线显示它们以示加亮，这样为图形编辑而选择的一组对象叫选择集。AutoCAD 提供了多种选择对象的方法。

1. 功能

用于设置选择对象时的各种模式。

2. 调用方式

3. 命令:DDSELECT

4. 菜单:工具→选项→选择

5. 在绘图区域点击鼠标右键选择“选项”→“选择”

6. 说明

命令:DDSELECT↙

系统弹出“选项”对话框,选择“选择集”选项卡,如图 6-39 所示各选项功能如下:

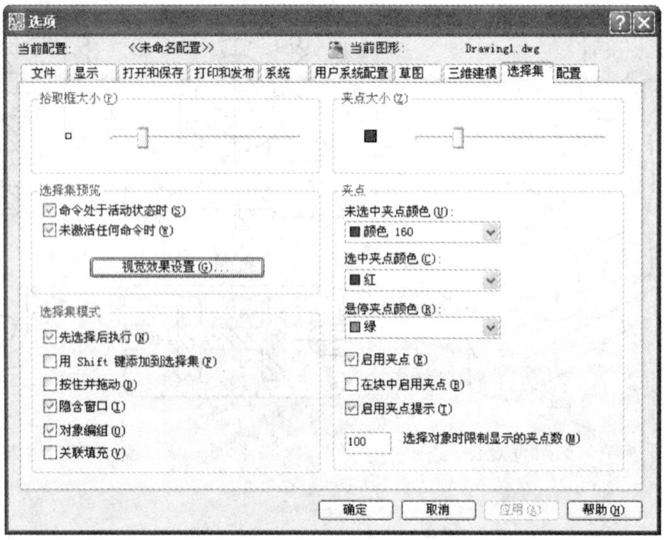

图 6-39 “选项”对话框中的“选项”选项卡

(1)“拾取框大小(P)”选项组:通过移动滑块,可以设置选择对象时的拾取框的大小,滑块向左移动,拾取框变小,向右移动,拾取框变大。

(2)“选择预览”选项组:用于设置是否显示选择预览。

①“命令处于活动状态时(S)”:复选框,选中表示命令处于激活状态时,显示选择预览。

②“未激活任务命令时(W)”:复选框,选中表示命令处于未激活状态时,显示选择预览。

③“视觉效果设置(G)...”:功能按钮,单击弹出“视觉效果设置”对话框,如图 6-40 所示。在该对话框中,可以设置预览效果和选择有效区域的颜色。在“选择预览效果”选项组,可以设置选择的物体以哪种方式显示,包括“划(D)”、“加厚(T)”、“两者都(B)”,点击“高级选项 a”功能按钮,弹出“高级预览选项”对话框(如图 6-41 所示),可以设置需要排除在选择集中的对象。在“区域选择效果”选项组,可以设置区域的效果。默认状态下,当采用“窗口”选择对象时,选择区域显示蓝色且边界为实线;采用“交叉窗口”选择对象时,选择区域显示绿色且边界为虚线。

(3)“选择模式”选项组:用于设置构造选择集的模式。

①“先选择后执行(N)”:复选框,用于设置是否可以先选择对象再执行命令,选中该

复选框，可以先选择要编辑的对象，然后再执行编辑命令，也可以先执行编辑命令，再选择要编辑的对象。否则，只能先执行编辑命令，再选择要编辑的对象。

②“用 Shift 键添加到选择集(F)”：复选框，选中该复选框，当要给已存在的选择集添加对象时，必须先按住 Shift 键，才能点击要添加的对象，否则，将会用添加的对象替换原来的选择集。

③“按住并拖动(D)”：复选框，选中该复选框，此时用窗口选择物体时，必须用鼠标拖动的方式才能形成窗口。

④“隐含窗口(I)”：复选框，选中该复选框，系统将窗口方式和交叉窗口方式与直接点选方式都作为默认的选择方式。否则在“选择对象：”提示符下，键入 W 或 C 才能用窗口方式或交叉窗口方式选择实体。

⑤“对象编组(O)”：复选框，选中该复选框，当选择某个对象组中的一个对象时，将会选中该对象组的所有对象。

⑥“关联填充(V)”：复选框，选中该复选框，确定在选择关联填充剖面线时，也选中剖面线的边界线。

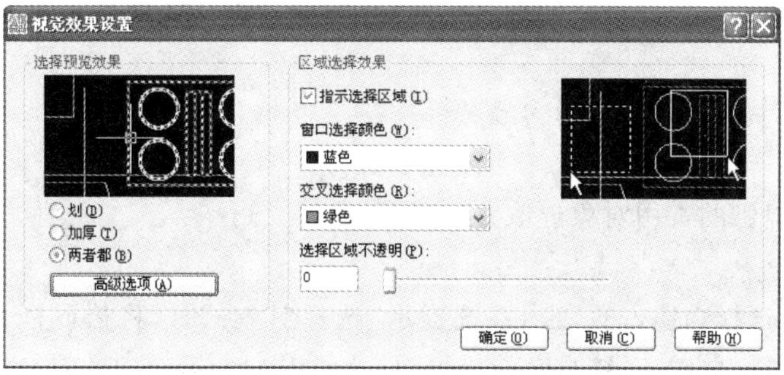

图 6-40　“视觉效果设置”对话框

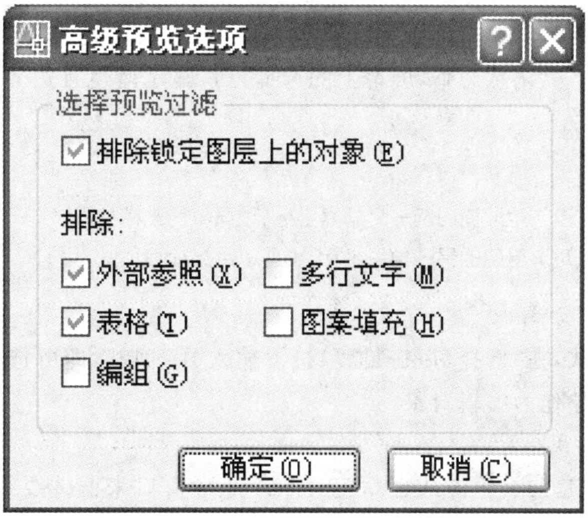

图 6-41　“高级预览选项”对话框

(4)“夹点大小(Z)”选项组:用于设置对象夹点标记的大小。移动滑块向左,对象的夹点标记变小,向右移动,对象的夹点标记变大。

(5)“夹点”选项组:用于设置夹点的特性。

①“未选中夹点颜色(U)”:下拉列表框,可以设置选中对象后,夹点显示的颜色。

②“选中夹点颜色(C)”:下拉列表框,可以设置点击夹点后夹点显示的颜色。

③“悬停夹点颜色(R)”:下拉列表框,可以设置光标处于未选中夹点时夹点显示的颜色。

④“启用夹点(E)”:复选框,可以设置是否打开夹点编辑功能,选中该复选框,点选物体后,显示物体的夹点,否则不显示夹点。

⑤“在块中启用夹点(B)”:复选框,可以设置是否在块中启用夹点编辑功能,选中该复选框,点选块对象后,显示块中每个对象的夹点,否则只显示块的插入点夹点。

⑥“启用夹点提示(T)”:复选框,可以设置是否在使用夹点编辑时进行提示。当光标悬停在支持夹点提示的自定义对象的夹点上时,显示夹点的特定提示。

⑦“显示夹点时限制对象选择(M)”:文本框,当初始选择集包括多于指定数目的对象时,抑制夹点的显示。有效值的范围从 1 到 32767。默认设置是 100。

6.7.2 选择图形对象的方式

AutoCAD 提供的常用对象选取方法如下:

1. 点选方式

这是默认的选择物体方式。当系统提示“选择对象:”时,将拾取框直接移动到要选择对象上,单击鼠标左键,系统自动扫描画面,搜索出被光标选中的对象以“虚线”方式显示,并且在文本栏继续提示“选择对象:”,这种方式只能一次选择一个对象。

2.“窗口(W)”方式

通过定义一个矩形窗口来框选要编辑的对象,凡包含在此窗口内的对象被选中,一次可选择多个对象。默认状态下,屏幕上的选择窗口显示蓝色且边界为实线框。操作方法如下:

选择对象:W↙
指定第一个角点:(输入矩形窗口的一个角点坐标,也可以用光标拾取)
指定对角点:(输入矩形窗口的另一角点坐标,也可以用光标拾取)

3.“上一个(L)”方式

又叫做最后方式,在“选择对象:”提示符下输入“L”回车,即可选中在编辑命令之前最后一次绘制的对象作为编辑对象。

4.“窗交(C)”方式

又称为交叉窗口方式,该方式也是定义一个矩形窗口来框选要编辑的对象,凡此窗口经过的对象被选中。默认状态下,屏幕上的选择窗口显示绿色且边界为虚线框。操作方法如下:

选择对象:C↙

指定第一个角点:(输入矩形窗口的一个角点坐标,也可以用光标拾取)

指定对角点:(输入矩形窗口的另一角点坐标,也可以用光标拾取)

5."框(BOX)"方式

该方式实现的是窗口和交叉窗口两种方式的选择。在"选择对象:"提示符下,输入"BOX"命令回车,此时,拾取框变换成十字光标,系统提示"指定第一个角点:",此时通过指定一个窗口的两个角点来框选物体,若拾取的对角点位于第一个角点的右方时为窗口方式;若拾取的对角点位于第一个角点的左方时为交叉窗口方式。

6."全部(ALL)"方式

在"选择对象:"提示符下,输入"ALL"命令回车,即可选中该图形文件中所有的对象。

7."栏选(F)"方式

在"选择对象:"提示符下,输入"F"命令回车,可以绘制一条多段折线选择对象,凡是与多段折线相交的对象即被选中。

8."圈围(WP)"方式

又称为多边形窗口方式,通过指定圈围点,用一个多边形窗口来选择对象,其使用方法、功能与窗口方式相似。

9."圈交(CP)"方式

又称为交叉多边形窗口方式,通过指定圈围点,用一个多边形窗口来选择对象,其使用方法、功能与交叉窗口方式相似。

10."编组(G)"方式

在"选择对象:"提示符下,输入"G"命令回车,系统提示"输入编组名:",输入已经定义好的要编辑的组的名称,即选中该组中所包含的所有对象,或在"选择对象:"提示符下直接用点选方式选中已编好的选择集组中的某一个对象。

6.7.3　二维基本编辑命令

AutoCAD 2008 提供了丰富的图形编辑功能,包括删除、复制、镜像、偏移、阵列、移动、旋转、缩放、拉伸、拉长、修剪、延伸、打断、合并、倒角、圆角等,通过这些编辑功能可以大幅提高绘图的效率和质量。

编辑命令可以通过以下方式进行调用。

1. 在文本行输入修改命令

在 AutoCAD 中,每一个修改命令都对应一个或多个指令,可以在命令输入执行该命令。一些常用的命令有其快捷键。

2. 修改命令下拉菜单

在 AutoCAD 工作界面的主菜单中,单击"修改(M)"菜单,即会弹出修改命令的下拉菜单列表,如图 6-42 所示,单击其中的选项即可完成命令的输入。

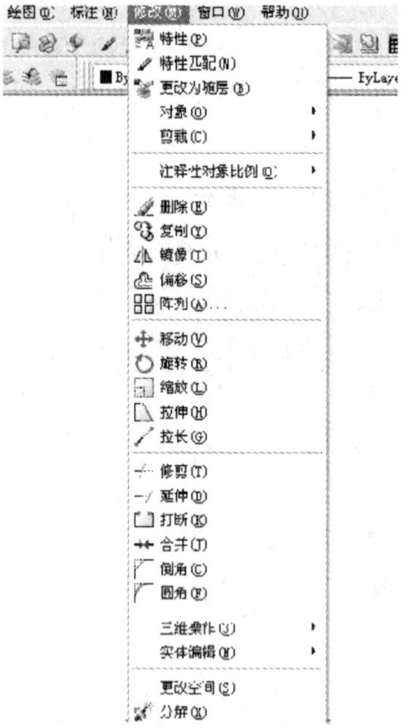

图 6-42　修改菜单

3. 修改命令工具栏

点击在 AutoCAD 工作界面上显示的“修改”命令工具栏中的每个图标按钮，即可完成对该命令的输入。如图 6-43 所示。

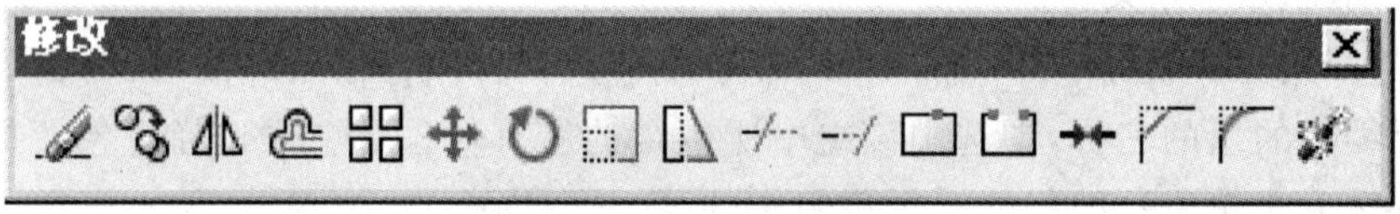

图 6-43　修改工具栏

4. 删除命令

(1)功能

删除图形中选择的对象。

(2)调用方式

(3)命令：ERASE 或 E

(4)菜单：修改→删除

(5)图标：修改工具栏中

(6)说明

命令：E↙

选择对象：(选择要删除的对象)

5. 删除恢复命令

(1)功能

恢复最后一次用删除命令删除的对象，但只能恢复一次。

(2)调用方式

命令:OOPS(或 Ctrl+Z)

(3)说明

命令:OOPS↙

(系统即恢复最后一次删除的对象)

6. 复制命令

(1)功能

复制命令可以复制选定的对象,并可作多重复制。

(2)调用方式

(3)命令:COPY 或 CO

(4)菜单:修改→复制

(5)图标:修改工具栏中

(6)说明

命令:CO↙

选择对象:(选择要复制的对象)

选择对象:↙

指定基点或[位移(D)]<位移>:(输入基点或位移量)

指定第二个点或<使用第一个点作位移>:(输入位移量的第二点或将输入的第一点作为位移量)

指定第二个点或[退出(E)/放弃(U)]<退出>:(指定第二点或输入 E 为退出,输入 U 放弃复制对象,并可重新复制对象)

指定第二个点或[退出(E)/放弃(U)]<退出>:(可以再进行复制,默认为多重复制状态,若输入回车键则完成命令)

例绘制间距为 50 的 10 条等长水平线,如图 6-44 所示。

图 6-44　复制命令实例二

操作步骤:

命令:CO↙

选择对象:(选取最底端的水平线)

选择对象:↙

指定基点或[位移(D)]<位移>:

(点选一点,然后用光标选择向上的方向)

指定第二个点或<使用第一个点作位移>:50↙

指定第二个点或[退出(E)/放弃(U)]<退出>:100↙

指定第二个点或[退出(E)/放弃(U)]<退出>:150↙

指定第二个点或[退出(E)/放弃(U)]<退出>:200↙

指定第二个点或[退出(E)/放弃(U)]<退出>:250↙

指定第二个点或[退出(E)/放弃(U)]<退出>:300↙

指定第二个点或[退出(E)/放弃(U)]<退出>:350↙

指定第二个点或[退出(E)/放弃(U)]<退出>:400↙

指定第二个点或[退出(E)/放弃(U)]<退出>:450↙

指定第二个点或[退出(E)/放弃(U)]<退出>:↙

7. 镜像命令

(1)功能

镜像命令是以某一镜像线(可以是图中的线段或图中不存在的线段)作为对称轴,生成与编辑对象镜像的对象,原有对象可以删除也可以保留。

(2)调用方式

(3)命令:MIRROR 或 MI

(4)菜单:修改→镜像

(5)图标:修改工具栏中

(6)说明

命令:MI↙

选择对象:(选择要镜像的对象)

选择对象:↙

指定镜像线的第一点:(指定对称轴上的一点)

指定镜像线的第二点:(指定对称轴上的另一点)

要删除源对象吗?[是(Y)/否(N)]<N>:(输入“Y”则原来的对象删除;输入“N”或回车则不删除源对象)

8. 偏移命令

(1)功能

偏移命令可以创建同心圆、同心圆弧、平行线、等距曲线等等。该命令可以在不退出的情况下,进行多次偏移操作。

(2)调用方式

①命令:OFFSET 或 O

②菜单:修改→偏移

③图标:修改工具栏中

(3)说明

命令:O↙

当前设置:删除源=否　图层=源　OFFSETGAPTYPE=0

指定偏移距离或[通过(T)/删除(E)/图层(L)]<通过>:(指定距离或输入命令选项)

9. 阵列命令

(1)功能

阵列命令可以按指定方式复制排列多个对象副本。排列方式分为矩形阵列和环形阵列。

(2)调用方式

(3)命令:ARRAY 或 AR

(4)菜单:修改→阵列

(5)图标:修改工具栏中

(6)说明

命令:AR↙

【例 6-1】 将如图 6-44a 所示图形绘制成如图 6-45b 所示图形。

操作步骤：

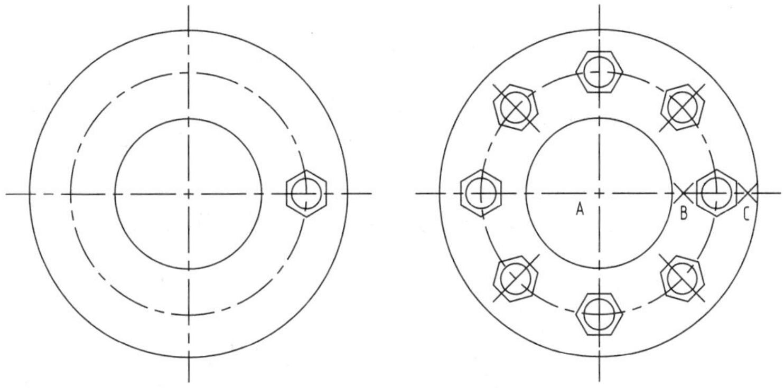

a)　　　　b)

图 6-45　环形阵列命令实例

命令：(将点画线层置为当前层)L↙

指定第一点：(点选 B 点)

指定下一点或[放弃(U)]：(点选 C 点)

命令：AR↙

(弹出"阵列"对话框，点击"环形阵列"选择按钮，点击"选择对象(S)"功能按钮，切换到绘图窗口，选择直线 BC、六边形、六边形内的小圆，确定返回"环形阵列"对话框，点击"中心点"功能按钮，切换到绘图窗口，拾取轴线交点 A，在"项目总数"文本框内输入数值 8，点击"确定"按钮即完成图形的绘制)

10. 移动命令

(1)功能

移动命令将对象移动到新的位置。与平移命令不同。

注：平移命令是对视窗进行移动，图中对象在坐标系内的位置并没有发生改变。

(2)调用方式

①命令：MOVE 或 M

②菜单：修改→移动

③图标：修改工具栏中✥

(3)说明

命令：M↙

选择对象：(选择要移动的对象)

指定基点或[位移(D)]<位移>：(指定基点或输入位移量)

11. 旋转命令

(1)功能

旋转命令可以使图形对象围绕某一基点按指定的角度和方向旋转，改变图形对象的方向及位置。

(2)调用方式

(3)命令：ROTATE 或 RO

(4)菜单：修改→旋转

(5)图标:修改工具栏中。

(6)说明

命令:RO↙

UCS当前的正角方向: ANGDIR=逆时针 ANGBASE=0

选择对象:(选择要旋转的对象)

选择对象:↙

指定基点:(拾取旋转的基点)

指定旋转角度,或[复制(C)/参照(R)]＜当前值＞:(指定角度或输入选项命令)

12. 缩放命令

(1)功能

比例命令又称缩放命令,用于将指定对象按给定的基点和一定的比例放大或缩小。与视窗缩放命令不同。

注:视窗缩放命令是对视窗进行缩放,图中对象的大小并没有发生改变。

(2)调用方式

①命令:SCALE或SC

②菜单:修改→缩放

③图标:修改工具栏中

(3)说明

命令:SC↙

选择对象:(选择要缩放的对象)

选择对象:↙

指定基点:(拾取缩放的基点)

指定比例因子,或[复制(C)/参照(R)]＜1.0000＞:(指定缩放的比例或输入选项命令)

13. 拉伸命令

(1)功能

拉伸命令可以拉伸或移动对象。它可以拉伸图形中指定部分,使图形沿某个方向改变尺寸,同时保持与图形中不动部分相连接。

(2)调用方式

①命令:STRETCH或S

②菜单:修改→拉伸

③图标:修改工具栏中

(3)说明

命令:S↙

选择对象:(使用圈交或交叉选择方法选择要拉伸或移动对象的端点)

选择对象:↙

指定基点或[位移(D)]＜位移＞:(指定基点或输入选项命令)

14. 拉长命令

(1)功能

拉长命令可以改变直线或圆弧的长度。

(2)调用方式

(3)命令:LENGTHEN 或 LEN

(4)菜单:修改→拉长

(5)说明

命令:LEN↙

选择对象或[增量(DE)/百分数(P)/全部(T)/动态(DY)]:

15. 修剪命令

(1)功能

修剪命令以某一对象作为剪切边界,将其他对象超过此边界的那部分删除。

(2)调用方式

①命令:TRIM 或 TR

②菜单:修改→修剪

③图标:修改工具栏中

(3)说明

命令:TRIM↙

当前设置:投影=UCS,边=无

选择剪切边...

选择对象或<全部选择>:(选择某一对象或键入回车选择所有对象做剪切边)

选择对象或<全部选择>:↙

选择要修剪的对象,或按住 Shift 键选择要延伸的对象,或

[栏选(F)/窗交(C)/投影(P)/边(E)/删除(R)/放弃(U)]:(选择要修剪对象相对于剪切边的某一侧部分,或输入选项命令)

选择要修剪的对象,或按住 Shift 键选择要延伸的对象,或

[栏选(F)/窗交(C)/投影(P)/边(E)/删除(R)/放弃(U)]:↙

【例 6-2】 已知图 6-46a,用修剪命令修剪掉中间的四条直线,如图 6-46b。

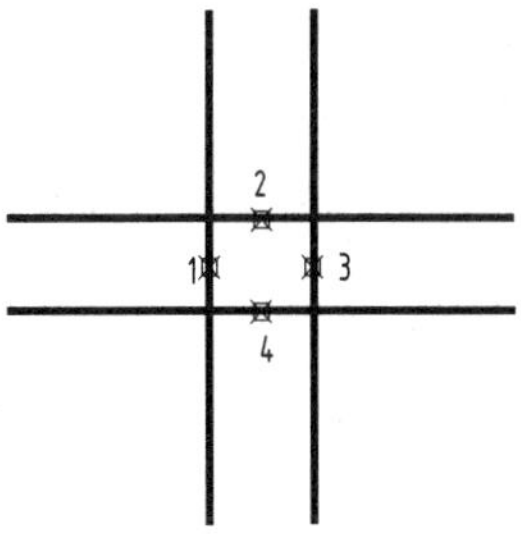

a)修剪前

b)修剪后

图 6-45　修剪线段

操作步骤:

命令:_trim

当前设置:投影=UCS,边=无

选择剪切边...//从右往左框中图 4-27 所示的四条直线

选择对象或<全部选择>:　指定对角点:找到 4 个

选择对象:↙
选择要修剪的对象,或按住 Shift 键选择要延伸的对象,或
[栏选(F)/窗交(C)/投影(P)/边(E)/删除(R)/放弃(U)]:　　　　//选取 1 点
选择要修剪的对象,或按住 Shift 键选择要延伸的对象,或
[栏选(F)/窗交(C)/投影(P)/边(E)/删除(R)/放弃(U)]:　　　　//选取 2 点
选择要修剪的对象,或按住 Shift 键选择要延伸的对象,或
[栏选(F)/窗交(C)/投影(P)/边(E)/删除(R)/放弃(U)]:　　　　//选取 3 点
选择要修剪的对象,或按住 Shift 键选择要延伸的对象,或
[栏选(F)/窗交(C)/投影(P)/边(E)/删除(R)/放弃(U)]:　　　　//选取 4 点
选择要修剪的对象,或按住 Shift 键选择要延伸的对象,或
[栏选(F)/窗交(C)/投影(P)/边(E)/删除(R)/放弃(U)]:↙

16. 延伸命令

(1)功能

延伸命令以某一对象作为延伸边界,将其他对象延伸到此边界。

(2)调用方式

①命令:EXTEND 或 EX

②菜单:修改→延伸

③图标:修改工具栏中

(3)说明

命令:EX↙
当前设置:投影=UCS,边=无
选择剪切边...
选择对象或<全部选择>:(选择某一对象或键入回车选择所有对象做延伸边界)
选择对象或<全部选择>:↙
选择要延伸的对象,或按住 Shift 键选择要修剪的对象,或
[栏选(F)/窗交(C)/投影(P)/边(E)/删除(R)/放弃(U)]:

17. 打断命令

(1)功能

打断命令可以去除图形对象或图形对象的某一部分,或将图形对象一分为二。

(2)调用方式

①命令:BREAK 或 BR

②菜单:修改→打断

③图标:修改工具栏中

(3)说明

命令:BR↙
选择对象:(选择要打断的对象,此时拾取对象的那点即为打断的第一点)
指定第二个打断点或[第一点(F)]:

18. 合并命令

(1)功能

将图形上某一连续的两条线段连接成一个对象,或者将某段圆弧闭合成整圆。

(2)调用方式

①命令:JOIN 或 J

②菜单:修改→合并

③图标:修改工具栏中

(3)说明

命令:J↙

选择源对象:(选择一条直线、多段线、圆弧、椭圆弧或样条曲线)

19. 倒角命令

(1)功能

倒角命令在机械制图中经常应用,许多机械零件加工时都有倒角。倒角命令可以将两条相交的直线倒棱角,也可以对多段线进行倒角。

(2)调用方式

①命令:CHAMFER 或 CHA

②菜单:修改→倒角

③图标:修改工具栏中

(3)说明

命令:CHA↙

("修剪"模式)当前倒角距离 1=0.0000,距离 2=0.0000

选择第一条直线或

[放弃(U)/多段线(P)/距离(D)/角度 a/修剪(T)/方式(E)/多个(M)]:

选择第二条直线,或按住 Shift 键选择要应用角点的直线:

20. 圆角命令

(1)功能

圆角命令在机械制图中也经常应用,许多铸造零件都有圆角。圆角命令用指定的半径,对两个对象或多段线进行光滑的圆弧连接。

(2)调用方式

①命令:FILLET 或 F

②菜单:修改→圆角

③图标:修改工具栏中

④说明

命令:F↙

当前设置:模式=修剪,半径=0.0000

选择第一个对象或[放弃(U)/多段线(P)/半径(R)/修剪(T)/多个(M)]:

选择第二个对象,或按住 Shift 键选择要应用角点的直线:

21. 分解命令

(1)功能

将复杂对象分解为各组成部分。

(2)调用方式

①命令:EXPLODE 或 X

②菜单:修改→分解

③图标:修改工具栏中

④说明

命令:X↙

选择对象:

22. 对齐命令

(1)功能

对齐命令可以应用在二维平面绘图,也可以应用在三维立体空间。它是通过移动、旋转对象来使对象与另一个对象对齐。

(2)调用方式

①命令:ALIGN 或 AL

②菜单:修改→三维操作→对齐

(3)说明

命令:AL↙

选择对象:(选择要对齐的对象)

指定第一个源点:

指定第一个目标点:

指定第二个源点:

指定第二个目标点:

指定第三个源点<继续>:↙

是否基于对齐点缩放对象?[是(Y)/否(N)]<否>:

【例 6-3】 将如图 6-47 所示房顶 a 对齐到房屋主体 b 上,完成后如图 c 所示。操作步骤如下:

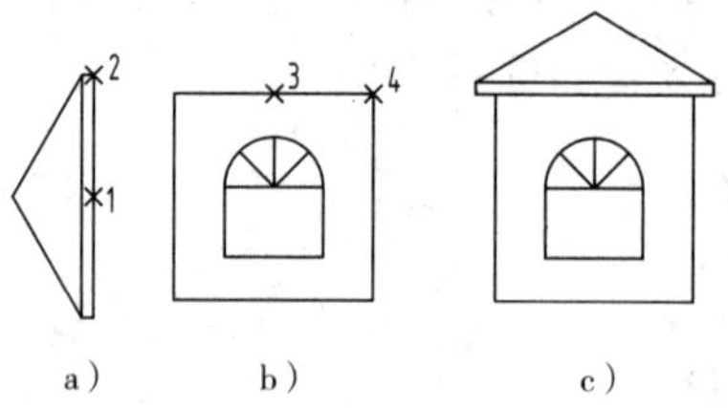

6-47 对齐命令实例

命令:AL↙

选择对象:(选择图 a 的房顶)

指定第一个源点:(选择房顶下沿中点 1)

指定第一个目标点:(选择图(b)房屋主体上沿中点 3)

指定第二个源点:(选择房顶端点 2)

指定第二个目标点:(选择房屋端点 4)

指定第三个源点<继续>:↙

是否基于对齐点缩放对象?[是(Y)/否(N)]<否>:↙

23. 编辑图案填充命令

(1)功能

填充图案或渐变色是一种特殊的对象,因此其编辑具有一些特殊性。未被分解的填充图案或渐变色为一对象,可将其整体象其他对象一样编辑,但有一些编辑命令对其无效,如“拉伸”、“修剪”、“延伸”、“拉长”等命令。若想对图案填充的特性进行修改,则需要使用编辑图案填充命令。

(2)调用方式

①命令:HATCHEDIT 或 HE

②菜单:修改→对象→图案填充

③图标:修改Ⅱ工具栏中

④说明

命令:HE↙

(弹出“图案填充编辑”对话框,在该对话框中更改图案填充的设置。该对话框与“图案填充和渐变色”对话框完全一样,只是有些选项不能使用。)

【例 6-4】 对如图 6-48a 所示的图进行图案填充。

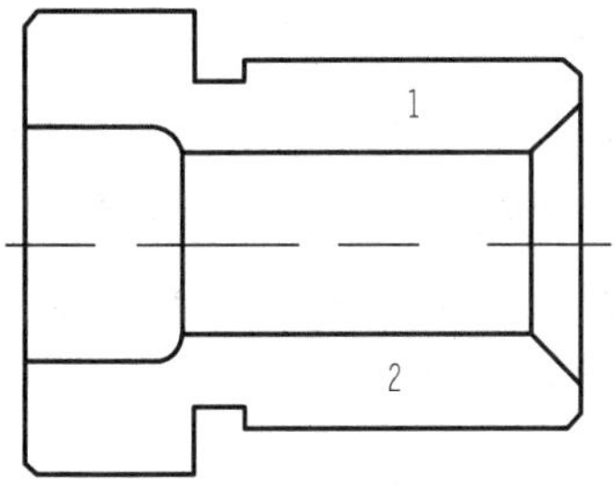

a)填充前

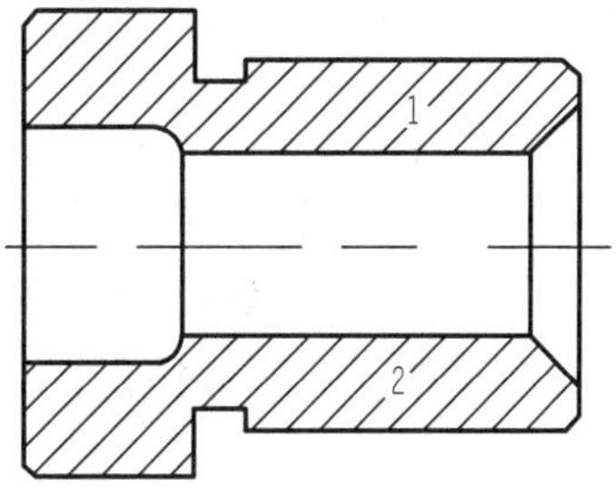

b)填充后

图 6-48　图案填充

命令:_bhatch

拾取内部点或[选择对象(S)/删除边界(B)]:　正在选择所有对象…　//选取区域 1

正在选择所有可见对象…

正在分析所选数据…

正在分析内部孤岛…

拾取内部点或[选择对象(S)/删除边界(B)]:　//选取区域 2

正在分析内部孤岛…

拾取内部点或[选择对象(S)/删除边界(B)]:

24. 编辑多段线命令

(1)功能

对多段线对象进行编辑,或将对象合并成多段线加以编辑。此命令经常应用在三维绘图中创建封闭二维平面对象。

(2)调用方式

①命令:PEDIT 或 PE

②菜单:修改→对象→多段线

③图标:修改Ⅱ工具栏中

④说明

命令:PE↙

选择多段线或[多条(M)]:(选择多段线、直线或圆弧,或输入"M"命令选择多个对象,可以同时包括多段线、直线、圆弧)

25. 编辑样条曲线命令

(1)功能

对样条曲线对象进行编辑。

(2)调用方式

①命令:SPLINEDIT 或 SPE

②菜单:修改→对象→样条曲线

③图标:修改Ⅱ工具栏中

(3)说明

命令:SPE↙

选择样条曲线:(选择要编辑的样条曲线)

26. 编辑多线命令

(1)功能

多线比直线、多段线要复杂一些,AutoCAD 中许多命令对多线都不能编辑,例如修剪、延伸、倒角、圆角、打断等,若要使用这些命令,必须先将多线对象分解成单一实体。AutoCAD 专门提供了编辑多线命令对多线对象进行编辑,将多线对象进行连接。此命令在建筑图形中经常用于绘制墙体连接或编辑窗和门的位置。

(2)调用方式

①命令:MLEDIT

②菜单:修改→对象→多线

③说明

命令:MLEDIT↙

第 7 章　标准件与常用件

【内容导读】

在各种机器和设备上，除一般零件外，还广泛使用螺纹紧固件（如螺栓、螺钉、螺母、垫圈等）、连接件（如键、销）和滚动轴承等，它们的结构、形状、大小都已标准化，称为标准件，如图 7－1a 所示。另一些零件，如齿轮、弹簧等，只对它们的部分结构及参数进行了标准化、系列化，称为常用件，如图 7－1b 所示。

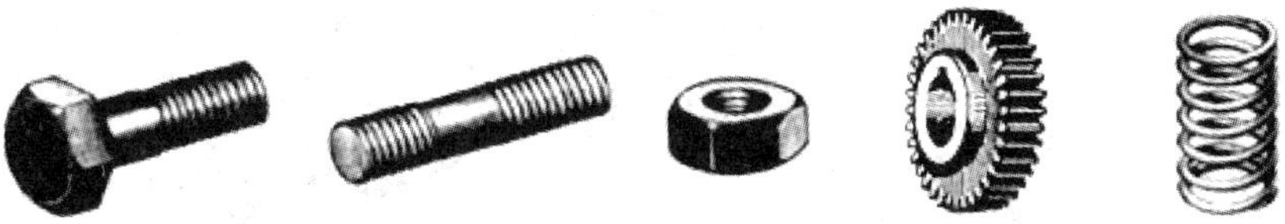

a）标准件　　b）常用件

图 7－1

【知识要点】

本章将学习内、外螺纹的规定画法及旋合的画法、螺纹紧固件的连接装配图画法、两齿轮啮合的画法、键销连接画法、轴承和弹簧的画法等。

本章知识的重点是螺纹规定画法和标注；常用螺纹紧固件的标记、查表方法及其连接装配画法；直齿圆柱齿轮的画法、尺寸注法及其啮合画法。难点是常用螺纹紧固件的查表方法及其连接装配图画法。

【能力目标】

（1）能根据相应的国家标准所规定的画法、代号和标记进行绘图和标注；

（2）能正确绘制各种连接图。

7.1　螺　纹

任何机器或部件都是由零件装配而成的。除一般零件外，在各种机器和设备中，应用最广泛的是螺栓、螺柱、螺钉、键、销、滚动轴承及弹簧、齿轮等标准件和常用件。由于这些零件用量很大，为了确保产品质量、提高生产效率、降低成本，国家标准总局对这些零件的结构、尺寸、成品质量等方面均制定出标准，这种零件称为标准件。对它们的画法也有具体的规定。

7.1.1 三视图的形成及其投影特性

1. 圆柱螺旋线与螺纹形成

圆柱面上一点绕其轴线作匀速旋转运动，同时沿母线作匀速直线运动所形成的复合轨迹称为圆柱螺旋线。

螺纹是指在圆柱或圆锥表面上，沿着螺旋线所形成的具有相同剖面的连续凸起和凹槽(实为一平面图形作螺旋运动形成的螺旋体)。在圆柱表面上形成的螺纹为圆柱螺纹，在圆锥表面上形成的螺纹为圆锥螺纹。

在外表面加工的螺纹称为外螺纹，如图 7-2a、c 所示，在内表面加工的螺纹称为内螺纹，如图 7-2b、d 所示。

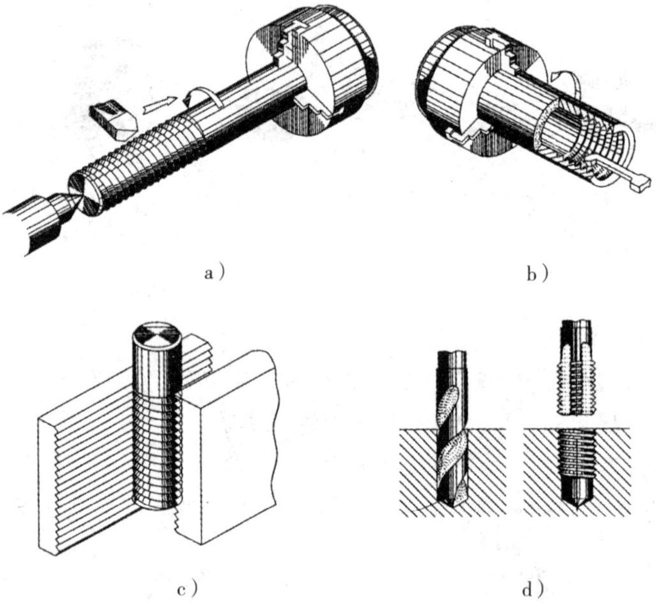

图 7-2 螺纹的形成

2. 螺纹的基本要素

螺纹的结构和尺寸是由牙型、直径、螺距(导程)、线数和旋向五个要素确定的，如图 7-3 所示。

(1)牙型

通过轴线纵向剖切时螺纹的轮廓形状称为螺纹牙型。常见标准螺纹的牙型有三角形、梯形、锯齿形。

(2)大径、小径和中径

大径　螺纹最大的直径，也称为公称直径。对外螺纹为牙顶所在圆的直径，用 d 表示，对内螺纹为牙底所在圆的直径，用 D 表示。

小径　螺纹最小的直径。对外螺纹为牙底所在圆的直径，用 d_1 表示，对内螺纹为牙顶所在圆的直径，用 D_1 表示。

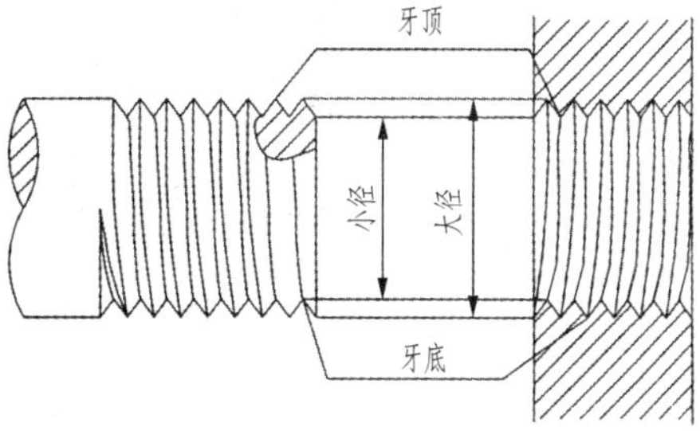

图 7-3　螺纹的要素

中径　假想圆柱的直径，该圆柱的母线通过牙型上沟槽和凸起宽度相等的地方，此假想圆柱称为中径圆柱。外螺纹用 d_2、内螺纹用 D_2 表示。

(3)线数(n)

在同一回转面上加工螺纹的数量，用 n 表示。

加工一条的称为单线螺纹，加工两条的称为双线螺纹，加工两条以上的称为多线螺纹，如图 7-4 所示。

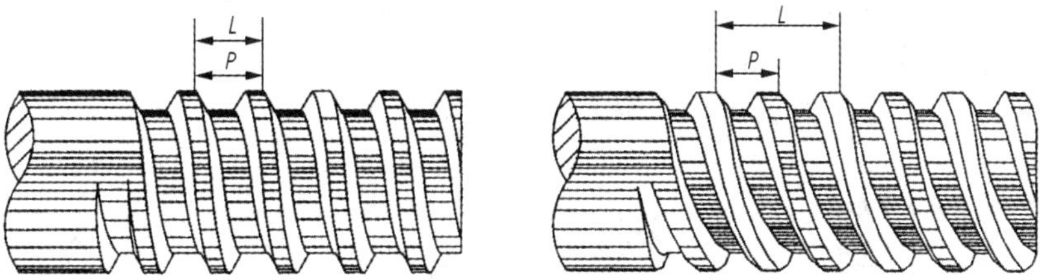

a) 单线螺纹　　b) 双线螺纹

图 7-4　螺纹线数

(4)螺距(P)、导程(S)

螺距 P　相邻两牙在中径线上对应点之间的轴向距离。

导程 S　同一条螺旋线上的相邻两牙在中径线上对应点之间的轴向距离，如图 7-4b 所示。

导程与螺距之间的关系为 $L=nP$

(5)旋向

螺纹有左旋、右旋两种。顺时针旋入的为右旋，工程上用得最多。逆时针旋入的为左旋。判断方法如图 7-5 所示。

内、外螺纹需成对配合使用，只有当内、外螺纹的基本要素完全相同，内、外螺纹才能旋合在一起。

3. 螺纹的种类

(1)国家标准对上述螺纹五要素中的牙型、公称直径(大径)和螺距进行了规定，按些三要素是否符合标准，螺纹可分为三类：

① 标准螺纹：牙型、公称直径、螺距三要素均符合国家标准的螺纹。

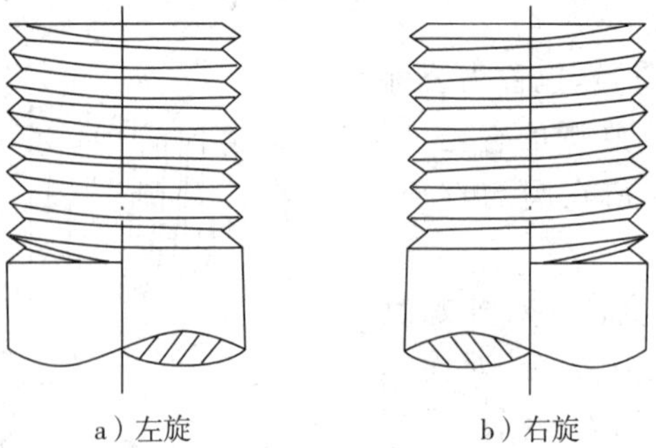

图 7-5　螺纹旋向

② 特殊螺纹：牙型符合国家标准，而公称直径或螺距不符合国家标准的螺纹。

③ 非标准螺纹：牙型不符合国家标准的螺纹，如矩形螺纹。

(2)螺纹按用途分为两类，起连接作用的螺纹称为连接螺纹，如普通螺纹和管螺纹；起传递动力或运动的螺纹称为传动螺纹，如梯形螺纹和锯齿形螺纹。

① 普通螺纹

牙型为等边三角形，牙型角为 60°，如图 7-6a 所示，牙型符号用"M"表示。普通螺纹又可分为粗牙与细牙，其区别为在相同的公称直径下，细牙比粗牙的螺距小，故细牙螺纹多用在受力较小、精度等级较高的地方。

普通螺纹大径、螺距的关系可在附表中查取。

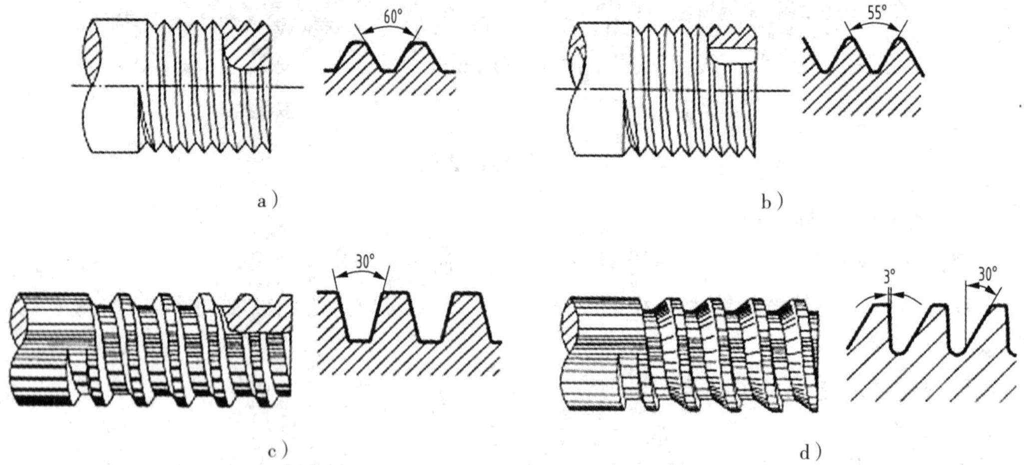

图 7-6　常用标准螺纹的牙型

② 管螺纹

管螺纹牙型为等腰三角形，牙型角为 55°，如图 7-6b 所示，螺纹特征代号较为多样：

非螺纹密封的管螺纹，用 G 表示；

螺纹密封的圆柱内管螺纹，用 R_P表示；

螺纹密封的锥管外螺纹，用 R 表示；

螺纹密封的锥管内螺纹，用 R_C表示。

从附表中可查得尺寸代号、每英寸牙数。例如非螺纹密封的管螺纹尺寸代号 1 英寸，每 1 英寸牙数 11。尺寸代号是指被连接管的孔径为 1 英寸(1"＝25.4mm)，它不是指管螺纹的大径，其大径查表为 33.249，管螺纹的螺距是以每英寸螺纹的牙数来表示的，换算成 mm，$P=25.4/11=2.309$mm。其它数据均可在附表中查得。

③ 梯形螺纹

梯形螺纹的牙型为等腰梯形，牙型角为 30°，如图 7－6c 所示，牙型符号用“Tr”表示。其各部分的尺寸请查阅附表。

④锯齿形螺纹

锯齿形螺纹牙型为不等腰梯形，牙型角一边为 30°，另一边为 3°，如图 7－6d 所示，牙型符号用“B”表示。其各部分尺寸请查阅有关资料。

小常识

在螺纹的画法中，由于采用了规定画法，使初学者在画螺纹的轮廓线时往往容易混淆线段的粗细。学习时，有以下两种方法可以使我们不出错：

方法一：按加工方法画图。外螺纹是先加工出圆柱面，再加工螺纹，所以螺纹大径(圆柱轮廓)画粗实线而小径(牙底)画细实线；内螺纹则是先钻孔再攻丝，所以螺纹小径(孔的轮廓)画粗实线而大径(牙底)画细实线。

方法二：按接触方法画图。用手触摸螺纹，接触到的轮廓(牙顶)画粗实线，接触不到的轮廓(牙底)画细实线。大家可细心体会。

7.1.2　螺纹的规定画法

螺纹的真实投影是比较复杂的。为了简化作图，国家标准规定，不管螺纹的种类如何，螺纹的画法均按规定绘制。

1. 外螺纹的画法

如图 7－7 所示，不论外螺纹牙型如何，螺纹的牙顶用粗实线表示，牙底用细实线表示，且要画到倒角或倒圆处(画图时可近似取 $d_1=0.85d$)，螺纹终止线用粗实线绘制。在剖视图中，剖面线应画到粗实线。在投影为圆的视图中，牙顶圆画粗实线整圆，牙底圆用细实线约 3/4 圆，此时表示倒角圆省略不画。

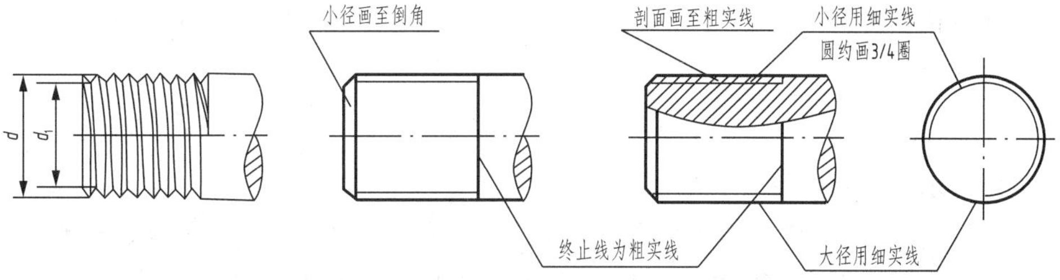

图 7－7　外螺纹的画法

2. 内螺纹的画法

如图 7-8 所示，内螺纹的牙底用粗实线表示，牙顶用细实线表示（画图时可近似取 $D_1=0.85D$），螺纹终止线用粗实线绘制。在剖视图中，剖面线应画到粗实线。在投影为圆的视图中，牙底圆画粗实线整圆，牙顶圆用细实线约 3/4 圆，此时表示倒角圆省略不画。

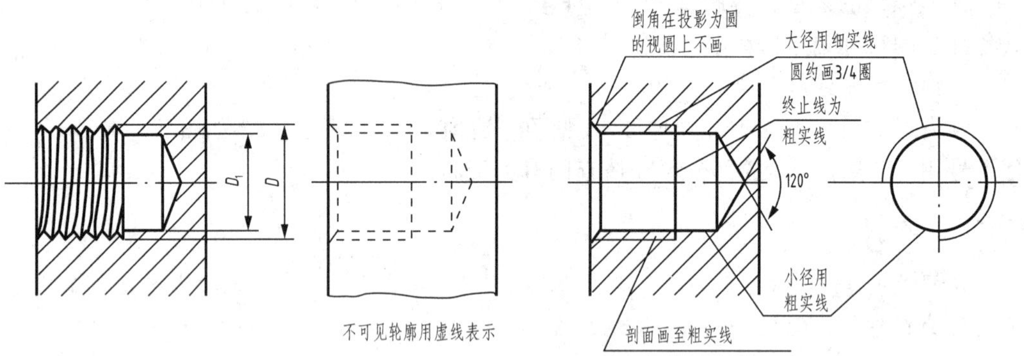

图 7-8　内螺纹的画法

当内螺纹没有剖开不可见时，大径、小径和螺纹终止线均为虚线。

在绘制不穿通的螺纹孔时，一般应将螺纹孔深与钻孔深分别画出，钻孔底部锥面应画成 120°角。

3. 螺纹连接的画法

当内外螺纹旋合在一起时，国家标准规定，在剖视图中表示螺纹连接时，其旋合部分应按外螺纹的画法绘制，其余部分仍按各自的画法绘制，如图 7-9 所示。

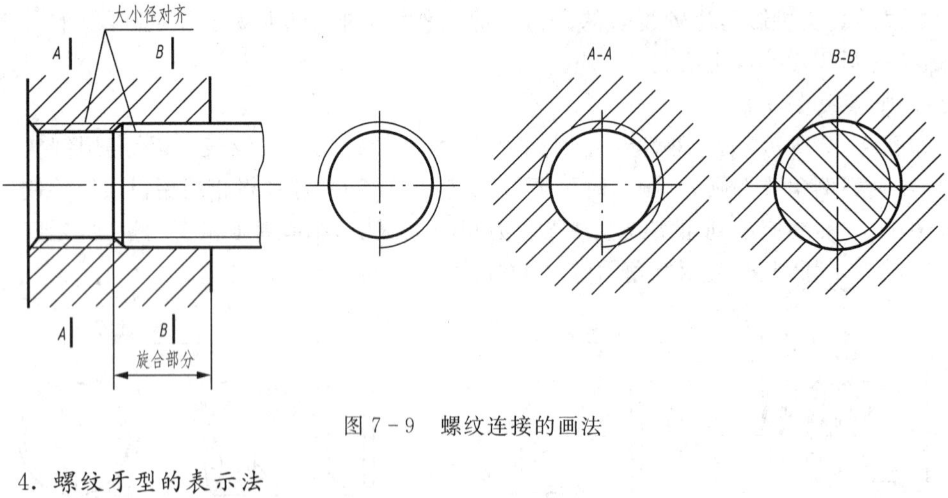

图 7-9　螺纹连接的画法

4. 螺纹牙型的表示法

螺纹的牙型一般在图形中不表示，当需要表示或表示非标准螺纹（如矩形螺纹）时，可如图 7-10 所示的形式绘制，即可在剖视图中表示几个牙型，也可以用局部放大图表示。

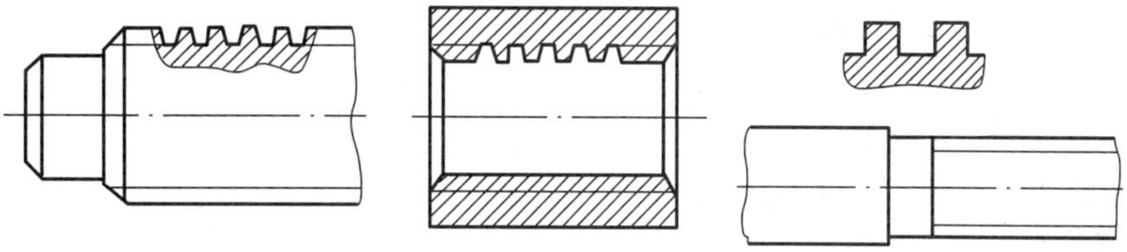

图 7-10　螺纹牙型表示法

7.1.3　螺纹标注

由于螺纹种类、牙型多样，其画法却相同，因此国家标准规定，应在图上注出标准螺纹的相应代号以区别不同种类的螺纹。

(1)普通螺纹的标注

普通螺纹标记的规定格式如下：

[特征代号] [公称直径] × [螺距] [旋向代号] — [中径公差带代号]

[顶径公差带代号] — [螺纹旋合长度代号]

螺纹代号　　螺纹公差带代号　　其它信息

其中：

① 普通螺纹特征代号为 M，公称直径指螺纹的大径。由于粗牙普通螺纹的螺距只有一个值，而细牙普通螺纹的螺距通常有几个值，所以粗牙螺纹可不标注螺距，细牙螺纹则要标注。

② 右旋螺纹不标注旋向，左旋螺纹则要标注旋向代号“LH”。

③ 公差代号中，外螺纹用小写字母表示，如 6h、6g 等；内螺纹用大写字母表示，如 5H、6H 等；若中径和顶径公差带代号相同，则只写一组。

④ 旋合长度分为短旋合长度(S)、中等旋合长度(N)和长旋合长度(L)三种。一般常采用中等旋合长度，此时，符号 N 可省略不标注。特殊需要时，可注明旋合长度的数值。

(2)管螺纹的标注

常用管螺纹有 55°非螺纹密封的管螺纹和 55°用螺纹密封的管螺纹。

① 55°非螺纹密封的管螺纹标记的规定格式如下：

[特征代号] [尺寸代号] [公差等级代号] — [旋向代号]

其中：

a. 非螺纹密封管螺纹特征代号用“G”表示。

b. 尺寸代号并不是螺纹的大径，而是管子的近似孔径，单位为英寸，1″=25.4mm。

c. 螺纹公差等级代号：对外螺纹分 A、B 两级；内螺纹公差带只有一种，可不加标记。

d. 左旋加注“LH”，右旋不注。

② 55°用螺纹密封的管螺纹标记的规定格式如下：

[特征代号] [尺寸代号] — [旋向代号]

其中：

a. 螺纹特征代号：R_p表示圆柱内螺纹，R_c表示圆锥内螺纹，R_1表示与圆柱内螺纹相配的圆锥外螺纹，R_2表示与圆锥内螺纹相配的圆锥外螺纹。

b. 尺寸代号也是指管子的通径。

c. 左旋加注“LH”，右旋不注。

(3)标准传动螺纹的标注

标准传动螺纹包含梯形螺纹和锯齿形螺纹两种，它们标记的格式和标注方法都相同。具体标记的规定格式如下：

单线螺纹：[特征代号] [公称直径]×[螺距] [旋向代号]

—[中径公差带代号]—[旋合长度代号]

多线螺纹：[特征代号] [公称直径]×[导程(P 螺距)] [旋向代号]

—[中径公差带代号]—[旋合长度代号]

其中：

① 梯形螺纹的特征代号用 Tr 表示，锯齿形螺纹的特征代号用 B 表示。

② 因为标准规定的同一公称直径对应有几个螺距供选用，所以必须标注螺距。多线螺纹还要标出导程，由此可计算出该螺纹的线数。

③ 梯形螺纹常用于传动，标准只规定了中等和粗糙两种精度。

④ 为确保传动的平稳性，旋合长度不宜太短，所以规定中没有短旋合长度，只有中等旋合长度(N)和长旋合长度(L)两种，中等旋合长度的代号 N 可省略不标注。

(4)特殊螺纹和非标准螺纹的标注

特殊螺纹是采用线性尺寸标注的方法进行标注的，只需在牙型符号的前面加注“特”字，并标注出螺纹的大径和螺距，如“特 M24×1.25”。

非标准螺纹则应分别标注出螺纹的大径、小径、螺距等尺寸，并应将牙型的断面图绘制出来。当图形比较大时，可参照图 7-11(注法一)直接在螺杆上作局部剖视图来表示牙型；而当图形较小时，则可参照图 7-11(注法二)作局部放大图来表示牙型。

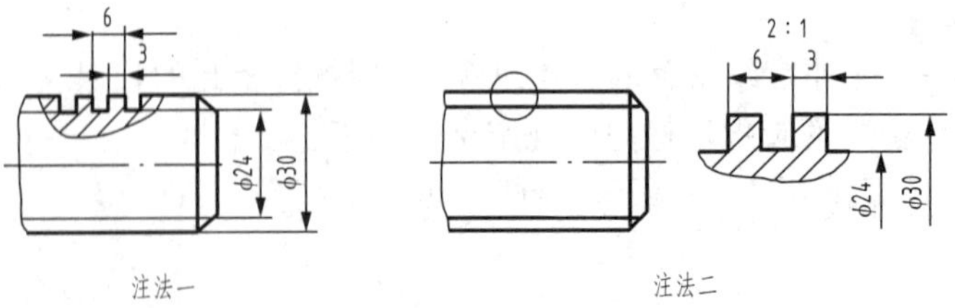

图 7-11 非标准螺纹的标注方法

各种螺纹的标注方法，见表 7-1。

表 7－1　螺纹的标注方法

螺纹类别	牙型符号	标注示例	标注含义
普通螺纹	M	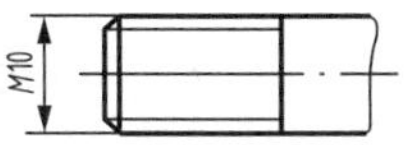	粗牙普通螺纹,公称直径 10,右旋
		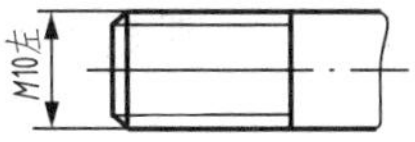	粗牙普通螺纹,公称直径 10,左旋
		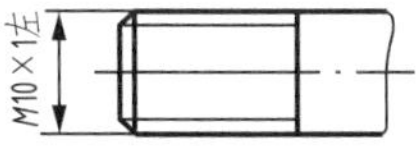	细牙普通螺纹,公称直径 10,螺距 1,左旋
		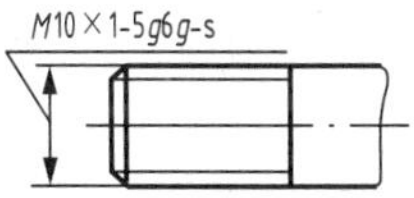	细牙普通螺纹,公称直径 10,螺距 1,右旋,中径公差带代号为 5g,顶径公差带代号为 6g,旋合长度 S
梯形螺纹	Tr	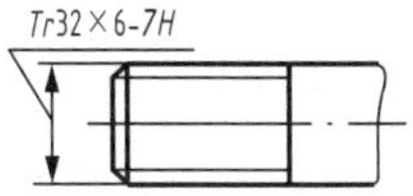	梯形螺纹,单线,公称直径 32,螺距 6,右旋,中径公差带代号为 7H
		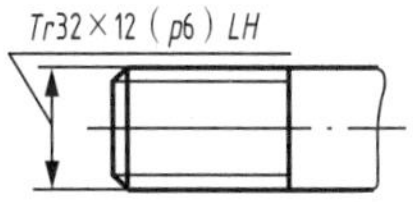	梯形螺纹,双线,公称直径 32,螺距 6,导程 12,左旋
锯齿形螺纹	S	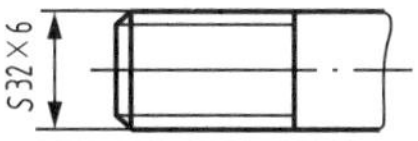	锯齿形螺纹,公称直径 32,螺距 6,右旋
管螺纹	G R Rc Rp	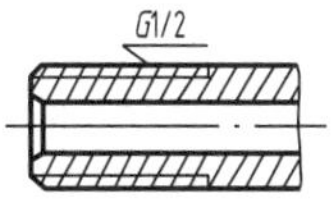	非螺纹密封的外管螺纹,尺寸代号 1/2 英寸,右旋,查表得螺距 1.814,公称直径 20.95
		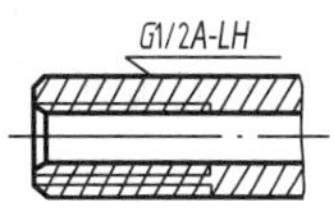	非螺纹密封的管螺纹,尺寸代号 1/2 英寸,左旋,查表得螺距 1.814,公称直径 20.95,公差等级为 A 级
		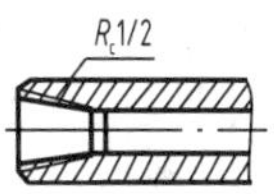	螺纹密封的锥管内螺纹,尺寸代号 1/2 英寸,右旋

7.2 螺纹紧固件及其连接画法

螺纹紧固件就是运用一对内、外螺纹的连接作用将两个或两个以上的零件连接在一起的零件。常用的螺纹紧固件有螺栓、螺柱、螺钉、螺母和垫圈等，如图 7－12 所示。螺纹紧固件属于标准件，其结构、形式、尺寸等均已标准化，都是标准件，在设计时不需画出它们的零件图，只需在装配图中注明其标记即可。

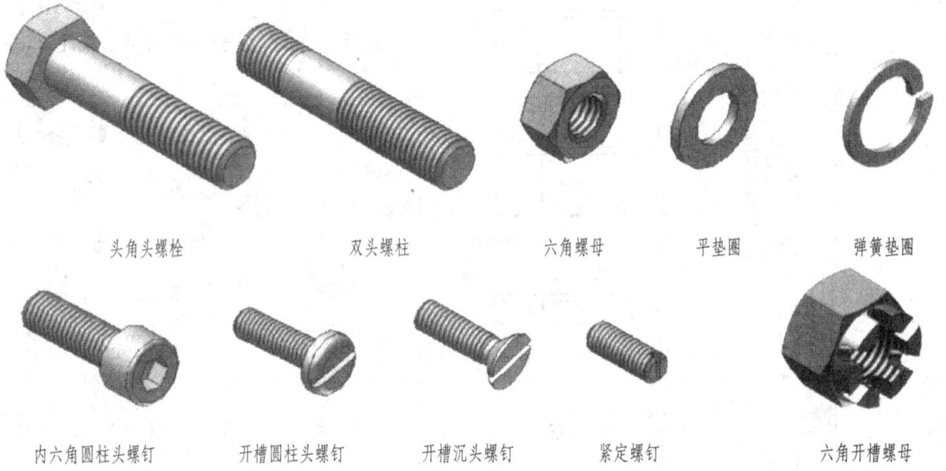

图 7－12　常用螺纹紧固件

7.2.1 常用的螺纹紧固件的标记及其画法

1. 标记

螺纹紧固件都是标准件，其材料、结构和加工制造方面的要求等都有具体的标准和规定。它们的尺寸也有系列标准，一般由专门的生产厂家加工制造，因此在设计制图时，无需单独绘制它们的零件图，而是根据设计需要按相应的国家标准选取，这就要求熟悉它们的结构形式并掌握其标记方法。通过其标记，可查阅相关标准，了解其具体的结构尺寸。螺纹紧固件结构形式和标记示例，见表 7－2。

表 7－2　螺纹紧固件及其标记示例

名称	图　例	规定标记及说明
六角头螺栓	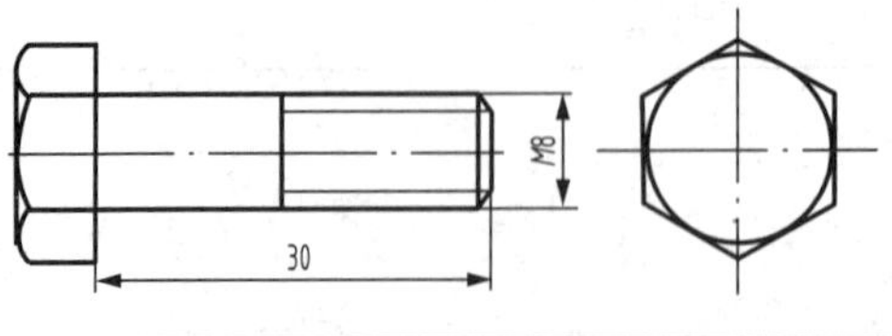	螺栓　GB/T 5780—2000　M8×30 名称：螺栓 国标代号：GB/T5780—2000 螺纹规格：M8 公称长度：30mm

（续表）

名称	图　例	规定标记及说明
双头螺柱	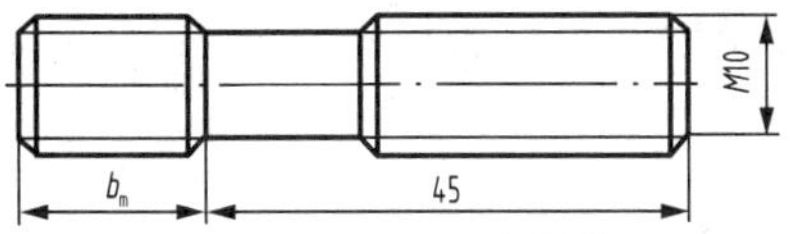 注：旋入端的长度 b_m 由被旋入零件的材料决定	螺柱　GB/T 898—1998　M10×45 名称：螺柱 国标代号：GB/T898—1998 螺纹规格：M10 公称长度：45mm
开槽圆柱头螺钉	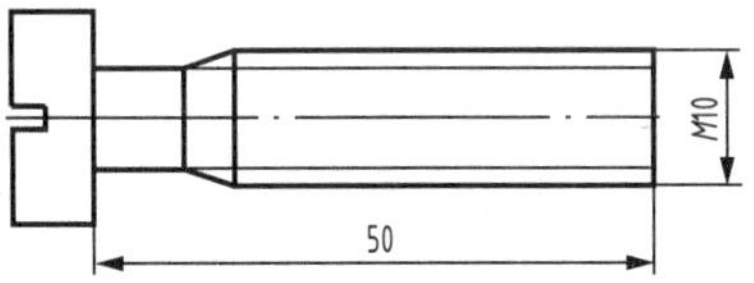	螺钉　GB/T 65—2000　M10×50 名称：螺钉 国标代号：GB/T65—2000 螺纹规格：M10 公称长度：50mm
开槽沉头螺钉	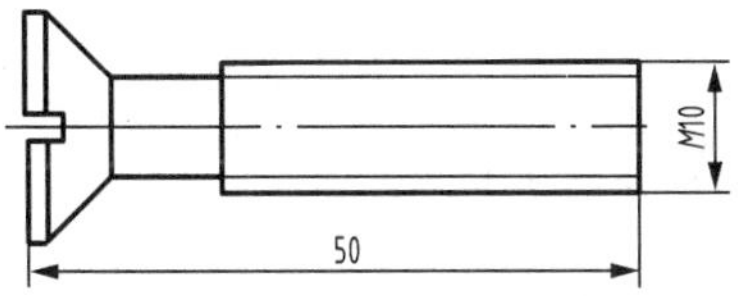	螺钉　GB/T 68—2000　M10×50 名称：螺钉 国标代号：GB/T68—2000 螺纹规格：M10 公称长度：50mm
紧定螺钉	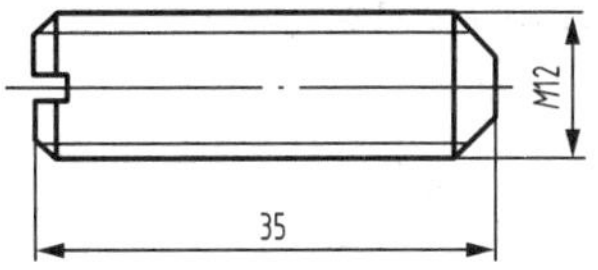	螺钉　GB/T 71—1985　M12×35 名称：螺钉 国标代号：GB/T　71—1985 螺纹规格：M12 公称长度：35mm
六角螺母	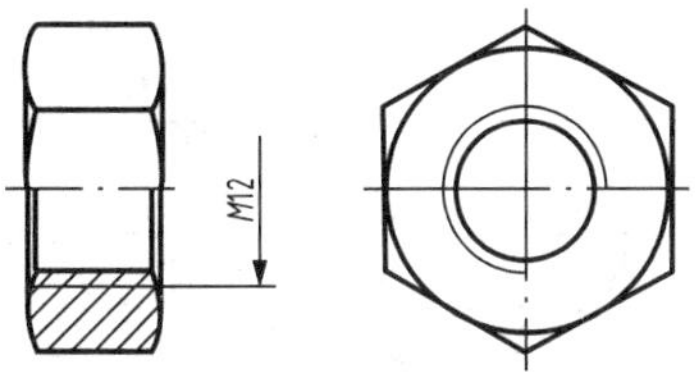	螺母　GB/T 6170—2000　M12 名称：螺母 国标代号：GB/T　6170—2000 螺纹规格：M12
平垫圈	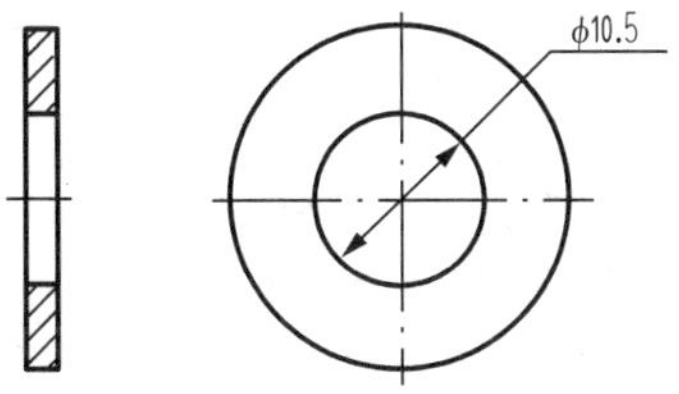	垫圈　GB/T 97.1—2002　10～140　HV 名称：垫圈 国标代号：GB/T　97.1—2002 规格：10 性能等级：140　HV(硬度)级
弹簧垫圈	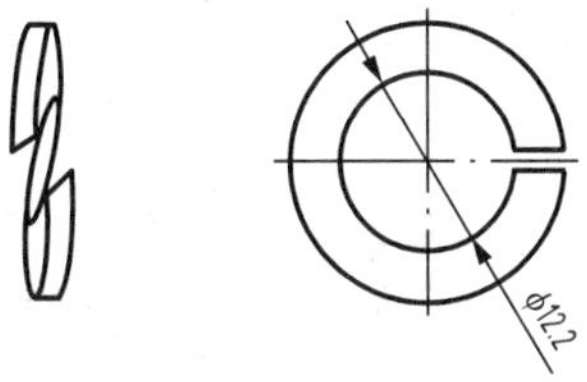	垫圈　GB/T 93—1987　12 名称：垫圈 国标代号：GB/T93—1987 规格：12

2. 比例画法

绘制螺纹紧固件的装配图时，可按标记在有关标准中查得绘图所需的数据，进行绘图。但为了作图的简便，通常可按各部分尺寸与螺纹大径 d 的近似比例关系绘制，如图 7 -13 所示为螺母的比例画法。如表 7 - 3 所例是各螺纹紧固件的比例作图画法。

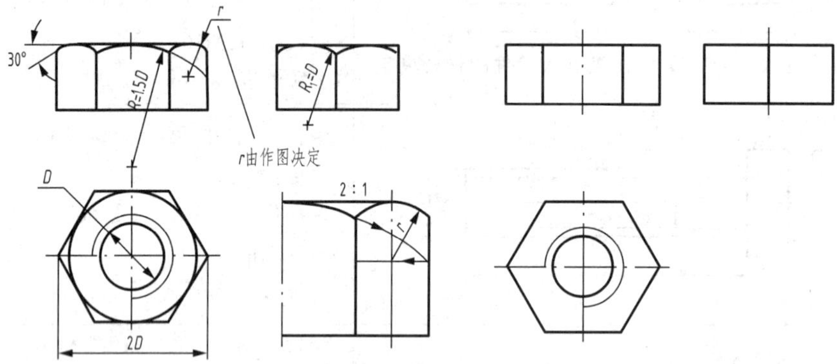

a）比例画法　　　　b）简化画法

图 7 - 13　螺母的比例画法

表 7 - 3　常用螺纹紧固件的比例画法

名称	比例画法图例
螺栓、螺母	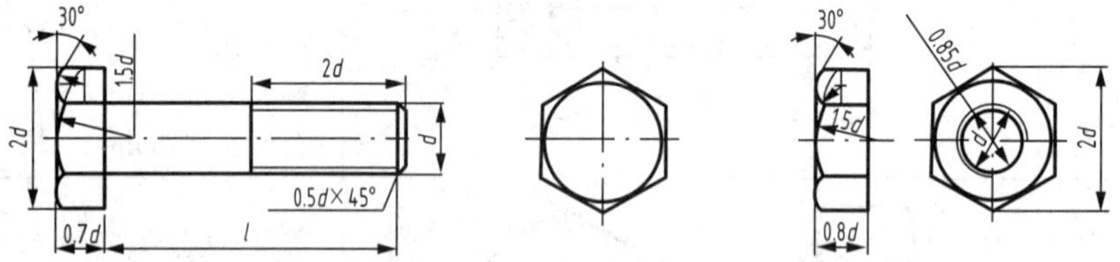
螺柱、垫圈	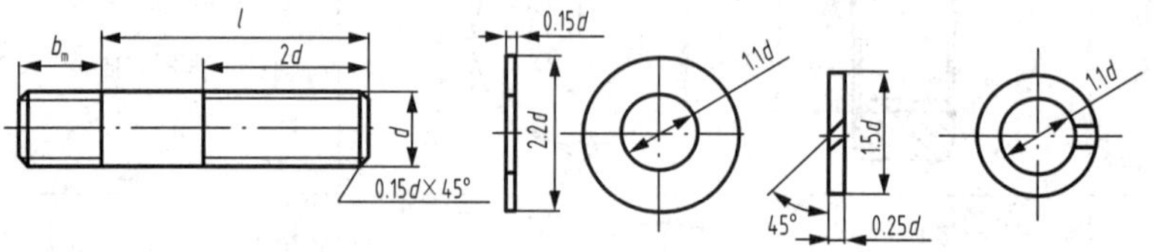
开槽圆柱头螺钉紧定螺钉	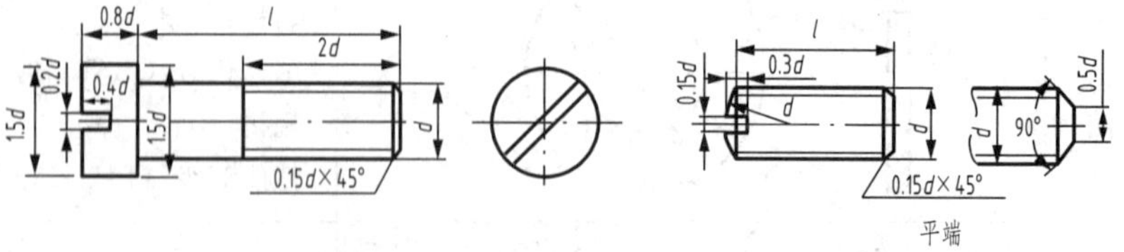
沉头螺钉 半圆头螺钉	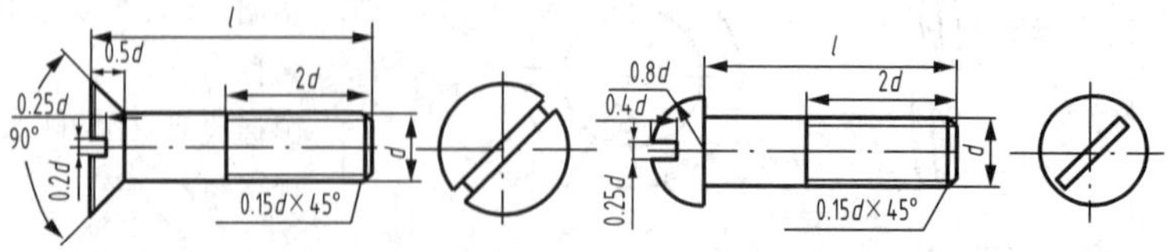

7.2.2　螺纹紧固件的连接画法

1. 螺栓连接

螺栓常用于不太厚的零件之间的连接。被连接件上钻有通孔，装配时，为了避免碰伤螺纹、便于安装，其通孔的直径略大于螺栓大径(约 1.1d)，螺栓装入后，套入垫圈，再拧紧螺母，如图 7-14 所示。

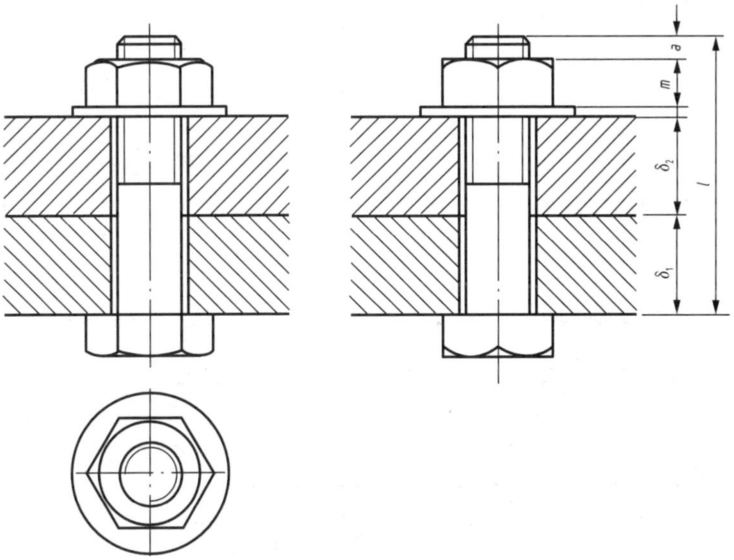

图 7-14　螺栓连接的画法

其中，垫圈的作用是增加接触面，防止损伤被连接零件的表面。

为适应连接不同厚度的零件，螺栓有各种长度规格。螺栓公称长度 l 可按下式估算：

$$l \geqslant \delta_1 \delta_2 + h + m + a$$

式中：$_1\delta_2$——被连接件厚度；

h——垫圈厚度；

m——螺母厚度；

a——螺栓伸出长度，一般取 $a=0.2\sim0.3d$。

根据上式计算出的螺栓长度，还需从相应的螺栓公称长度系列中选取与它相近的标准值。螺栓 l 的长度系列为 6,8,10,12,16,20,25,30,35,40,50,55,60,65,70～160，查出与其最接近的数值，即为其最终取值。

绘制螺纹紧固件连接装配图，应遵守以下基本规定：

(1)凡是不接触的相邻表面，或两相邻表面基本尺寸不同，不论其间隙大小(如螺杆与通孔之间)，需画两条轮廓线(间隙过小时可夸大画出)。两零件接触表面处只画一条轮廓线。

(2)在剖视图和剖面图中，相邻两零件的剖面线，应画成不同方向或同一方向但不同间距来加以区别。且同一零件在各个剖视图和剖面图中，其剖面线方向和间距必须完全一致。

(3)在剖视图中，当剖切平面通过实心轴或标准件的轴线时，则这些零件按不剖画出，即只画其外形。

(4)主视图中已表达出装配的内部结构，如图 7－14 所示，其左视图可以按外形视图绘制。

2. 螺柱连接

螺柱常用在被连接零件中有一个较厚不允许钻成通孔而不使用螺栓连接的情况，或因拆卸频繁不宜用螺钉的场合。螺柱的两端都有螺纹，在较厚的机件上加工螺孔，在较薄的零件上加工通孔(约 1.1d)。螺柱的一端旋入螺孔中称为旋入端，为保证连接的可靠性，旋入端应全部旋紧在螺孔中，一般不再旋出。另一端套上垫圈和螺母，并拧紧螺母称为紧固端。

如图 7－15 所示是螺柱连接的画法，图中采用的是弹簧垫圈，其作用是为了防止松动，在绘制弹簧垫圈时，注意斜口方向应与旋转方向一致。

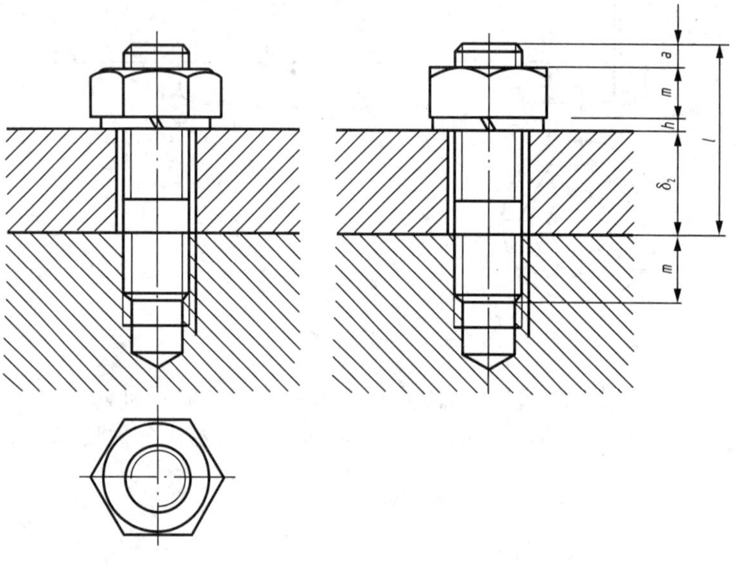

图 7－15　螺柱连接的画法

双头螺柱旋入端长度 b_m 与被连接零件的材料有关：

钢或青铜时　$b_m=d$　(GB897)

铸铁　$b_m=1.25d$　(GB898)或 $b_m=1.5d$　(GB899)

铝　$b_m=2d$　(GB900)

螺柱连接图中，钻孔深应大于螺孔深，而螺孔深又应大于旋入端 b_m 的深度。画图时，一般螺孔深取 $b_m+0.5d$；钻孔深度取 $b_m+0.5d+0.5d$，如图 7－16 所示。

螺柱的公称长度 l 可通过下式通过计算后，在标准中查表选定：

$$l \geqslant \delta_1 \delta_2 + h + m + a$$

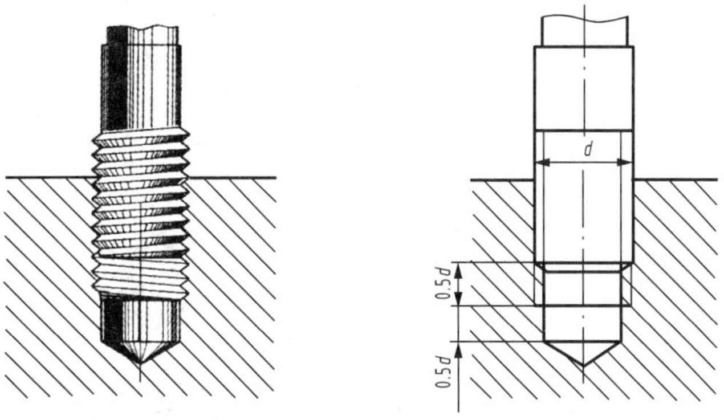

图 7-16　钻孔和螺孔深度

3. 螺钉连接

螺钉连接的种类很多，按用途可分为连接螺钉和紧定螺钉两类。

(1)连接螺钉

连接螺钉常用在受力不太大且不经常拆卸的地方。螺钉穿入零件的通孔(孔径约 1.1d)，而与另一零件的螺孔旋合，它不需要螺母，靠自身的螺钉头将零件连接起来，如图 7-17 所示。螺钉旋入螺孔的深度 b_m 与螺柱旋入端 b_m 的长度取法相同，它与被连接件的材料有关。为了保证连接的可靠性，螺钉上螺纹的长度 b 应大于螺孔的深度。在反映圆的视图中，螺钉头部的一字槽应与水平成 45°角画出。圆柱头螺钉和沉头螺钉的比例画法，如图 7-17 所示。

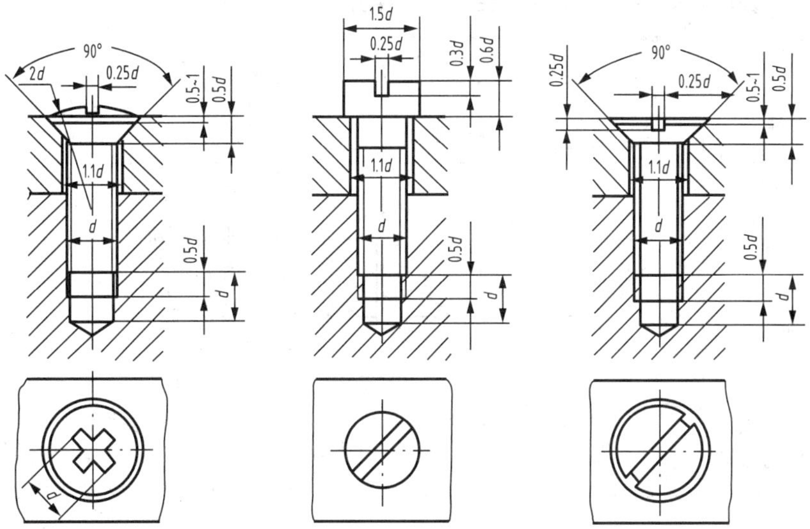

图 7-17　连接螺钉的画法

螺钉的公称长度 l，可按下式计算后，再从长度系列中选取标准值：

$$l \geqslant \delta + b_m$$

7.3 键和销

7.3.1 键及其连接

1. 作用、种类及标记

键主要用于轴和轴上零件(如齿轮、带轮)间的周向连接,以传递扭矩。如图 7-18 所示,在被连接的轴上和轮毂孔中制出键槽,先将键嵌入轴上的键槽内,再对准轮毂孔中的键槽(该键槽是穿通的槽),将它们装配在一起,便可达到连接目的。

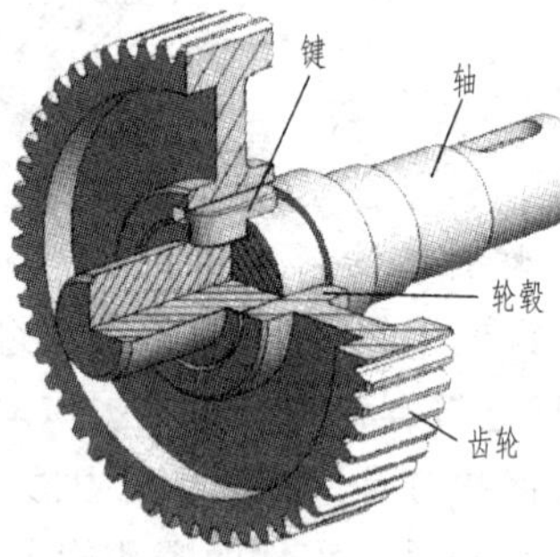

图 7-18 键连接

键是标准件,常用的键有普通平键、半圆键和钩头楔键。键的标记由名称、规格、国标编码三部分组成,各种键及其标记,见表 7-4。

表 7-4 键的结构形式及其标记示例和说明

名 称	图 例	标记及说明
 普通平键	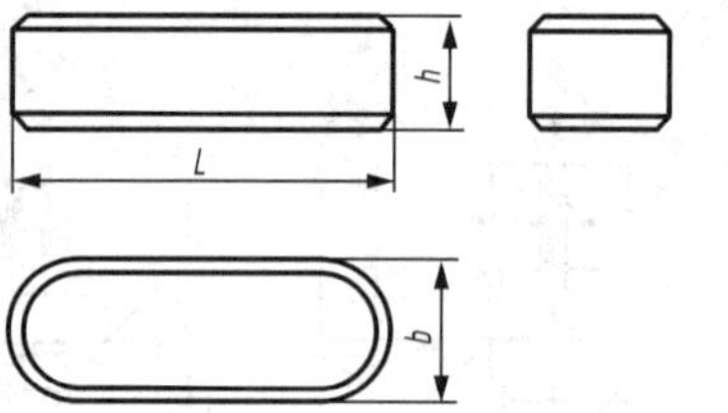	标记:键 $b\times L$ GB/T 1096—1979 普通平键以两侧为工作面,因此其两侧和键槽的配合较紧,键的顶面与轮毂底面之间留有间隙
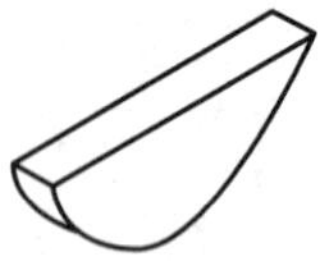 半圆键	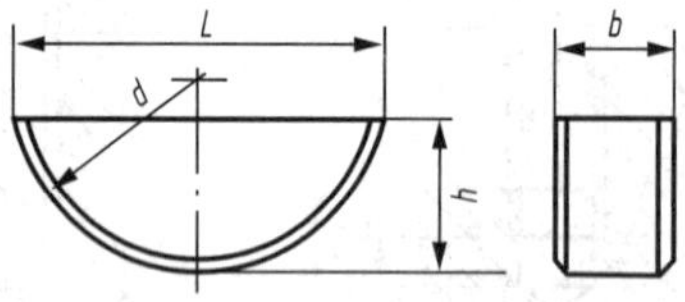	标记:键 $b\times d$ GB/T 1099—1979 半圆键和普通平键连接的作用和原理相似,半圆键常用于载荷不大的传动轴上
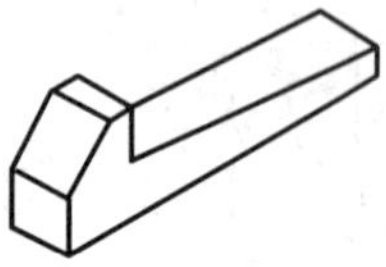 钩头楔键	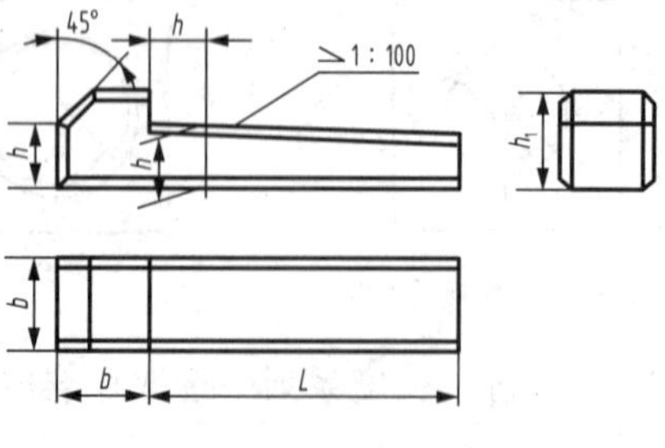	标记:键 $b\times L$ GB/T 1565—1979 钩头楔键的上、下两面是工作面,工作时,靠摩擦力来传递扭矩。由于同轴度差,因此钩头楔键用于精度要求不高、载荷平稳和低速的场合

2. 键连接的画法

采用普通平键连接时，要在轴、轮的接触面处各开一键槽，将键嵌入。键的两侧面是工作面，因此它的两侧面应与轴、轮毂的键槽两侧面紧密接触，键的顶面为非工作面，应与轮毂键槽的顶面留有一定的间隙。

轴、轮毂上的键槽是标准结构要素，它的尺寸应根据轴径查阅相应标准。如图 7-19a 所示，轴的直径 $d=28$，从键槽标准中查得，键槽宽 $b=8$，轴的键槽深 $d-t=28-4=24$，毂的键槽深 $d=28+3.3=31.3$。普通平键连接的画法，如图 7-19b 所示。

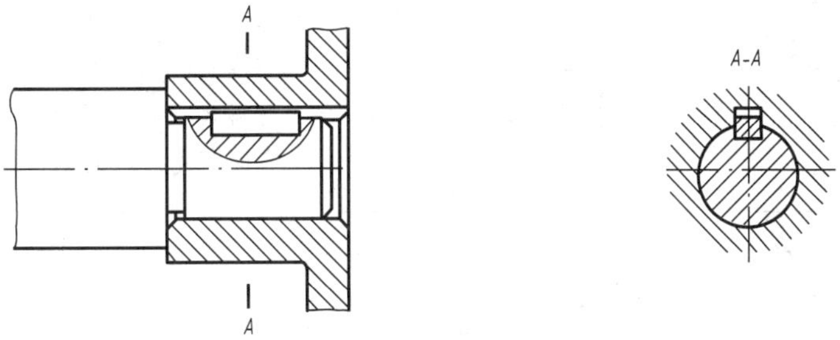

a)

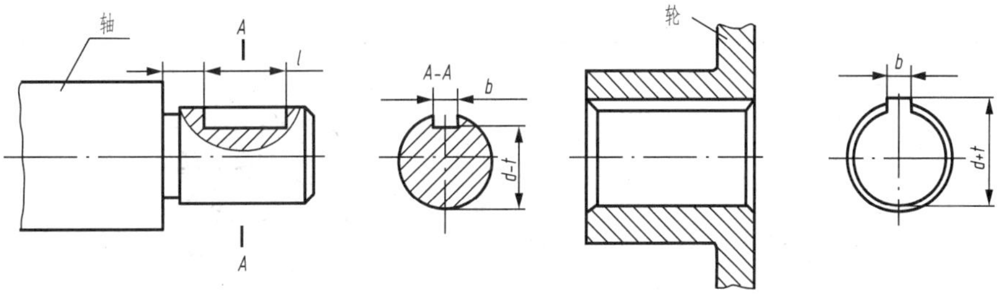

b)

图 7-19　普通平键连接的画法

如图 7-21 所示是半圆键的连接画法。半圆键的工作面也是两侧面，连接情况与平键相似。

7.3.2　销及其连接

1. 作用、种类及标记

销是标准件，常用的销有圆柱销、圆锥销和开口销等。圆柱销和圆锥销主要用于零件之间的连接和定位；开口销用于防止连接螺母松动或固定其他零件。

销的标记内容与键的标记类似，各种销的标记，见表 7-5。

2. 销连接的画法

圆柱销和圆锥销的连接画法，如图 7-20a、b 所示。

表 7－5　销的结构形式及其标记示例和说明

名称	图例	标记及说明
 圆柱销	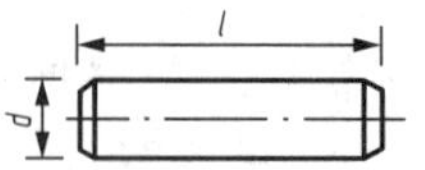	标记：销　GB/T 119.1 8×30 公称直径 d＝8mm、长度 l＝30mm、材料 35 钢、热处理硬度 28～38 HRC、表面氧化处理的 A 型圆柱销
 圆锥销	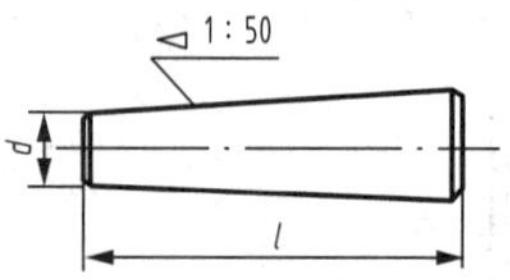	标记：销　GB/T 117　A10×60 公称直径 d＝10mm、长度 l＝60mm、材料 35 钢、热处理硬度 28～38 HRC、表面氧化处理的 A 型圆锥销
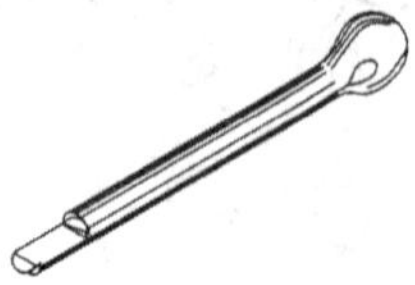 开口销	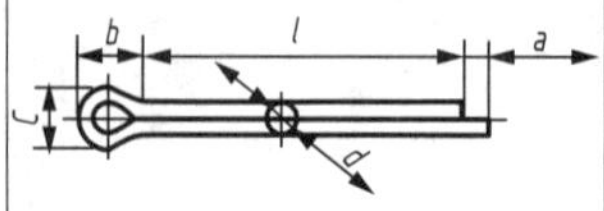	标记：销　GB/T 91　5×50 公称直径 d＝5mm、长度 l＝50mm、材料为低碳钢、不经表面处理的开口销

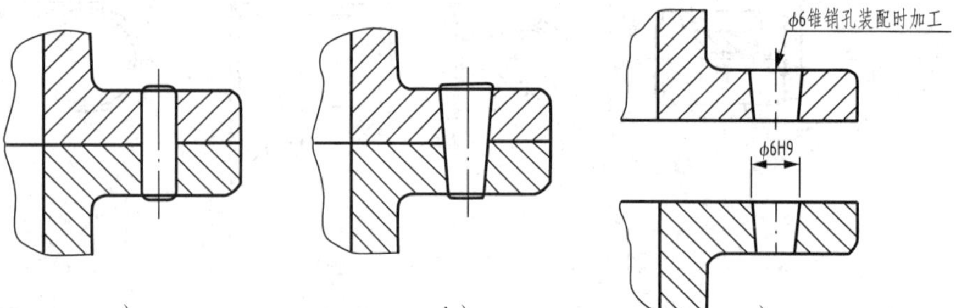

a）　　b）　　c）

图 7－20　销连接的画法

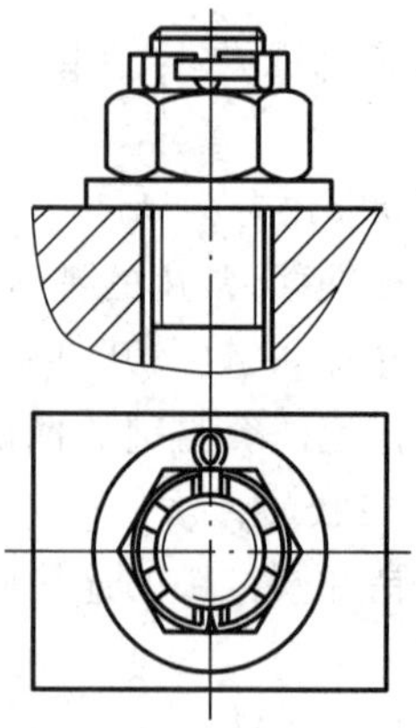

图 7－21　开口销连接

圆柱销或圆锥销的装配要求较高，销孔一般要在被连接零件装配后同时加工。这一要求需在相应的零件图上注明。锥销孔的公称直径指小端直径，标注时应采用旁注法，如图 7－20c 所示。锥销孔加工时按公称直径先钻孔，再选用定值铰刀扩铰成锥孔。

带销孔螺杆和槽形螺母用开口销锁紧防松的连接图，如图 7－21 所示。

7.4　滚动轴承

7.4.1　作用、结构、种类及标记

滚动轴承是用作支撑传动轴的标准件，如图 7－22 所示。滚动轴承由于具有结构紧凑、摩擦阻力小、能量损耗少等优点，因而被广泛使用。

滚动轴承一般由外圈、内圈、滚动体和保持架四部分组成，如图 7－23 所示。其中，滚动体可做成滚珠（球）或滚子（圆柱、圆锥或针状）形状，常见滚动体的形状如图 7－24 所示。

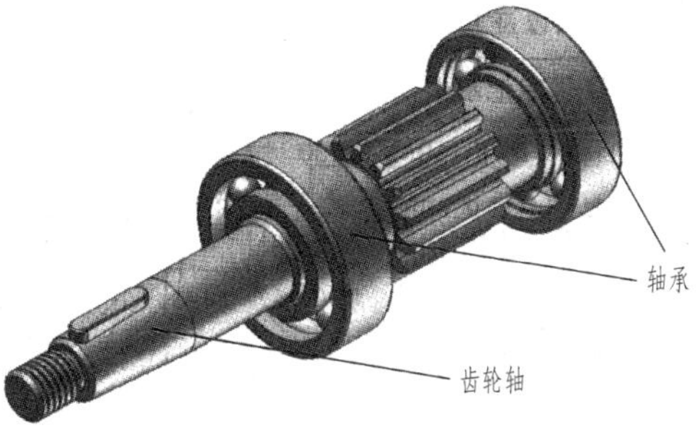

图 7－22　滚动轴承的应用及其结构

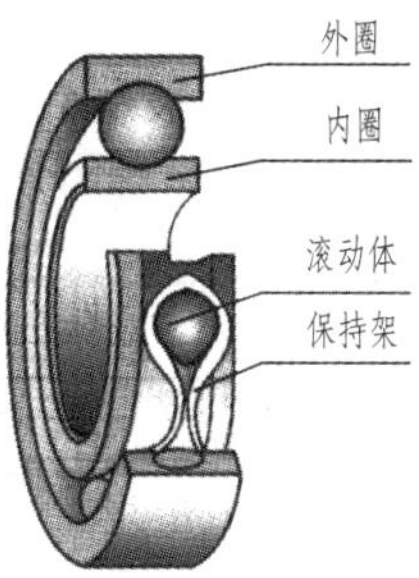

图 7－23　滚动轴承的结构

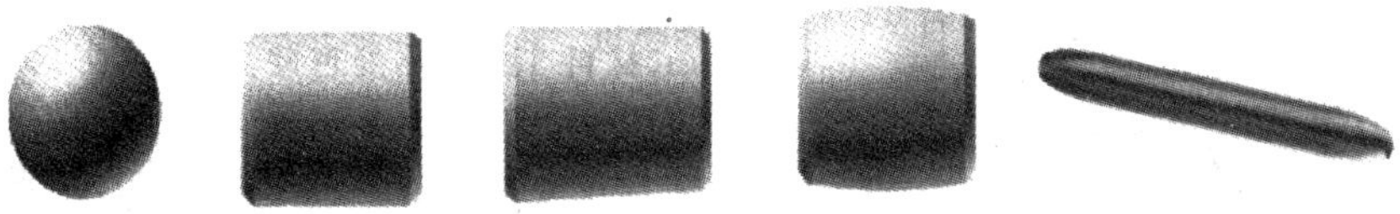

图 7－24　常见滚动体的形状

按可承受载荷的方向，滚动轴承分为以下三类，如图 7－25 所示。

(1)向心轴承：主要承受径向载荷。如深沟球轴承。

(2)推力轴承：只承受轴向载荷。如圆锥滚子轴承。

(3)向心推力轴承：既可承受径向载荷，又可承受轴向载荷。

滚动轴承是标准部件，因此不必画出其零件图，只需根据需要确定型号即可。

滚动轴承的型号常用四位数字的代号表示。从右至左第一、二位数字表示轴承内径代号，第三位数字表示轴承直径系列，第四位数字表示轴承类型，具体内容见表 7－6。

滚动轴承的标记形式为：轴承　数字代号　国标编号

【例 7－1】　轴承 206　GB/T273.3—1999

该标记表示轴承内径 $d=06\times5=30$，2 表示轻系列、深沟球轴承。

【例 7－2】　轴承 7315　GB/T273.1—2011

该标记表示轴承内径 $d=15\times5=75$，3 表示中系列，7 表示圆锥滚子轴承。

a）向心轴承　　b）推力轴承　　c）向心推力轴承

图 7－25　滚动轴承的类型

表 7－6　滚动轴承代号意义

从右至左		第四位数	第三位数	第一、二位数
数字代表的意义		轴承类型	直径系列	轴承内径
代号	0	深沟球轴承		代号为 00、01、02、03 时，轴承的内径分别为 $d=$10、12、15、17； 代号为 04 以上时，轴承内径 $d=$数字$\times5$，例如，09 为 $d=9\times5=45$
	1	调心球轴承	特轻	
	2	圆柱滚子轴承	轻	
	3	调心滚子轴承	中	
	4	滚针轴承	重	
	5	螺旋滚子轴承	轻	
	6	角接触球轴承	中	
	7	圆锥滚子轴承	特轻	
	8	推力球轴承	超轻	
	9	推力滚子轴承	超轻	

7.4.2　滚动轴承的画法

当需要在装配图中表达滚动轴承的主要结构时，只需根据滚动轴承的代号，在附表中查出外径 D、内径 d 和宽度 B 等几个主要尺寸，按规定画法画出即可。常用滚动轴承的比例画法，见表 7－7。

表 7-7　常用滚动轴承的规定画法

轴承类型	深沟球轴承 60000 型 GB/T 276—1994	圆锥滚子轴承 30000 型 GB/T 297—1994	推力球轴承 50000 型 GB/T 301—1995
结构形式			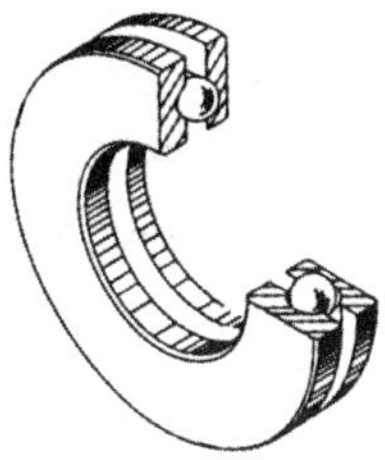
规定画法	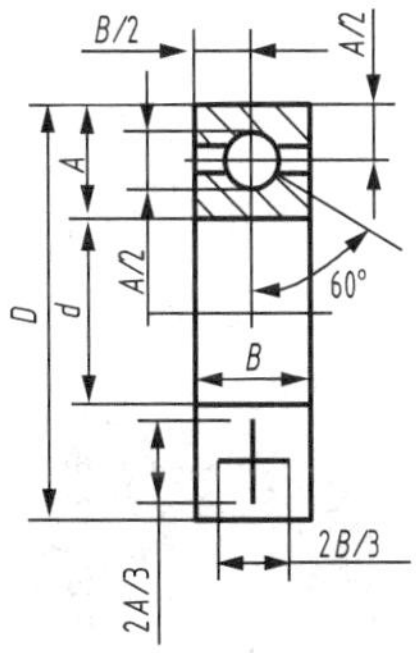	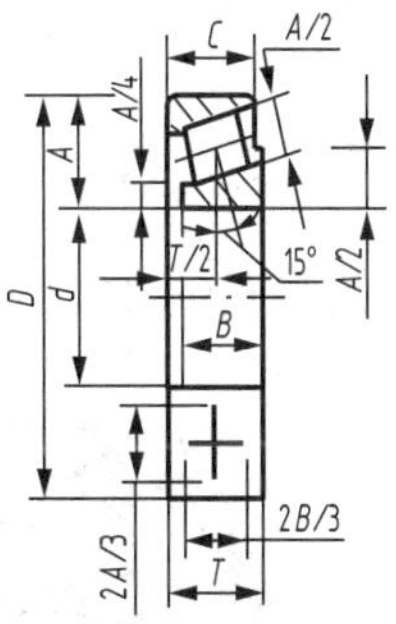	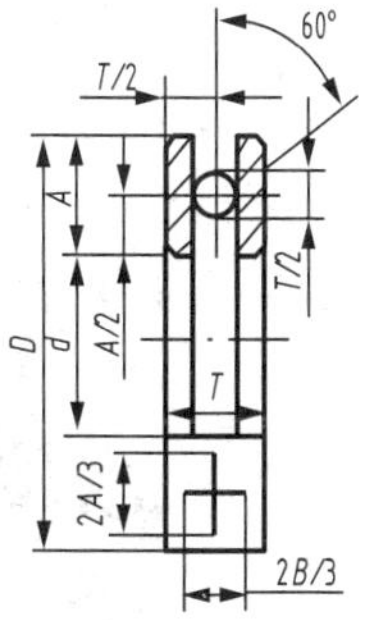
特征画法	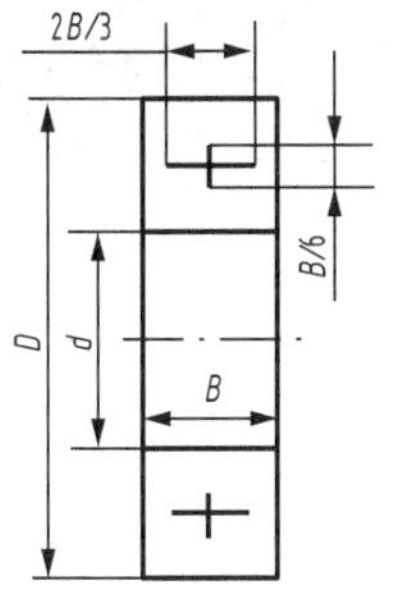	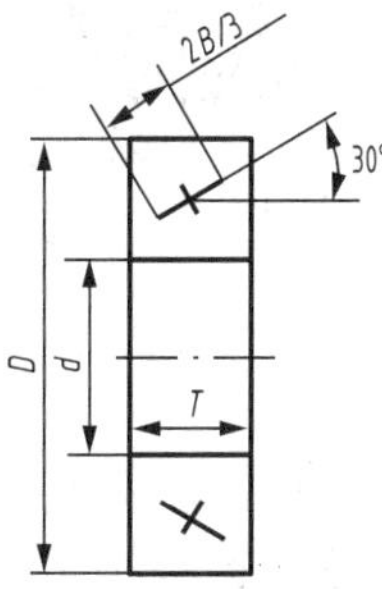	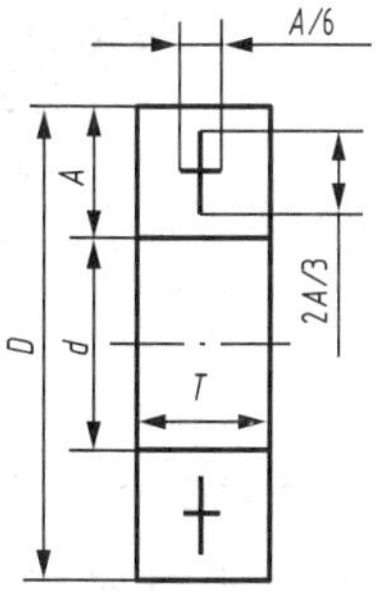

7.5　齿　轮

齿轮是机械传动中应用非常广泛的一种传动件，它可以用来传递动力和运动，并具有改变转速和方向。

依据两啮合齿轮轴线在空间的相对位置不同，常见的齿轮传动可分为下三种形式，如图 7-26 所示。

圆柱齿轮　用于平行两轴之间的传动。

圆锥齿轮　用于相交两轴之间的传动。

蜗轮与蜗杆　用于交叉两轴之间的传动。

根据齿轮齿廓形状又可分渐开线齿轮、摆线齿轮、圆弧齿轮。

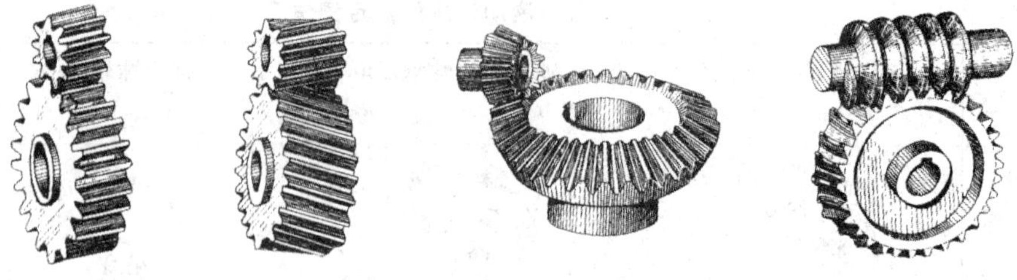

a）直齿圆柱齿轮　b）斜齿圆柱齿轮　c）直齿圆锥齿轮　d）蜗轮蜗杆

图 7－26　齿轮传动

7.5.1　圆柱齿轮

圆柱齿轮的轮齿有直齿、斜齿和人字齿三种，如图 7－27 所示。由于直齿圆柱齿轮应用较广，本节主要介绍直齿圆柱齿轮的基本参数和规定画法。

a）直齿　b）斜齿　c）人字齿

图 7－27　圆柱齿轮

1．直齿圆柱齿轮各部分名称及有关参数

（1）齿顶圆 d_a。通过轮齿顶部的圆称为齿顶圆。

（2）齿根圆 d_f。通过轮齿根部的圆称为齿根圆。

（3）分度圆 d。齿轮设计和加工时计算尺寸的基准圆称为分度圆，它位于齿顶圆和齿根圆之间，是一个约定的假想圆。

（4）节圆 d'。两齿轮啮合时，位于连心线 O_1O_2 上的两齿廓接触点 C，称为节点。分别以、为圆心，O_1C、O_2C 为半径所作的两个相切的圆称为节圆。

（5）齿高 h。轮齿在齿顶圆与齿根圆之间的径向距离称为齿高。齿高 h 分为齿顶高 h_a、齿根高 h_f 两段（$h=h_a+h_f$）：

齿顶高 h_a。齿顶圆与分度圆之间的径向距离。

齿根高 h_f。齿根圆与分度圆之间的径向距离。

（6）齿距 p。分度圆上相邻两齿廓对应点之间的弧长称为齿距。对于标准齿轮，分度圆上齿厚 s 与槽宽 e 相等，故 $p=s+e=2s=2e$，或 $s=e=p/2$。

（7）齿数 z。即轮齿的个数，它是齿轮计算的主要参数之一。

（8）模数 m。由于分度圆周长 $\pi d=pz$，所以 $d=pz/\pi$，令 $p/\pi=m$，则 $d=mz$。模数

以 mm 为单位。

模数是设计、制造齿轮的重要参数。由于参数 m 与齿距 p 成正比，而 p 决定了轮齿的大小，所以 m 的大小反映了轮齿的大小。模数大，轮齿就大，在其它条件相同的情况下，齿轮的承载能力也就大；反之承载能力就小。此外，模数相等的两个齿轮才能成对配合。加工齿轮也须选用与齿轮模数相同的刀具，因而模数又是选择刀具的依据。

为了便于设计和制造，减少加工齿轮的刀具数量，国家标准对齿轮模数作了统一的规定，其值如表 7-8 所示。

表 7-8　标准模数

第一系列	0.5,0.6,0.8,1,1.25,1.5,2,2.5,3,4,5,6,8,10,12,16,20,25,32,40,50
第二系列	0.9,1.75,2.25,2.75,(3.25),3.5,(3.75),4.5,5.5,(6.5),7,9,(11),14,18,22,28,(30),36,45

注：在选用模数时，应优先采用第一系列，其次是第二系列。括号内的模数，尽可能不采用。

(9)传动比 i。主动齿轮转速 n_1（转/分）与从动齿轮转速 n_2（转/分）之比，即 $i=n_1/n_2$。由于转速与齿数成反比，所以

$$i=\frac{n_1}{n_2}=\frac{z_2}{z_1}$$

(10)压力角 α。如图 7-28 所示，轮齿在分度圆上啮合点 C 的受力方向（即渐开线齿廓曲线的法线方向）与该点的瞬时速度方向（分度圆的切线方向）所夹的锐角 α 称为压力角。我国规定的标准压力角 $\alpha=20°$。

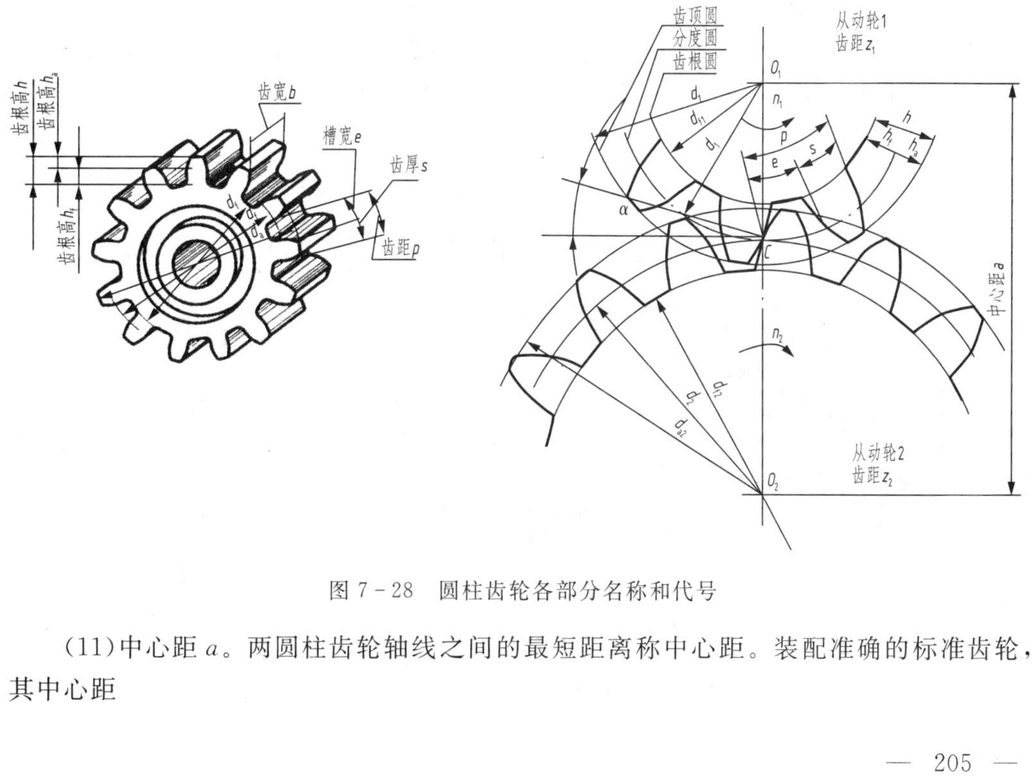

图 7-28　圆柱齿轮各部分名称和代号

(11)中心距 a。两圆柱齿轮轴线之间的最短距离称中心距。装配准确的标准齿轮，其中心距

$$a=\frac{d_1}{2}+\frac{d_2}{2}=\frac{1}{2}m(z_1+z_2)$$

2. 标准直齿圆柱齿轮各部分的尺寸与模数的关系

标准直齿圆柱齿轮各部分的尺寸，都是根据模数来确定的，计算公式见表 7-9。

表 7-9 直齿圆柱齿轮各部分的尺寸关系

名称及代号	公 式
模数 m	$m=p/\pi=d/z$
齿顶高 h_a	$h_a=m$
齿根高 h_f	$h_f=1.25m$
齿高 h	$h=h_a+h_f$
分度圆直径 d	$d=mz$
齿顶圆直径 d_a	$d_a=d+2h_a=m(z+2)$
齿根圆直径 d_f	$d_f=d+2h_f=m(z-2.5)$
齿距 p	$p=\pi m$
中心距 a	$a=(d_1+d_2)/2=m(z_1+z_2)/2$

7.5.2 直齿圆柱齿轮的画法

国家标准对齿轮的轮齿部分画法有以下规定：在投影为圆的视图中，分别用齿顶圆、分度圆和齿根圆表示，在非圆视图中，分别用齿顶线、分度线和齿根线表示。

1. 单个齿轮的画法

(1)国家标准规定，表示齿轮一般用两个视图或者用一个视图和一个局部视图。还规定在剖视图中，当剖切平面通过齿轮的轴线时，轮齿一律按不剖处理，此时，齿根线用粗实线画出，如图 7-29 所示。

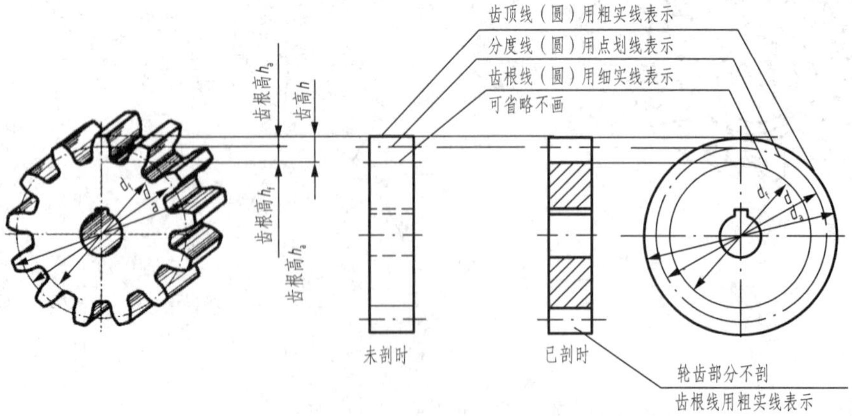

图 7-29 直齿圆柱齿轮的画法

(2)对于斜齿和人字齿，还需在外形图上画出三条与齿形线方向一致的细实线，表示齿向和倾角，如图 7－30 所示。

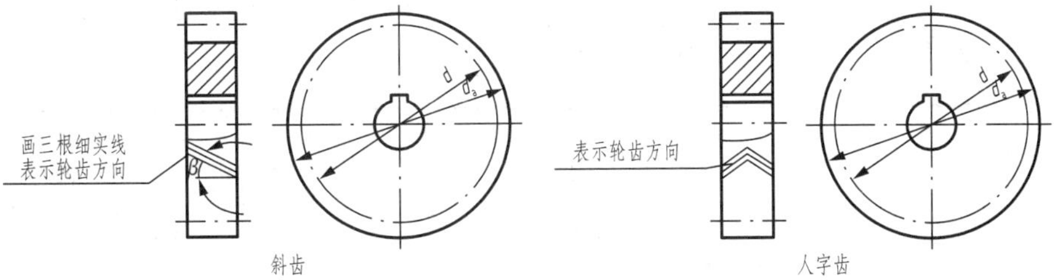

图 7－30　斜齿与人字齿的表示方法

2. 啮合齿轮的画法

画齿轮啮合图时，必须注意啮合区的画法。国家标准中对齿轮啮合画法规定如下：

(1)在垂直于圆柱齿轮轴线的投影面的视图中，两节圆应相切；啮合区内的齿顶圆均用粗实线绘制，如图 7－31a 的左视图；也可省略不画，如图 7－31b 左视图所示。齿根圆全部不画。

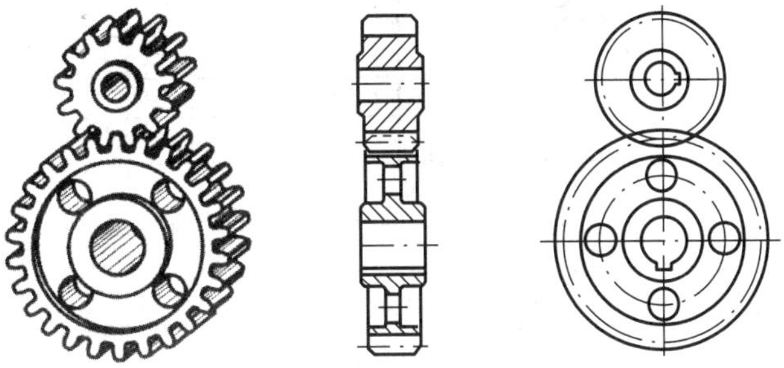

a)

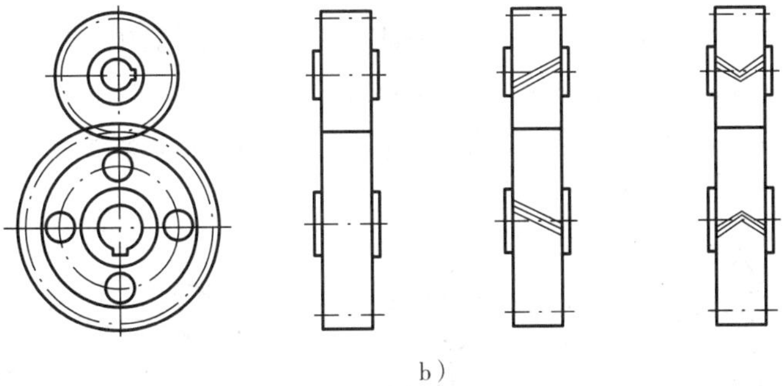

b)

图 7－31　直齿圆柱齿轮的啮合画法

(2)在平行于齿轮轴线的投影面的视图(非圆视图)中，当采用剖视且剖切平面通过两齿轮的轴线时，在啮合区将一个齿轮的轮齿粗实线绘制，另一个齿轮的轮齿被遮挡的部分用虚线绘制，虚线也可以省略，如图 7－31b 所示。

当不采用剖视而用外形视图表示时，啮合区的齿顶不需要画出，节线用粗实线绘制；非啮合区的节线仍用点划线绘制，齿根线均不画出，如图 7－31b 所示。

3. 直齿圆柱齿轮的零件图

如图 7－32 所示，为一直齿圆柱齿轮的零件图，应在图样右上角列表中注写模数、齿数、压力角等基本参数。其他内容与要求与一般零件相同。

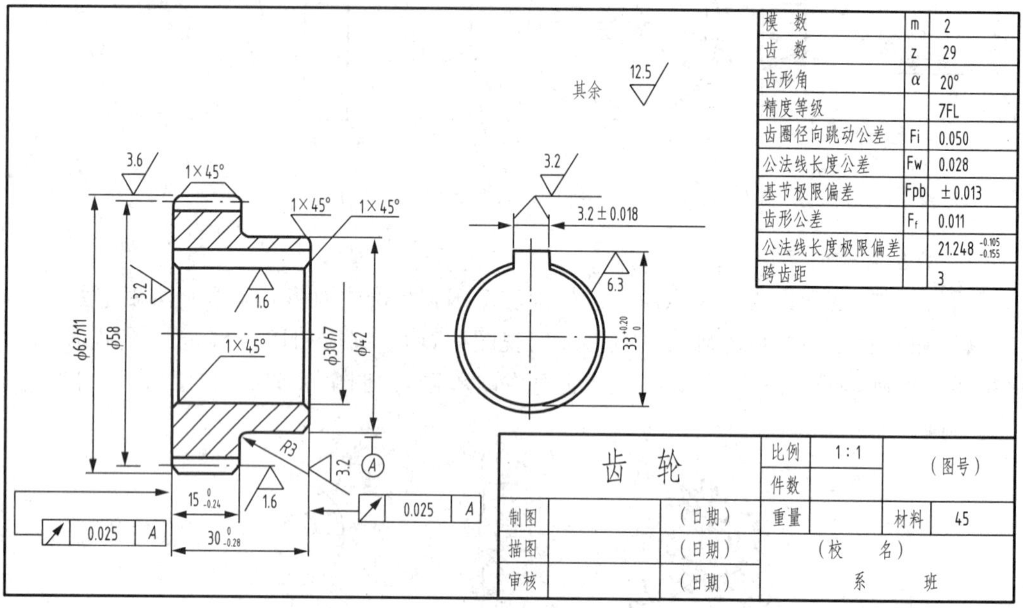

图 7－32 直齿圆柱齿轮的零件图

7.6 弹 簧

弹簧是一种储存能量的零件，具有功和能转换的特性，可用来减震、压紧与复位、调节和测力等。其主要特点是当外力去除后，可立即恢复原状。

弹簧的种类很多，如图 7－33 所示。本节只介绍圆柱螺旋压缩弹簧的有关画法。

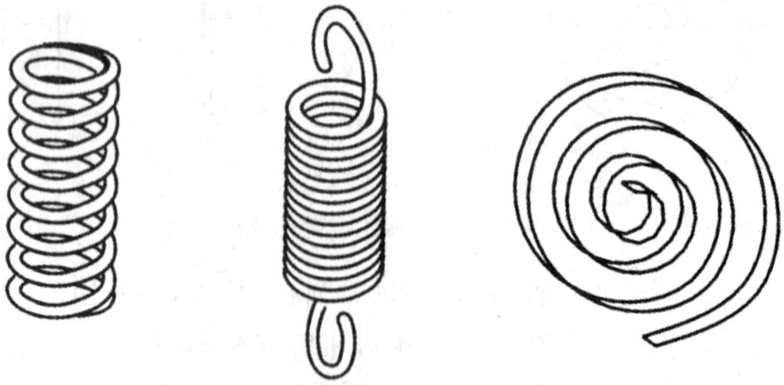

a）压缩弹簧（Y） b）拉伸弹簧（L） c）蜗卷弹簧

图 7－33 常见的弹簧

7.6.1　圆柱螺旋压缩弹簧各部分名称及尺寸计算

如图 7－34 所示，表示了圆柱螺旋压缩弹簧的参数及画法。

(1)材料直径 d。制造弹簧用的从属丝的直径。

(2)弹簧外径 D。弹簧的最大直径。

弹簧内径 D_1。弹簧的最小直径，$D_1=D-2d$。

弹簧中径 D_2。弹簧的平均直径，$D_2=(D+D_1)/2=D_1+d=D-d$

(3)支承圈数 n_2、有效圈数 n、总圈数 n_1。为了使弹簧工作平稳、端面受力均匀，制造时需将弹簧每一端的 3/4～5/4 圈并紧磨平，这些并紧磨平的圈不参加工作，仅起支承作用，称为支承圈。支承圈数 n_2 一般为 1.5、2、2.5，常用 2.5 圈。其余保持相等节距的圈数，称为有效圈数。支承圈数与有效圈数之和称为总圈数，即 $n_1=n_2+n$。

(4)节距 t。相邻两有效圈上对应点间的轴向距离。

(5)自由高度 H_0。未受载荷时的弹簧高度(或长度)。

$$H_0=nt+(n_2-0.5)d$$

上式中，nt 为有效圈的自由高度，$(n_2-0.5)d$ 为支承圈的自由高度。

(6)展开长度 L。制造弹簧时所需金属丝的长度。按螺旋线展开可得：

$$L\approx n_1\sqrt{(\pi D_2)^2+t^2}$$

(7)旋向。螺旋弹簧分为右旋和左旋两种。

7.6.2　螺旋弹簧的规定画法

1. 单个弹簧的画法

(1)无论支承圈的圈数多少，均可按 2.5 圈的形式绘制。

(2)在非圆视图上，各圈的轮廓应画成直线。

(3)当弹簧有效圈数大于 4 圈时，可只画两端的 1～2 圈，中间各圈可省略不画，且允许适当缩短图形的长度。

(4)弹簧均可画成右旋，但对左旋弹簧，无论画成左旋或右旋，必须加注“左”字。

弹簧的画图步骤，如图 7－34 所示。

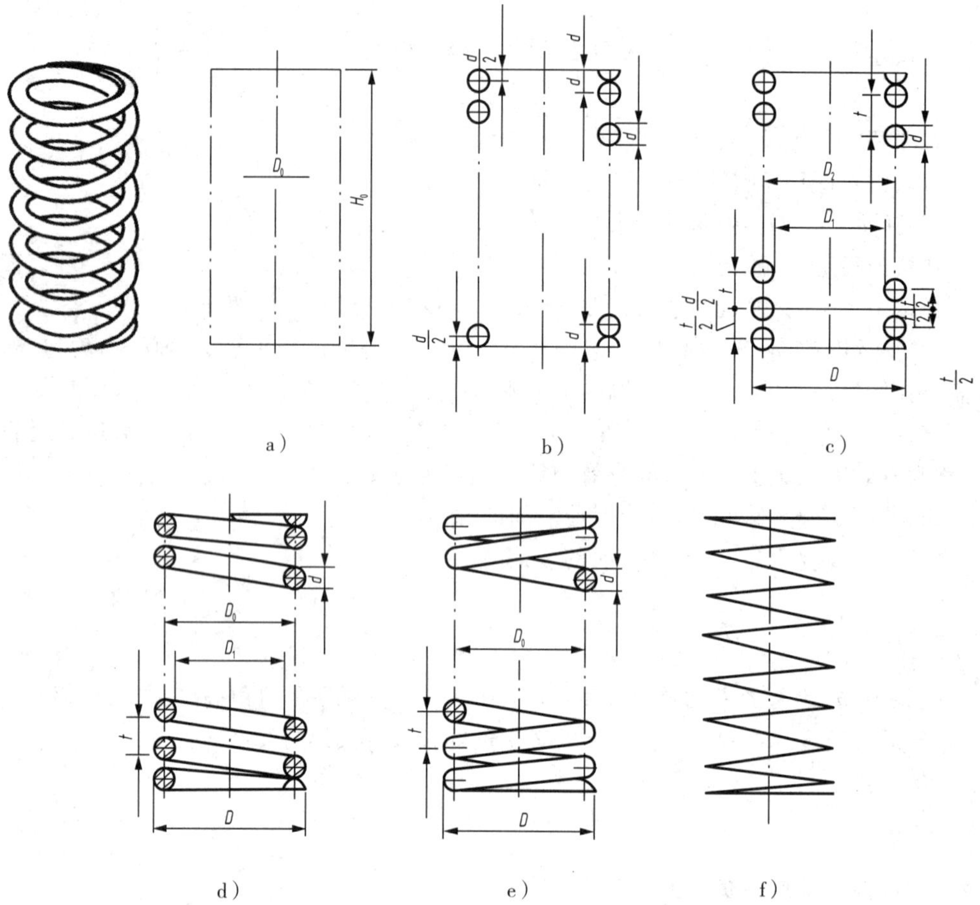

图 7 - 34　弹簧的画图步骤

第8章　零件图

【内容导读】

表示零件形状、大小和技术要求的图样，称为零件图。制造机器或部件必须首先制造零件，而要制造出合格的零件，则必须先读懂零件图，准确地理解设计者的设计意图，想象出零件的结构形状，了解零件加工和检验时的尺寸和技术要求，以便采取相应的加工和检验方法，制造出合格的零件。

【知识要点】

结合生产实际，依据零件在机器中的作用和要求来确定零件图的作用和内容、零件图的视图表达、尺寸标注和技术要求等内容。通过对典型零件的分析，总结轴套类、轮盘类、叉架类、箱体类等四类零件的结构形状、视图表达、尺寸标注和技术要求方面的特点和规律，以培养和提高绘制、识读零件图的能力。

本章知识的重点是零件图的视图选择和尺寸注法。难点是零件的尺寸注法和读零件图。

【能力目标】

(1)能针对零件的结构特点，正确制定表达方案；

(2)能正确、完整、清晰地标注零件图的尺寸，尽可能考虑设计和加工工艺的合理性；

(3)能用符号或代号正确标注零件图中常见的技术要求；

(4)应具备查阅有关标准和技术资料的初步能力。

任何机器或部件都是由许多零件组成的。表达单个零件的结构形状、尺寸大小及技术要求等内容的图样，称为零件图。本章主要介绍零件图的有关内容及其绘制与阅读方法。

8.1 零件图的作用与内容

8.1.1 零件图的作用

任何一台机器或部件都是由许多零件按一定的装配关系和技术要求装配而成的，因此，零件是组成机器或部件的基本单位。而零件图是制造和检验零件的依据，是组织生产的主要技术文件之一，在生产过程（包括备料、制造、检验）中，零件图是必备的重要技术文件。

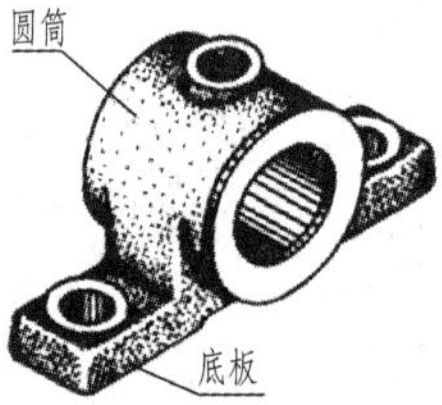

图 8－1　轴承座立体图

8.1.2 零件图的内容

如图 8－1 所示轴承座是整体轴承中一个重要的零件，
如图 8－2 所示是一个输出轴的零件图。从图中可看出一张完整的零件图必须包括下列内容：

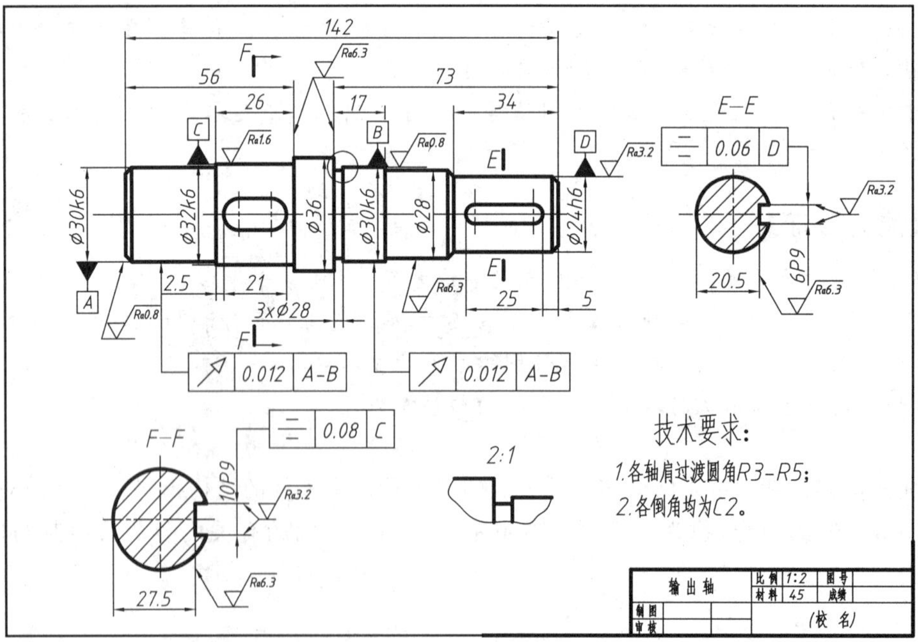

图 8－2　输出轴零件图

1. 一组视图

用各种表达方法完整、清楚地表达出零件的内、外结构形状。

2. 完整的尺寸

应标注出制造和检验零件所需的全部尺寸。

3. 技术要求

有规定的符号、数字、字母或文字注解，说明零件在加工、检验或装配时应达到的一些技术要求，如零件的表面粗糙度、尺寸公差、形状和位置公差以及材料热处理等方面的要求。

4. 标题栏

放在图样的右下角，用来填写零件的名称、材料、比例、图号及有关责任人的签字等内容。

8.2　零件表达方案的选择与尺寸标注

8.2.1　零件表达方案的选择

正确、完整、清晰地表达零件内、外结构形状，并且要考虑读图方便、画图简单，是选择零件表达方案的基本要求。要达到这些要求，就要分析零件的结构特点，选用恰当的表达方法。首先选好主视图，再选其他视图及表达方法。

1. 主视图的选择

主视图的选择包括零件的安放位置和选择投射方向两个方面的内容。

(1)零件的安放位置应符合零件的工作位置和加工位置原则。

(2)主视图的投射方向　应突出零件各部分的形状和位置特征。

如图 8－1 所示轴承座，按工作位置考虑应按如图 8－3a 所示安放。按此位置安放，选择投射方向有 A、B 两个方向。从 A 向投射到如图 8－3b 所示主视图，这时圆筒和底板结合情况很明显，而且轴承座特征非常突出。如选 B 向作主视方向并取半剖得到如图 8－3c 所示的主视图，虽然凸台与圆筒及圆筒内、外结构都比较清楚，但圆筒与底板的位置及整体形状特征反映不如 A 向清楚。所以还是选 A 向作为主视图投射方向比较好。

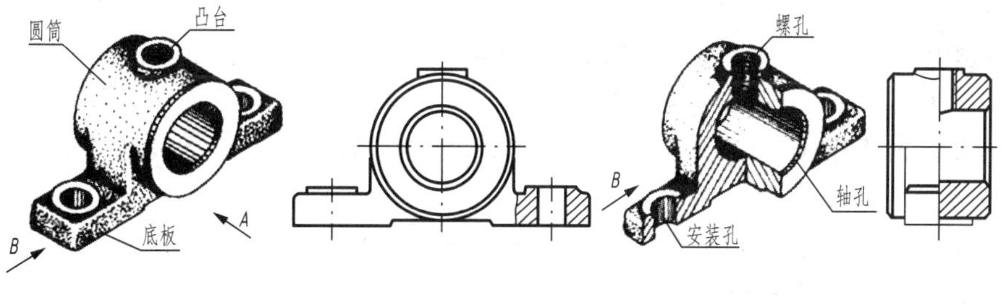

图 8－3　轴承座主视图的选择

2. 其他视图表达方法的选择

其他视图及表达方法的选择，要根据零件的复杂程度和内、外结构情况等进行综合考虑，使每个视图或表达方法都有一个表达重点。优先选择基本视图以及在基本视图上作剖视或断面等。

轴承座主视图选好后，再选半剖的左视图，表达凸台螺孔及圆筒内部结构形状。另选俯视图补充表达凸台和底板的形状特征。具体表达方案如图 8-4 所示。

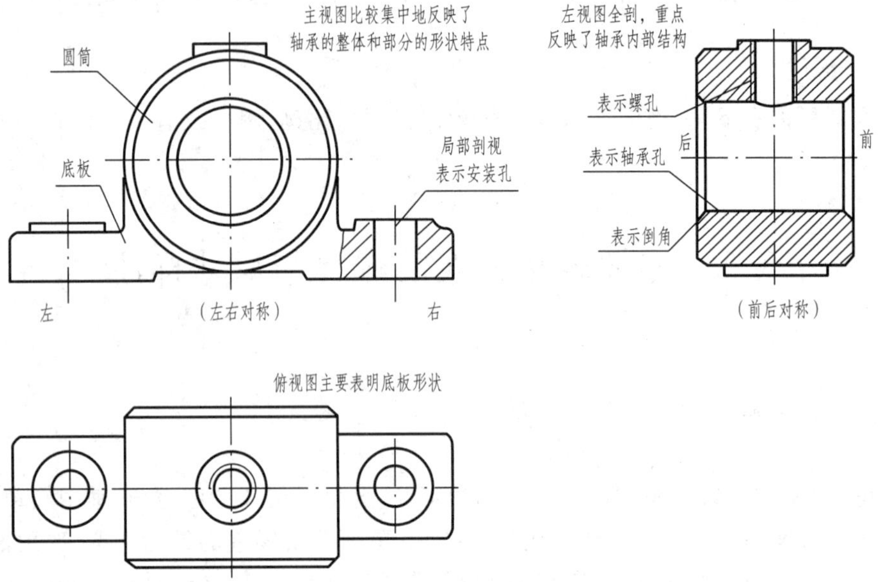

图 8-4　轴承座的表达方案

8.2.2　零件图的尺寸标注

零件图中的尺寸，是加工和检验零件的重要依据。因此，零件图中的尺寸标注要求做到：正确、完整、清晰和合理。为了达到这些要求，除了要严格遵守国家标准有关尺寸标注的基本规定、保证定形定位尺寸及整体尺寸完整、不多注漏注尺寸、尺寸配置清晰、醒目易找到，还应合理地选择尺寸基准，使尺寸标注便于加工和测量。

1. 尺寸基准及其选择

尺寸基准就是确定尺寸位置的几何要素。零件有长、宽、高三个方向，每个方向必须有一个主要尺寸基准，另外有一个或几个辅助尺寸基准。根据基准的作用不同，尺寸基准又分设计基准和工艺基准两种。

设计基准。根据零件的构形和设计要求而确定的基准。一般是机器或部件用以确定零件位置的面和线。

工艺基准。为便于加工和测量而确定的基准。一般是在加工过程中用以确定零件加工或测量位置的一些面和线。

选择尺寸基准时，尽量使设计基准与工艺基准重合，当两者不能做到统一时，应选择设计基准作为主要基准，工艺基准作为辅助基准。但要注意的是，主要基准与辅助基准之间必须要有一个联系尺寸。

轴承座的尺寸基准选择及尺寸标注，如图 8－5 所示。

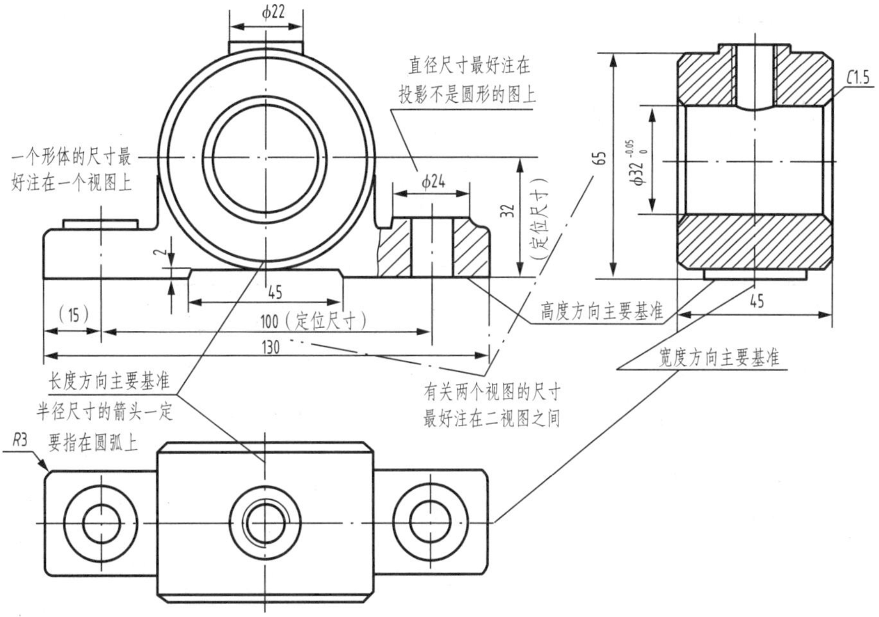

图 8－5　轴承座尺寸基准选择及尺寸标注

2. 零件尺寸标注的一般原则

(1)零件的重要尺寸应直接标注　零件上的重要尺寸是指影响零件工作性能的尺寸、有配合要求的尺寸和确定各部分结构相对位置的尺寸等。如轴承座的定位尺寸 32 和 100 及配合尺寸 $\phi32$ 上偏差＋0.05 下偏差 0 等尺寸就是重要尺寸，在零件图上应直接标出，如图 8－5 所示。

(2)尺寸标注要便于加工和测量，如图 8－6 所示。

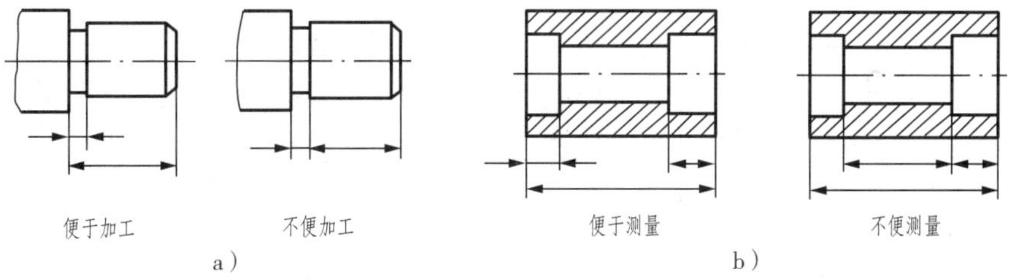

图 8－6　尺寸标注要便于加工和测量

(3)不要注成封闭尺寸链　如图 8－7a 所示注出了总长和各段长度 A、B、C，形成了封闭尺寸链，将给加工造成困难。所以应按如图 8－7b 所示的形式标注。

(4)零件上常见的结构要素的尺寸注法，零件上常见结构要素的尺寸注法，见表 8－1。如果是标准结构要素，其尺寸应查有关标准手册确定。

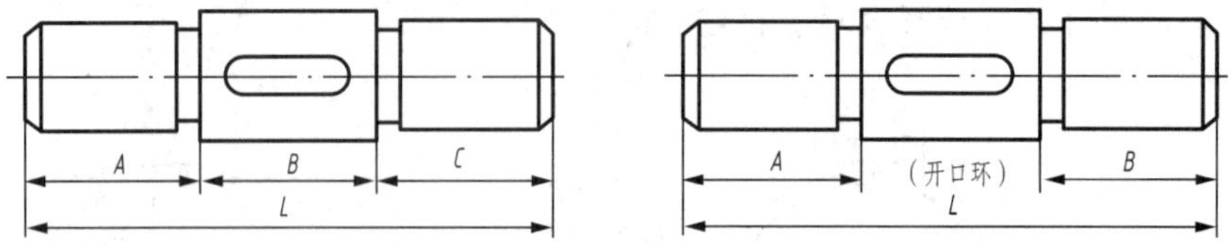

a）封闭尺寸链　　b）开口尺寸链

图 8-7　尺寸链

表 8-1　常见孔的尺寸注法

孔的类型		标注方法		说明
		普通注法	旁注法	
螺孔	通孔	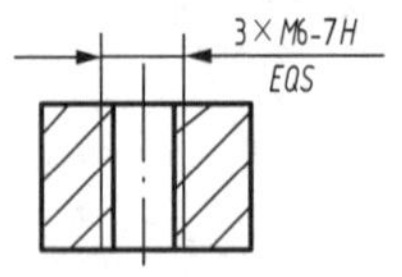	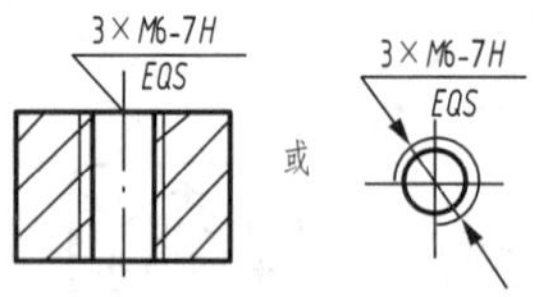	各类孔均可采用旁注法加符号的方法进行简化标注。用旁注法标注时，应注意指引线应从装配时的装入端引出；3×M6 表示螺纹大径为 6mm，均匀分布的三个螺孔；螺孔深度可以与螺孔直径连注，也可以分开注出；需要注出钻孔深度时，应明确注出孔深尺寸
	不通孔	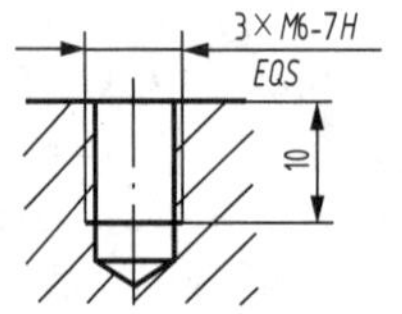	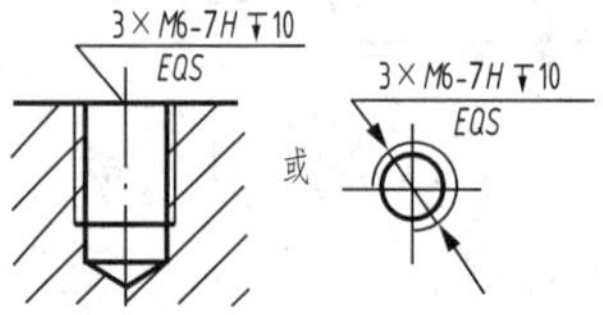	
		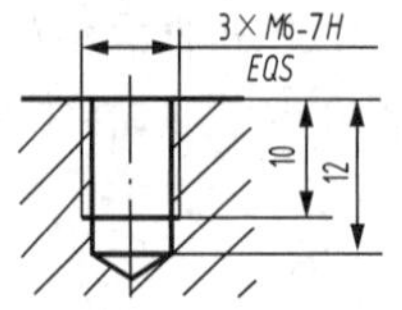	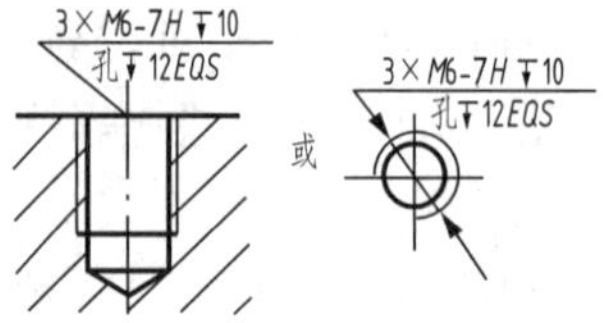	
光孔	一般孔	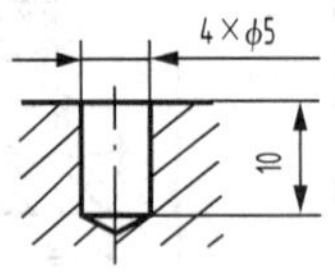	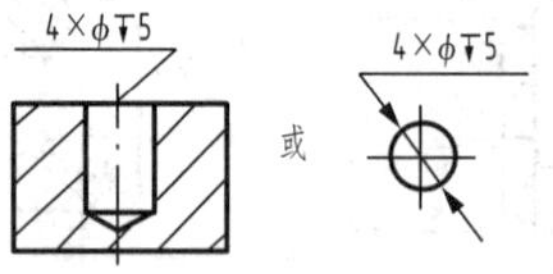	4×ϕ5 表示直径为 5mm 均布的四个光孔，孔深可与孔径连注，也可以分开注出
	精加工孔	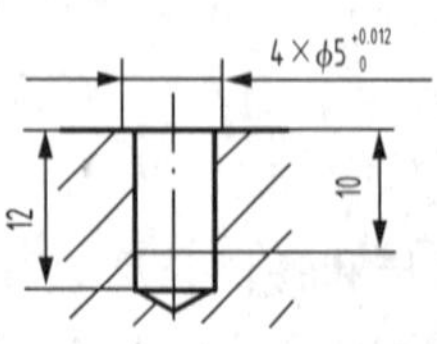	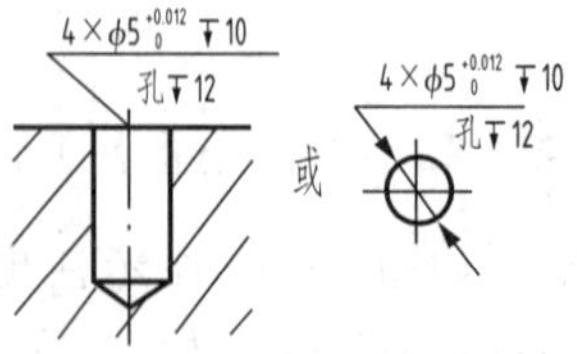	光孔深为 12mm，钻孔后需精加工至 $\phi5_{0}^{+0.012}$、深 10mm

（续表）

孔的类型		标注方法：普通注法	标注方法：旁注法	说明
沉孔	柱形沉孔	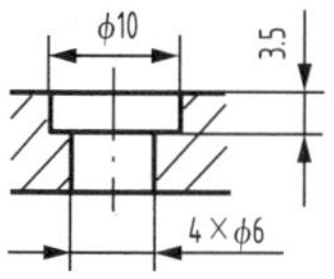	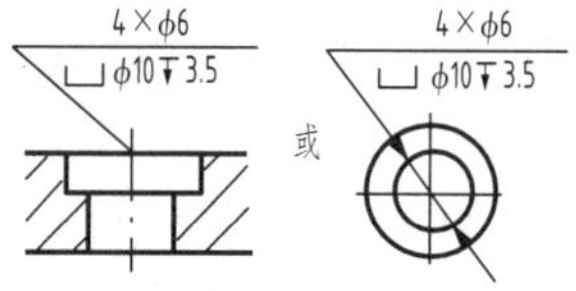	柱形沉孔的小直径 ϕ6、大直径 ϕ10、深度为 3.5mm，均需注出
沉孔	锪平孔	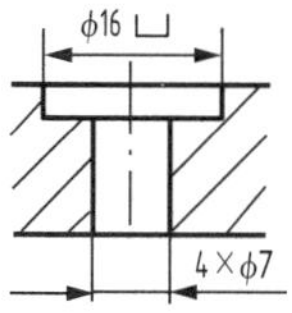	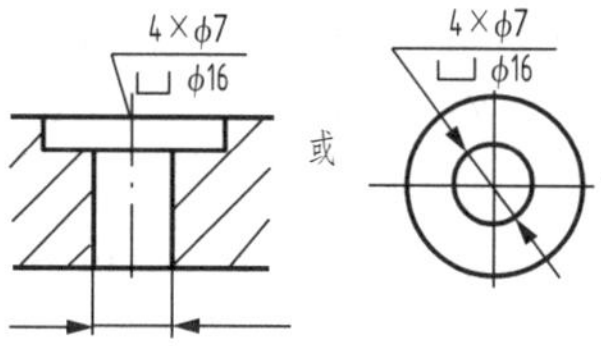	锪平面 ϕ16 的深度不需标注，一般锪平到不出现毛面为止
沉孔	锥形沉孔	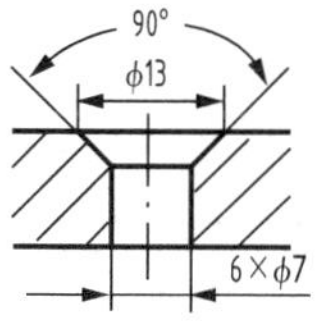	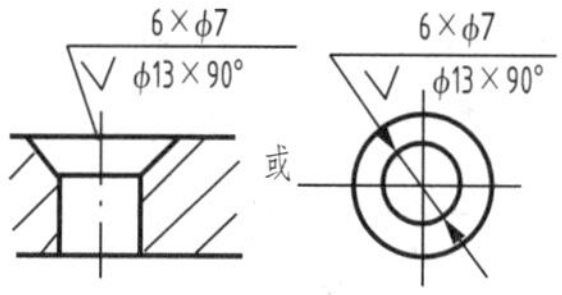	6 × ϕ7 表示直径为 7mm 均匀分布的六个孔、锥形部分的尺寸可以旁注，也可以直接注出

8.2.3　常用零件表达方案举例

零件表达方案的确定，是一个既有原则性，又有灵活性的问题。具体确定时，应当将几种表达方案加以比较，从中选择较好的方案表达零件。零件的种类很多，按其结构特点、视图表达、尺寸标注、制造方法等，大致可以分为轴套类、轮盘类、叉架类和箱体类四种类型。同种类零件的表达方案有许多相同之处，熟悉这四类零件的视图表达方法，有助于更好掌握确定零件表达方案的一般规律。

1. 轴套类零件

轴套类零件是机器中最常见的一类零件，包括各种轴、丝杆、套筒等。在机器中，轴类零件主要用于支承传动件（如齿轮、链轮、带轮等），传递运动和动力。套类零件主要用于支承和保护转动零件，或用于保护与它的外壁相配合的表面。

（1）结构分析

轴套类零件的主体是同轴回转体（如圆柱体、圆锥体等）构成的阶梯状结构。大多数轴的长度大于它的直径，按外形轮廓可将轴分为光轴、阶梯轴、空心轴等，轴上常常还有一些工艺结构，如轴肩、键槽、螺纹、退刀槽、砂轮越程槽、圆角、倒角、中心孔等。如图 8 - 1 所示的输出轴，它的基本形状是同轴回转体，有键槽、倒角和退刀槽等工艺结构。

大多数套类零件的壁厚小于它的内孔直径。在套类零件上常常还有油槽、倒角、退刀槽、螺纹、油孔、销孔等工艺结构。如图 8 - 8 所示的车床尾座空心套为中空的套筒，内有退刀槽、莫氏锥度、倒角，外有油孔、油槽、键槽、圆角、销孔等工艺结构。

(2)表达方案

由于这类零件加工的主要工序一般都在车床、磨床上进行,加工时轴线成水平位置,因此,主视图常将轴线水平横向放置,符合加工位置原则。一般用一个基本视图(主视图)加上一系列直径尺寸表达各组成部分的轴向位置。对轴上的孔、键槽等局部结构可用局部视图、局部剖视图或断面图表达;对退刀槽、越程槽和圆角等细小结构可用局部放大图加以表达;对套筒或空心轴可采用全剖、半剖或局部剖视图表达。

如图 8-2 所示的输出轴,主视图采取轴线水平放置的加工位置,其投影方向取垂直于轴线正对着键槽的方向。主视图反映了轴的结构特点、键槽的形状、倒角等。采用移出断面图表达键槽的深度,局部放大图表达退刀槽的结构。

又如图 8-8 所示的车床尾座空心套,主视图采用全剖视图,表达内部左右通孔的结构,右端上方还可以看见油孔和油槽结构;左视图主要是表明刻线标尺的位置及投射方向;B 向斜视图表示倾斜 45°外圆表面上刻线标尺的情况;在主视图的下方有两个移出断面图,因它们画在剖切线的延长线上,所以省略了标注,通过断面图可进一步了解到空心套筒的下方有一宽度为 10mm 的键槽,距右端 148.5mm 处有一个 $\phi 8$ 的通孔,右边的断面图还表达了 M8—6H 的螺孔和 $\phi 5$ 的油孔。

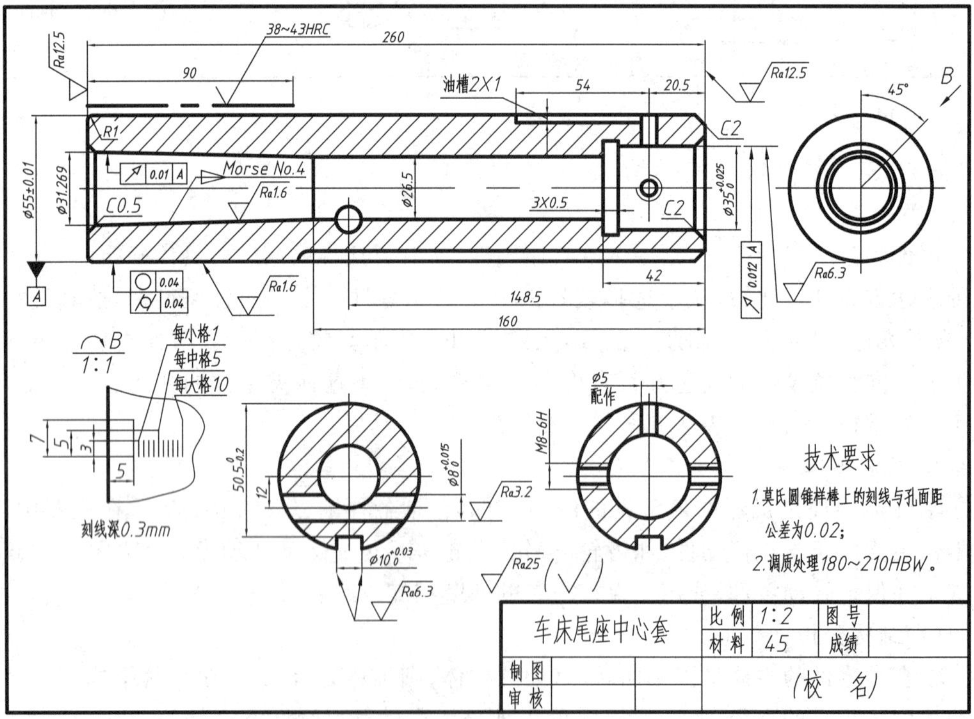

图 8-8　柱塞套零件图

2. 轮盘类零件

这类零件包括各种轮子(齿轮、手轮、带轮)、法兰盘、端盖及压盖等。轮类零件在机器中通常起着传递扭矩的作用;盘类零件起连接、支承轴承、轴向定位和密封等作用。虽然作用各不相同,但在结构上和表达方法上都有共同之处。

(1)结构分析

轮盘类零件主要由同轴回转体或其它平板形构成，其盘体厚度方向的尺寸比其它两个方向的尺寸要小。根据其作用的不同，常有凸台、凹坑、均布安装孔、轮辐、键槽、螺孔、销孔等结构。

(2)表达方案

轮盘类零件的表达一般采用两个基本视图，即主、左(右)视图或主、俯视图。主视图采用以轴线为水平横放的加工位置原则或工作位置原则，将反映厚度的方向作为主视图的投影方向，常用全剖(包括阶梯剖、旋转剖、复合剖)视图反映内部结构和相对位置；另一视图则主要表达零件的外形轮廓和孔、槽、肋、轮辐等的相对位置及分布情况；对于个别细小结构采用局部剖视图、断面图、局部放大图等表达；如果两端面都较复杂，还需增加另一端面的视图。

如图 8－9 所示是手轮的零件图，主视图选择轴线水平放置，符合零件的加工位置原则。为表达零件的内部结构，主视图采用了两个相交的剖切平面剖开零件后的全剖视图；为表达外部轮廓，选择了一个左视图，主要表达了手轮的轮缘、轮毂、轮辐的形状和位置关系。

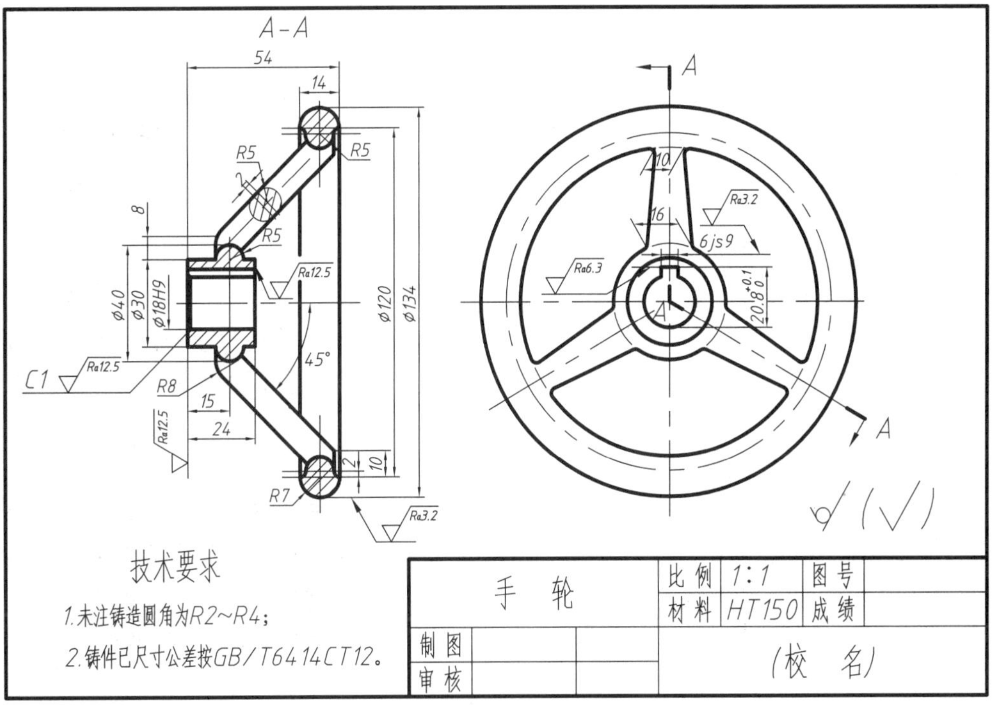

图 8－9　手轮零件图

如图 8－10 所示是机床尾座上的一个端盖，主视图选择轴线水平放置，与工作位置一致，又符合加工位置。主视图采用相交的和平行的剖切平面(复合剖)将其内部结构全部表示出来。选用了一个右视图，表达其端面轮廓形状及各孔的相对位置。

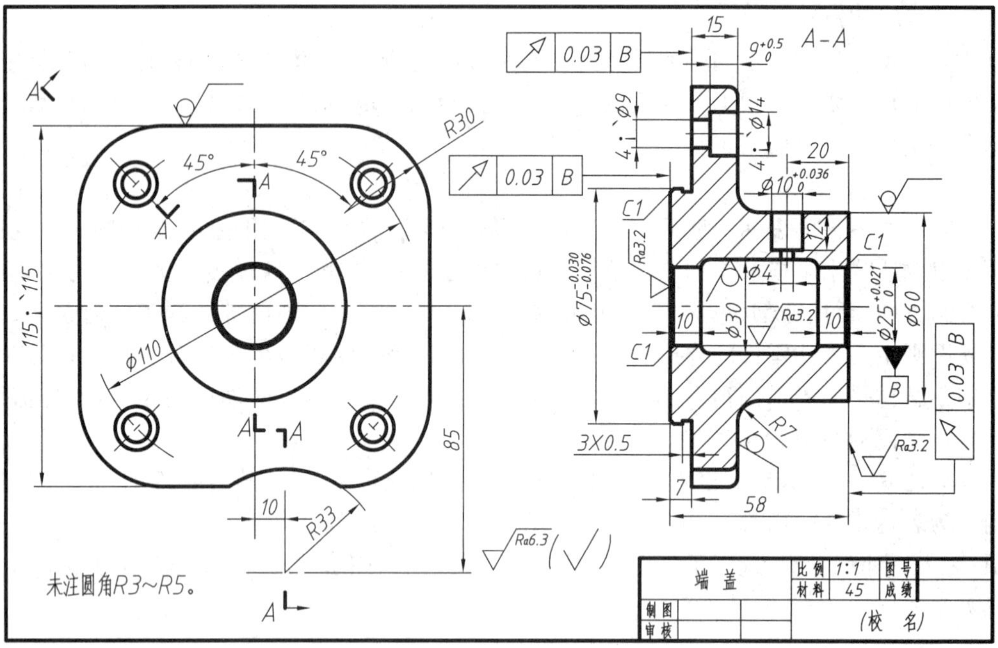

图 8-10　端盖零件图

3. 叉架类零件

这类零件包括拨叉、连杆、支架、支座、摇臂、杠杆等零件，一般在机器中起支承、操纵、调节、连接等作用。

(1)结构分析

叉架类零件多数形状不规则，外形结构比内腔复杂，且整体结构复杂多样，形状差异较大。多为铸造或锻造成毛坯，再经过必要的机械加工而成。其中叉杆类零件通常由支承部分、工作部分和连接部分组成，而支架类零件通常由支承部分、连接部分和安装部分组成。这类零件常带有倾斜结构和凸台、凹坑、圆孔、螺孔等结构，如图 8-11 所示的拨叉就属于这类零件。

(2)表达方案

叉架类零件常用 1～3 个基本视图表达其主要结构。由于这类零件加工工序较多，加工位置经常变化。因此，主视图应按零件的工作位置或自然安放位置选择，并选取最能反映形状特征的方向作为主视图的投影方向。内部结构通常采用全剖视图或局部剖视图表达，倾斜结构用斜视图或斜剖视图表达，连接部分(一般为支承板、肋板、轮辐等)用断面图表达。

如图 8-11 所示的拨叉，采用主、俯两个基本视图。由于其在工作时处于倾斜位置，加工位置又不确定，所以主视图将其放平，以反映拨叉形状特征的方向作为主视图的投影方向；主视图以表达外形为主，在凸台销孔处用局部剖视图表示。俯视图表达各部分在宽度方向的相对位置，取过拨叉基本对称中心线的全剖视图，表达圆柱形套筒、叉口及其连接关系。“A”向斜视图表达倾斜凸台的真实形状。肋板的断面形状较简单且主、俯视图中也有足够的空位，所以采用了重合断面表示。由于拨叉制造过程中，两件合铸，加工后分开，因而在主视图上，用双点画线画出与其对称的另一件的部分投影。

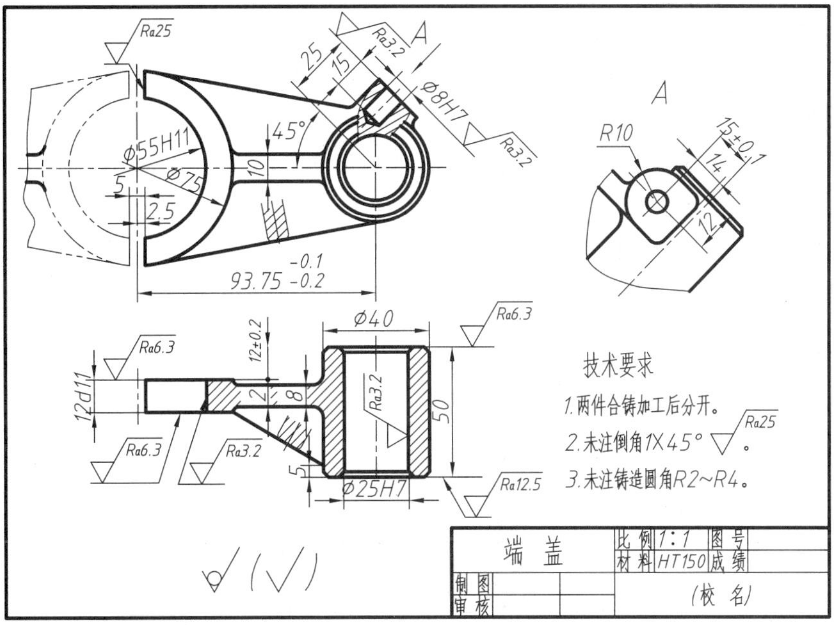

图 8－11　拨叉零件图

4. 箱体类零件

这类零件是机器或部件的主要零件之一，常见的箱体类零件有减速箱体、泵体、阀体、机座等，一般起支承、容纳、零件定位的作用，此外，还是保护机器中其他零件的外壳，以利于安全生产。

(1)结构分析

箱体类零件的内、外结构都很复杂，常用薄壁围成不同的空腔，箱体上还常有支承孔、凸台、注油孔、放油孔、安装板、肋板、螺孔和螺栓孔等结构。毛坯多为铸件，也有焊接件，只有部分表面要经机械加工，因此，具有许多铸造工艺结构，如铸造圆角、起模斜度等。

(2)表达方法

由于箱体类零件结构形状复杂，加工位置多变，因而常以工作位置或自然安放位置确定主视图位置，以最能反映其各组成部分形状特征及相对位置的方向作为主视图的投影方向。表达方案一般用三个或三个以上的基本视图。根据具体结构特点选用半剖视、全剖视或局部剖视，并辅以断面图、斜(剖)视图、局部(剖)视图、局部放大图等表达方法。

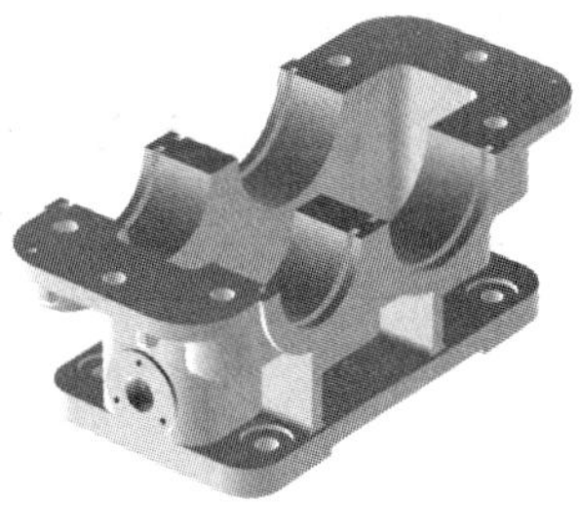

图 8－12　减速器箱体

图 8－12 是减速器箱体的轴测图，图 8－13 则是该减速器箱体的零件图，对照着可以看出：

① 主视图的位置与箱体的工作位置相同，主视图主要表达了箱体的形状与位置特

征，它采用了四处局部剖视图：左下方表达了圆形油标的安装孔及凸台（ϕ24 孔和 ϕ35 凸台处），右上方两处分别表达箱体上下连接凸台及连接通孔的结构（4×ϕ9 处）和锥销孔的结构，右下方则表达了箱体壁厚及下边的放油孔（M10 螺孔和 ϕ17 凸台处）。

② 俯视图主要表达了箱体的凸缘、内腔及安装底板的外形（虚线），同时也表达了连接孔、安装孔（虚线圆）、销孔的相互位置。

③ 左视图采用了阶梯全剖视图，主要表达箱体前后凸台上的轴承孔与内腔相通的内部形状，箱体凸缘、放油孔的位置、安装端盖的插槽、肋板的形状等内部结构。

④ 此外，还用“C”向局部视图表达了圆形油标的形状，用“*D*—*D*”局部剖视图表达下凸台的端面形状，吊耳的数量及分布，并方便了一些尺寸的标注。

学与做

在以上分析了箱体类零件的表达方案后，还要结合减速器箱体的轴测图（图 8-11），考虑该零件图（图 8-13）是否完整、正确、清晰、合理地把零件的内外结构表达出来了，是否需要补充其它的视图，并提出更合理的表达方案。

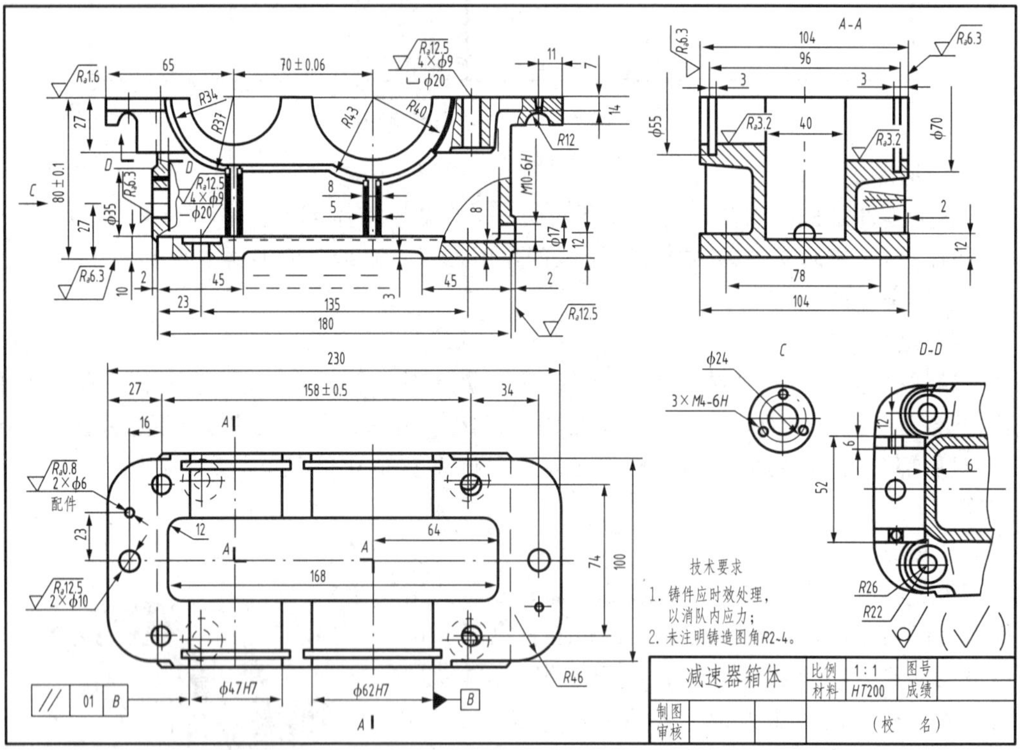

比例

图 8-13　减速器箱体零件图

8.3　零件的构形设计与工艺结构

8.3.1　零件的构形设计简介

零件在机器或部件中的作用不同，其结构形状也各不相同。所以，零件的结构形状是由设计要求、加工方法、装配关系、技术经济思想和工业美学等方面确定的。由于零件在机器或部件中都有相应的位置和作用，每个零件上可能具有支承、容纳、传动、连接、定位、密封和防松等一项或几项功能结构，而这些功能结构又要通过相应的加工方法（如铸造、机加工等）来实现。因此，零件的构形设计主要考虑设计要求和工艺要求两个方面。

(1)设计要求决定零件的主体结构。

(2)工艺要求决定零件的工艺结构。

除此之外，零件构形还要求轻便、经济和美观。

下面以如图 8－14 所示传动轴为例。说明零件构形设计的过程。

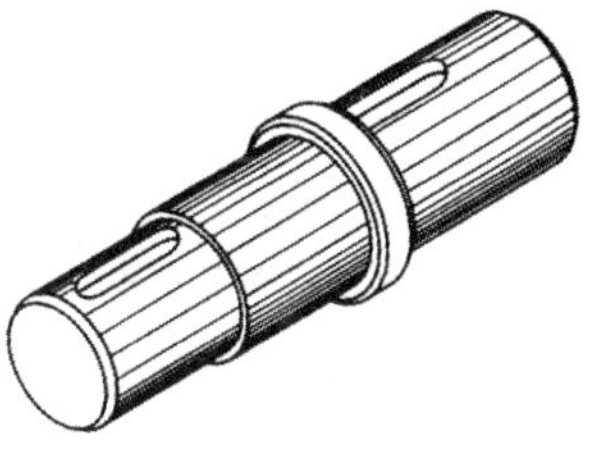

图 8－14　从动轴

如图 8－14 所示从动轴是某减速器中的零件，其主要功用是装在两个滚动轴承中，用来支承齿轮并传递扭矩，还要求与外部设备联接，把运动传出去。从动轴的加工方法主要是车削，然后铣键槽。因此，它的构形设计过程，见表 8－2。

表 8－2　从动轴的构形设计过程

结构形状形成过程	主要考虑的问题	结构形状形成过程	主要考虑的问题
(1) 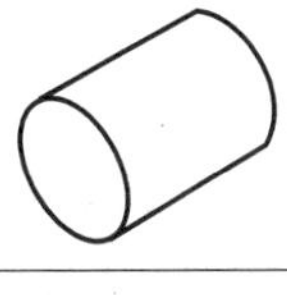	为伸出外部与其它机器相接，制出一轴颈	(4) 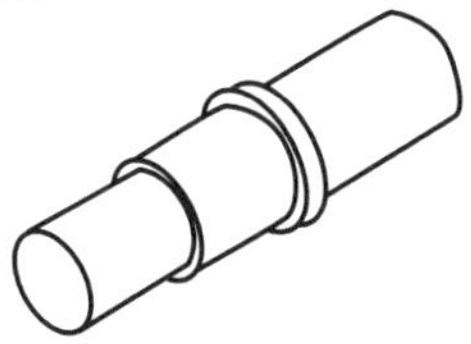	为了支承齿轮和用轴承支承轴，轴端做成轴颈
(2) 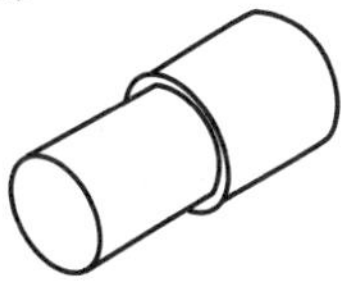	为了用轴承支承轴又在左端放一轴颈		
(3) 	为了固定齿轮的轴向位置，增加一稍大的凸肩	(5) 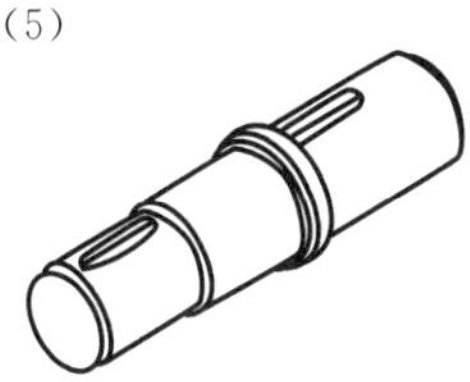	为了与齿轮联接，左端做一键槽；为了与外部设备联接，右端也做一键槽；为了装配方面、保护装置表面，多处做成倒角、退刀槽

8.3.2 零件常见的工艺结构

为了使零件的毛坯制造、机械加工、测量和装配更加的顺利、方便，零件的主体结构确定之后，还必须设计出合理工艺结构。零件常见的工艺结构见表 8-3。

表 8-3 零件常见工艺结构

内容	图例	说明
铸造圆角和拔模斜度	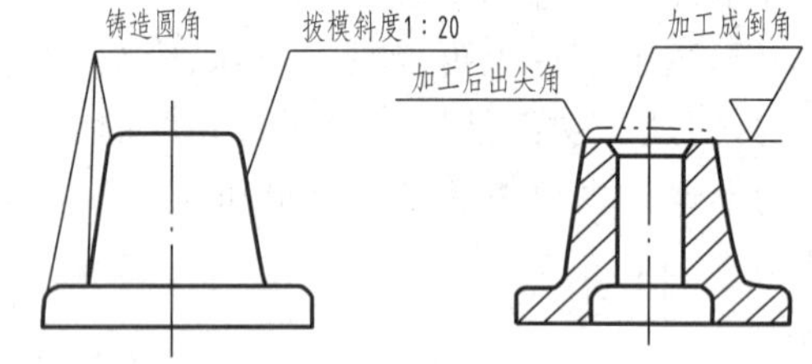	为防止砂型在尖角处脱落和避免铸件冷却收缩时，在尖角处产生裂纹，铸件各表面相交处应做成圆角； 为起模方便，铸件表面沿拔模方向作出斜度，一般为 1 ： 20。起模斜度若无特殊要求时，图中可不画出，也不作标注
铸件壁厚	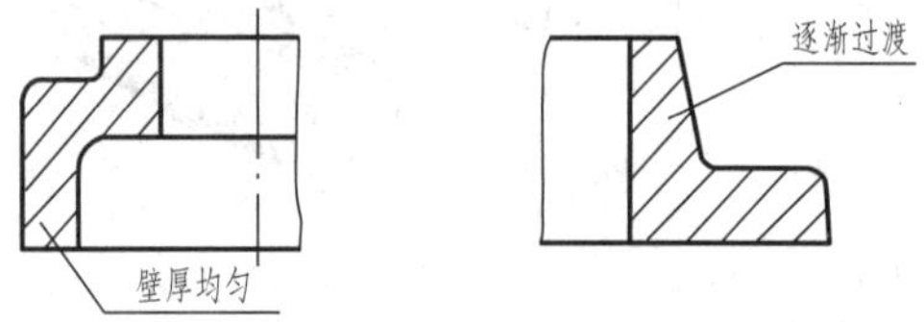	为了避免浇铸后零件各部分因冷却速度不同，而产生缩孔、裂纹等缺陷，因此，尽可能使铸件壁厚均匀或逐渐变化
凸台和凹坑	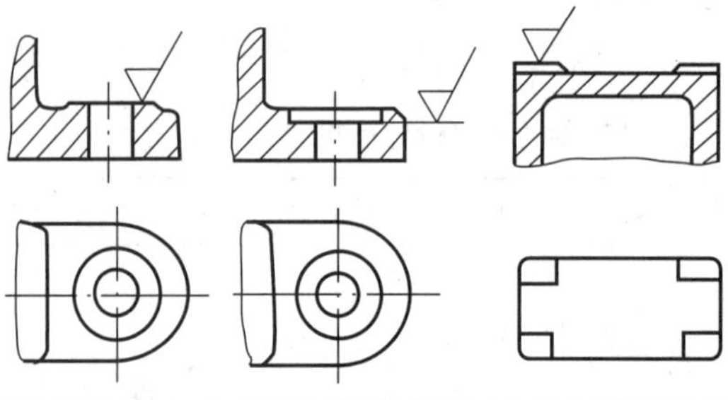	为了使两零件表面接触良好、减少加工面积，常在铸件上设计出凸台和凹坑
倒角和倒圆	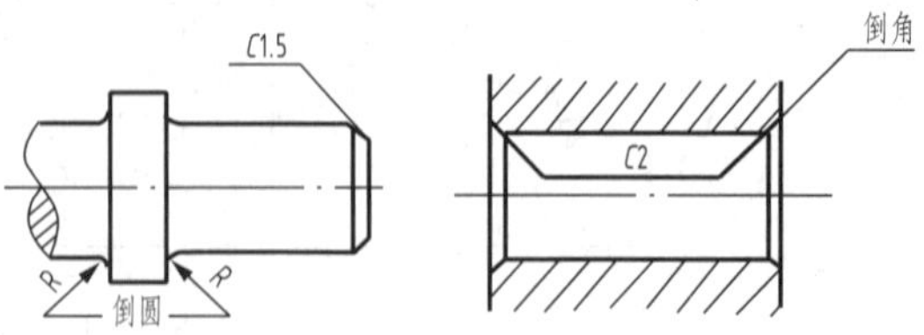	为了方便装配和去掉毛刺、锐边，在轴或孔的端部一般都应加工出倒角； 对阶梯形的轴或孔，为了防止应力集中所产生的裂纹，常把轴肩、孔肩处加工成倒圆
退刀槽和砂轮越程槽	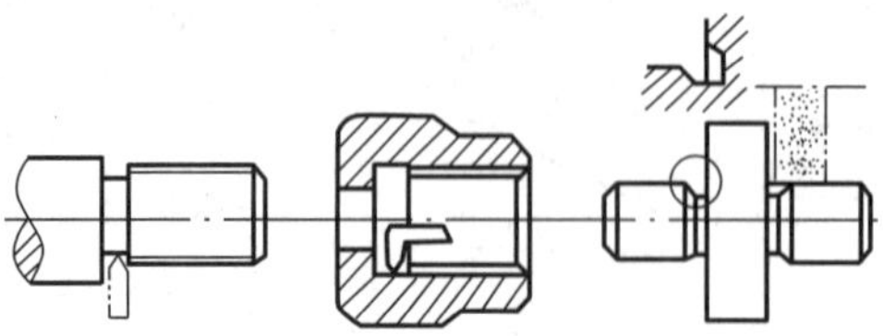	在车削加工、磨削加工和车螺纹时，为了便于退出刀具或砂轮越过加工面，经常在待加工面的末端先加工出退刀退刀槽或砂轮越程槽

（续表）

内容	图　例	说　明
合理的钻孔结构	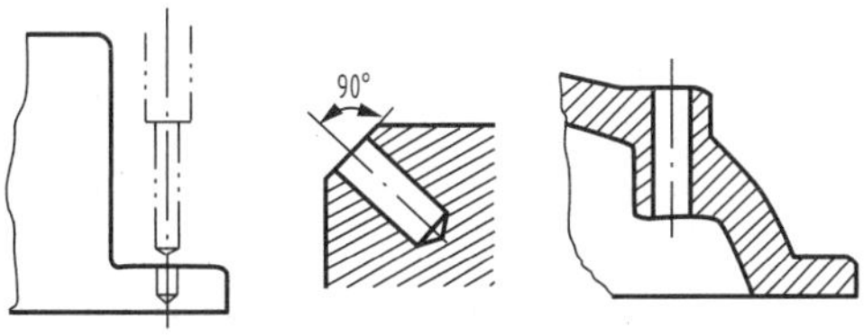	用钻头加工孔时，钻头的轴线应尽量垂直于被加工零件表面，以保证正确的钻孔位置和不损坏钻头。同时不要考方便钻头加工

8.4　零件图上的技术要求

零件图中除了图形和尺寸以外，还应具备加工和检验零件的技术要求。零件图的技术要求主要指零件几何精度方面的要求，如表面粗糙度、尺寸公差、几何公差，对材料的热处理和表面处理的要求，对零件表面修饰的说明以及对指定加工方法和检验的说明。这些内容可以用符号、代号或标记标注在图形中，也可以用文字在标题栏附近注写。

8.4.1　表面结构表示法

表面结构是表面粗糙度、表面波纹度、表面缺陷、表面纹理等的总称。这里主要介绍常用的表面粗糙度表示法。

1. 表面粗糙度的概念

零件在加工过程中，由于刀具运动与摩擦、机床的震动及零件的塑性变形等各种因素的影响，使零件表面存在着间距较小的轮廓峰谷。这种加工后零件表面上具有较小间距的峰谷所形成的微观几何形状特性，称为表面粗糙度，如图 8-15 示意。

表面粗糙度是评定零件表面质量的技术指标，反映了零件表面的加工质量，直接影响零件的耐磨性、抗腐蚀性、疲劳强度、密封性和配合质量。但提高表面质量，减少表面粗糙度值，就会使加工工艺复杂化，从而增加加工成本。因此，应在满足零件表面功能的前提下，科学地、合理地选用表面粗糙度数值。

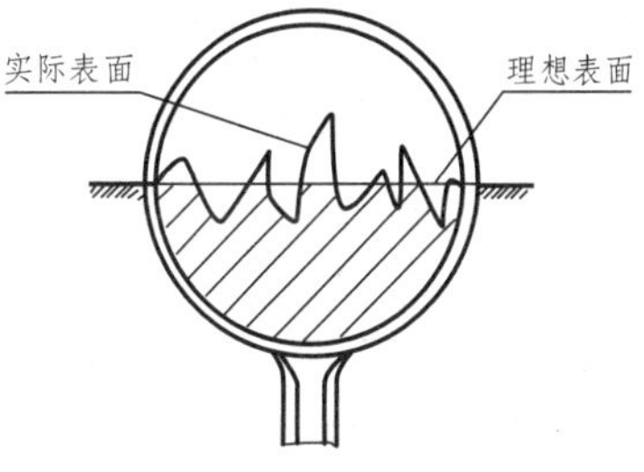

图 8-15　零件表面的峰谷

2. 表面粗糙度的评定参数（GB/T1031—2009）

国家标准《表面粗糙度　参数及其数值》（GB/T1031—2009）中规定评定零件表面粗糙度的主要参数是轮廓的算术平均偏差 R_a 和轮廓的最大高度 R_z，如图 8-16 所示。

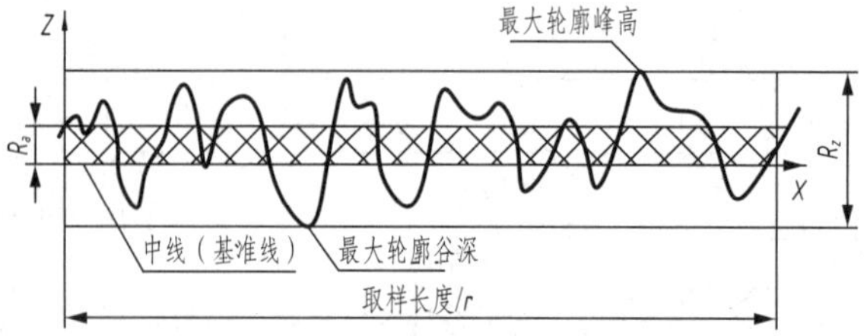

图 8－16　表面粗糙度评定参数示意图

参数 R_a 被推荐优先选用，其常用值的表面外观情况及对应的加工方法和应用举例如表 8－4 所示。

表 8－4　R_a 参数值与应用举例　　单位（μm）

R_a	表面特征	主要加工方法	应用举例
25	可见刀痕	粗车、粗铣、粗刨、钻、粗纹锉刀和粗砂轮加工	粗糙度最低的加工面，很少使用
12.5	微见刀痕	粗车、刨、立铣、平铣、钻	不接触表面、不重要的接触面，如螺钉孔、倒角、机座底面等
6.3	可见加工痕迹	精车、精铣、精刨、铰、镗、粗磨等	没有相对运动的零件接触面，如箱、盖、套筒、要求紧贴的表面、键和键槽工作表面；相对运动速度不高的接触面，如支架孔、衬套、带轮轴孔的工作表面等
3.2	微见加工痕迹		
1.6	看不见加工痕迹		
0.8	可辨加工痕迹方向	精车、精铰、精拉、精镗、精磨等	要求很好配合的接触面，如与滚动轴承配合的表面、锥销孔等；相对运动速度较高的接触面，如滑动轴承的配合表面、齿轮轮齿的工作表面等
0.4	微辨加工痕迹方向		
0.2	不可辨加工痕迹方向		
0.1	暗光泽面	研磨、抛光、超级精细研磨等	精密量具的表面、极重要零件的摩擦面，如汽缸的内表面、精密机床的主轴颈、坐标镗床的主轴颈等

4. 表面结构的图形符号

标注表面结构要求时的图形符号种类、名称、尺寸及其含义见表 8－5。

表 8－5　表面结构的符号和含义　　单位（μm）

符号名称	符　号	含义及说明
基本图形符号	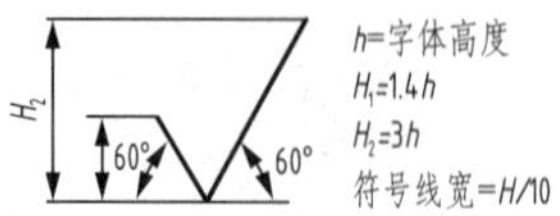	未指定工艺方法的表面，当作为注解时，可单独使用

（续表）

符号名称	符　号	含义及说明
扩展图形符号		用去除材料的方法获得的表面
	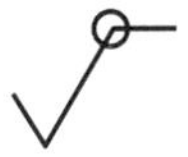	用于不去除材料的表面，也可表示保持上道工序形成的表面
表面结构补充要求的注写	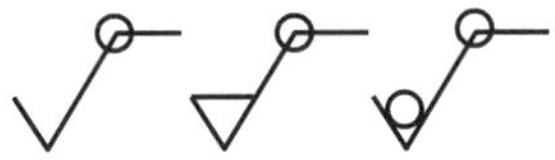	在表面结构符号上加一小圆，表示构成图形封闭轮廓的所有表面有相同的表面结构要求
	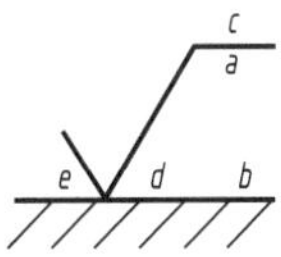	位置 *a* 注写第一表面结构要求； 位置 *b* 注写第二表面结构要求； 位置 *c* 注写加工方法； 位置 *d* 注写表面纹理方向； 位置 *e* 注写加工余量；

3. 表面结构要求在图样中的注法（GB/T131—2006）

表面结构要求对每一表面一般只标注一次，并尽可能注在相应的尺寸及其公差的同一视图上，除非另有说明，所标注的表面结构要求是对完工零件表面的要求。

（1）表面结构符号、代号的标注位置与方向

标注的总原则是根据 GB/T4458.4—2003《机械制图　尺寸注法》的规定，使表面结构的注写和读取方向与尺寸的注写和读取方向一致，如图 8 - 17 所示。

（2）标注在轮廓线上或指引线上

表面结构要求可标注在轮廓线上，其符号应从材料外指向并接触表面，如图 8 - 17 所示。必要时，表面结构符号还可用带黑点或箭头的指引线引出标注，如图 8 - 18 所示。

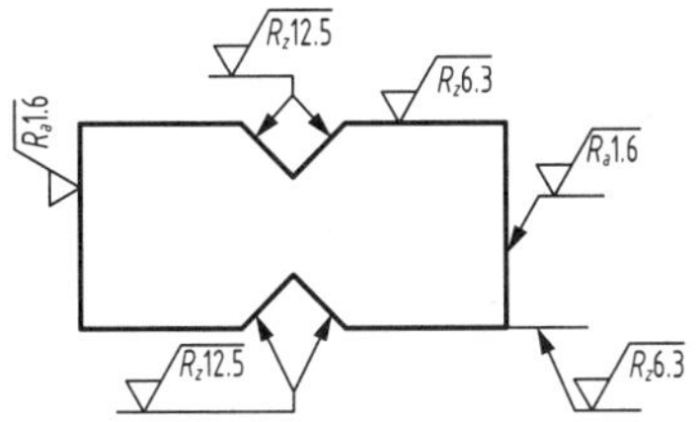

图 8 - 17　表面结构要求在轮廓线上的标注

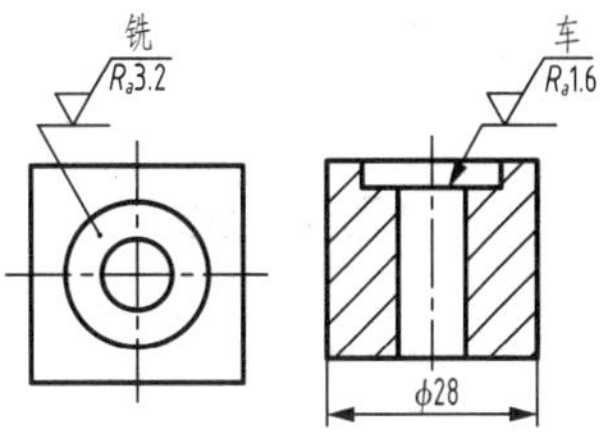

图 8 - 18　用指引线引出标注表面结构要求

（3）标注在特征尺寸的尺寸线上

在不致引起误解时，表面结构要求可以标注在给定的尺寸线上，如图 8 - 19 所示。

（4）标注在形位公差的框格上

表面结构要求可标注在形位公差框格的上方，如图 8 - 20 所示。

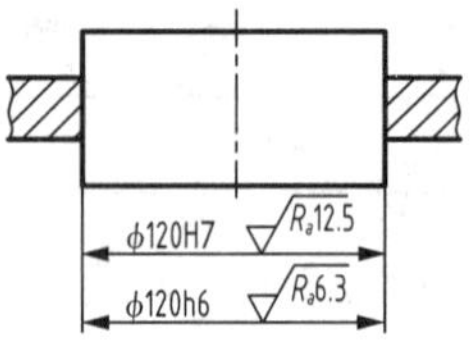

图 8-19 表面结构要求标注在尺寸线上

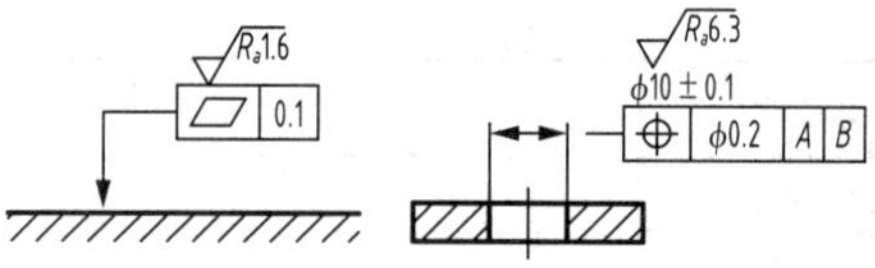

图 8-20 表面结构要求标注在形位公差框格的上方

(5)标注在延长线上

表面结构要求可以直接标注在延长线上，或用带箭头的指引线引出标注，如图 8-30 所示。

(6)标注在圆柱和棱柱表面上

圆柱和棱柱表面的表面结构要求只标注一次，如图 8-21 所示。如果每个棱柱表面有不同的表面结构要求，则应分别单独标注，如图 8-22 所示。

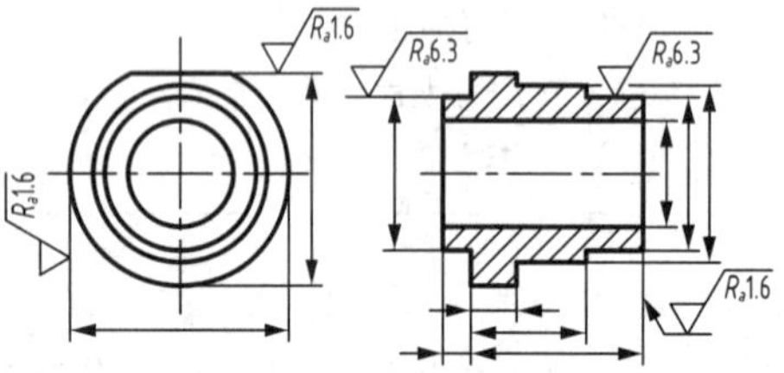

图 8-21 表面结构要求标注在圆柱特征的延长线上

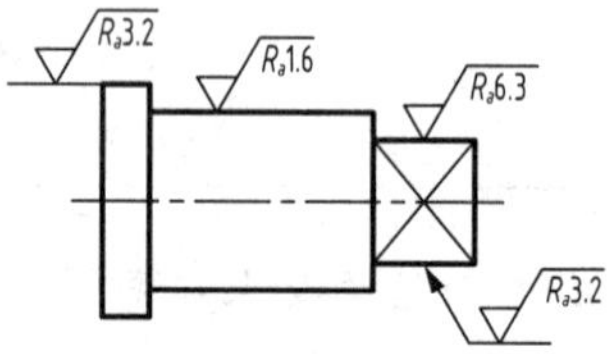

图 8-22 圆柱和棱柱的表面结构要求的注法

5. *表面结构要求的简化注法*(GB/T131—2006)

(1)有相同表面结构要求的简化注法

如果在工件的多数(包括全部)表面有相同的表面结构要求，则其表面结构要求可统一标注在图样的标题栏附近(不同的表面结构要求应直接标注在图形中)，如图 8-23 所示。此时(除表面有相同要求的情况外)，表面结构要求的符号后面应有：

①在圆括号内给出无任何其他标注的基本符号，如图 8-23a 所示；

②在圆括号内给出不同的表面结构要求，如图 8-23b 所示。

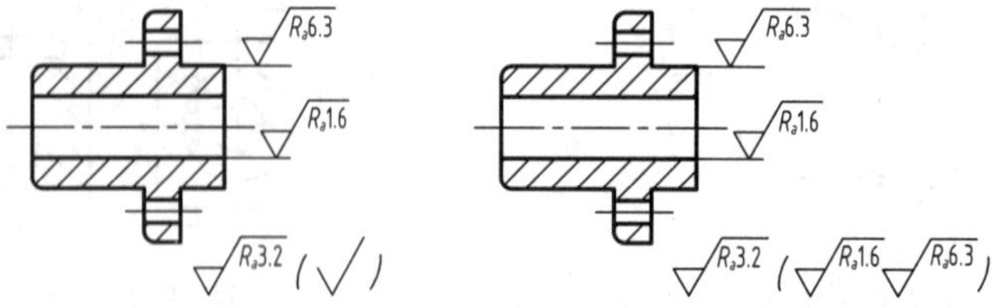

a)　　b)

图 8-23 大多数表面有相同表面结构要求的简化注法

(2)多个表面有共同要求的注法

当多个表面具有相同的表面结构要求或图纸空间有限时，可以采用简化注法。

①可用带字母的完整符号，以等式的形式，在图形或标题栏附近，对有相同表面结构要求的表面进行简化标注，如图 8-24 所示；

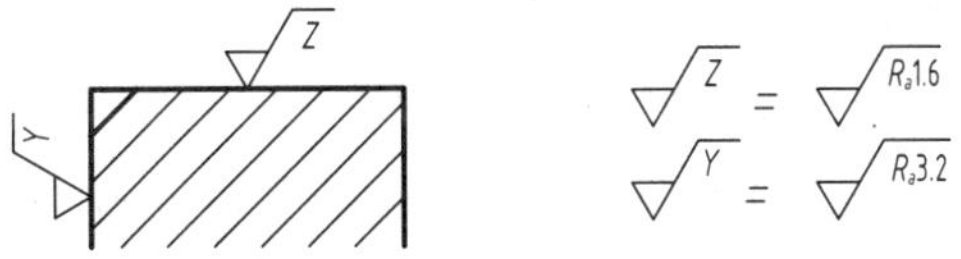

图 8－24　在图纸空间有限时的简化注法

②可用图 8－25a、b、c 所示的表面结构符号，以等式的形式给出对多个表面共同的表面结构要求。

（a）未指定工艺方法　（b）要求去除材料　（c）不允许去除材料

图 8－25　多种表面结构要求的简化注法

6. 两种或多种工艺获得的同一表面的注法（GB/T131—2006）

由几种不同的工艺方法获得的同一表面，当需要明确每种工艺方法的表面结构要求时，可按图 8－26a 所示进行标注（图中 Fe 表示基体材料为钢，Ep 表示加工工艺为电镀）。

图 8－26b 所示为三个连续的加工工序的表面结构、尺寸和表面处理的标注。

第一道工序：单向上限值，$R_z = 1.6\mu m$。

第二道工序：镀铬，无其他表面结构要求。

第三道工序：一个单向上限值，仅对长为 50mm 的圆柱表面有效，$R_z = 6.3\mu m$。

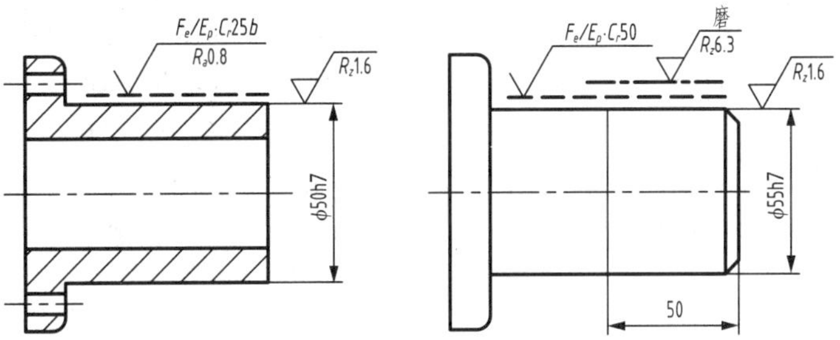

图 8－26　多种工艺获得的同一表面的注法

8.4.2　极限与配合（GB/T1800—2009、GB/T1801—2009）

1. 互换性的概念

从规格大小相同的零件中任取一个，不经选择和修配，便可顺利地装配到机器上，并能保证机器的使用要求，零件的这种性质称为互换性。它为成批大量生产、缩短生产周期、降低成本、维修机器提供了有利条件。

2. 极限的有关术语及定义

在零件的加工过程中，由于受到机床精度、刀具磨损、测量误差和操作技能等的影响，不可能也没必要把零件的尺寸做得绝对准确。为了保证零件间的互换性，必须将零件的尺寸控制在一个允许变动的范围内。我们把允许尺寸变动的两个极端称为极限。

下面以图 8 - 27 为例说明极限的有关术语。

(1)公称尺寸　设计给定的尺寸，如图中的 ϕ32。

(2)实际(组成)要素　由接近实际(组成)要素所限定的工件实际表面的组成要素部分，即通过测量所得到的实际尺寸。

(3)极限尺寸　尺寸要素允许的尺寸的两个极端。

上极限尺寸：尺寸要素允许的最大尺寸。

如　孔：Dmax＝ϕ32mm＋0.039mm＝ϕ32.039mm；

轴：dmax＝ϕ32mm－0.025mm＝ϕ31.975mm。

下极限尺寸：尺寸要素允许的最小尺寸。

如　孔：Dmin＝ϕ32mm－0mm＝ϕ32mm；

轴：dmin＝ϕ32mm－0.05mm＝ϕ31.950mm。

(4)极限偏差　极限尺寸与公称尺寸的代数差称为极限偏差。它包括：

上极限偏差＝上极限尺寸－公称尺寸，其代号为：孔 ES，轴 es。

如　孔：ES＝32.039mm－32mm＝0.039mm；

轴：es＝31.975mm－32mm＝－0.025mm。

下极限偏差＝下极限尺寸－公称尺寸，其代号为：孔 EI，轴 ei。

如　孔：EI＝32mm－32mm＝0mm

轴：ei＝31.950mm－32mm＝－0.050mm

(5)尺寸公差　允许尺寸的变动量，称为尺寸公差，简称公差。公差值等于上极限尺寸与下极限尺寸代数差的绝对值，也等于上极限偏差与下极限偏差之代数差的绝对值。

如　孔的公差＝32.039mm－32mm＝0.039mm－0＝0.039mm

轴的公差＝31.975mm－31.950mm＝－ 0.025mm －(－ 0.050mm)＝0.025mm

(6)公差带图和公差带　为了图示有关公差与配合之间的关系，不画出孔和轴的全部图形，只将有关部分画出来，我们把这种图形称为公差带图，如图 8 - 28 所示。

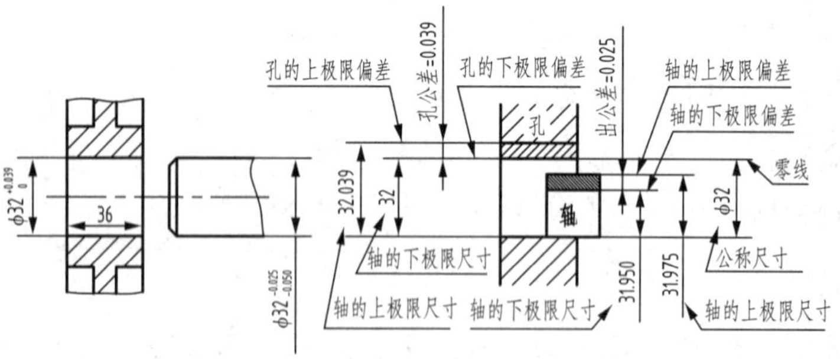

图 8 - 27　尺寸、公差、偏差的基本概念

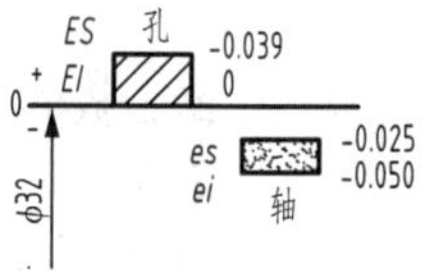

图 8 - 28　公差带图

在公差带图中，确定偏差的一条基准直线称为零偏差线，简称零线，通常用来表示公称尺寸。由代表上、下极限偏差的两条直线所限定的一个区域称为公差带。

(7)标准公差　标准中规定用以确定公差带大小的任一公差。标准公差用符号“IT”表示，共分 20 个等级，依次为 IT01、IT0、IT1、IT2…IT18，其中 IT01 精度最高，IT18 精度最低。基本尺寸相同时，公差等级越高(数值越小)，标准公差越小；公差等级相同时，基本尺寸越大，标准公差越大，如附表 D1 所示。

(8)基本偏差　标准中规定用以确定公差带相对零线位置的上极限偏差或下极限偏差，一般为靠近零线的那个偏差。国标规定孔与轴的基本偏差代号用拉丁字母表示，大写为孔，小写为轴，各有 28 个，如图 8－29 所示。

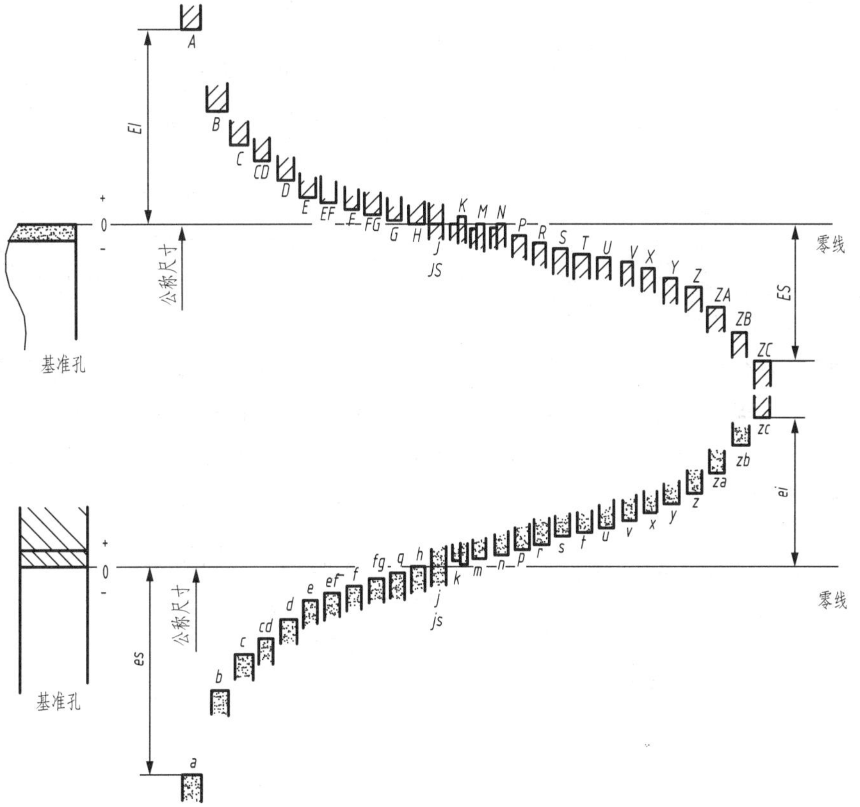

图 8－29　基本偏差系列示意图

由此可知，公差带是由标准公差和基本偏差两个要素组成。标准公差确定公差带的大小，而基本偏差确定公差带的位置，如图 8－30 所示。

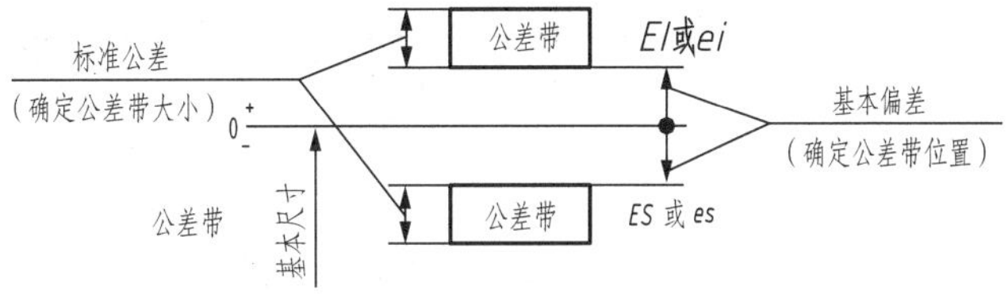

图 8－30　标准公差与基本偏差

3. 配合的有关术语及定义

(1)配合的种类　基本尺寸相同的相互结合的孔和轴公差带之间的关系称为配合。由于孔和轴的实际尺寸不同，它们之间的配合有松有紧。根据配合的松紧情况，将其分为三种，如图 8－31 所示。

间隙配合：孔与轴装配时有间隙（包括最小间隙等于零）的配合。此时，孔的公差带在轴的公差带之上。

过盈配合：孔与轴装配时有过盈（包括最小过盈等于零）的配合。此时，孔的公差带在轴的公差带之下。

过渡配合：孔和轴装配时，可能具有间隙或过盈的配合。此时，孔的公差带与轴的公差带相互交叠。

（2）配合的基准制　在制造相互配合的零件时，如果孔和轴的公差带都可以任意变动，则会出现很多种配合情况，不便于零件的设计和制造。为此，国家标准规定了两种配合制度：

基孔制：基本偏差为一定的孔的公差带与不同基本偏差的轴的公差带形成各种配合的一种制度。基孔制的孔称基准孔，基本偏差代号“H”，下偏差为“0”，如图 8－31a 所示。这种制度是在同一基本尺寸的配合中，将孔的公差带位置固定，通过变动轴的公差带位置，得到各种不同的配合。

基轴制：基本偏差为一定的轴的公差带与不同基本偏差的孔的公差带形成各种配合的一种制度。基轴制的轴称基准轴，基本偏差代号“h”，上偏差为“0”，如图 8－31b 所示。这种制度是在同一基本尺寸的配合中，将轴的公差带位置固定，通过变动孔的公差带位置，得到各种不同的配合。

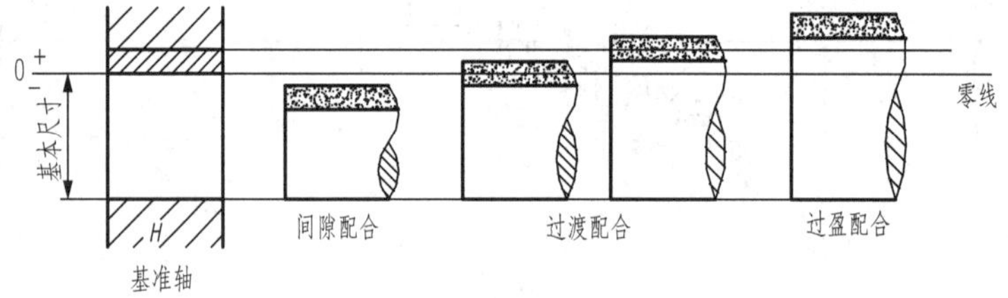

a）基孔制

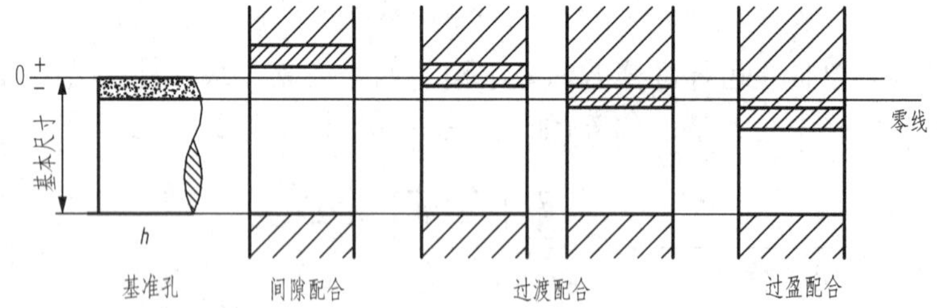

b）基轴制

图 8－31　配合示意图

4. 极限与配合的选用

（1）常用和优先配合

由于标准公差有 20 个等级，基本偏差有 28 种，因而可以组成大量的配合。过多的配合既不能发挥标准的作用，也不利于生产，为此，国家标准规定了优先、常用和一般用途的孔、轴公差带和与之相应的优先和常用配合。

①基孔制优先配合：基孔制的常用配合有 59 种，其中包括优先配合 13 种：

间隙配合：H7/g6、H7/h6、H8/f7、H8/h7、H9/d9、H9/h9、H11/c11、H11/h11。

过渡配合：H7/k6。

过盈配合：H7/n6、H7/p6、H7/s6、H7/u6。

②基轴制优先配合：基轴制的常用配合有 47 种，其中优先配合也是 13 种：

间隙配合：G7/h6、H7/h6、F8/h7、H8/h7、D9/h9、H9/h9、C11/h11、H11/h11。

过渡配合：K7/h6。

过盈配合：N7/h6、P7/h6、S7/h6、U7/h6。

(2)优先采用基孔制

优先采用基孔制可以减少定值刀具、量具的规格数量。只有在具有明显经济效益和不适合采用基孔制的场合，才采用基轴制。例如，使用冷拔钢作轴与孔的配合；标准的滚动轴承的外圈与孔的配合，往往采用基轴制。

5. 极限与配合的标注

在标注配合的孔或轴的尺寸时，必须注写标准公差等级与基本偏差代号(或偏差值)。标注的形式有以下几种：

(1)零件图上的标注形式

极限与配合在零件图上的标注有三种形式：

①标注公差带代号：在孔或轴的公称尺寸后面只标注公差带代号，如图 8－32a 所示。此法适用于大批量生产。

②注极限偏差值：在孔或轴的公称尺寸后只标注极限偏差值，如图 8－32b 所示。此法适用于单件小批量生产。

③同时注公差带代号和极限偏差值：在孔或轴的公称尺寸后面同时标注公差带代号和极限偏差值。此时，偏差值须加上括号，如图 8－32c 所示。此法适用于产量不祥时。

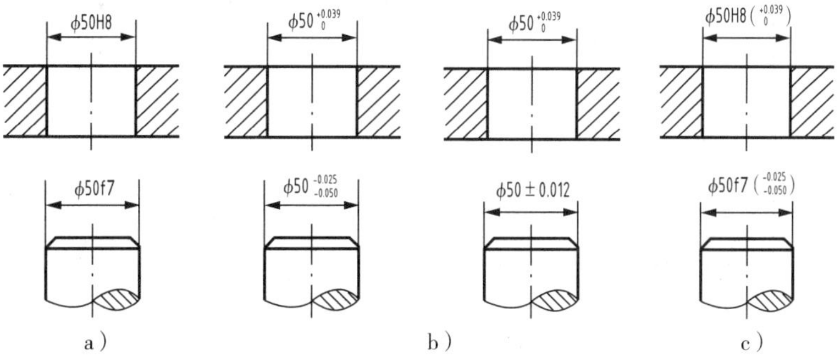

图 8－32　公差配合在零件图上的标注

标注极限偏差值时，上极限偏差注在公称尺寸的右上方，下极限偏差与公称尺寸注在同一底线上；一般偏差数字比公称尺寸数字小一号。其余注意事项见图 8－33。

(2)在装配图上的标注方法

极限与配合在装配图上通常采用组合的标注形式：

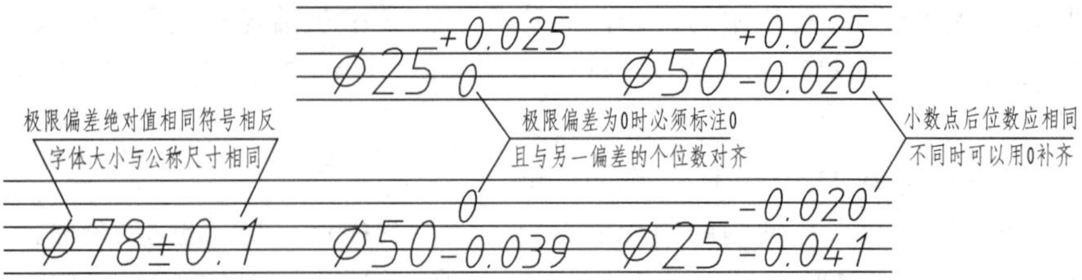

图 8-33 极限偏差值的注写方法

①一般标注形式:在公称尺寸后面注出孔和轴的配合代号,如图 8-34 所示。其中孔的配合代号注在上边,轴的配合代号注在下边。

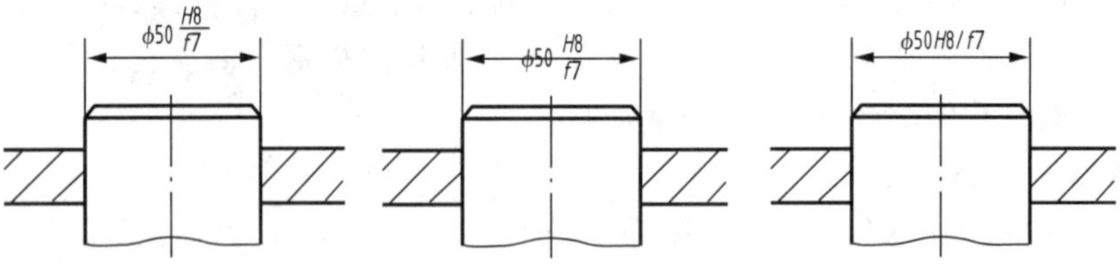

图 8-34 装配图上配合代号的标注

②标注极限偏差的形式:允许将孔和轴的极限偏差分别注在公称尺寸后面,如图 8-35a 所示。

③同时标注配合代号的形式:允许将孔和轴的配合代号和极限偏差值同时标注在公称尺寸后面,如图 8-35b 所示。

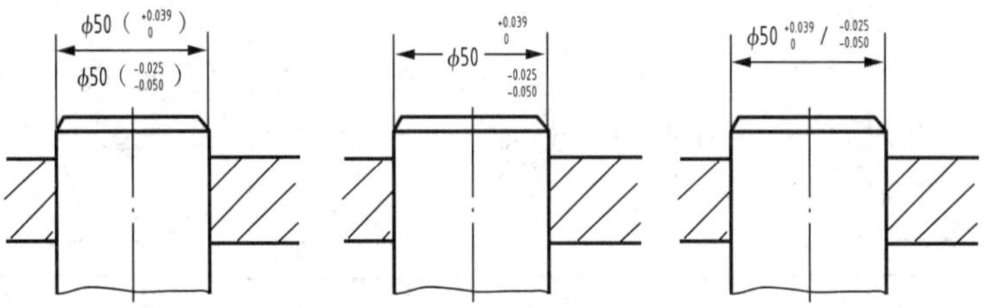

a)

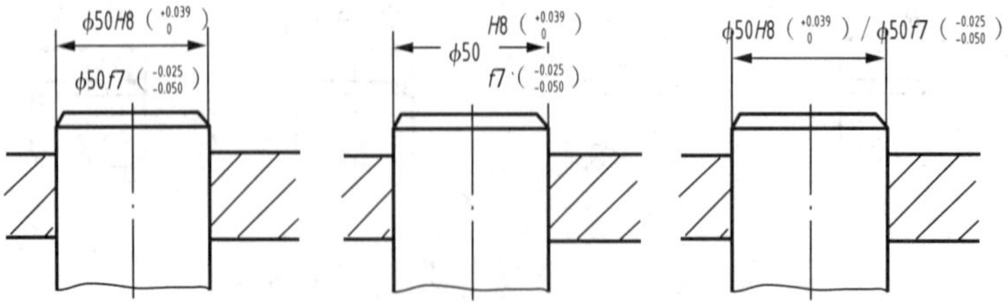

b)

图 8-35 装配图上极限偏差注法

(3)特殊标注形式

与标准件和外购件相配合的孔和轴,可以只标注该零件的公差代号,如图 8-36 所示。

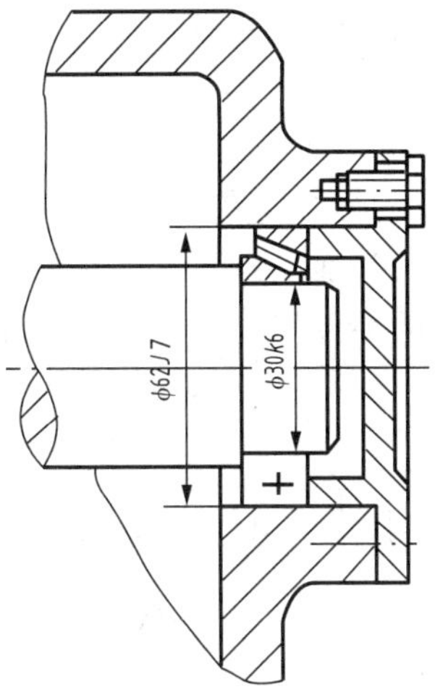

图 8-36　标准件、外购件与零件相配时注法

8.4.3　几何公差(GB/T1182—2008)

1. 几何公差的概念

在生产中，不仅零件的尺寸不可能做得绝对准确，零件的形状和位置也会产生误差，如图 8-37a 中的小轴，由于加工后产生直线度误差(如图中细双点画线所示)，致使装配困难，使用受到影响；而图 8-37b 中的轴套，其左端面对轴线产生了垂直度误差，使其难以与其他零件的表面紧密接触。我们把加工后对零件宏观的几何形状和相对位置的许变动量，称为几何公差，它包括形状、方向、位置和跳动公差。几何公差也是评定产品质量的一项重要技术指标。

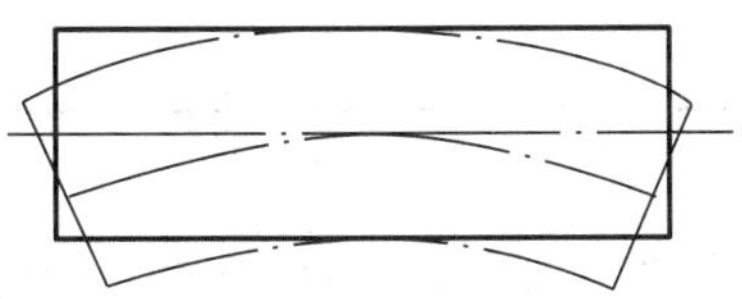
a) 小轴的形状误差

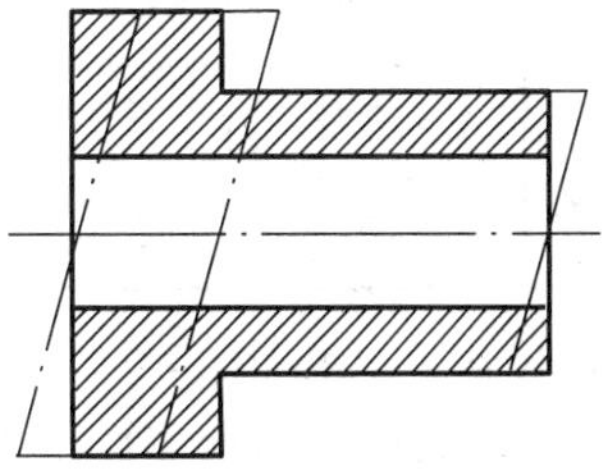
b) 轴套的位置误差

图 8-37　零件的几何公差示例

2. 几何公差和基准的代号

(1)几何公差的代号

国家标准《几何公差形状、方向、位置和跳动公差标注(GPS)》(GB/T1182—2008)规定用在图样上的几何公差应采用代号的形式来标注。当无法用代号标注时，允许在技术要求中用文字说明。

几何公差的代号由框格和带箭头的指引线组成，框格用细实线绘制，高为 2h，只能在图样上水平或垂直放置，框格内填写的内容如图 8－38a 所示。

(2)基准代号

对有方向、位置和跳动公差要求的零件，在图样上应注明基准代号。与被测要素相关的基准用一个大写字母表示。字母标注在基准方格内，与一个涂黑的或空白的三角形相连以表示基准，涂黑的和空白的基准三角形含义相同，如图 8－38b 所示。无论基准代号在图样中的方向如何，方格内的字母都应水平书写，如图 8－38c 所示。

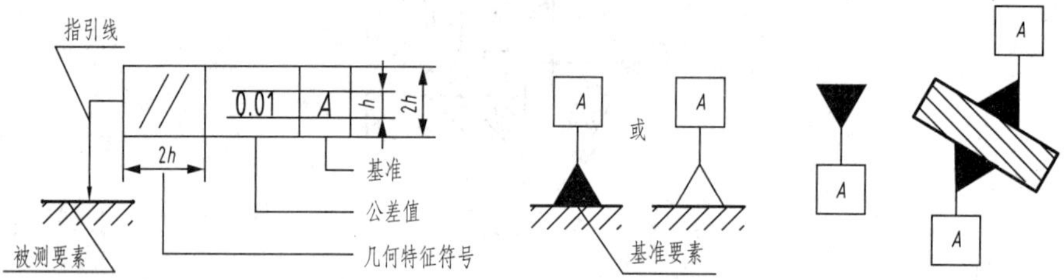

a）几何公差代号　　b）基准代号　　c）倾斜基准的标注

图 8－38　几何公差代号和基准代号

3. 几何公差的几何特征及符号

国家标准规定的几何特征符号有 14 种，各几何特征的名称和符号见表 8－6。

表 8－6　几何特征名称和符号

公差类型	几何特征	符号	基准要求
形状公差	直线度	—	无
	平面度	▱	无
	圆度	○	无
	圆柱度	⌭	无
形状、方向或位置公差	线轮廓度	⌒	无或有
	面轮廓度	⌓	无或有

公差类型	几何特征	符号	基准要求
方向公差	平行度	//	有
	垂直度	⊥	有
	倾斜度	∠	有
位置公差	位置度	⌖	有或无
	同轴（心）度	◎	有
	对称度	⌯	有
跳动公差	圆跳动	↗	有
	全跳动	⌰	有

4. 几何公差的标注

用带箭头的指引线将被测要素与公差框格的任意一端相连，箭头应垂直指向被测要素如图 8－38a 所示。与被测要素相关的基准用基准符号表示，基准符号中的三角形底边与基准要素重合，如图 8－38b 所示。

(1)被测要素或基准要素为轮廓线或表面

指引线的箭头应垂直指向或基准三角形放置在该要素的轮廓线或其延长线上，并都应明显地与尺寸线错开，如图 8－39a 所示。箭头也可指向或基准三角形也可放置在引出线的水平线上，该引出线引自被测面，如图 8－39b 所示。

(2)被测要素或基准要素为轴线、对称平面或中心点

指引线箭头或基准符号应与相应要素的尺寸线对齐，如图 8－40 所示。

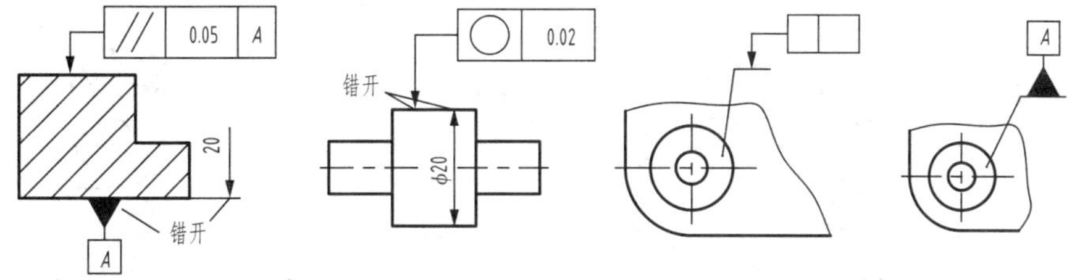

a)　　　　　　b)

图8-39　被测、基准要素为线或面时的标注

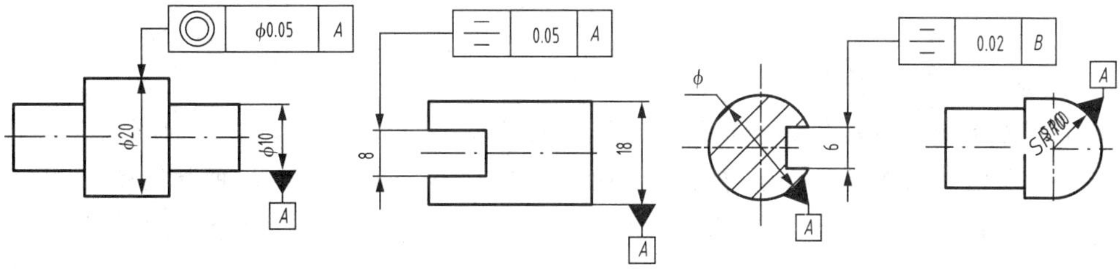

图8-40　被测、基准要素为轴线或中心平面时的标注

(3)公共基准或组成基准

当基准要素是两个要素组成的公共基准时，其标注如图8-41a所示；两个或三个要素组成的基准时的标注，如图8-41b所示。

(4)指引线箭头或基准符号与尺寸线箭头重叠

当基准符号与尺寸线的箭头重叠时，则该尺寸线的箭头可以省略，如图8-42a所示；当指引线的箭头与尺寸线的箭头重叠时，则指引线的箭头可以代替尺寸箭头，如图8-42b所示。

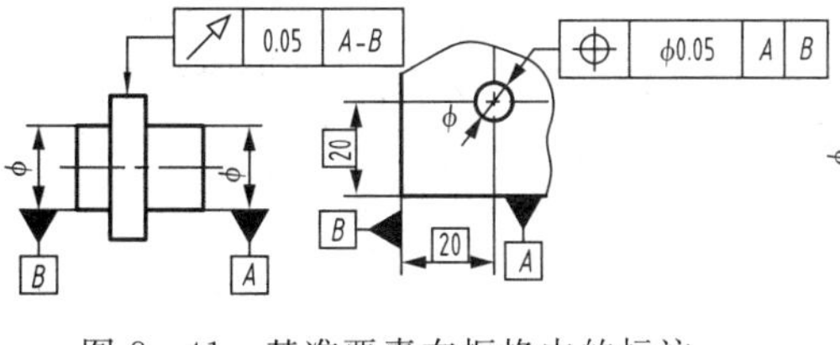

图8-41　基准要素在框格中的标注

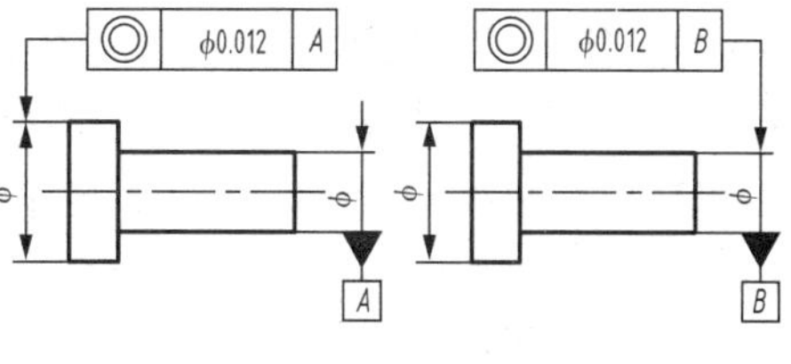

图8-42　省略箭头的标注

(5)多项几何公差要求或相同的几何公差要求

同一要素有多项几何公差要求时，可采用框格并列标注法标注，如图8-43a所示；多处要素有相同的几何公差要求时，可在框格指引线上绘制多个箭头，如图8-43b所示。

(6)指定范围

当被测范围仅为被测要素的一部分时，应用粗点画线加尺寸标出指定范围，如图8-44所示。

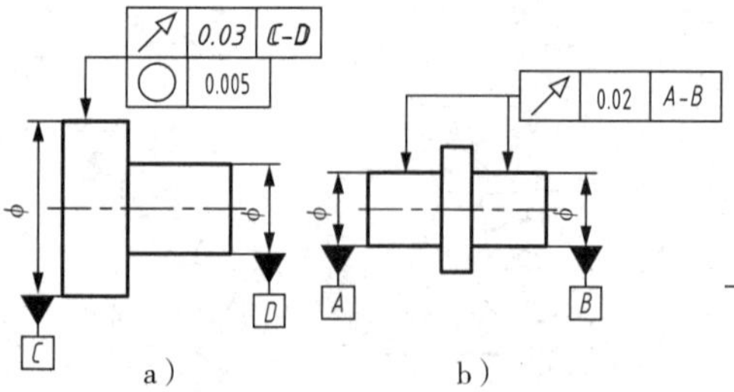

a)　　　　　　　　b)

图 8-43　一处多项、一项多处的标注

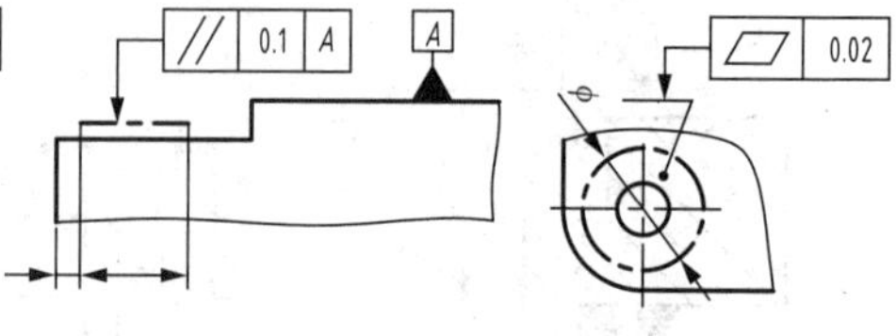

图 8-44　指定范围的标注

(7)公差带为圆、圆柱或圆球

当给定的公差带为圆、圆柱或圆球时，应在公差数值前加注 ϕ 或 $S\phi$，如图 8-45 所示。

(8)附加要求的标注

①如需给出被测部位任一长度(或范围)的公差值时，其注法如图 8-46a、b 所示。其中图 a 是在任意长为 100mm 内有该几何公差的要求；图 b 是在表面上任意 100mm×100mm 范围内有该几何公差的要求。如果同时还需给出全长(或整个被测要素)的公差值时，其注法如图 8-46c 所示，其分子表示被测部位全长(或整个被测要素)的公差值，分母表示被测部位给定长度(或范围)的公差值。

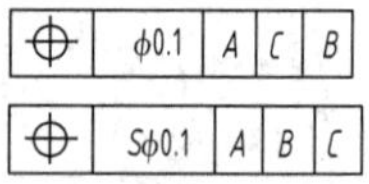

图 8-45　公差带为圆、圆柱或球的标注

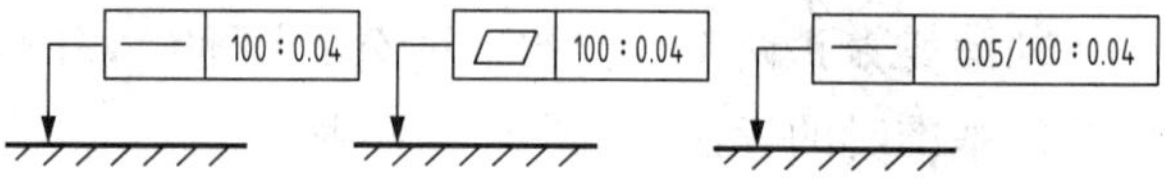

a)　　　　b)　　　　c)

图 8-46　给出任一长度的标注

②对于被测部位数量的说明，可注写在框格的上方；对于一些解释性的说明，可注写在框格下方，如图 8-47 所示。

③如果线(或面)轮廓度特征适用于横截面的整周轮廓或由该轮廓所示的整周表面时，应采用"全周"符号表示，如图 8-48 所示。"全周"符号并不包括整个工件的所有表面，只包括由轮廓和公差标注所表示的各个表面。

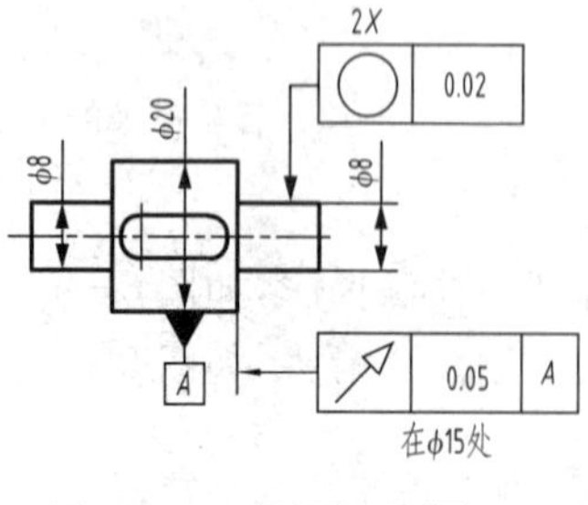

图 8-47　附加说明的标注

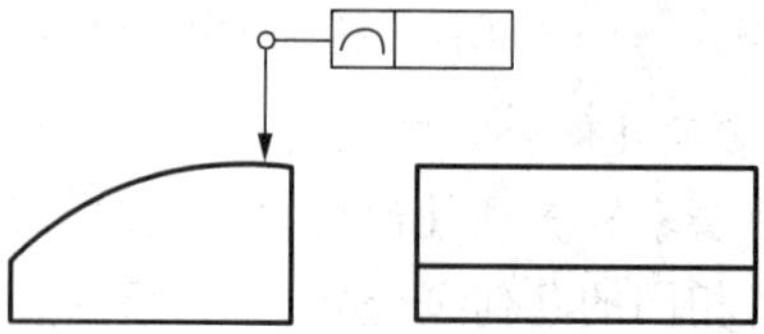

图 8-48　整周轮廓的标注

④以螺纹轴线为被测要素或基准要素时，默认为螺纹中径圆柱的轴线，否则应另有说明。如图 8-49 所示，用"MD"表示大径，用"LD"表示小径；以齿轮、花键轴线为被测要

素或基准要素时，需说明所指的要素，如用“PD”表示节径，用“MD”表示大径，用“LD”表示小径。

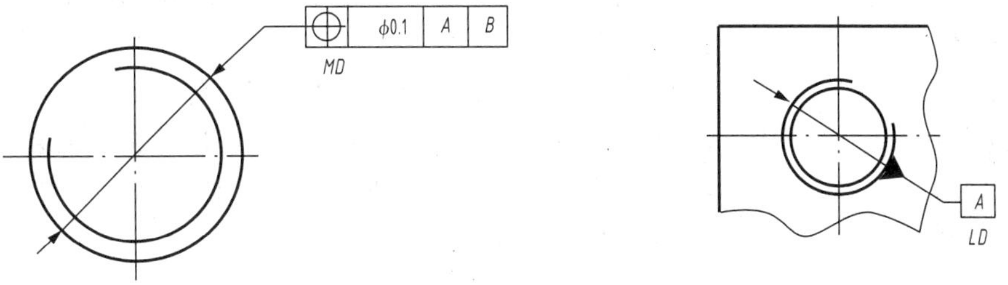

图 8－49　螺纹轴线为被测要素或基准要素时的标注

学与做

如图 8－50 所示为曲轴零件的几何公差标注示例，其中的几何公差含义如下：

键槽中心平面对基准 F(左端圆台部分的轴线)的对称度公差为 0.025mm。

左端圆锥面对公共基准轴线 $A—B$ 的径向圆跳动公差为 0.025mm。

ϕ40 的轴线对公共基准轴线 $A—B$ 的平行度公差为 0.02mm。

ϕ30 的外圆表面对公共基准轴线 $C—D$ 的径向圆跳动公差为 0.025mm，圆柱度公差为 0.006mm。

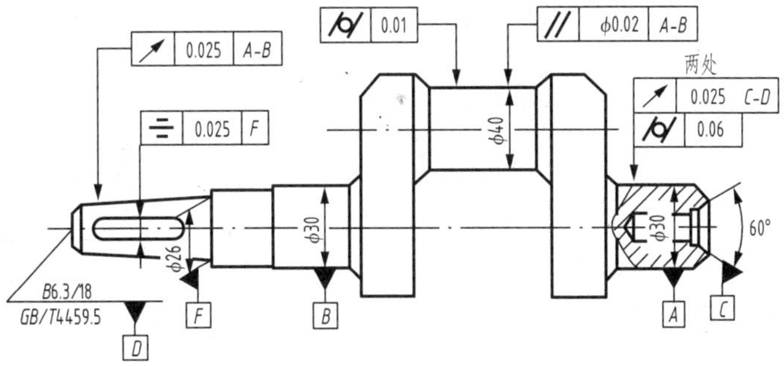

图 8－50　几何公差标注综合实例

8.4.4　典型零件技术要求的确定

1. 轴套类零件的技术要求

有配合要求的表面，表面粗糙度要求较高，且应选择并标注尺寸公差。有配合的轴颈和重要的端面应有形位公差要求，如同轴度、径向圆跳动、端面圆跳动及键槽的对称度等，如图 8－7 所示。

2. 盘盖类零件的技术要求

有配合要求的表面、轴向定位的端面，其表面粗糙度和尺寸精度要求较高，端面与轴线之间常有垂直度或端面圆跳动的要求；外圆柱和内孔的轴线间也常有同轴度要求；此外，均布的孔、槽有时会有位置度的要求，如图 8－8、图 8－9 所示。

3. 叉架类零件的技术要求

叉架类零件的安装孔、轴座、圆孔、加工面、结合面的表面粗糙度、尺寸精度较高；根据零件的使用要求，常有圆度、平行度、垂直度等形位公差要求，如图 8－10 所示。

4. 箱体类零件的技术要求

箱体类零件中轴承孔、结合面、销孔等表面粗糙度要求较高，其余加工面要求较低；轴承孔的中心距、孔径以及一些有配合要求的表面、定位端面应有尺寸精度的要求；大的结合面常有平面度要求，同一轴的轴孔间常有同轴度要求，不同轴的轴孔间或轴孔和底面间常有平行度要求，如图 8－12 所示。

8.5 AutoCAD 尺寸的标注

工程图是工程技术人员进行技术交流的语言，工程图中的图形表达了工程设计对象的形状和位置关系，而它们的大小及准确位置则需要用尺寸来注明。

8.5.1 尺寸标注的几个概念

1. 尺寸的组成

一个完整的尺寸标注通常由尺寸线、尺寸界线、尺寸起止符号和尺寸文本等四要素组成。如图 8－51 所示。

2. 尺寸标注样式

工程图中尺寸的标注必须符合相应的制图标准。目前，我国各行业制图标准中对尺寸标注的要求不完全相同。AutoCAD 允许用户根据需要自行创建标注样式，即可以把不同类型图纸对尺寸标注要求设置成不同的尺寸标注样式，并给予文件名保存起来，以备后用。创建了标注样式以后，就能很容易地进行尺寸标注。例如图 8－51 就是在设置了相应的标注样式后，对线段“12”所作的标注，具体标注时，可通过选取该线段上的两个端点，即选取该线段上的第“1”点和第“2”点作为第一条尺寸界限的原点和第二条尺寸界限的原点，再指定决定尺寸线的位置，即可完成该线段的尺寸标注。

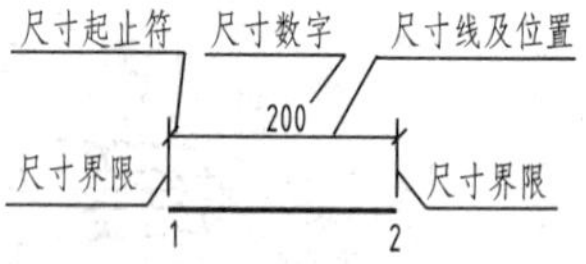

图 8－51 尺寸的组成

3. 尺寸标注的整体性和关联性

(1)整体性

缺省情况下，一个尺寸标注是一个整体，即只能对其进行整体处理(如整体移动、旋转和删除等)，而不能单独选择某一部分进行处理。实际上，Auto CAD 将构成尺寸的四要素作为块来处理。

尺寸的整体性由系统变量 DIMASO 控制。DIMASO＝ON(缺省值)，则标出的尺寸具有整体性；DIMASO＝OFF，则标出的尺寸不具有整体性，即各组成元素彼此无关。

(2)关联性

标注尺寸时，AutoCAD 将自动测量标注对象的大小，并将测量结果自动形成尺寸文本。当用有关编辑命令修改标注的对象时，尺寸文本将随之发生变化。具有这种特性的尺寸标注称为关联尺寸。

如果一个尺寸标注不具有整体性，则它也不具有关联性，即当用有关编辑命令修改标注的对象时，尺寸文本将不随之发生变化。具有这种特性的尺寸标注称为不关联尺寸。

注意：具有整体性的一个尺寸标注，可用分解命令将其分解为不具有整体性。

4. 尺寸标注的类型

AutoCAD 将尺寸标注分为线性尺寸(包括水平尺寸标注、垂直尺寸标注)、对齐尺寸、基线尺寸、连续尺寸、半径尺寸、直径尺寸、角度尺寸、坐标尺寸、圆心标记、快速引线等类型，如图 8－52 所示。

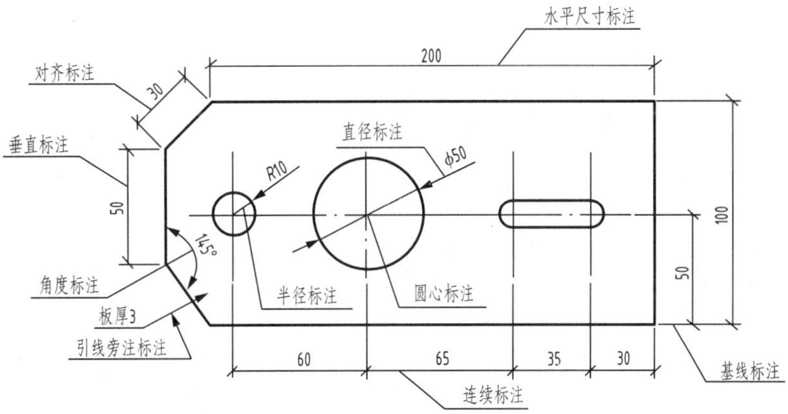

图 8－52　尺寸标注的类型

5. 尺寸标注的规则

尺寸标注必须符合国家标准和行业的规范和要求，一般规则为：

(1)当图形中的尺寸以毫米为单位时，则不需要标注计量单位。否则，必须注明所采用的单位代号或名称，如 CM(厘米)、M(米)、“°”(度)等。

(2)图形的真实大小应以图上所标注的尺寸数据为依据，与所画图形的大小及画图的准确性无关。

(3)图形中每一部分的尺寸支应标注一次，并且应标在最能反映其形体特征的视图上。

(4)在同一图形中，用一类尺寸箭头、尺寸数字大小应该相同。

(5)尺寸文本中的字体必须按照国家标准规定进行书写，即汉字必须使用长仿宋体，宽高比为 0.71，数字使用阿拉伯数字或罗马数字，字母使用希腊字母或拉丁字母。各种字体的字高可从 20、14、10、7、5、3.5 等规格中选取。

6. AutoCAD 尺寸标注的方法

用户应按照一定的步骤来使用 AutoCAD 进行专业图样的尺寸标注，以保证能更好的完成标注工作。一般步骤为：

(1)了解专业图样尺寸标注的有关规定。

(2)建立尺寸标注所需的文字样式、标注样式。

(3)建立一个新的图层,专门用于标注尺寸,以便于区分和修改。

(4)通过对话框来设置尺寸标注样式,如尺寸线、尺寸界限、尺寸文本、尺寸单位、尺寸精度等。

(5)保存或输出用户所作的设置,以提高作图效率。

(6)使用尺寸标注命令时,结合对象捕捉功能等辅助绘图工具能正确地进行尺寸标注。

(7)检查所标主持票,对个别不符合要求的尺寸进行修改和编辑。

需要注意的是,尺寸标注命令可自动测量所标注图形的尺寸并加以标注,所以,用户在绘图时应尽量准确,这样才能减少修改尺寸文本所花费时间,加快绘图速度。

8.5.2 线性标注

线性标注——标注水平尺寸和垂直尺寸。

命令:_dimlinear↙
指定第一条尺寸界线原点或<选择对象>:
指定第二条尺寸界线原点:指定尺寸线位置或
[多行文字(M)/文字(T)/角度(A)/水平(H)/垂直(V)/旋转(R)]:
标注文字 = 54
命令:_dimlinear↙
指定第一条尺寸界线原点或<选择对象>:
指定第二条尺寸界线原点:指定尺寸线位置或
[多行文字(M)/文字(T)/角度(A)/水平(H)/垂直(V)/旋转(R)]:
标注文字 = 27
命令:_dimlinear↙
指定第一条尺寸界线原点或<选择对象>:
指定第二条尺寸界线原点:指定尺寸线位置或
[多行文字(M)/文字(T)/角度(A)/水平(H)/垂直(V)/旋转(R)]:
标注文字 = 36

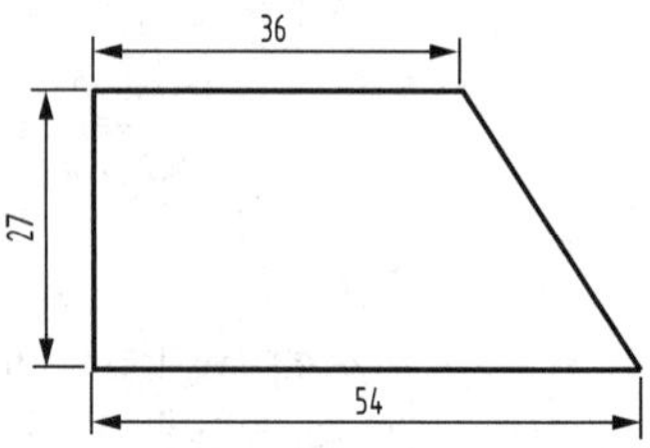

图 8-53 线性标注

如图 8-53 所示。

8.5.3 对齐标注

对齐标注——标注与任意两点连线相平行的尺寸也可标注圆的直径、弧的弦长,如图 8-54 所示。

命令:_dimaligned↙
指定第一条尺寸界线原点或<选择对象>:

指定第二条尺寸界线原点：
指定尺寸线位置或
[多行文字(M)/文字(T)/角度(A)]：
标注文字 = 31.5
命令：_dimaligned
指定第一条尺寸界线原点或<选择对象>：
指定第二条尺寸界线原点：
指定尺寸线位置或
[多行文字(M)/文字(T)/角度(A)]：
标注文字 = 36

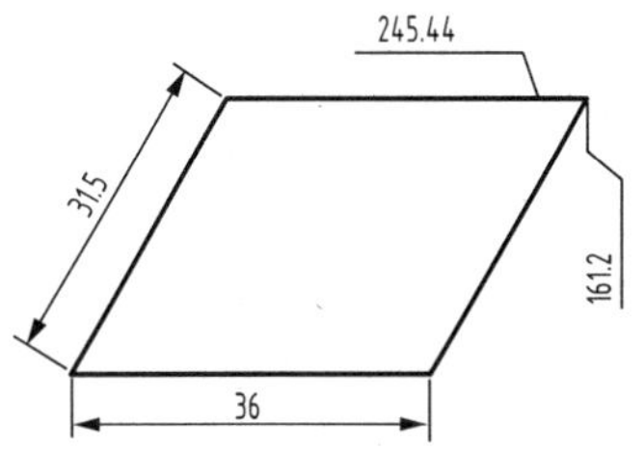

图 8－54　对齐标注与坐标标注

8.5.4　坐标标注

坐标标注——标注任意一点相对于原点的坐标值

命令：_dimordinate ↙
指定点坐标：
指定引线端点或[X　基准(X)/Y　基准(Y)/多行文字(M)/文字(T)/角度(A)]：x
指定引线端点或[X　基准(X)/Y　基准(Y)/多行文字(M)/文字(T)/角度(A)]：
标注文字 = 161.2
命令：_dimordinate ↙
指定点坐标：
指定引线端点或[X　基准(X)/Y　基准(Y)/多行文字(M)/文字(T)/角度(A)]：y
指定引线端点或[X　基准(X)/Y　基准(Y)/多行文字(M)/文字(T)/角度(A)]：
标注文字 = 245.44

8.5.5　半径与直径标注

半径与直径标注——标注圆弧或圆的半径和直径

命令：_dimradius ↙
选择圆弧或圆：
标注文字 = 10
指定尺寸线位置或[多行文字(M)/文字(T)/角度(A)]：
命令：_dimradius ↙
选择圆弧或圆：
标注文字 = 8
指定尺寸线位置或[多行文字(M)/文字(T)/角度(A)]：
命令：_dimdiameter ↙
选择圆弧或圆：
标注文字 = 18

指定尺寸线位置或[多行文字(M)/文字(T)/角度(A)]:如图 8－55 所示。

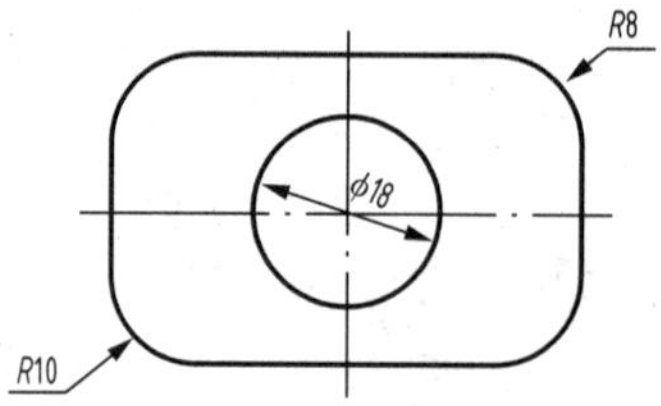

图 8－55　半径与直径标注

8.5.6　角度标注

角度标注——标注直线与直线的锐角或其补角、圆弧的圆心角,如图 8－56 所示。

图 8－56　角度标注

命令:_dimangular↙
选择圆弧、圆、直线或＜指定顶点＞:
选择第二条直线:
指定标注弧线位置或[多行文字(M)/文字(T)/角度(A)]:
标注文字 = 30
命令:_dimangular↙
选择圆弧、圆、直线或＜指定顶点＞:
指定标注弧线位置或[多行文字(M)/文字(T)/角度(A)]:
标注文字 = 100

8.5.7　快速引线标注

快速引线标注——快速创建引线标注和引线注释

命令:_qleader↙
指定第一个引线点或[设置(S)]＜设置＞:s↙
弹出如图 8－57 所示的"引线设置"对话框,在"注释"中设置如图 13－49 所示;在"引线和箭头"中将箭头设置为"无",角度中的第一段设置为"45°";在"附着"中将"最后一行加下画线"复选框选中。
指定第一个引线点或[设置(S)]＜设置＞:
指定下一点:
指定下一点:
指定文字宽度＜0＞:↙
输入注释文字的第一行＜多行文字(M)＞:2×5%%D↙

输入注释文字的下一行：↙

（标注后如图 8－58）。

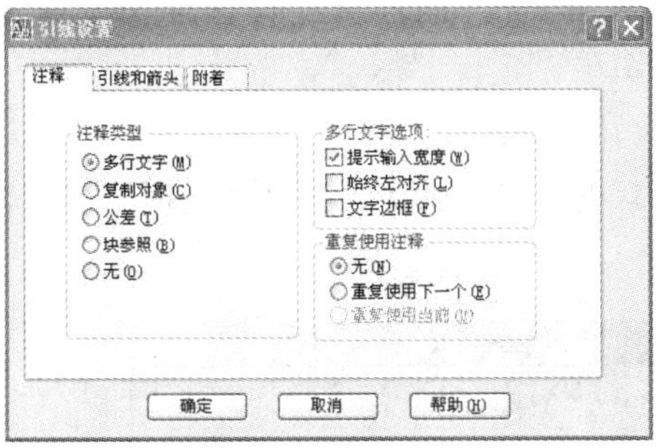

图 8－57　引线设置对话框

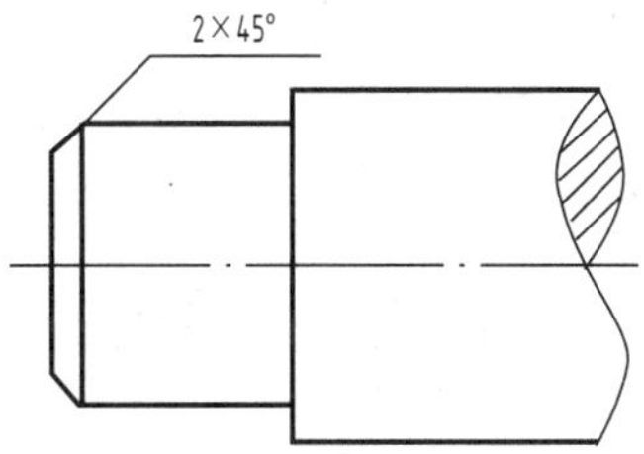

图 8－58　快速引线标注

8.5.8　圆心标记

圆心标记——标注圆或圆弧的十字中心符号

命令：_dimcenter↙

选择圆弧或圆：

命令：_dimcenter↙

选择圆弧或圆：

8.5.9　图形绘制实例

实例一：绘制法兰盘

本例以在机械制造中常用的法兰盘为素材，综合应用各种基本绘图工具，讲述它们的应用方法。该例主要通过“直线”、“圆”、“圆角”、“修剪”、“阵列”和“图案填充”等命令绘制该零件的二视图，如图 8－59 所示。

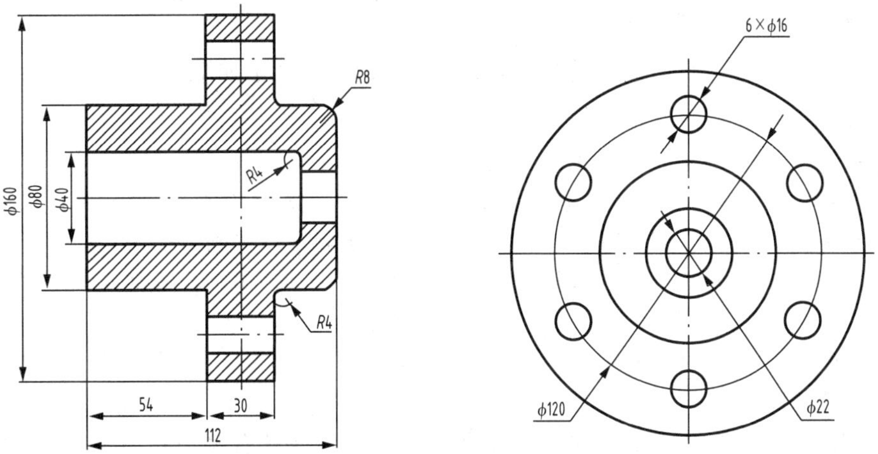

图 8－59　法兰盘

操作步骤：

(1)运行 AutoCAD　2008 中文版之后，新建二维制图模型，命名为“法兰盘 .dwt”。

(2)在菜单栏中选择“格式”→“图层”命令，在弹出的“图层特性管理器”中分别创建“中心线”、“轮廓线”、“剖面线”和“隐藏线”四个图层。

(3)单击“状态栏”中的“线宽”按钮，打开“线宽”功能。

(4)将“中心线”图层置为当前图层，绘制定位基准线。选择“绘图”→“构造线”命令，绘制如图 8-60 所示的中心线，命令行提示如下：

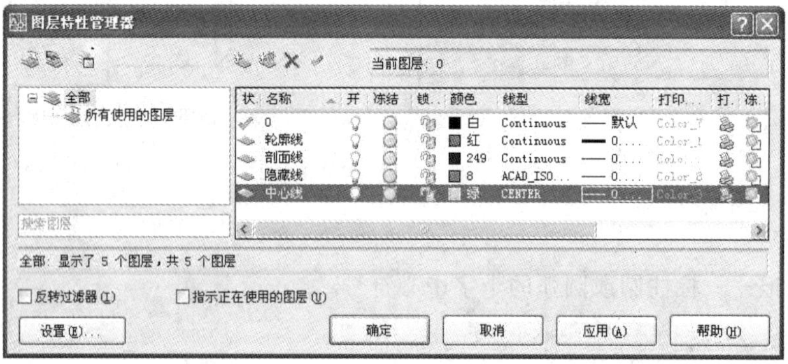

图 8-60　创建图层

命令：xline

指定点或[水平(H)，垂直(V)/角度(A)/二等分(B)/偏移(O)]：h　//绘制水平构造线

指定通过点：150，200　　//输入通过点的坐标

指定通过点：//在绘图区单击鼠标左键放置构造线

指定通过点：//按 Enter 键，完成构造线绘制

命令：//按 Enter 键，重复绘制构造线命令

指定点或[水平(H)/垂直(V)/角度(A)/二等分(B)/偏移(O)]：V　//绘制垂直构造线

指定通过点：150，200　　//输入通过点的坐标

指定通过点：//按 Enter 键，结束命令

(5)单击“二维绘图”面板中的“偏移”按钮，命令行提示如下：

命令：offset

当前设置：删除源 = 否　图层 = 源　OFFSETGAPTYPE = 0

指定偏移距离或[通过(T)/删除(E)/图层(L)]＜通过＞：27　//设置需要偏移的距离

选择要偏移的对象，或[退出(E)/放弃(U)]＜退出＞：//选择图 4-17 所示的垂直构造线

指定要偏移的那一侧上的点，或[退出(E)/多个(M)/放弃(U)]＜退出＞：//在垂直构造线的右侧单击一点

选择要偏移的对象，或[退出(E)，放弃(U)]＜退出＞：//Enter 键，完成偏移操作

命令：//按 Enter 键，重复偏移命令

继续使用“偏移”命令，将图 8-61 中的垂直中心线向其右侧偏移 43，偏移后的效果如图 8-62 所示。

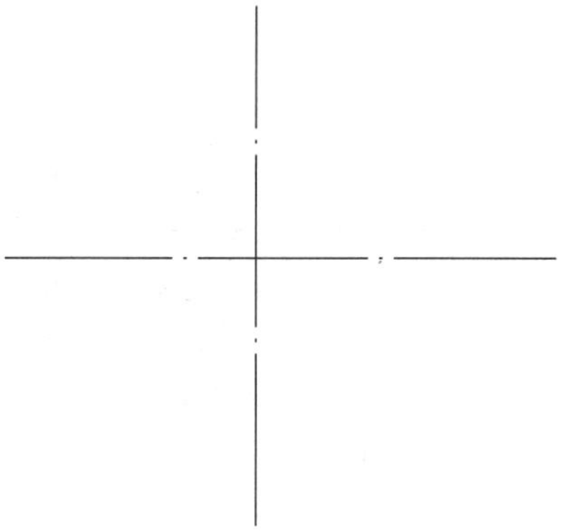

图 8－61　绘制中心线

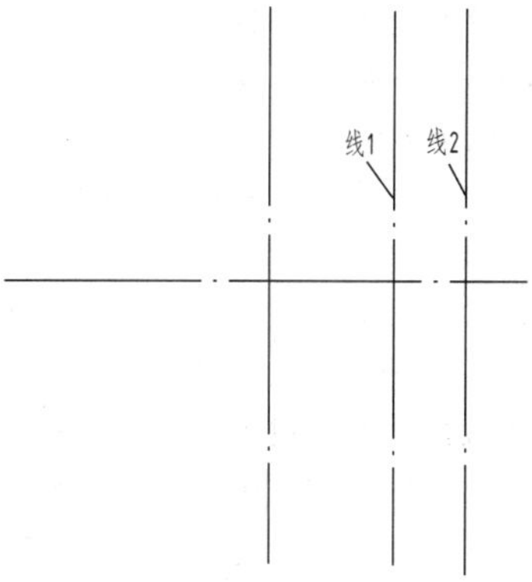

图 8－62　辅助线

(6)将“轮廓线”图层置为当前图层，单击“二维绘图”面板中的“直线”按钮，绘制法兰盘的外轮廓线，命令行提示如下：

命令：_line　指定第一点：　　　//捕捉线 1 与水平构造线的交点
指定下一点或[放弃(U)]:20　　　//使用正交功能，向上引导光标，输入 20
指定下一点或[放弃(U)]:96　　　//使用正交功能，向上引导光标，输入 20
指定下一点或[闭合(C)/放弃(U)]://按 Enter 键，结束命令
命令://按 Enter，重复直线命令
LINE 指定第一点：//捕捉线 2 与水平构造线的交点
指定下一点或[放弃(U)]:40　　　//使用正交功能，向上引导光标，输入 40
指定下一点或[放弃(U)]:28　　　//使用正交功能，向左引导光标，输入 28
指定下一点或[闭合(C)/放弃(U)]:40//使用正交功能，向左引导光标，输入 40
指定下一点或[闭合(C)/放弃(U)]:30//使用正交功能，向左引导光标，输入 30
指定下一点或[闭合(C)/放弃(U)]:40//使用正交功能，向左引导光标，输入 40
指定下一点或[闭合(C)/放弃(U)]:54//使用正交功能，向左引导光标，输入 54
指定下一点或[闭合(C)/放弃(U)]:40//使用正交功能，向左引导光标，输入 40
指定下一点或[闭合(C)/放弃(U)]://按 Enter，重复直线命令

绘制效果如图 8－63 所示。

(7)单击“二维绘图”面板中的“删除”按钮，命令行提示如下：

命令：_erase

选择对象：指定对角点：找到 2//选择图 8－62 中的线 1 和线 2

选择对象：//按 Enter 键，结束命令，效果如图 13－56 所示。

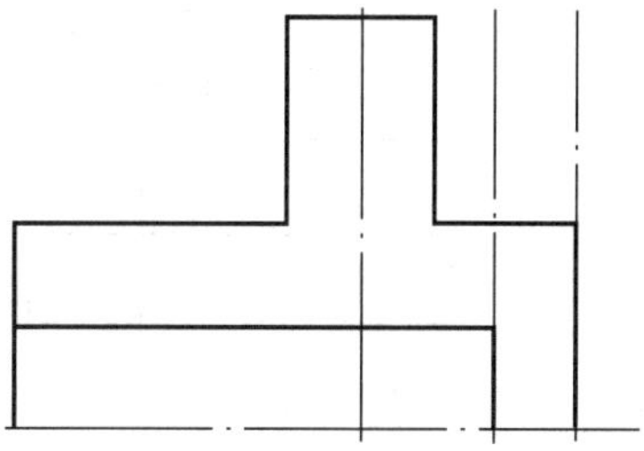

图 8－63　绘制外轮廓线

(8)单击“二维绘图”面板中的“圆角”按钮，命令行提示如下：

命令：_fillet

当前设置:模式 = 修剪,半径 = 0.0000 //系统提示信息
选择第一个对象或[放弃(U)/多段线(P)/半径(R)/修剪(T)/多个(M)]:r //设置圆角半径
指定圆角半径＜0.0000＞:4
选择第一个对象或[放弃(U)/多段线(P)/半径(R)/修剪(T)/多个(M)]:m //设置多个圆角
选择第一个对象或[放弃(U)/多段线(P)/半径(R)/修剪(T)/多个(M)]://选择图 8-64 所示的线 3
选择第二个对象,或按住 Shift 键选择要应用角点的对象://选择图 8-64 所示的线 4
选择第一个对象或[放弃(U)/多段线(P)/半径(R)/修剪(T)/多个(M)]://选择图 8-64 所示的线 6
选择第二个对象,或按住 Shift 键选择要应用角点的对象://选择图 8-64 所示的线 7
选择第一个对象或[放弃(U)/多段线(P)/半径(R)/修剪(T)/多个(M)]://按 Enter 键
命令://按 Enter,重复绘制圆角命令
FILLET
当前设置:模式 = 修剪,半径 = 4.0000
选择第一个对象或[放弃(U)/多段线(P)/半径(R)/修剪(T)/多个(M)]:r //设置圆角半径
指定圆角半径＜4.0000＞:8
选择第一个对象或[放弃(U)/多段线(P)/半径(R)/修剪(T)/多个(M)]://选择图 8-64 所示的线 5
选择第二个对象,或按住 Shift 键选择要应用角点的对象://选择图 8-64 所示的线 6

效果如图 8-65 所示。

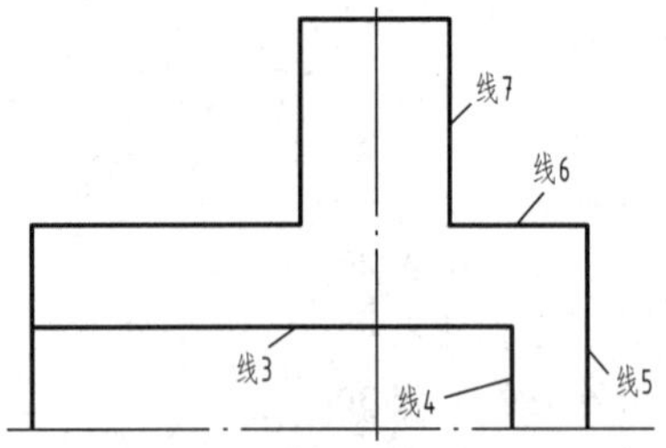

图 8-64 删除偏移线后的效果

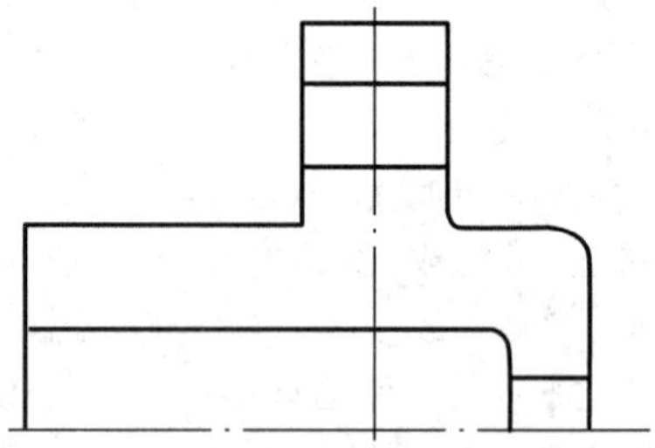

图 8-65 绘制圆角

(9)单击"二维绘图"面板中的"偏移"按钮,偏移图 8-65 所示的垂直中心线,偏移距离为 200,偏移后的构造线与水平构造线作为左视图的定位辅助线,如图 8-66 所示。

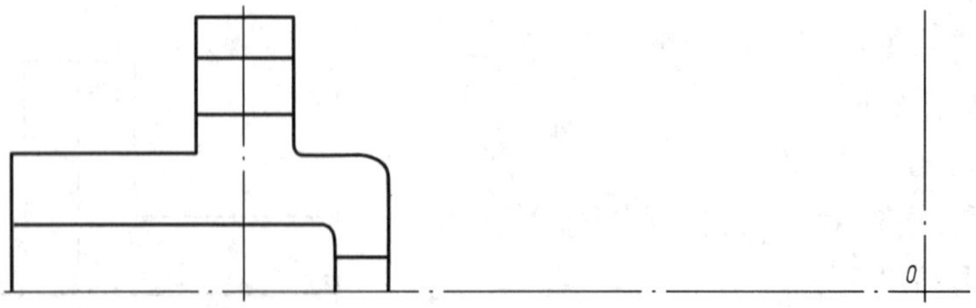

图 8-66 偏移后的效果

(10)在菜单栏中选择"绘图"→"圆"→"圆心、半径"命令,以图 8-66 所示的交点 O 为圆心,绘制半径为 11 的圆,命令行提示如下:

命令:_circle
指定圆的圆心或[三点(3P)/两点(2P)/相切、相切、半径(T)]://捕捉图 8-66 所示的交点 O

指定圆的半径或[直径(D)]:11　　//命令行输入圆的半径

使用同样的方法,绘制以图 8-67 所示的 O 点为中心,半径分别为 20、40、60 和 80 的圆,绘制完成后效果如图 8-67 所示。

(11)在菜单栏中选择"绘图"→"圆"→"圆心、半径"命令,以图 8-67 所示的交点 A 为圆心,绘制半径为 8 的圆,效果如图 8-68 所示。

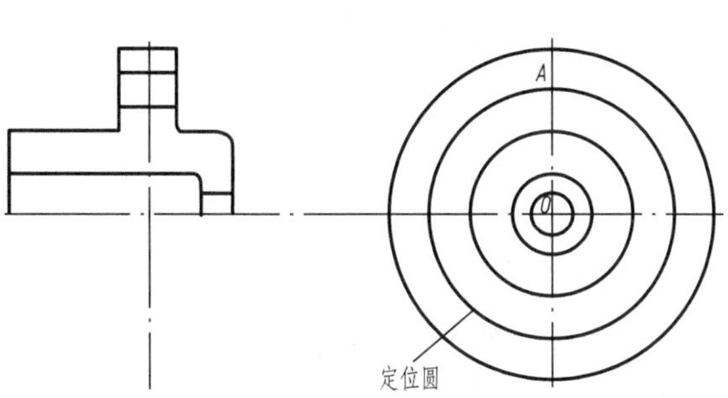

图 8-67　绘制圆

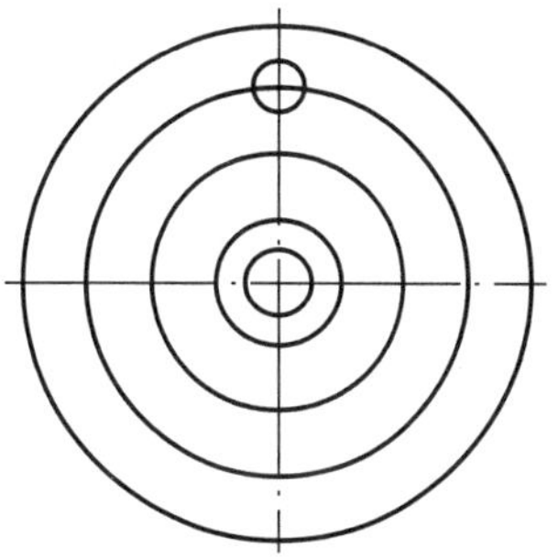

图 8-68　绘制半径为 8 的圆

(12)在菜单栏中选择"修改"→"阵列"命令,弹出"阵列"对话框。在该对话框中选择"环形阵列",然后单击选择对象按钮,返回到绘图区,在绘图区用鼠标拾上步骤绘制的圆,按 Enter 键返回对话框;单击中心点按钮,返回到绘图区,捕捉交点 O,按 Enter 键返回到对话框,设置如图所示图 8-69 所示的列参数,单击该对话框中的"确定"按钮,阵列后的效果如图 8-70 所示。

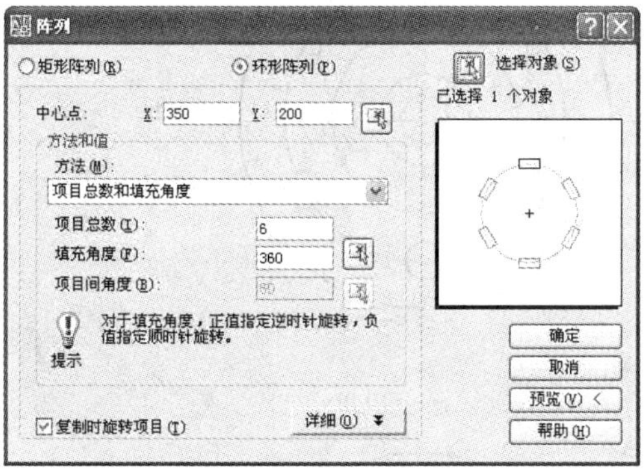

图 8-69　设置参数后的"阵列"对话框

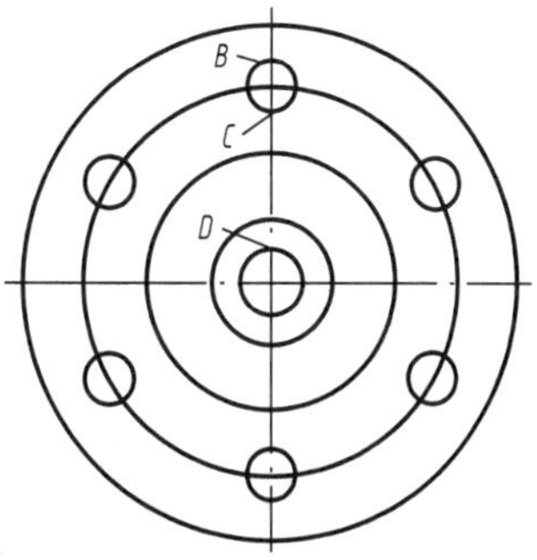

图 8-70　阵列后的效果

(13)单击"二维绘图"面板中的"直线"按钮,以图 8-70 所示的 B 点为追踪点,捕捉水平虚线与外轮廓线的交点作为直线段的第一点,如图 8-71 所示。以 B 点为追踪点,捕捉水平虚线与外轮廓线的交点作为直线段的下一点,如图 8-72 所示,直线段绘制完成,效果如图 8-73 所示。

(14)重复上一步骤的操作,分别以图 8-70 所示的 C 点和 D 点为追踪点,捕捉水平虚线与外轮廓线的交点作为直线段的端点,效果如图 8-74 所示。

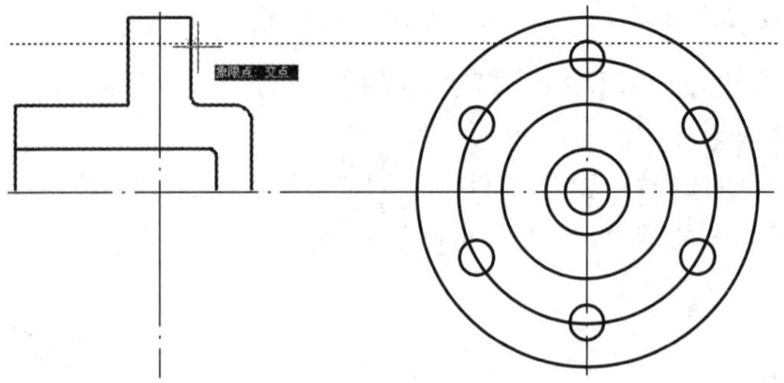

图 8-71　绘制第一点

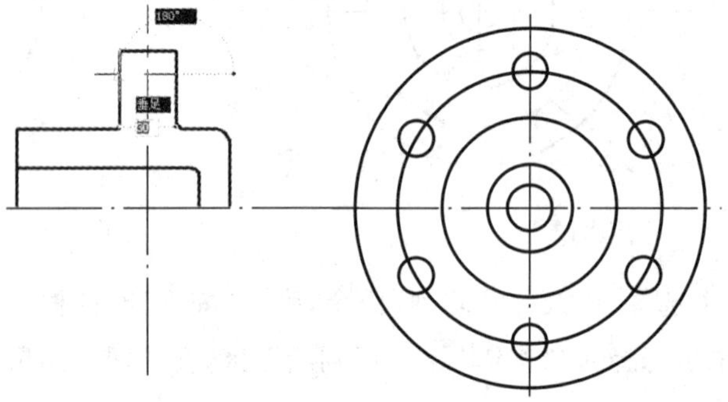

图 8-72　绘制下一点

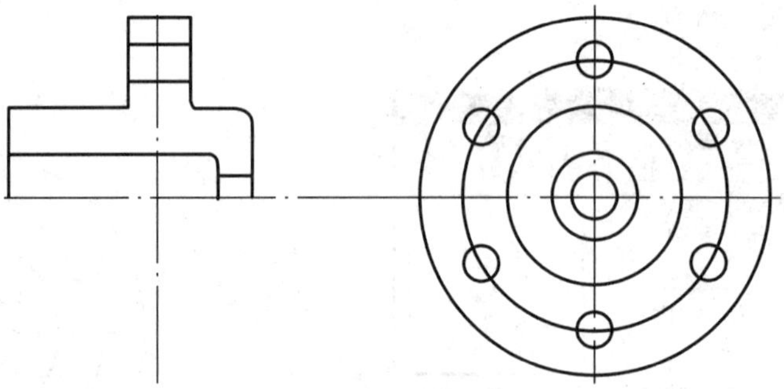

图 8-73　绘制直线

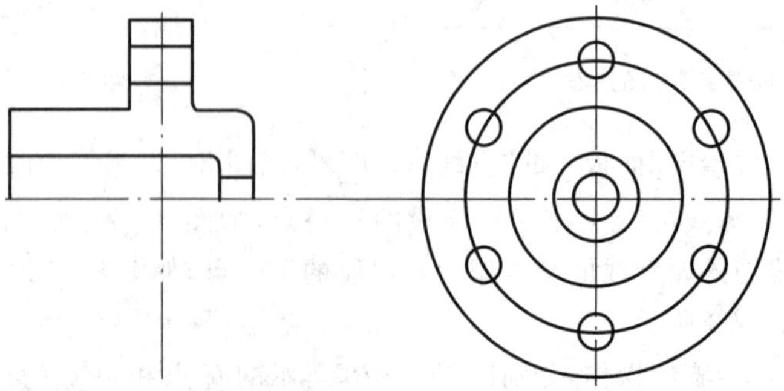

图 8-74　绘制主视图

(15)单击“二维绘图”面板中的“偏移”，强将水平构造线向上方偏移距离为 60，效果如图 8-75 所示，偏移后的构造线作为 Φ16 孔的中心线。

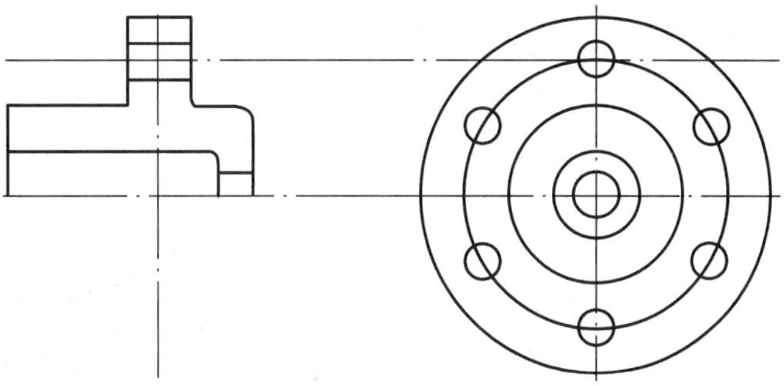

图 8-75　偏移后的效果

(16)单击“二维绘图”面板中的“镜像”按钮，命令行提示如下：

命令：_mirror
选择对象：//在绘图区，选择左视图
选择对象：指定对角点：找到　16　个　　//系统提示信息
选择对象：↙　　　//按 Enter，完成对象选择
指定镜像线的第一点：
指定镜像线的第二点：
要删除源对象吗？[是(Y)/否(N)]＜N＞：N　//按 Enter 或输入 N，保留源对象

效果如图 8-76 所示。

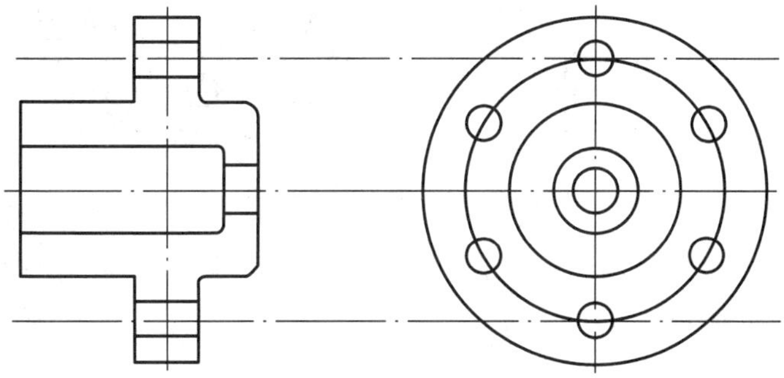

图 8-76　镜像后的效果

(17)单击“二维绘图”面板中的“偏移”按钮，偏移图 8-77 所示的轮廓线，偏移距离为 5，效果如图 8-78 所示。

(18)单击“二维绘图”面板中的“修剪”按钮，命令行提示如下：

命令：_trim
当前设置：投影 = UCS，边 = 无
选择剪切边...　　//系统提示信息
选择对象或＜全部选择＞：找到　1　个　//选择偏移线

选择对象:找到 1 个,总计 9 个 //系统提示信息

选择对象://按 Enter 键,完成选择

选择要修剪的对象,或按住 Shift 键选择要延伸的对象,或[栏选(F)/窗交(C)/投影(P)/边(E)/删除(R)/放弃(U)]://修剪掉外轮廓线偏移线外面的构造线

选择要修剪的对象,或按住 Shift 键选择要延伸的对象,或[栏选(F)/窗交(C)/投影(P)/边(E)/删除(R)/放弃(U)]://按 Enter 键,完成修剪。

效果如图 8-79 所示。

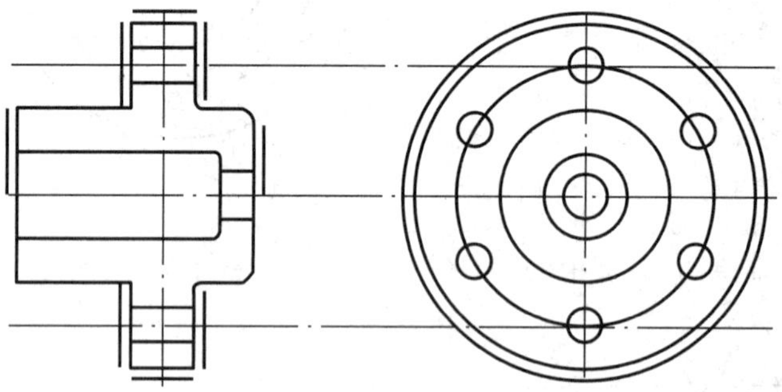

图 8-77 偏移后的效果

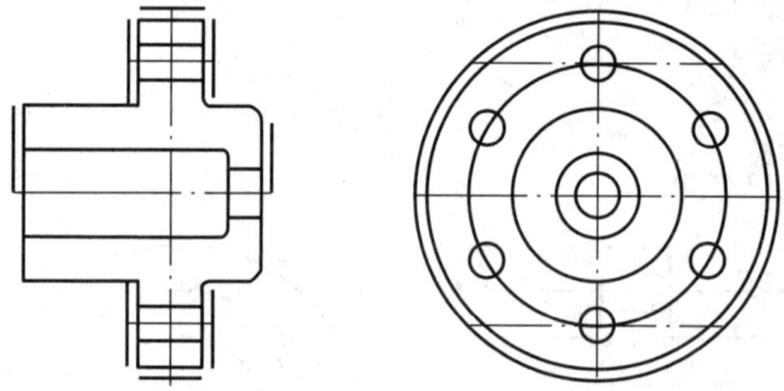

图 8-78 修剪后的效果

(19)单击"二维绘图"面板中的"删除"按钮,删除图 8-79 中用作偏移剪切边的线段,效果如图 8-79 所示。

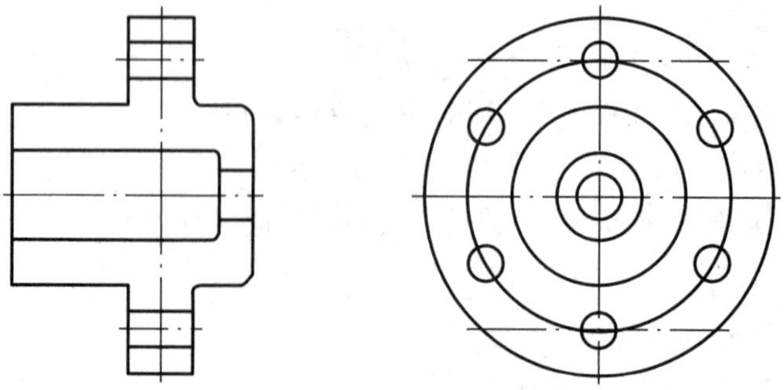

图 8-79 删除后的效果

(20)将当前图层切换为“剖面线”层,单击“图案填充”按钮,在弹出的“图案填充和渐变色”对话框中设置如图 8-80 所示的参数后,单击“添加、拾取点”按钮,返回到绘图区。在绘图区拾取要填充的区域后按 Enter 键,然后单击“图案填充和渐变色”对话框中的“确定”按钮,填充剖面线效果如图 8-81 所示。

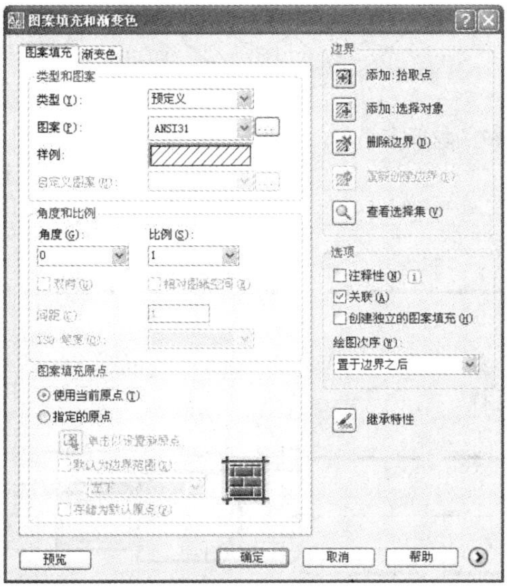

图 8-80　设置参数后的“图案填充和渐变色”对话框

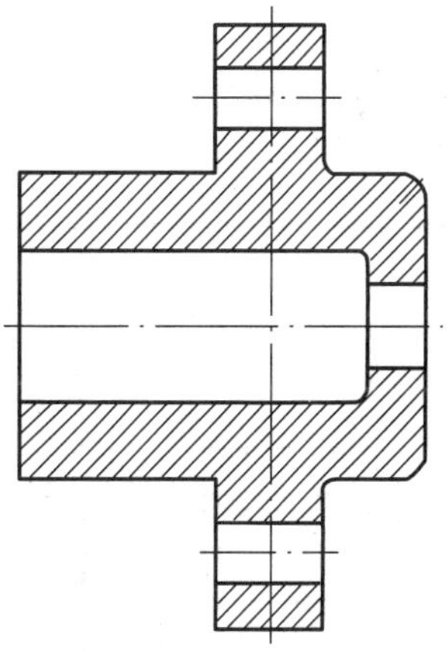

图 8-81　填充剖面线

(21)双击半径为 60 的圆,系统弹出“特性”对话框。在该对话框中的“图层”下拉列表中单击“隐藏线”,如图 8-82 所示,修改半径为 60 的圆的“图层”特性,效果如图 8-83 所示。

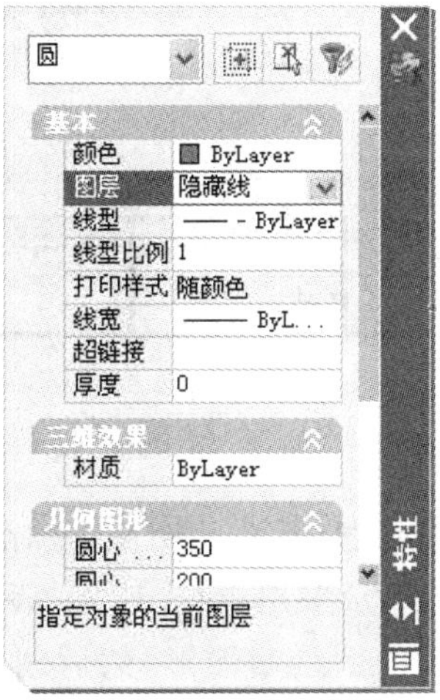

图 8-82　修改圆的“图层”特性

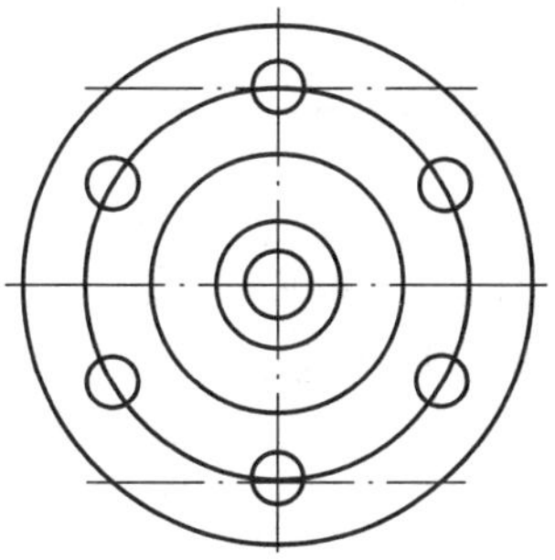

图 8-83　修改圆的特性后的效果

(22)法兰盘绘制完成,效果如图 8-84 所示。

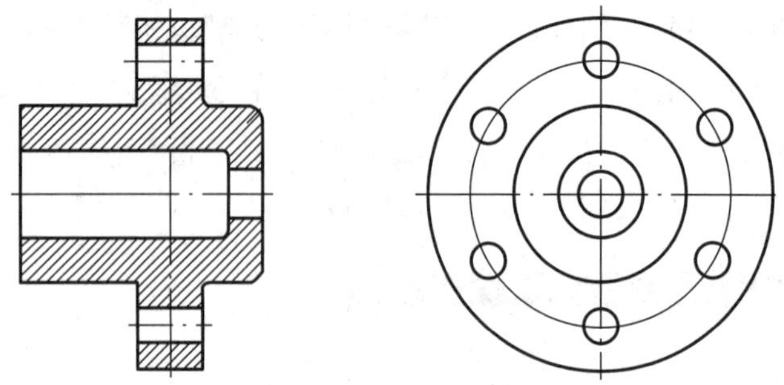

图 8 - 84　最终效果

实例二:绘制零件图

绘制如图 8 - 85 所示的零件图。

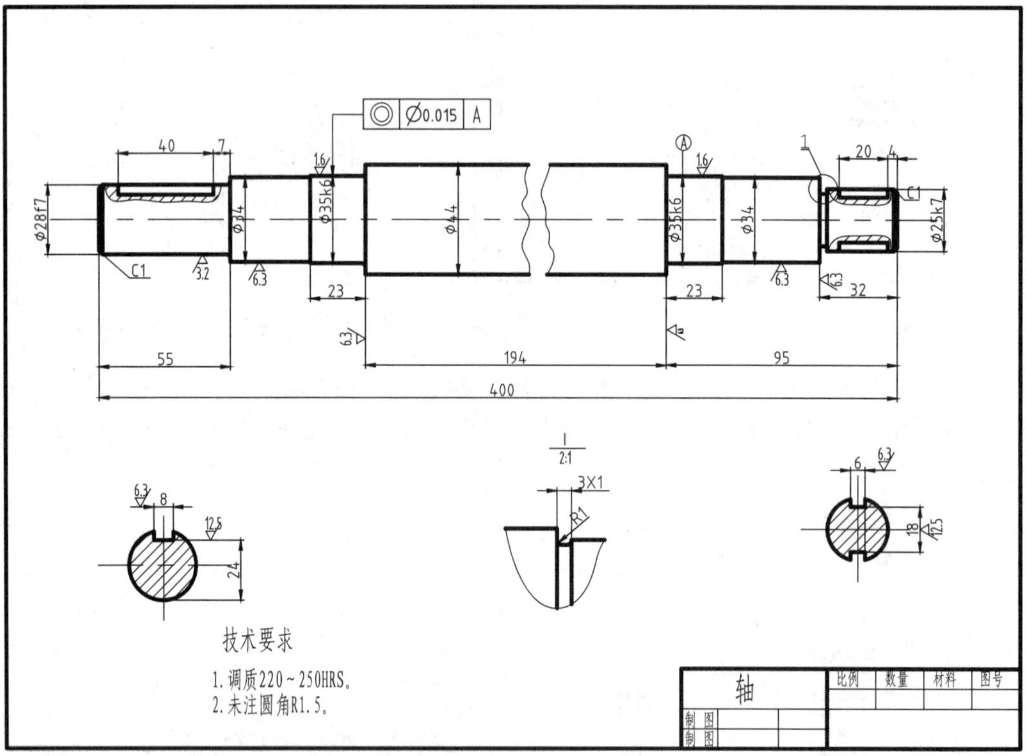

图 8 - 85　零件图

1. 操作步骤:调用样板图,开始绘新图

(1)在绘制一幅新图之前应根据所绘图形的大小及个数,确定绘图比例和图纸尺寸,建立或调用符合国家机械制图标准的样板图。绘图应尽量采用 1 ∶ 1 比例,假如我们需要一张 1 ∶ 5 的机械图样,通常的作法是,先按 1 ∶ 1 比例绘制图形,然后用比例命令(SCALE)将所绘图形缩小到原图的 1/5,再将缩小后的图形移至样板图中。

(2)如果没有所需样板图,则应先设置绘图环境。设置包括绘图界限、单位、图层、颜色和线型、文字及尺寸样式等内容。

本例选择A3图纸，绘图比例1∶1，图层、颜色和线型设置如表8-10，全局线型比例1∶1。

(3)用SAVERS命令指定路径保存图形文件，文件名为"?? 零件图.dwg"。

表8-11 图层、颜色、线型设置

图层名	颜　色	线　型	线　宽
粗实线	绿色	Continuous	0.5
细实线	白色	Continuous	0.25
虚线	黄色	HIDDEN	0.25
中心线	红色	CENTER	0.25
文字	白色	Continuous	0.25
尺寸	白色	Continuous	0.25

2. 绘制图形

绘图前应先分析图形，设计好绘图顺序，合理布置图形，在绘图过程中要充分利用缩放、对象捕捉、极轴追踪等辅助绘图工具，并注意切换图层。

(1)绘制主视图。

轴的零件图具有一对称轴，且整个图形沿轴线方向排列，大部分线条与轴线平行或垂直。根据图形这一特点，我们可先画出轴的上半部分，然后用镜像命令复制出轴的下半部分。

方法1：用偏移(OFFSET)、修剪(TRIM)命令绘图。根据各段轴径和长度，平移轴线和左端面垂线，然后修剪多余线条绘制各轴段，如图8-86所示。

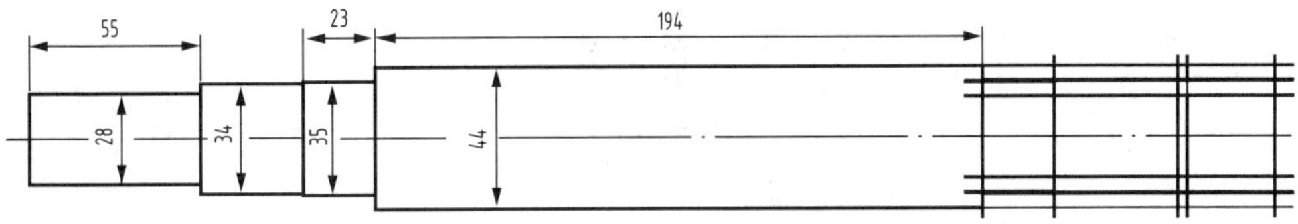

图8-86 绘制轴方法1

方法2：用直线(LINE)命令，结合极轴追踪、自动追踪功能先画出轴外部轮廓线，如图8-87所示，再补画其余线条。

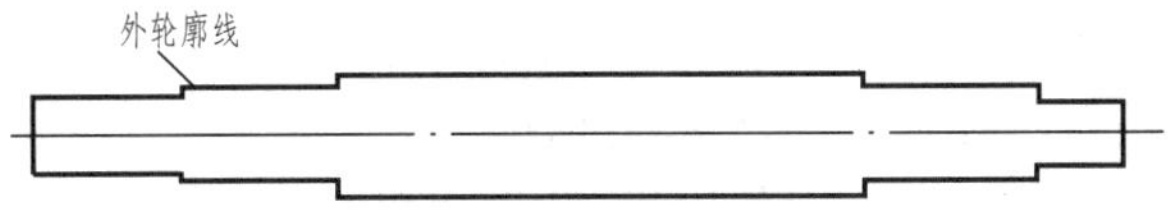

图8-87 绘制轴方法2

(2)用倒角命令(CHAMFER)绘轴端倒角，用圆角命令(FILLET)绘制轴肩圆角，如图8-88所示。

(3)绘键槽。用样条曲线绘制键槽局部剖面图的波浪线，并进行图案填充。然后用样条曲线命令和修剪命令将轴断开，结果如图8-89所示。

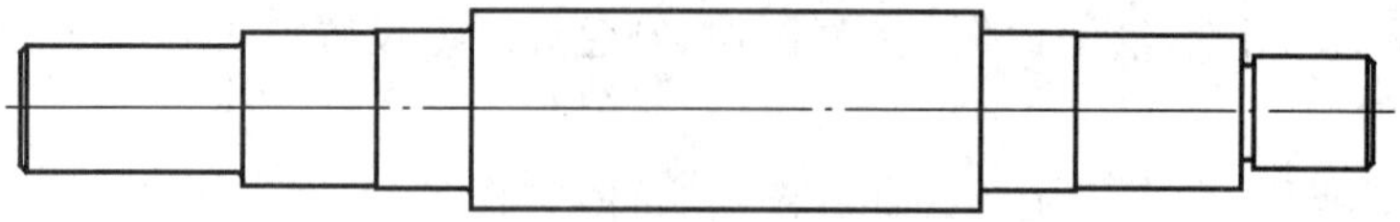

图 8-88　绘倒角、轴肩圆角

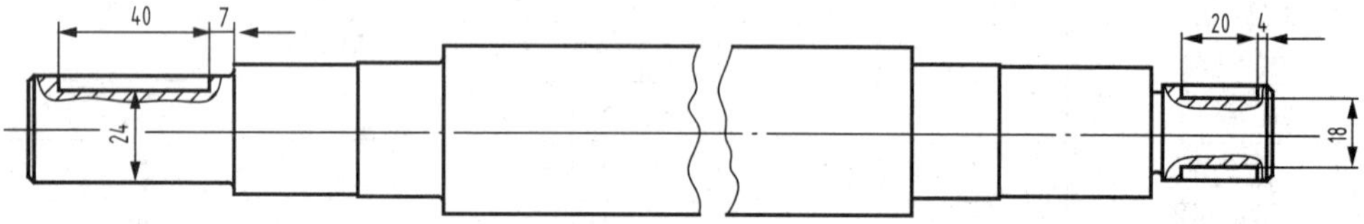

图 8-89　图案填充

(4)绘键槽剖面图和轴肩局部视图,如图 8-90 所示。

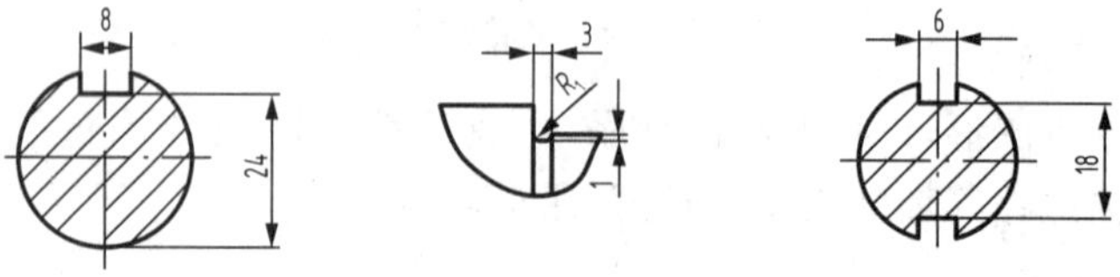

图 8-90　绘局部视图、剖视图

(5)整理图形,修剪多余线条,将图形调整至合适位置。

3. 标注尺寸和形位公差

(1)选择[标注][公差]后,弹出“形位公差”对话框,如图 8-91 所示。

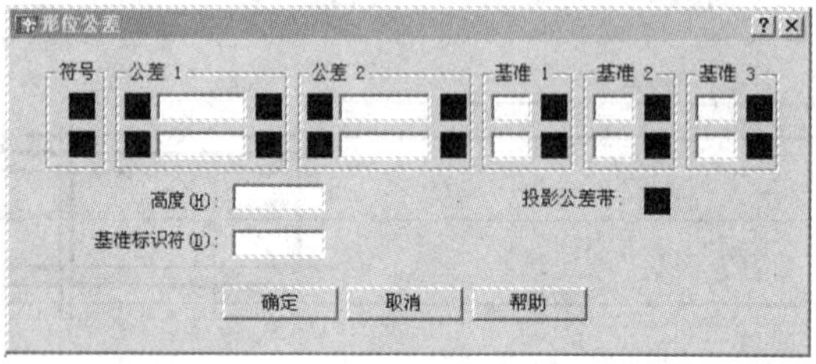

图 8-91　形位公差对话框

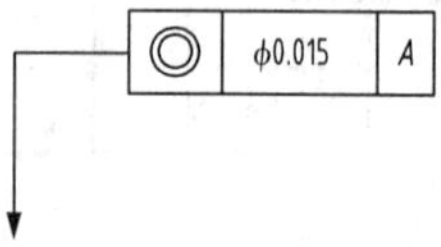

图 8-92　形位公差实例

(2)单击“符号”按钮,选取“同轴度”符号“◎”。

(3)在“公差 1”单击左边黑方框,显示“ϕ”符号,在中间白框内输入公差值“0.015”。

(4)在“基准 1”左边白方框内输入基准代号字母“A”。

(5)单击“确定”按钮,退出“形位公差”对话框。

(6)用旁注线命令(LEADER)绘指引线,结果如图 8-92 所示。

(7)用引线命令可同时画出指引线并注出形位公差。

(8)表面粗糙度可定义为带属性的“块”来插入,插入时应注意块的大小和方向以及相应的属性值。

(9)书写标题栏、技术要求中的文字。

第九章 装配图

【内容导读】

机器是由部件和零件组合而成的。复杂的机器一般由若干零件组成若干部件，再由部件和一些零件组装成机器。因此，设计和制造机器时还要用机械图样来表达机器或部件的结构形状、工作原理和技术要求，以及零部件间的装配、连接关系，我们将这种机械图样称为装配图。

【知识要点】

主要介绍了装配图的作用、基本内容及装配图的视图选择和表达方法；装配图的尺寸标注和技术要求的拟定；装配图上零、部件序号的编写和明细栏的填写；常见的装配工艺结构和装置；画装配图的步骤；读装配图和由装配图拆画零件图。

本章知识的重点和难点是画装配图、读装配图和拆画零件图。

【能力目标】

(1)能根据实物或零件图和装配示意图确定装配图的表达方案，正确绘制装配图；

(2)能读懂中等复杂程度的装配图；

(3)能根据装配图正确拆画零件图。

9.1 装配图的用途和内容

装配图是表达机器或部件的图样。在进行装配、调整、检验和维修时都需要装配图。在设计新产品、改进原产品时都必须先绘制装配图，再根据装配图画出全部零件图。

根据装配图的种类将其分为以下两种：

(1)总装图。表示机器或设备的整体外形轮廓、基本性能和各部分大致装配关系的图样。一般用于总装车间指导机器的装配工作。

(2)装配图。表示机器或部件的工作原理、性能结构及零件之间装配连接关系等内容的图样。一般用于机器的设计、制造、测绘和维修，是机械设计和生产中的重要技术文件，也是本章的主要内容。

在一台机器的全套图纸中，一般都有总装配图和若干部件装配图。总装配图主要表达机器的全貌、工作原理、各组成部分之间的相对位置、机器的技术性能等。部件装配图主要表达部件的工作性能、零件之间的装配和连接关系、主要零件的结构以及部件装配时的技术要求等。下面结合油杯轴承的部件装配图，如图 9－3 所示，说明装配图中一般应包括的内容：

(1)一组图形。选择一组图形及恰当的表达方法，表达出部件的工作原理、性能、零件之间的装配关系和连接方法，以及主要零件的结构形状。

(2)必要的尺寸。根据装配、调整、检验、维修的要求，在部件装配图中，一般应注出反映机器的性能、规格、零件之间的配合要求，以及总体和安装时所需要的尺寸。

(3)技术要求。用文字或符号注写出部件在装配、调整、检验、使用时的技术要求。

(4)编号和明细栏。为说明部件或机器的组成情况，应将各类零件、标准件进行编号、并填写明细栏。

(5)标题栏。填写图名、图号、数量、比例和制图、审核等有关事项。

9.2 装配图的规定画法和特殊画法

绘制零件图所采用的视图、剖视图、剖面图等表达方法，在绘制装配图时，仍可使用。装配图主要是表达各零件之间的装配关系、连接方法、相对位置、运动情况和零件的主要结构形状，为此，在绘制装配图时，还需采用一些规定画法和特殊表达方法。

9.2.1 规定画法

(1)两相邻零件的接触表面，只画一条轮廓线。不接触的表面，应分别画出两条轮廓线，若间隙很小时，可夸大表示，如图 9－1a、b 所示。

(2)相互邻接的两个或两个以上的金属零件，其剖面线的倾斜方向应当相反，或者方向一致间隔不同以示区分，如图 9－1a、c 所示。

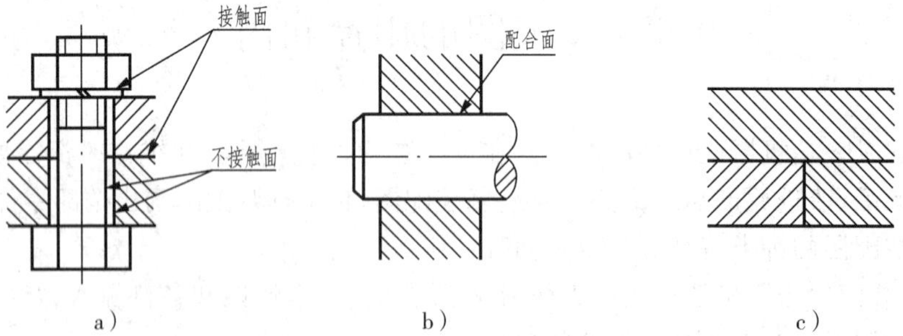

图 9－1 规定画法

(3)同一零件在各视图中的剖面线方向和间隔必须一致，如图 9－1c 所示。

(4)在装配图中，当剖切平面通过螺钉、螺母、垫圈等紧固件，以及轴、手柄、连杆、球、键、销等实心零件的轴线时，这些零件均按不剖切绘制，如图 9－1b 所示。如需特别表明零件的结构，如凹槽、键槽、销孔等则可用局部剖视表示，如图 9－2 所示。当剖切平面垂直于这些零件的轴线剖切时，需画出剖面线，如图 9－3 所示的俯视图中的螺栓。

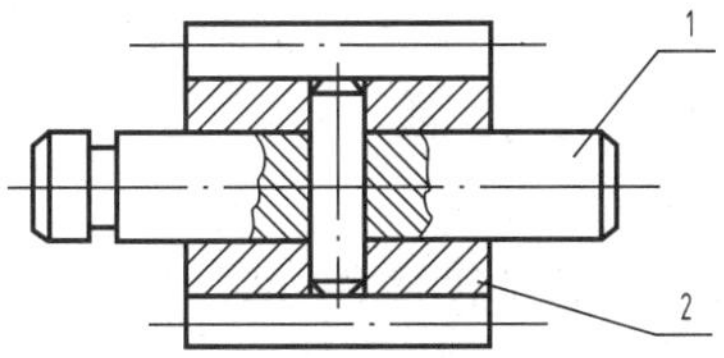

图 9-2 用局部剖视表示零件结构

9.2.2 特殊表达方法

1. 沿结合面剖切和拆卸

在装配图中可假想沿某些零件的结合面剖切或假想将某些零件拆卸后绘制，需要说明时可加标注“拆去××等”。拆卸与剖视结合，如图 9-3 所示，油杯轴承的俯视图是用

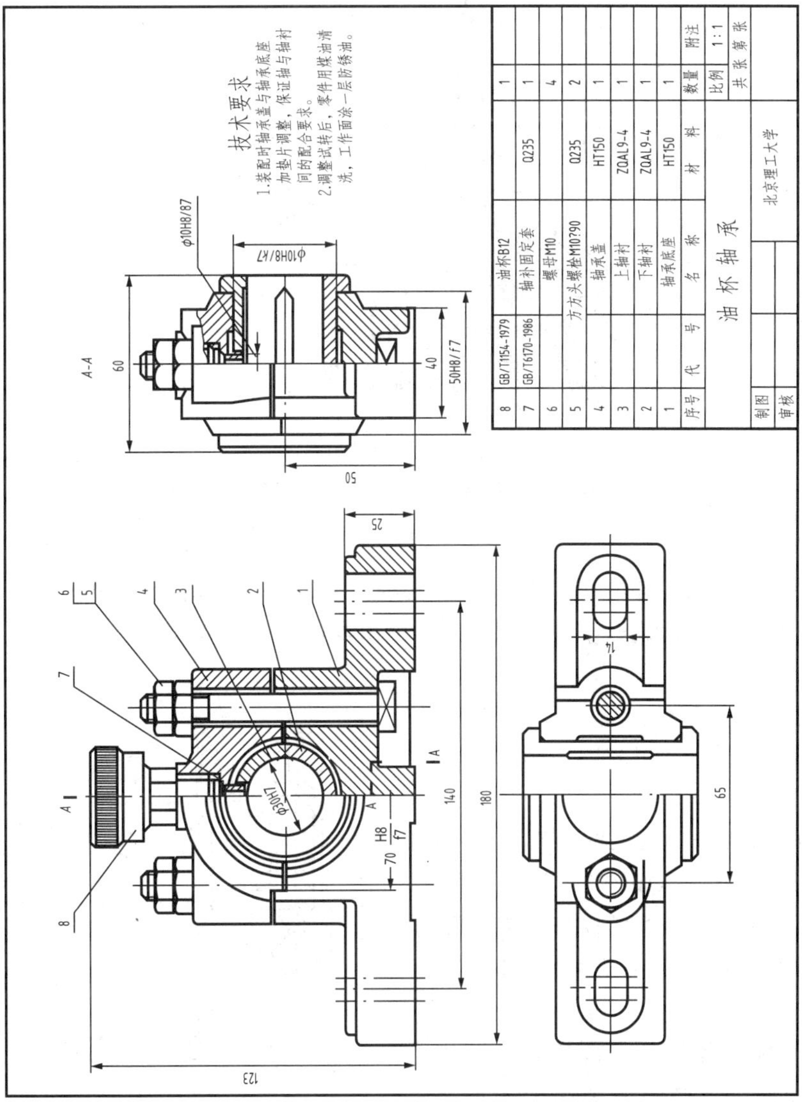

图9-3 油杯轴承

假想剖切平面沿轴承盖和轴承底座的空隙及上下轴衬的接触面剖切，由于剖切平面垂直于螺栓轴线，故在螺栓被切断处画上剖面线。

2. 假想画法

为表达部件或零件与相邻的其它辅助零件、部件的关系，可用双点画线画出这些辅助零件、部件的轮廓线，如图 9-4 所示，与车床尾架相邻的车床导轨就是用双点画线画出的。

对于运动的零件，当需要表明其运动范围或运动的极限位置时，也用双点画线表示，如图 9-4 所示中的手柄，在一个极限位置处画出该零件，又在另一个极限位置处用双点画线画出其外形轮廓。

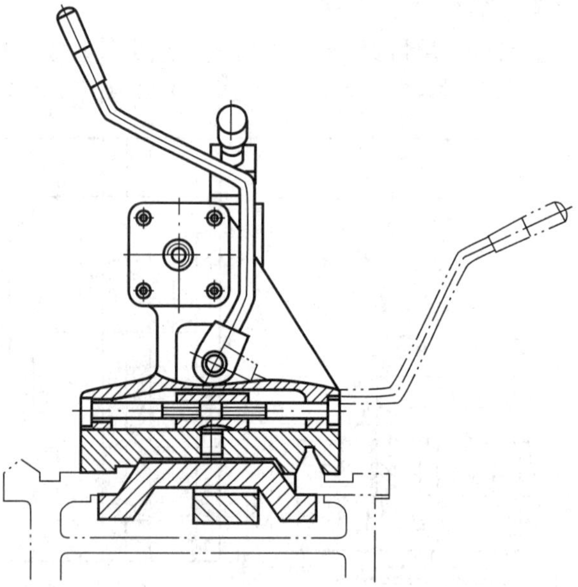

图 9-4　用双点划线表示极限位置

3. 移出画法

在装配图中，当某零件的结构形状需要表示而又未能表示清楚时，可单独画出该零件的一个视图或几个视图，并在该视图的上方注出零件的编号和投射方向。

4. 简化画法

在装配图中，对零件的部分工艺结构，如小圆角、倒角、退刀槽等，可省略不画。

对于装配图中若干相同零件组如螺栓连接等，可仅详细地画出一组或几组，其余则以点画线表示其中心位置，如图 9-5 所示。

装配图中的滚动轴承可以一半画成剖视图，另一半用粗实线十字表示，如图 9-5 所示。

当剖切平面通过的某个部件为标准化产品，或者该部件已在其它装配图中表达清楚

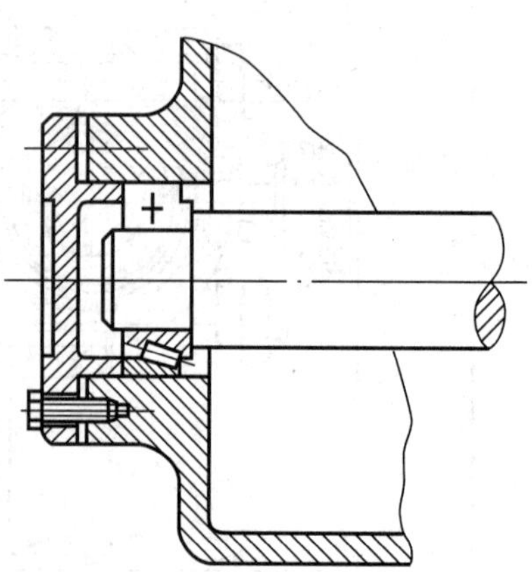

图 9-5　螺栓、轴承在装配图中的画法

时，可只画出其外形，如图 9－3 所示主视图的油杯。

小常识

装配体是由多个零件组装而成的，各零件间以及内外零件间结构相互交叠、遮盖，导致投影重叠。为了清晰地表达某一层次或某一装配关系的情况，一般都要画成剖视图。

5. 夸大画法

在装配图中，对薄片零件、细丝弹簧或较小间隙等，允许适当夸大画出，如图 9－5 所示中的垫片。

学与做

试以图 9－3 滑动轴承装配图为例，应用本节所学知识，分析其表达方案，并说明采用了哪些规定画法和特殊画法。

9.3 装配图的尺寸注法和技术要求

9.3.1 尺寸标注

部件装配图所标注的尺寸，是为了进一步说明部件的性能、工作原理、装配关系和总装配时的安装要求。一般应标注出下列几种尺寸：

(1)规格尺寸。表示部件的性能和规格的尺寸。是设计该部件的依据。如图 9－3 所示油杯轴承的轴孔直径 ϕ30，如图 9－6 所示，手压阀的进、出口管直径 G3/4。

(2)装配尺寸。表示零件间的装配关系和重要的相对位置，用以保证部件或机器的工作精度和性能要求的尺寸。如图 9－6 所示，手压阀中的 ϕ20H9/h9 是表示装配关系的配合尺寸。尺寸 110 为阀体出口到底面的距离，属于重要的定位尺寸。

(3)外形尺寸。表示该部件的总长、总宽、总高。反映了部件的体积，便于包装、运输和安装。如图 9－6 所示，手压阀中的 308、80、268。

(4)安装尺寸。表示该部件装配到整机上或安装在地基上所需要的尺寸。如图 9－3 所示，油杯轴承中的两安装孔的尺寸 14、140、25。

(5)其它重要尺寸。除上述四种尺寸外，有时还需注出装配时需要加工的尺寸、保证设计性能的尺寸、某些重要的结构尺寸等。

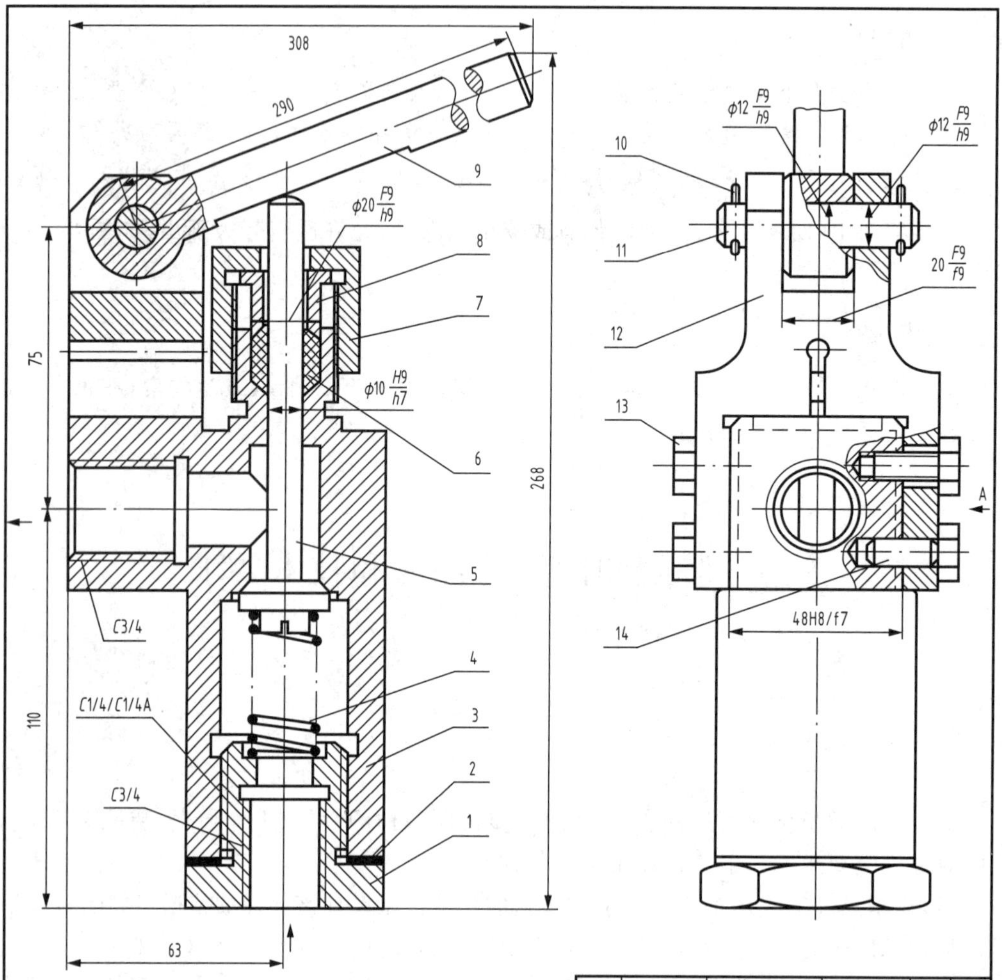

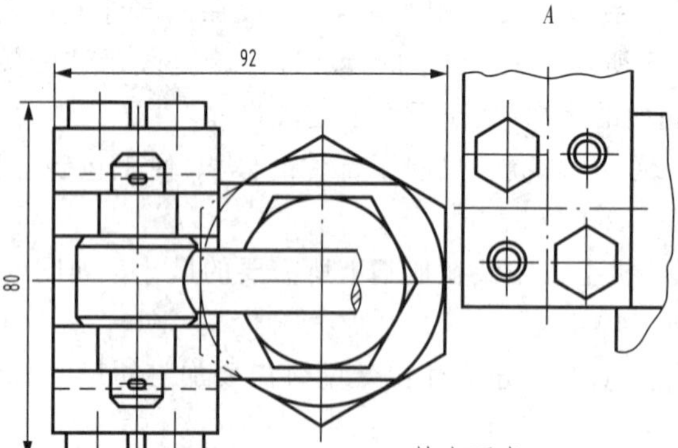

技术要求

1.阀杆与阀体装配研磨；

2.装配后进行水压试验，压力为196N/cm²。

14	GB/T 119.1	销B8×25		4	
13	GB/T 5782	螺栓M8×18		4	
12		托架	HT150	1	
11		小轴	35	1	
10		开口销5.2×16		2	
9		手柄	Q235	1	
9		填料压盖	Q235	1	
7		压盖螺母	Q235	1	
6		填料	石棉	1	
5		阀杆	65	1	
4		弹簧	65Mn	1	
3		阀体	ZQSn6-6-3	1	
2		垫片	皮革	1	
1		弹簧座	Q234	1	
序号	代号	名称	材料	数量	附注
手 压 阀				比例	1:1
制图					
审核					

图 9-6 手压阀

9.3.2　技术要求

一般应注意写以下几方面的内容：

(1)在装配过程中的注意事项和装配后应满足的要求，如保证间隙、精度要求、润滑方式、密封要求等。

(2)检验、试验的条件和规范，以及操作要求等。

(3)部件的性能、规格参数、包装、运输、使用时的注意事项和涂饰要求等。

学与做

在图 9-3 滑动轴承装配图中，注明各尺寸的种类，并说明技术要求是属于哪一类要求。

9.4　装配图中零、部件序号和明细栏

9.4.1　零、部件序号(GB/T4458.2—2003)

装配图中所有零件、部件都必须编写序号，以便读图时根据序号对照明细栏找出各零件、部件的名称、材料以及在图上的位置，同时也为图样管理提供方便。

根据《机械制图》的国家标准规定：

(1)在指引线的水平线(细实线)上或圆(细实线)内注写序号，如图 9-7a 所示。序号字高比该装配图中所注尺寸数字高度大一号或两号。

(2)相同的零、部件用一个序号，一般只标注一次。多次出现的相同的零、部件，必要时也可重复标注。

(3)指引线应自所指部分的可见轮廓内引出，并在末端画一圆点。若所指部分(很薄的零件或涂黑的零件剖面)内不便画圆点时，可在指引线的末端画出箭头，并指向该部分的轮廓，如图 9-7(b)所示。

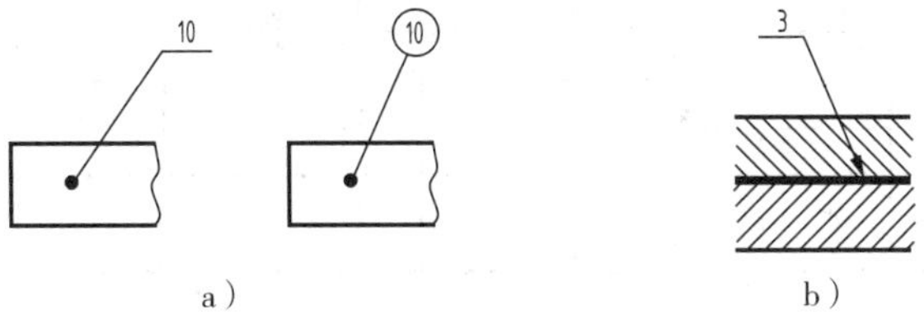

图 9-7　序号的画法

指引线相互不能相交，当通过有剖面线的区域时，指引线不应与剖面线平行。

指引线可以画成折线，但只可曲折一次。

一组紧固件以及装配关系清楚的零件组，可以采用公共指引线，如图 9－8 所示。

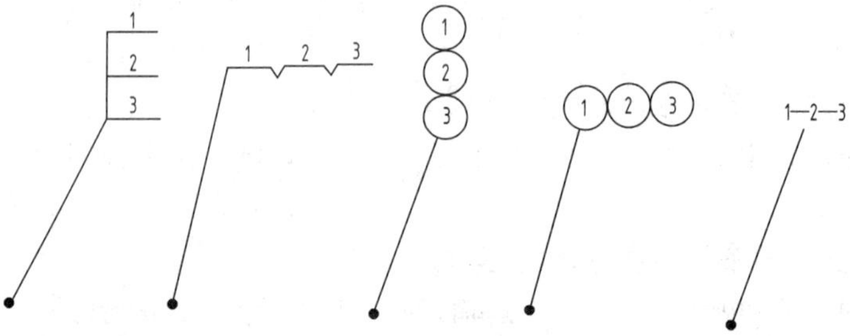

图 9－8　组件的序号画法

(4)装配图中序号应按水平或垂直方向排列整齐，并按顺时针或逆时针方向顺次排列。

9.4.2　明细栏

明细栏的内容有零、部件序号、代号、名称、材料、数量、重量以及备注等组成，也可按实际需要增加或减少。

明细栏是部件或机器中全部零件、部件的详细目录，是组织生产的重要资料。

明细栏填写的序号应与装配图上所编写序号一致，各零件按序号自下而上顺序填写。代号栏除填写零件的代号外，对标准件应填写"国标"代号，如×××—××，材料栏应填写零件材料的牌号，如 45、HT200、Q235、……。数量栏填写一个部件中所用该零件的数量，备注栏内可填写零件的工艺说明，如渗碳等；也可注明该零件是否为外购件、借用件等；还可填写齿轮、螺纹连接件、弹簧等零件的参数，如模数 m、齿数 z 等。

明细栏一般配置在装配图中标题栏的上方，如图 9－3 所示油杯轴承。如标题栏上方位置不够时，可将明细栏的一部分放在主标题栏左方。有时明细栏可单独编写，作为装配图的附件。

明细栏的各部分参考尺寸与格式，如图 9－9 所示。

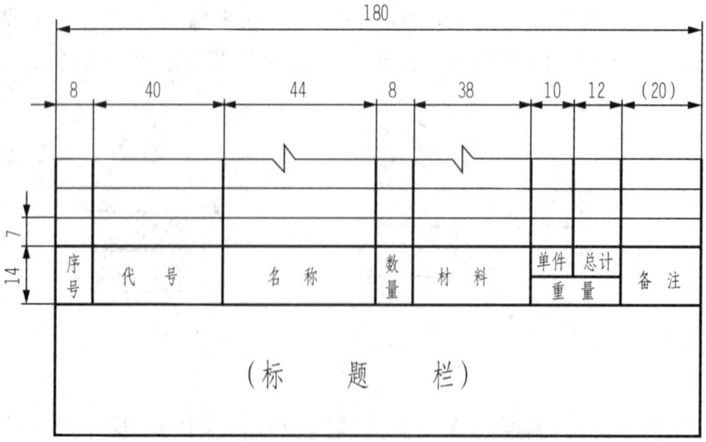

图 9－9　明细栏格式

9.5　装配体测绘

根据机器或部件徒手画出其零件草图，然后由零件草图整理绘制装配图，再由装配图拆绘出全套零件图，这一个过程称为装配体测绘。在教学过程中进行装配体测绘，是培养绘图能力的一种有效方法，现以机用虎钳为例说明装配体测绘的方法和步骤。

9.5.1　分析装配体

要认真分析研究测绘对象，了解该装配体的用途、工作原理、结构特点、零件之间的装配关系和连接方法，以及拆装顺序和拆装方法等。

如图 9-10 所示是机用虎钳的轴测图。虎钳是装在机床工作台上，用来夹紧零件，以便进行加工的夹具。

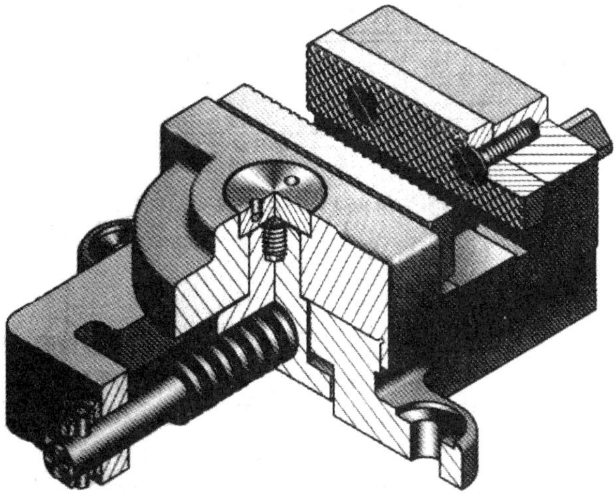

图 9-10　机用虎钳轴测图

如图 9-11 所示是机用虎钳的分解图。它是由固定钳身、活动钳身、螺杆、螺母等 11 种零件组成。螺母与活动钳身用螺钉(如图 9-12 所示)件 3 连成一体，螺母下方凸出的台阶与固定钳身接触，当螺杆转动时，螺母只作直线运动，不作旋转运动。钳口板(件 2)是用螺钉(件 10)分别固定在两个钳身上。螺杆左端有一个环(件 7)用销钉(件 6)与螺杆固定。

机用虎钳的工作原理是用手柄转动螺杆(件 8)，螺杆带动螺母(件 9)，使活动钳身(件 4)沿着固定钳身(件 1)作直线运动，这样，使钳口闭合或张开，即可夹紧或卸下零件。

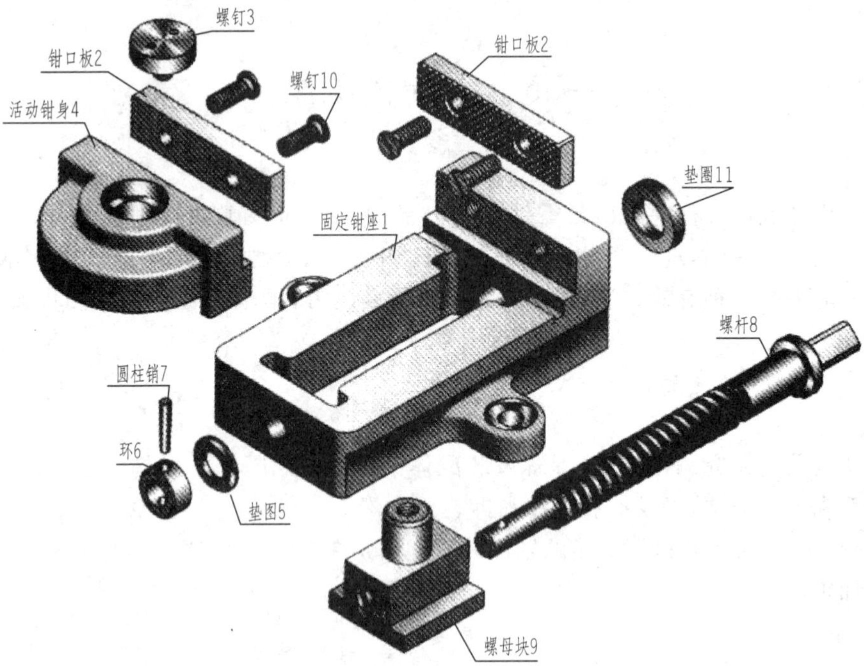

图 9-11　机用虎钳分解图

9.5.2　画装配示意图

装配示意图是用规定符号和简单图线画出装配体各零件的大致轮廓,用以说明零件之间的装配关系和相对位置,以及传动情况和工作原理等,如图 9-12 所示。它的作用是为了使拆散的零件便于装配复原,也可作为画装配图时的参考。

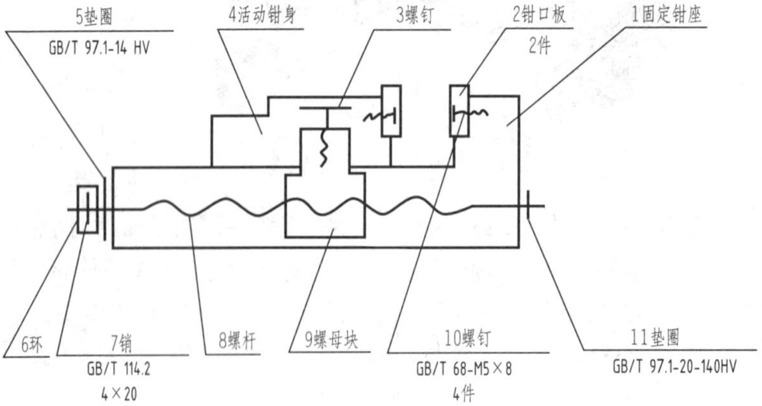

图 9-12　装配示意图

画装配示意图时,应注意以下几点:

(1)示意图是将装配体假设为透明体而画出的,因而外形轮廓和内部构造均可反映出来；

(2)每个零件只画大致轮廓，或用单线表示；

(3)常用零件的规定符号见国家标准《技术制图和机械制图》GB/T4460－1984；

(4)装配示意图一般只画一、两个视图。两个零件的接触面要留出间隙，便于区分零件；

(5)装配示意图一般应编出零件序号，列表写出零件的名称、数量、材料等信息，简单的装配示意图可以直接把零件名称和序号直接写在示意图上，如图 9－12 所示。

9.5.3　画零件草图

对所有非标准零件均应画出零件草图，以便绘制其他零件图。对标准件一般不画零件草图，只需测量出规格尺寸并定出其标准代号，画出标准件的表格，或者注写在示意图上。如图 9－13 所示是机用虎钳活动钳身的零件草图。

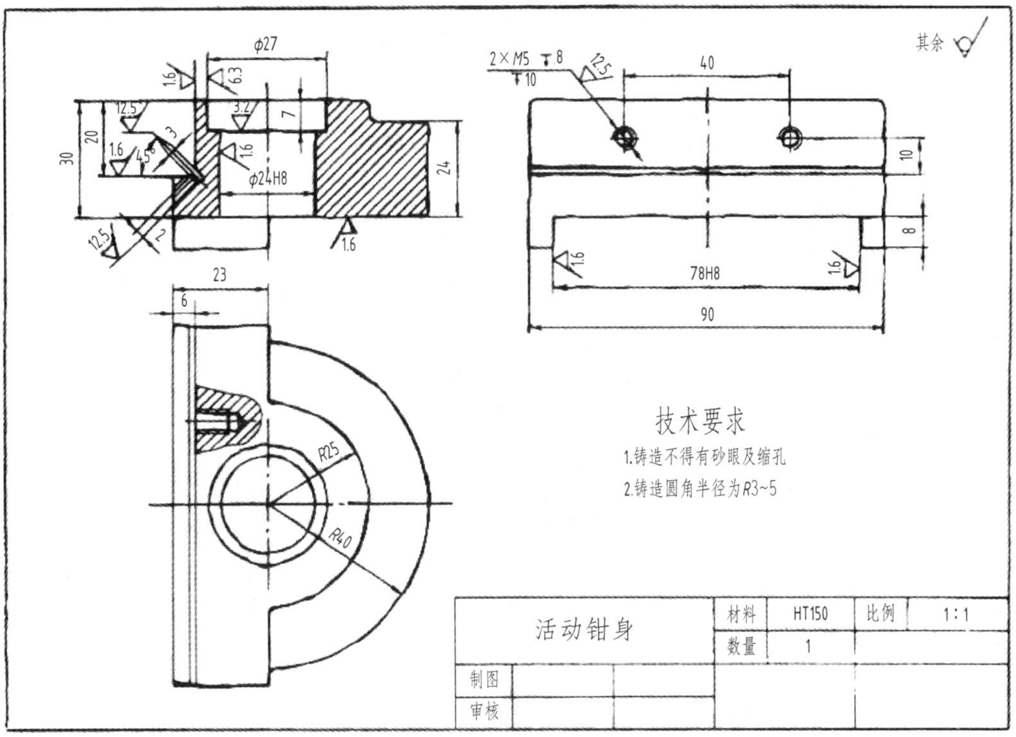

图 9－13　活动钳身

9.5.4　画装配图

根据零件草图，装配示意图和标准件画出装配图。在画装配图的过程中，如果发现零件草图的结构形状和尺寸有所出入，应对照零件进行核对并改正，如图 9－14 所示。

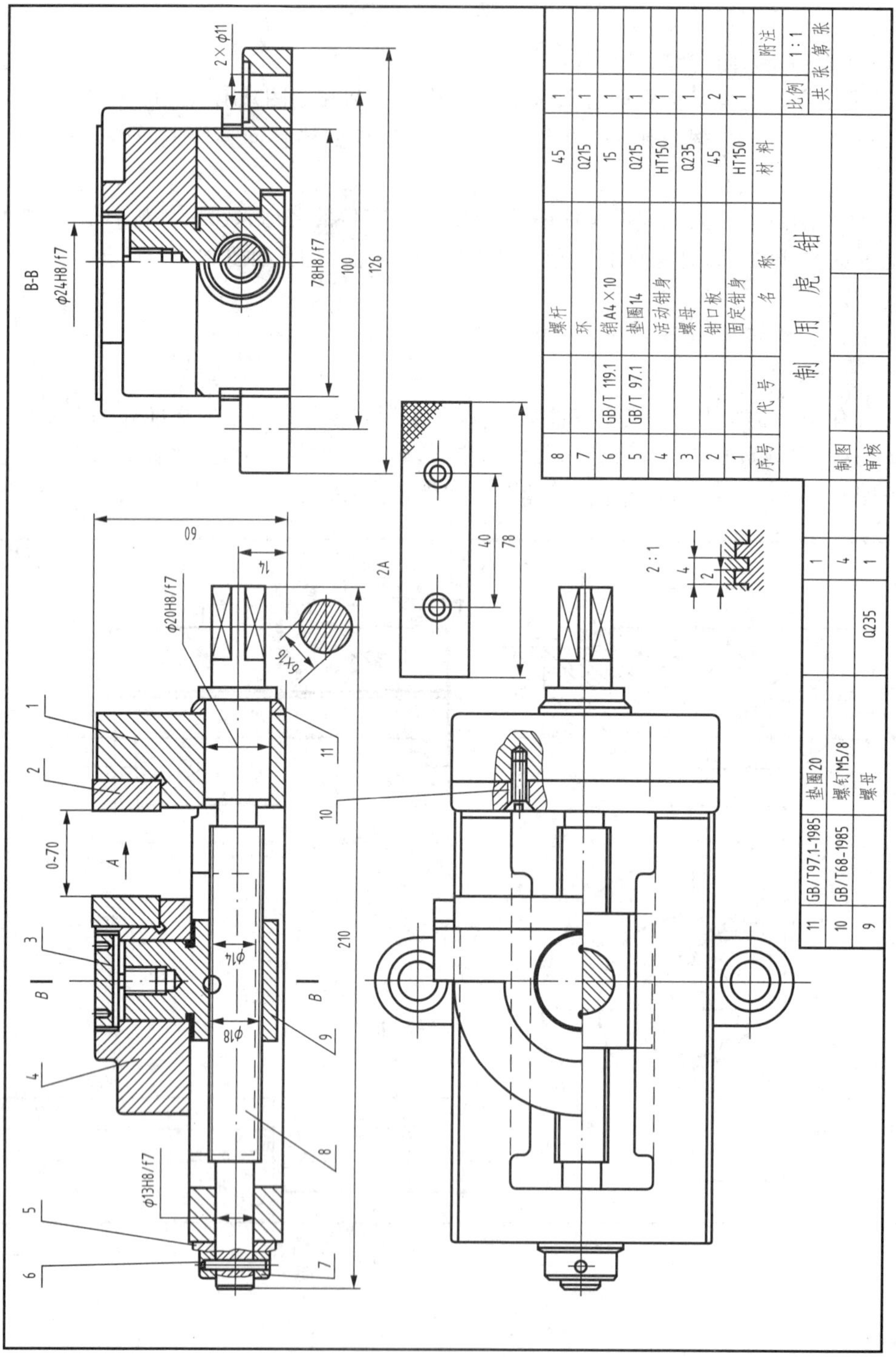

图9-14 机用虎钳装配图

9.5.5 画零件工作图

根据装配图和参考零件草图绘制零件工作图。零件工作图是测绘中最后完成的技术图样，从视图选择、尺寸标注到技术要求和制定，对零件草图中不合理的部分都要进行认真修改，如图 9－15～9－17 所示。

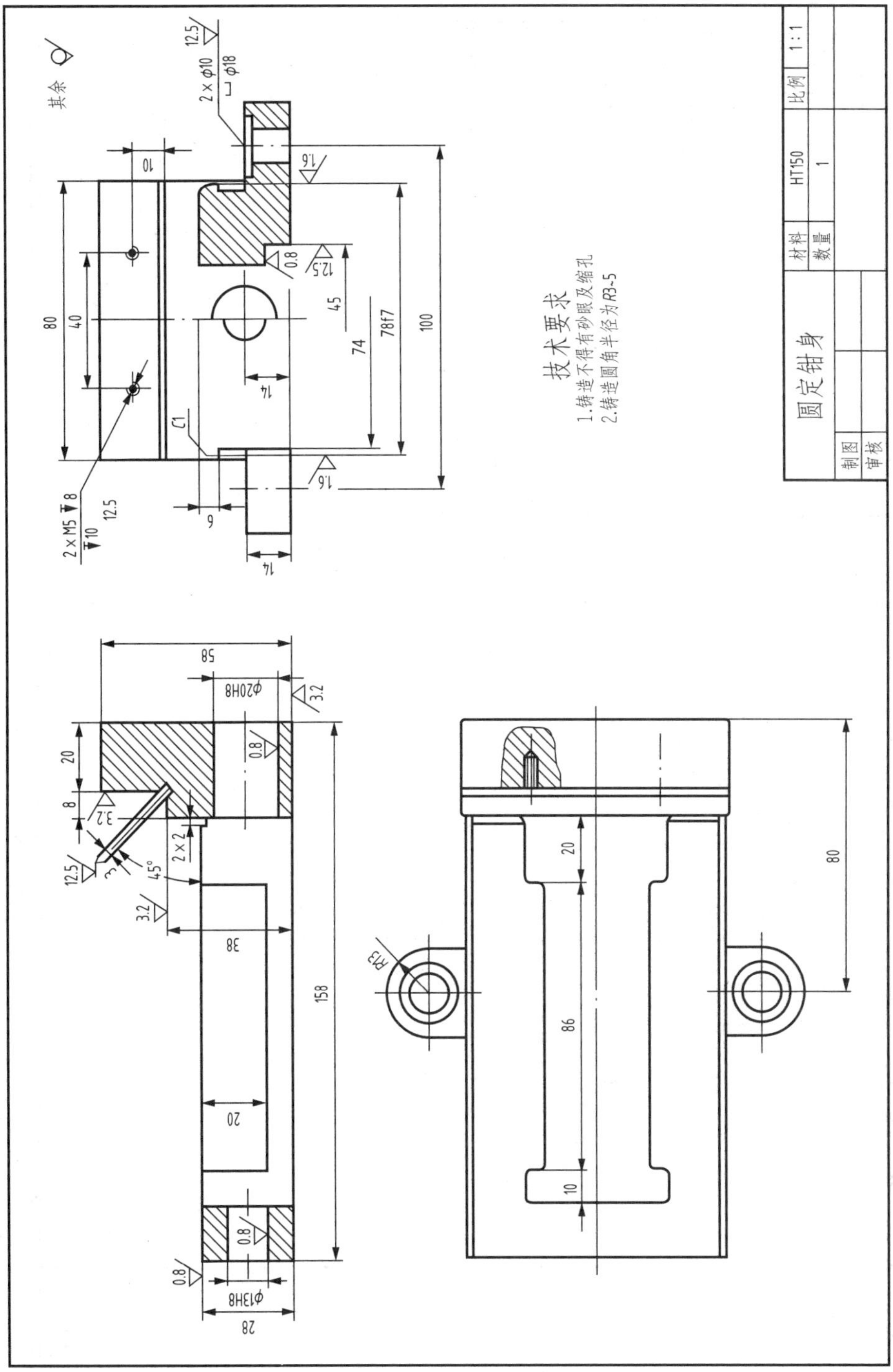

图9-15 固定钳身

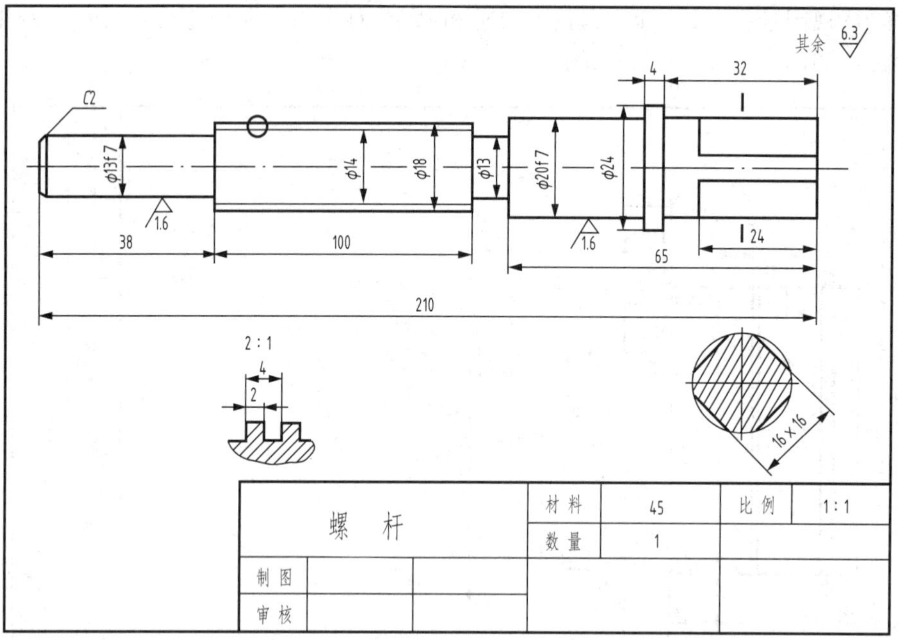

图 9-16 螺杆

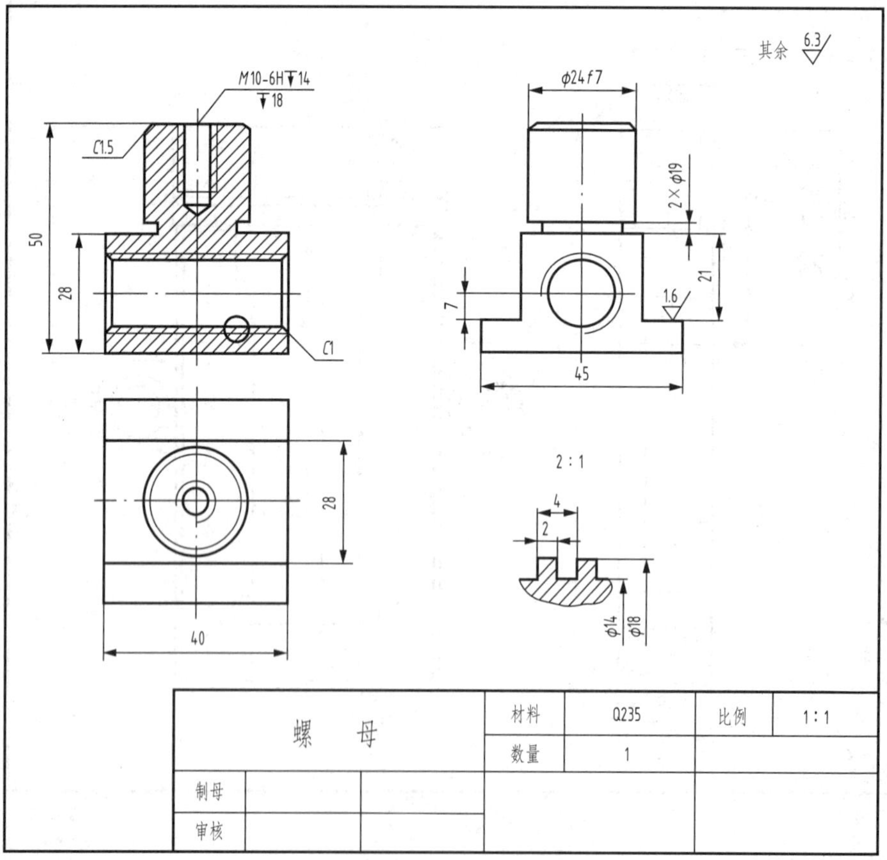

图 9-17 螺母

在设计新机器时，通常是根据使用要求先画装配图，确定实现其工作性能的主要结构，然后根据装配图再来画零件图，我们把这一过程称为由装配图拆画零件图。拆画零件图的过程也是继续设计零件的过程。

1. 拆画零件图的要求

(1)拆画前，必须认真阅读装配图，全面深入了解设计意图，分析清楚装配关系、技术要求和各个零件的主要结构。

(2)拆画时，要从设计方面考虑零件的作用和要求，从工艺方面考虑零件的制造和装配，使所画的零件图既符合设计要求又符合生产要求。

2. 拆画零件图的方法和步骤

(1)看懂装配图

将要拆画的零件从整个装配图中分离出来。例如，要拆画机用虎钳装配图中螺杆 8 的零件图，首先将螺杆 8 从主、俯、左三个视图中分离出来，然后想像其形状。

(2)确定视图表达方案

零件图和装配图表达的侧重点不同，因此，要根据零件自身的结构特点及前面介绍的零件图视图选择原则，重新选择视图，确定表达方案。可以参考装配图的表达方案，但要注意不应受原装配图的限制。

(3)补齐所缺尺寸

由于装配图上给出的尺寸较少，而在零件图上则需注出零件各组成部分的全部尺寸，所以很多尺寸是在拆画零件图时才确定的。此时应注意以下几点：

① 抄注　装配图中已注出的重要尺寸，应直接抄注在零件图上。

② 查找　零件的标准结构的尺寸数值，应从明细栏或有关标准中查得。如螺栓、螺母、螺钉、键、销等标准件的尺寸；螺孔直径、螺孔深度、键槽、销孔等尺寸；倒角、倒圆、退刀槽、砂轮越程槽等标准结构的尺寸数值。

③ 计算　需要计算确定的尺寸，应由计算而定，如齿轮的轮齿各部分尺寸及由两个齿轮中心距所确定的孔心距等。

④ 量取　在装配图上没有标出的其它尺寸，按绘图比例在装配图上直接量得，并取整数。

⑤ 协调　有装配关系和相对位置关系的尺寸，在相关的零件图上要协调一致。

(4)零件图上技术要求的确定

标注零件的表面粗糙度、形位公差及技术要求时，应结合零件各部分的功能、作用、要求及与其它零件的关系，应用类比法参考同类产品图样、资料，合理选择精度，同时还应使标注数据符合有关标准。

拆画零件图是一种综合能力训练。它不仅需要具有看懂装配图的能力，而且还应具备有关的专业知识。随着计算机绘图技术的普及，拆画零件图的方法将会变得更容易。如果是由计算机绘出的机器或部件的装配图，可对被拆画的零件进行拷贝，然后加以整理，并标注尺寸，即可画出零件图。

第十章 房屋建筑图图样简介

【内容导读】

通过工程图样掌握建筑形体视图、专业图的表达与画法;了解建筑形体的构型设计方法及注意问题,掌握房屋的分类和组成,熟悉房屋施工图的分类和绘制要求。

【知识要点】

建筑形体的分析、画法、尺寸标注、剖面图的画法及断面图的画法、简化画法、建筑形体的读图方法。

难点:建筑形体的读图方法。

【能力目标】

掌握房屋建筑的基本知识和具备识读建筑图的初步能力。

10.1 房屋建筑图的概述

从事电子、化工、仪表、矿冶以及机械制造等专业工作的工程技术人员,在工艺设计的过程中,应对厂房建筑设计提出工艺方面的要求。因此,工艺人员应该掌握房屋建筑的基本知识和具备识读建筑图的初步能力。

10.1.1 房屋建筑图的分类

一套房屋建筑施工图通常分为三大类:

1. 建筑施工图(简称“建施”)

反映房屋的内外形状、大小、布局、建筑节点的构造和所用材料等情况,包括总平面图、建筑平面图、立面图、剖面图和详图等。

2. 结构施工图(简称“结施”)

反映房屋的承重构件的布置,构件的形状、大小、材料及其构造等情况。包括结构计算说明书、基础图、结构布置平面图以及构件的详图等。

3. 设备施工图(简称“设施”)

反映各种设备、管道和线路的布置、走向、安装要求等情况。包括给水排水、采暖通风与空调、电气等设备的布置平面图、系统图以及各种详图等。

这里主要介绍建筑施工图的形成和内容以及阅读和绘制方法。

10.1.2　建筑施工图的形成和内容

现以如图 10－1 所示的传达室为例，简要地说明平、立、剖面图的形成和内容。

1. 平面图

如图 10－2 所示，假想用经过门窗洞沿水平面将房屋剖开，移去上部，由上向下投射所得到的水平剖视图，称为平面图。如果是楼房，沿底层剖开所得到的剖视图称底层平面图，沿二层、三层依次剖开所得到的剖视图则分别称为二层平面图、三层平面图等等。

平面图表示房屋的平面布局，反映各个房间的分隔、大小、用途，门、窗以及其他主要构配件和设施的位置等内容。如果是楼房，还应表示楼梯的位置、形式和走向。

2. 立面图

在与房屋立面平行的投影面上所作出的房屋的正投影图，称为立面图。如图 10－1 所示是从房屋的正面(即反映房屋的主要出入口或比较显著地反映出房屋外貌特征的那个立面)由前向后投射所得的正立面图。从房屋的左或右侧面由左向右投射或由右向左投射所得的是左侧立面图或右侧立面图；而从房屋的背面由后向前投射所得

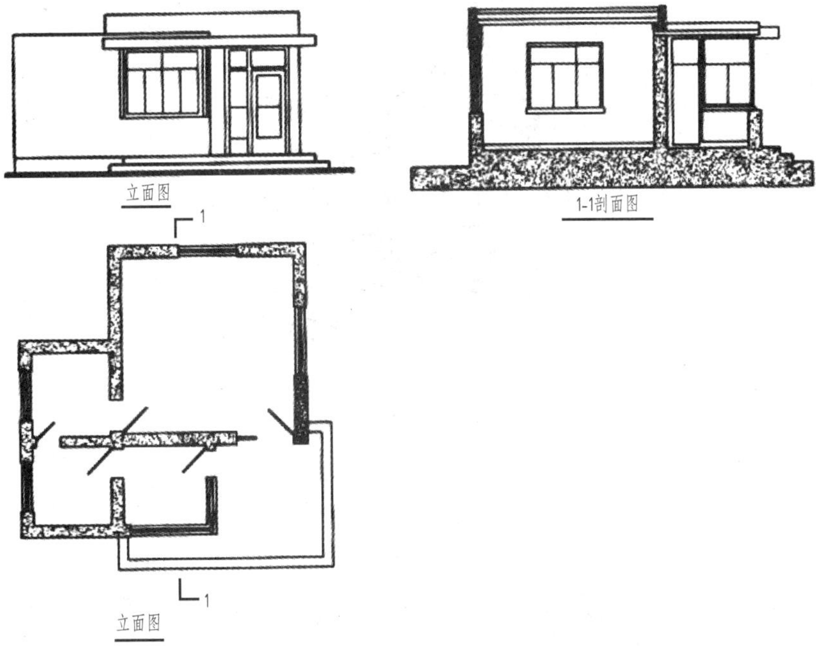

图 10－1　某传达室的平、立、剖面图

的，则是背立面图。立面图也可按房屋的朝向分别称为东立面图、南立面图、西立面图和北立面图。

立面图表示房屋的外貌，反映房屋的高度，门窗的形式、大小和位置，屋面的形式和墙面的做法等内容。

3. 剖面图

如图 10－3 所示，假想用侧平面(或正平面)将房屋剖开，移去处于观察者和剖切面之间的部分，把余下的部分向投影面投射所得的剖视图，称为剖面图。如图 10－1 所示的平面图中画出了剖切符号，按 GBJ/T50001—2010 规定：投射方向用粗实线表示，根据剖切符号所示的剖切位置和投射方向作了剖面图。剖切位置应选在房屋内部构造较复杂和典型的部位，并通过门窗洞，若为多层房屋，应选在楼梯间或层高不同、层数不同的部位。

剖面图表示房屋内部的结构形式、主要构配件之间的相互关系，以及地面、门窗、屋面的高度等内容。

如图 10－4 所示，是传达室建筑施工图，该图从施工的角度出发，细化了如图 10－1 所示的平、立、剖面图的内容，用于指导房屋的施工。

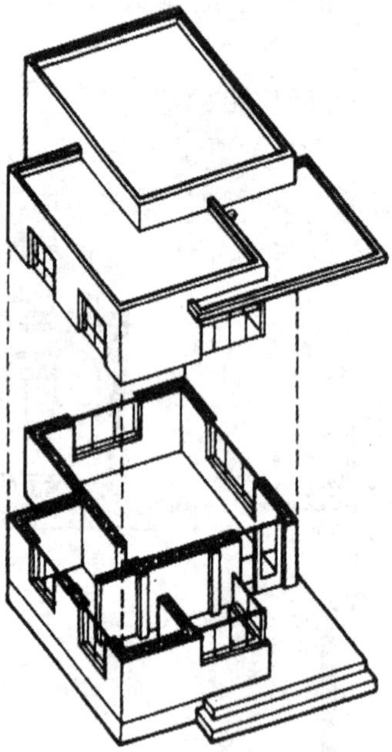

图 10－2　平面图的形成

10.1.3　房屋建筑图的常见符号

在建筑施工图中经常会用到一些符号，如图 10－3 所示的定位轴线、索引符号和详图符号、标高符号等。如表 10－1 所列是房屋建筑施工图中常用的符号，读者可以对照传达室建筑施工图仔细阅读，了解各种符号的画法及其应用。

表 10－1　房屋建筑施工图中常用的符号

名称	画　法	说　明
定位轴线	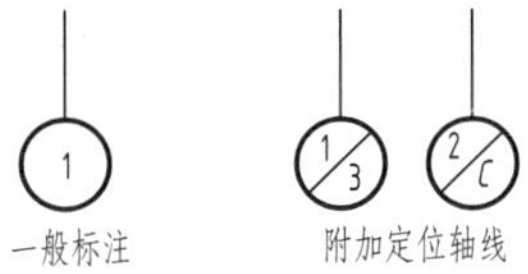	定位轴线用细单点长画线绘制，编号圆用细实线绘制，直径为 8mm，详图可增至 10mm
标高符号	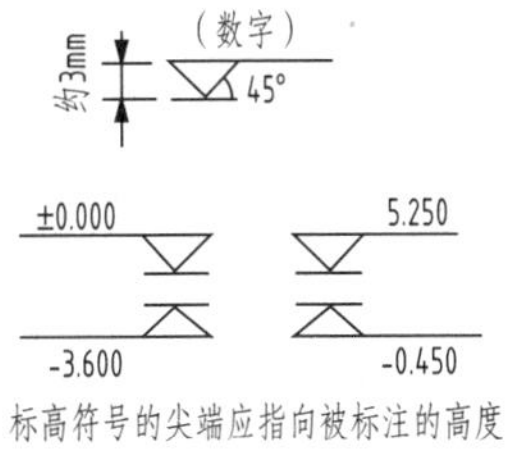	标高符号用细实线绘制，标高符号的尖端应指向被标注的高度，标高数字用米为单位
对称符号	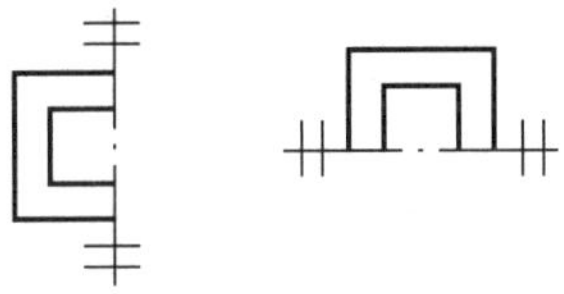	对称符号用细线绘制，平行线长度宜为 6～10mm，平行线间距宜为 2～3mm，平行线在对称线的两侧的长度应相等
索引符号	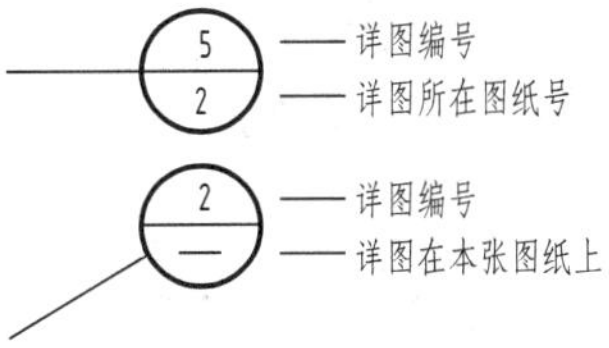	索引符号应以细实线绘制，圆的直径为 10mm
详图符号	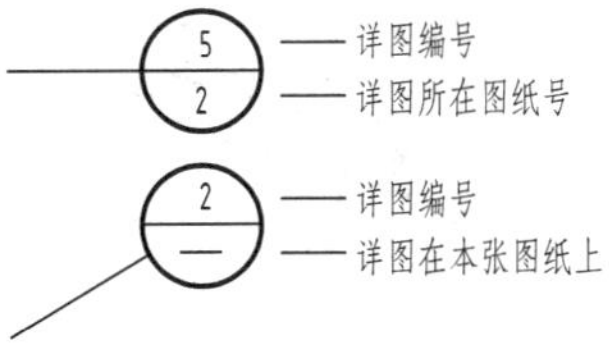	详图符号表示详图的位置与编号，以直径为 14mm 的粗实线圆绘制
指北针和风玫瑰图	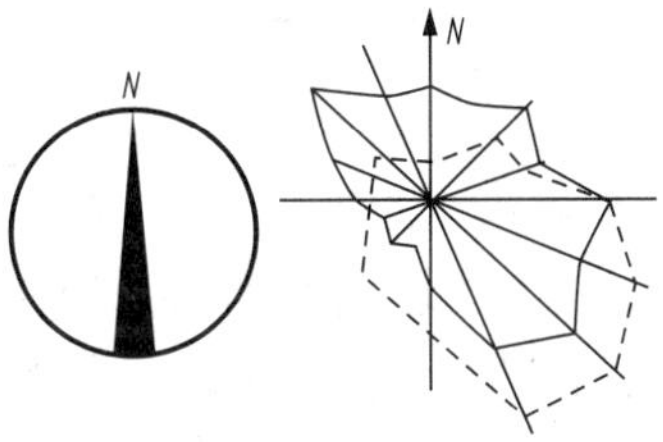	用细实线绘制，圆的直径为 24mm，指针尾部的宽度宜为 3mm，针尖方向为北向

10.2 房屋图的绘图规则

1. 图样的名称与配置

房屋建筑图与机械图的图样名称的区别，见表 10－2。

房屋建筑图	正立面图	侧立面图	平面图	剖面图	断面图
机械图	主视图	左视图或右视图	俯视图投射方向的全剖视图	剖视图	断面图

房屋建筑图的视力配置(排列)，通常是将平面图画在正立面图的下方，如果需要绘制左、右侧立面图，也常将左侧立面图画在正立面图的左方，右侧立面图画在正立面图的右方。也可以将平面图、立面图分别画在不同的图纸上。剖面图或详图，可根据需要用不同的比例画在图纸的空白处或另外的图纸上，如图 10－3 所示。

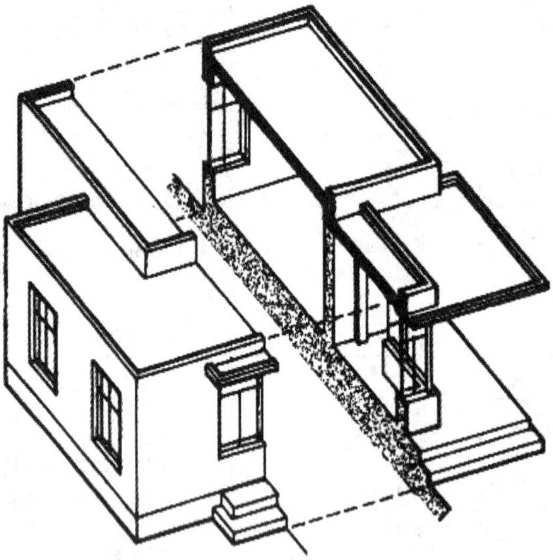

图 10－3 剖面图的形成

2. 比例(GBJ/T50001—2010)

由于房屋建筑的形体庞大，所以施工图一般都用较小的比例绘制。如房屋的平、立、剖面图常用的比例是 1∶50、1∶100、1∶200；又因为房屋建筑的内部构造比较复杂，在小比例的平、立、剖面图中无法表达清楚。所以详图选用的比例要大一些，常用的比例是 1∶1、1∶2、1∶5、1∶10、1∶20、1∶50 等。比例应注写在图名的右侧，比例的字高应比图名的字高小一号或二号。

3. 图线(GBJ/T50001—2010)

房屋建筑图所采用线形、线宽和用途，见表 10 - 3。

表 10 - 3　建筑图的线型

名　称	线　型	线　宽	用　途
粗实线		b	平、剖面图中被剖切的主要建筑构造(包括构配件)的轮廓线； 建筑立面图的外轮廓线； 建筑构造详图中被剖切的主要部分的轮廓线； 建筑构配件详图中构配件的外轮廓线
中实线		$0.5b$	平、剖面图中被剖切的次要建筑构造(包括构配件)的轮廓线； 建筑平、立、剖面图中建筑构配件的轮廓线； 建筑构造详图及建筑构配件详图中的一般轮廓线
细实线		$0.35b$	小于 $0.5b$ 的图形线、尺寸线、尺寸界线、图例线、索引符号、标高符号等
中虚线		$0.5b$	建筑构造及建筑构配件不可见的轮廓线； 平面图中的起重机(吊车)轮廓线； 拟扩建的建筑物轮廓线
细虚线		$0.35b$	图例线，小于 $0.5b$ 的不可见轮廓线
粗单点长画线		b	起重机(吊车)轨道线
细单点长画线		$0.35b$	中心线、对称线、定位轴线
折断线		$0.35b$	不需画全的断开界线
波浪线		$0.35b$	不需画全的断开界线 构造层次的断开界线

4. 尺寸标注(GBJ/T50001—2010)

如图 10 - 4 所示，在房屋建筑图上的尺寸应包括尺寸界线、尺寸线、尺寸起止符号和尺寸数字。尺寸界线用细实线绘制，其一端应离开图样轮廓线不小于 2mm，另一端宜超过出尺寸线 2～3mm；尺寸线用细实线绘制，应与被注长度平行，且不宜超出尺寸界线；尺寸起止符号用中粗斜短线绘制，其倾斜方向应与尺寸界线成顺时针 45°，长度为 2～3mm；尺寸数字应根据读数方向在靠近尺寸线的上方中部注写。尺寸单位除标高及总平面图以“米”为单位外，均以“毫米”为单位。

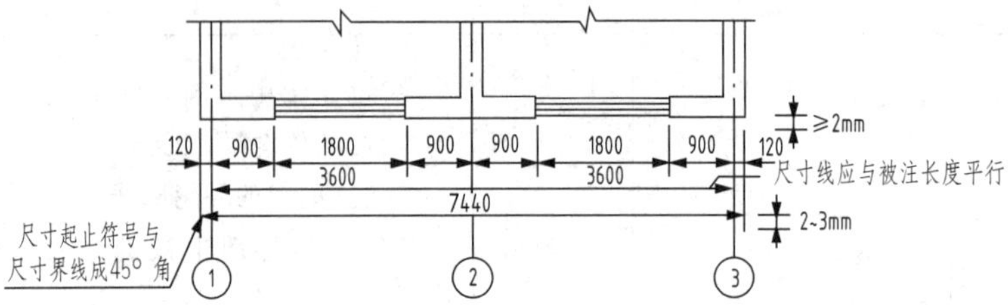

图 10－4　尺寸标注

5. 建筑构配件的图例

由于建筑平、立、剖面图是采用小比例绘制的，有些内容不可能按实际情况画出，因此，常采用各种规定的图例来表示各种建筑构配件和建筑材料。如表 10－4 所列的是几种常用的构配件的图例。

表 10－4　常用的建筑构造及配件图例

名称	图　例	说　明	名称	图　例	说　明
楼梯	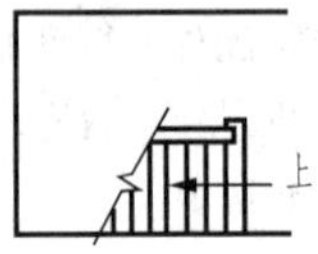	上图为底层楼北平面，中图为中间层楼梯平面，下图为顶层楼梯平面 楼梯及栏杆扶手的形式及踏步数应按实际情况绘制	检查孔		左图为可见检查孔； 右图为不可见检查孔
	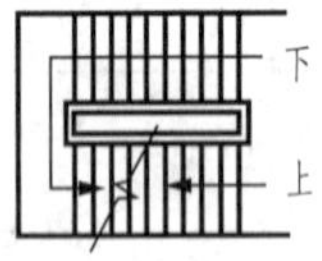		孔洞		
			坑槽	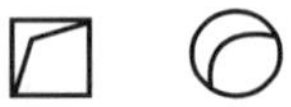	
	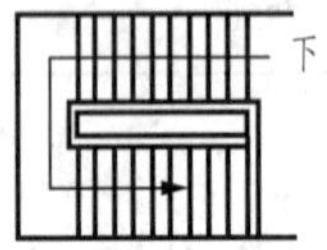		烟道	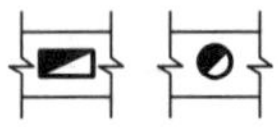	
			通风道	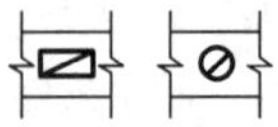	

（续表）

名称	图　例	说　明
单扇门（包括平开或单面弹簧）	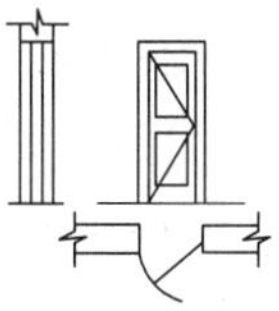	门的名称代号用 M 表示 在剖面图中，左为外，右为内；在平面图中，下为外，上为内 在立面图中，开启方向线交角的一侧，为安装合页的一侧。实线为外开，虚线为内开 门面图上门线应 90°或 45°开启，开启弧线宜画出 立面形式应按实际情况绘制
双扇门（包括平开或单面弹簧）	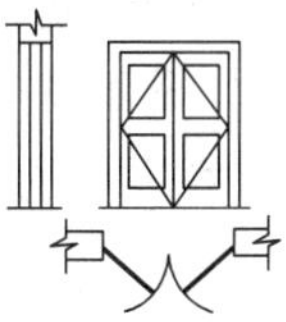	
对开折叠门	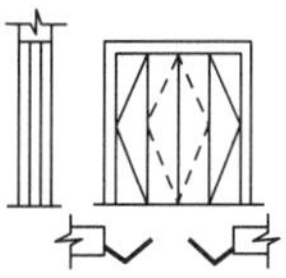	
墙内单扇推拉门	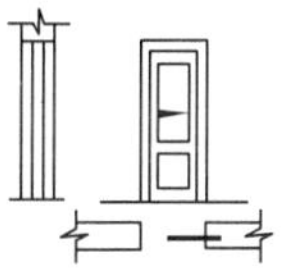	同单扇门说明中的1、2、5
单扇双面弹簧门	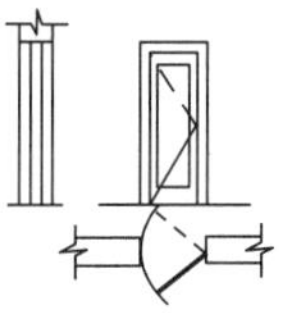	同单扇门说明
双扇双面弹簧门	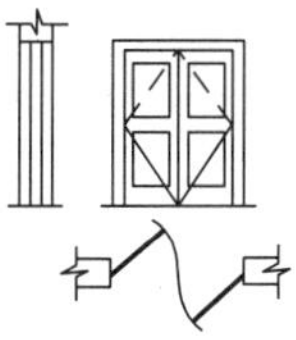	

名称	图　例	说　明
单层固定窗	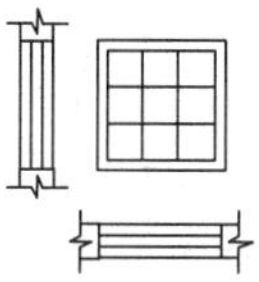	窗的名称代号用 C 表示； 立面图中的斜线表示窗的开启方向，实线为外开，虚线为内开；开启方向线交角的一侧为安装合页的一侧，一般设计图中可不表示； 在剖面图中，左为外，右为内；在平面图中，下为外，上为内； 平、剖面图中的虚线，仅说明开关方式，在设计图中不需要表示； 窗的立面形式应按实际情况绘制
单层外开上悬窗	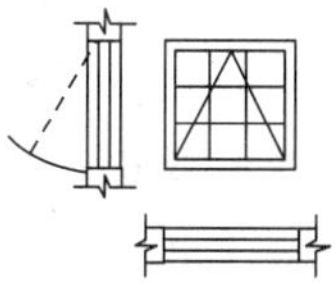	
单层中悬窗	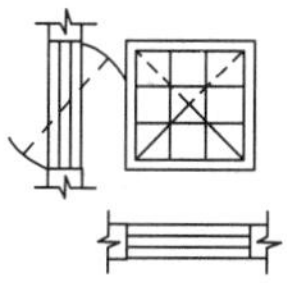	
单层外开平开窗	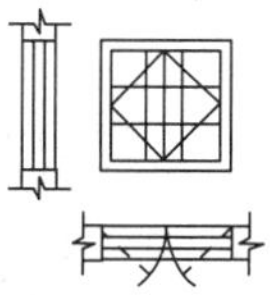	
双层内外开平开窗	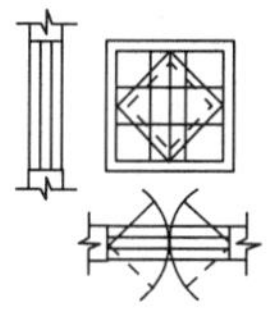	

6. 绘制建筑平、立、剖面图的方法与步骤

在初步掌握房屋建筑基本表达形式和图示方法的基础上，通过绘制建筑平、立、剖面图。进一步理解房屋建筑图的图示内容和表达特点。

绘图过程中应注意以下几点：

(1)绘图的顺序一般是从平面图开始，再画立面图和剖面图。绘图时先用 2H 或 H 铅笔画出轻淡的底稿。画底稿时可将同一方向的尺寸一次量出，以提高绘图速度。底稿完成经检查无误，按规定的线型用 B 或 2B 加深粗线，用 H 或 2H 加深细线。加深的次序是先从上到下画相同线形的水平方向直线，再从左到右画相同线形的垂直方向直线和斜线。先画粗线再画细线。最后标注尺寸和注写有关文字说明。

(2)绘图过程中应注意平面图、立面图、剖面图之间的对应关系。如立面图的定位轴线，外墙上门窗的位置与宽度应与平面图保持一致；剖面图的定位轴线，房屋总宽应与平面图一致；剖面图的高度以及外墙上门窗的高度应与立面图一致；平面图表明房屋的内部布局，立面图反映房屋的外形，剖面图表达房屋的内部构造，三者互相补充，完整表达一幢房屋的内外形状和结构。

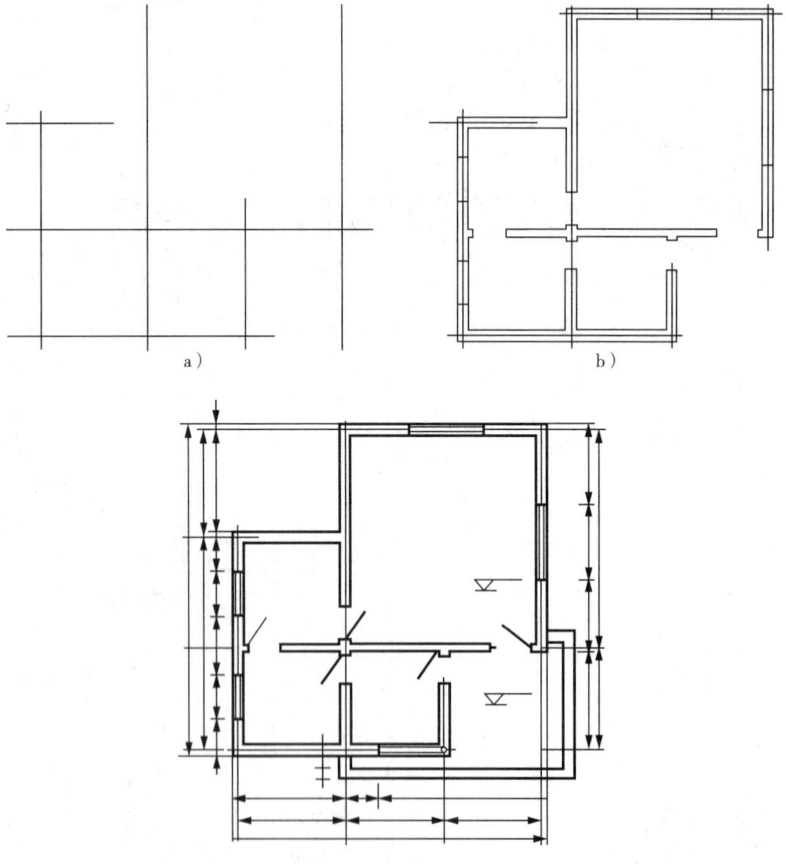

图 10-5　平面图的画法

(3)选择合适的比例(建筑平、立、剖面图通常采用1∶100),合理布置。平面图、立面图、剖面图可以分别画在不同的图纸上,但尺寸和各部分的对应关系必须保持一致,并且注写图名。对于小型建筑,如果平、立、剖面图画在同一张图纸内,则按照“长对正、高平齐、宽相等”的投影关系来画图,更为方便。

现以如图10-1所示的传达室为例,说明绘制建筑平面图、立面图、剖视图的步骤。

1. 平面图的画法

(1)画定位轴线,如图10-5a所示

(2)画墙身线和门窗位置,如图10-5b所示。

(3)画门窗图例、编号,画尺寸线、标高以及其他各种符号,如图10-5c所示。经检查无误,擦去多余作图线,按规定加深图线、注写尺寸和文字。平面图上的线形有三种:墙身线画粗实线(b),门、窗图例和台阶等画中粗线(0.5*b*)其余的均为细实线(0.25*b*)。

2. 立面图的画法

(1)画定位轴线,地坪线,屋面和外墙轮廓线,如图10-6a所示

(2)画门窗、台阶、雨篷、雨水管等细部,如图10-6b所示。

(3)检查无误后按规定线型加深并注写尺寸、标高和文字说明,如图10-6c所示。为了使立面图的外形清晰,重点突出和层次分明,通常用粗实线*b*画房屋的外墙轮廓;用中实线(0.5*b*)画门窗洞、窗台、檐口、雨蓬、台阶和勒脚等轮廓线;用细实线(0.25*b*)画门窗扇、雨水管等。有时也将地坪线画成特粗线(1.4*b*)。

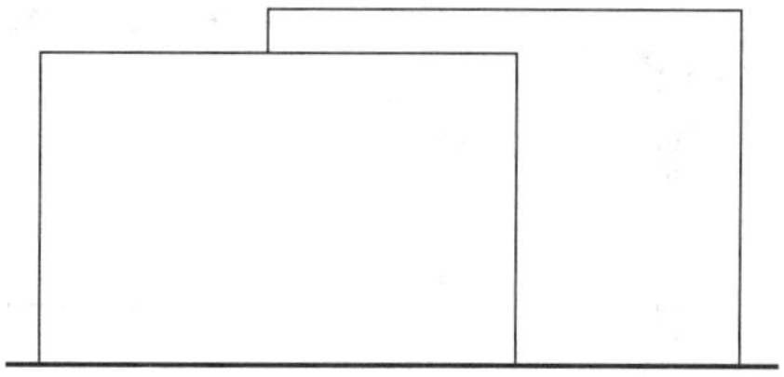

a)

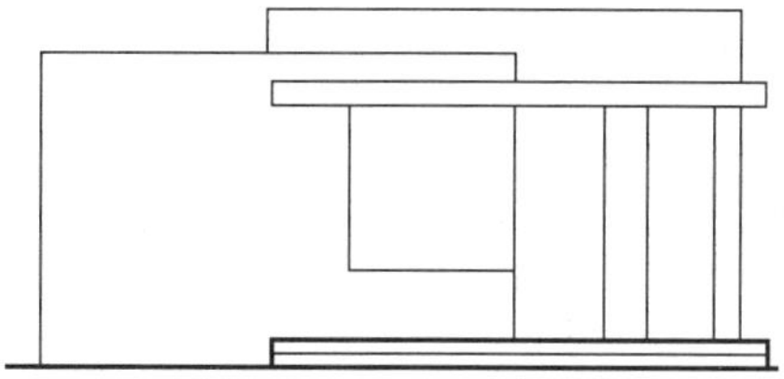

b)

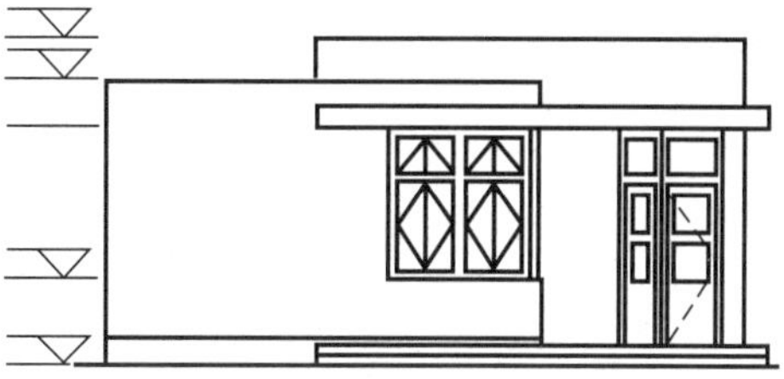

c)

图10-6　立面图的画法

3. 剖面图的画法

(1)画定位轴线、地坪线、屋面及墙身轮廓线,如图 10－7a 所示。

(2)画门窗位置、屋面板厚度以及女儿墙、雨篷等细部,如图 10－7b 所示。

(3)经检查无误后按与平面图相同的线型加深,注写尺寸、标高和有关文字说明,如图 10－7c 所示。完成后的平、立、剖面图如图 10－4 所示传达室平面图、①～④立面图和 I—I 剖面图。

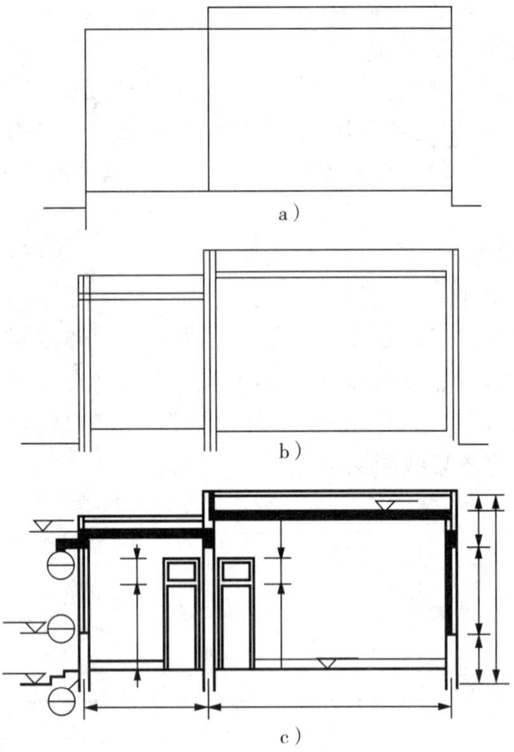

图 10－7 剖面图的画法

第十一章　电气线路图图样简介

【内容导读】

电气线路图的分类和各元件的规定画法；

电路图的常见表达方式；

讲述电气工程CAD制图规范、电气图形符号及画法使用命令、电气技术中的文字符号和项目代号等内容。

【知识要点】

电气图形符号及画法使用命令；

电气技术中的文字符号和项目代号；

焊接的标注和读焊接图的方法；

电气工程CAD制图规范。

【能力目标】

熟悉电气图表达的内容，掌握有关规定和电气图的画法，能识读一般难度的电气电路图和焊接图。

11.1　电气线路图的概述

11.1.1　电气线路图

从事电子、信息、自动化专业工作的工程技术人员，在工作中，应进行电气线路图的设计。因此，应该掌握绘制电气图的基本知识和具备识读电气图的初步能力。

电气图与机械图的绘制原理与表达方法存在很大差别。在学习本节时，必须弄清这两种图的区别，要熟悉国家标准《电气制图标准》(GB\T18135－2000)的有关规定，掌握电气图的表达方法和绘图原则。

11.1.2 电气线路图的分类

电气线路图的种类很多，主要包括以下几种：

1. 概略图

表示系统、分系统、装置、部件、设备、软件中各项目之间的主要关系和连接的相对简单的简图，通常用单线表示法。

2. 功能图

用理论的或理想的电路而不涉及实现方法来详细表示系统、分系统、装置、部件、设备软件功能的简图。

3. 电路图

表示系统、分系统、装置、部件、设备、软件等实际电路的简图，采用按功能排列的图形符号和连接关系来表示各元件，以表示功能而不需考虑项目的实际尺寸、形状或装置。

4. 接线图

表示或列出一个装置或设备的连接关系的简图(表)。它可以分为单元接线图(表)、连接线图(表)、端字接线图(表)和电缆图(表)。

这里所谓的简图是指采用图形符号和带注释的框来表示包括连线在内的一个系统或设备的多个部件或零件之间关系的图示形式。

本节主要介绍电路图的内容、常见符号和绘制规则等。

11.1.3 电路图主要包含以下内容

(1)表示电路中元件或功能件的图形符号；

(2)元件或功能件之间的连接线；

(3)项目代号；

(4)端子代号；

(5)用于逻辑信号的电平约定；

(6)电路寻迹所必需的信息(信号代号、位置检索标记)

(7)了解功能件必需的补充信息。

如图 11-1 所示，是简单的数码混响卡拉 OK 无线话筒的电路图。LS889 是一单片数码卡拉 OK 混响专用集成电路，内部包括了话筒放大、振荡、延时等电路，只需少量的外围元件就可组成数码混响电路。混响信号由 IC 的 4 脚输出，经三极管 V 及 L2、C15 等组成的调频发射电路调制后，由天线发射出去。电路中的电位器 Rp 可用来调节话筒的混响深度。本电路发射距离 50m，可用调频收音机接收信号。

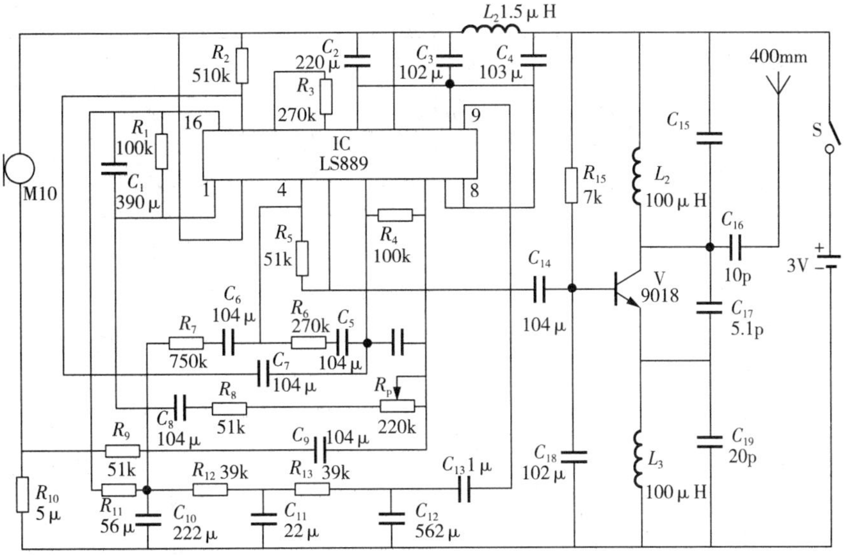

图 11－1　数码混响卡拉 OK 无线话筒电路图

11.2　电气线路图各种元件的规定画法

11.2.1　电路图常见符号

常用电气图图形符号见表 11－1

表 11－1　电气图形常用图形符号及 CAD 画法使用命令

序号	图形符号	说　　明	画法使用命令
1	⎓	直流电 电压可标注在符号右边，系统类型可标注在左边。	直线
2	∼	交流电 频率或频率范围可标注在符号的左边	样条曲线
3	≂	交直流	直线、样条曲线
4	+	正极性	直线
5	—	负极性	直线
6	→	运动方向或力	引线

（续表）

序号	图形符号	说　　明	画法使用命令
7		能量、信号传输方向	直线
8		接地符号	直线
9		接机壳	直线
10		等电位	正三角形、直线
11		故障	引线、直线
12	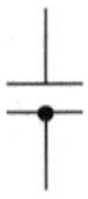	导线的连接	直线、圆、图案填充
13		导线跨越而不连接	直线
14		电阻器的一般符号	矩形、直线
15		电容器的一般符号	直线、圆弧
16		电感器、线圈、绕组、扼流圈	直线、圆弧
17	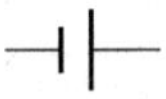	原电池或蓄电池	直线
18		动合（常开）触点	直线
19		动断（常闭）触点	直线
20	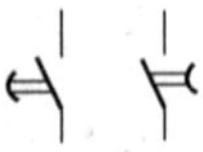	延时闭合的动合（常开）触点 带时限的继电器和接触器触点	直线、圆弧
21	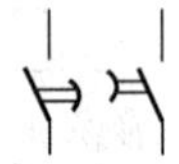	延时断开的动合（常开）触点	
22	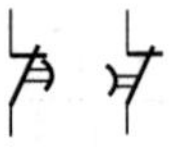	延时闭合的动断（常闭）触点	
23	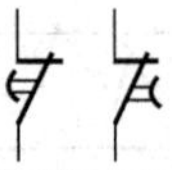	延时断开的动断（常闭）触点	

（续表）

序号	图形符号	说　　明	画法使用命令
24		手动开关的一般符号	直线
25	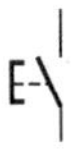	按钮开关	
26		位置开关，动合触点； 限制开关，动合触点	
27		位置开关，动断触点； 限制开关，动断触点	
28		多极开关的一般符号，单线表示	
29		多极开关的一般符号，多线表示	直线
30		隔离开关的动合（常开）触点	
31		负荷开关的动合（常开）触点	直线、圆弧
32		断路器（自动开关）的动合（常开）触点	直线
33		接触器动合（常开）触点	直线、圆弧
34		接触器动断（常闭）触点	
35	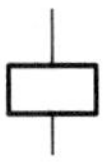	继电器、接触器等的线圈一般符号	矩形、直线
36	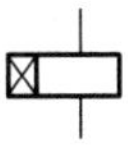	缓吸线圈（带时限的电磁电器线圈）	

（续表）

序号	图形符号	说　　明	画法使用命令
37	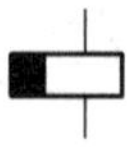	缓放线圈(带时限的电磁电器线圈)	直线、矩形 图案填充
38	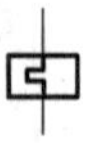	热继电器的驱动器件	直线、矩形
39		热继电器的触点	直线
40		熔断器的一般符号	直线、矩形
41		熔断器式开关	直线、矩形、旋转
42		熔断器式隔离开关	
43		跌开式熔断器	直线、矩形 旋转、圆
44		避雷器	矩形 图案填充
45		避雷针	圆、图案填充
46		电机的一般符号 C—同步变流机 G—发电机 GS—同步发电机 M—电动机 MG—能作为发电机或电动机使用的电机 MS—同步电动机 SM—伺服电机 TG—测速发电机 TM—力矩电动机 IS—感应同步器	直线

（续表）

序号	图形符号	说　　明	画法使用命令
47		交流电动机	圆、多行文字
48	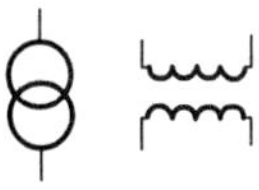	双绕组变压器，电压互感器	直线、圆、复制、修剪
49	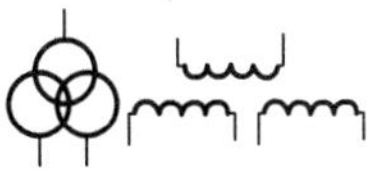	三绕组变压器	
50		电流互感器	
51		电抗器，扼流圈	直线、圆、修剪
52		自耦变压器	直线、圆、圆弧
53		电压表	圆、多行文字
54		电流表	
55		功率因数表	
56	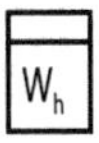	电度表	矩形、多行文字
57		钟	圆、直线、修剪
58		电铃	
59		电喇叭	矩形、直线

（续表）

序号	图形符号	说　　明	画法使用命令
60		蜂鸣器	圆、直线、修剪
61	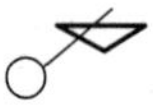	调光器	圆、直线
62	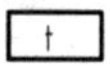	限时装置	矩形 多行文字
63		导线、导线组、电线、电缆、电路、传输通路等线路母线一般符号	直线
64		中性线	圆、直线、图案填充
65	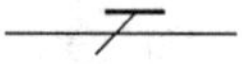	保护线	直线
66		灯的一般符号	直线、圆
67		电杆的一般符号	圆、多行文字
68	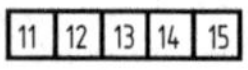	端子板	矩形、多行文字
69		屏、台、箱、柜的一般符号	矩形
70		动力或动力—照明配电箱	矩形、图案填充
71		单项插座	圆、直线、修剪
72		密闭（防水）	
73		防爆	圆、直线、修剪、图案填充

（续表）

序号	图形符号	说　　明	画法使用命令
74	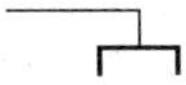	电信插座的一般符号 可用文字和符号加以区别： TP—电话 TX—电传 TV—电视 ＊—扬声器 M—传声器 FM—调频	直线、修剪
75		开关的一般符号	圆、直线
76		钥匙开关	矩形、圆、直线
77	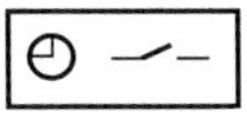	定时开关	
78		阀的一般符号	直线
79		电磁制动器	矩形、直线
80		按钮的一般符号	圆
81	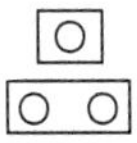	按钮盒	矩形、圆
82		电话机的一般符号	矩形、圆、修剪
83		传声器的一般符号	圆、直线
84		扬声器的一般符号	矩形、直线

（续表）

序号	图形符号	说　　明	画法使用命令
85		天线的一般符号	直线
86	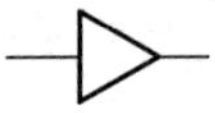	放大器的一符号 中断器的一般符号，三角形指传输方向	正三角形、直线
87		分线盒一般符号	圆、修剪、直线
88		室内分线盒	
89		室外分线盒	
90		变电所	圆
91		杆式变电所	
92		室外箱式变电所	直线、矩形、图案填充
93	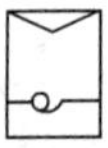	自耦变压器式启动器	矩形、圆、直线
94		真空二极管	圆、直线
95		真空三极管	
96	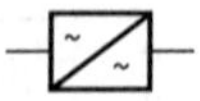	整流器框形符号	矩形、直线

11.2.2　电路图绘图规则

1. 绘制电路图应遵守 GB6988.4—1986《电气制图：电路图》的规定

图线是指起点和终点间以任意方式连接的一种几何图形，它是组成图形的基本要素，形状可以是直线或曲线、连续线或不连续线。国家标准中规定了在工程图样中使用的六种图线，其型式、名称、宽度以及应用示例见表 11-2。

电路图用线型主要有六种，见表 11-2。

表 11-2　电路图用主要线型

图线名称	图线型式	图线宽度	主要用途
粗实线	————————	b	电气线路、一次线路
细实线	————————	约 $b/3$	二次线路、一般线路
虚线	— — — — — — —	约 $b/3$	屏蔽线、机械连线
细点划线	—·—·—·—	约 $b/3$	控制线、信号线、围框线
粗点划线	—·—·—·—	b	有特殊要求线
双点划线	—··—··—··—	约 $b/3$	原轮廓线

2. 图形符号应遵守 GB/T4728—2008《电气简图用图形符号》的规定

图形符号旁应标注项目代号，需要时还可标注主要参数。当电路水平布置时，标在图形符号的上方；垂直布置时，标在图形符号左方。不论电路水平还是垂直布置，项目应水平书写，如图 11-1 所示。

项目代号中的文字符号应遵守 GB/T7159—1987《电气技术中的文字符号制订通则》的规定。

3. 电路图中的信号流主要流向应是从左至右，或从上至下

当单一信号流方向不明确时，应在连接线上画上箭头符号（见 GB/T4728.2 的符号），如图 11-2 所示。

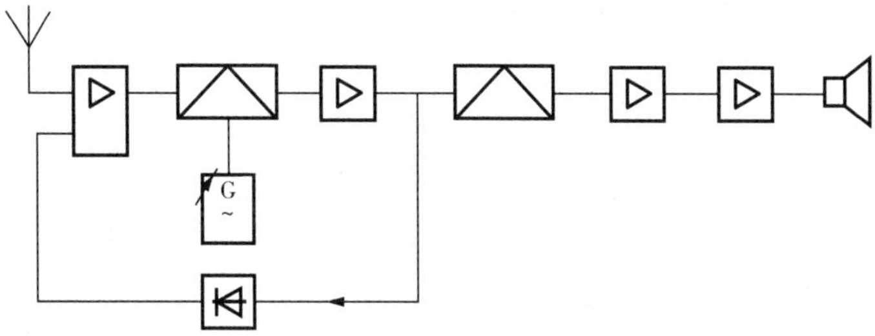

图 11-2　收音机工作过程框图

4. 表示导线或连接线的图线都应是交叉和折弯最少的直线

图线可水平布置，各个类似项目应纵向对齐，如图 11-3a 所示；也可垂直布置，此时

各个类似项目应横向对齐，如图 11－3b 所示。一张图中图线宽度应保持一致。

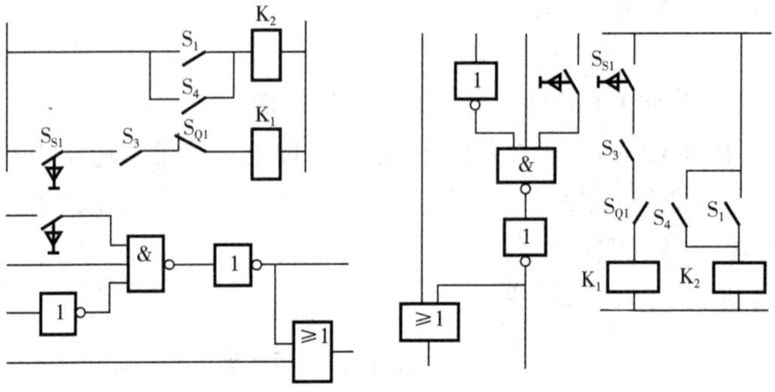

图 11－3　图线的布置方式

5. 在功能上或结构上属于同一单元的项目，可用点划线围框

11.2.3　电路图常见表达方法

1. 电路电源表示方法

(1)有图形符号表示电源，如图 11－4 所示。

(2)有线条表示电源，如图 11－5 所示。

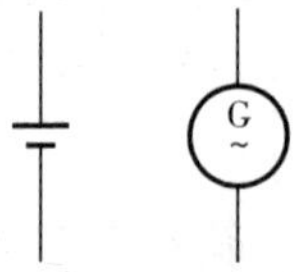

图 11－4　图形符号表示电源

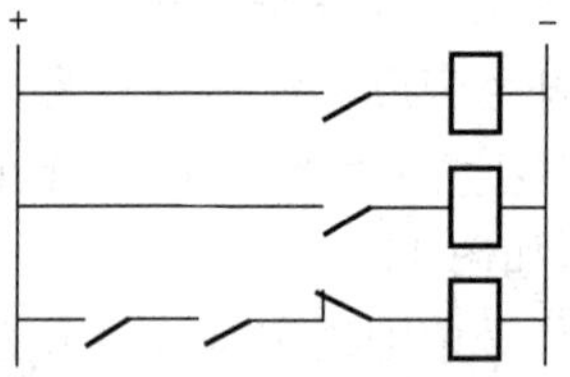

图 11－5　线条表示电源

(3)有电压值表示电源，如图 11－6 所示。

(4)用符号表示电源。在单线表达时，直流符号为"——"，交流符号为"～"；在多线表达时，直流正、负极分别用符号"＋"、"－"，三相交流相序符号"L1、L2、L3"和中性线符号"N"等，如图 11－7 所示。

(5)同时用线条和符号表示电源。

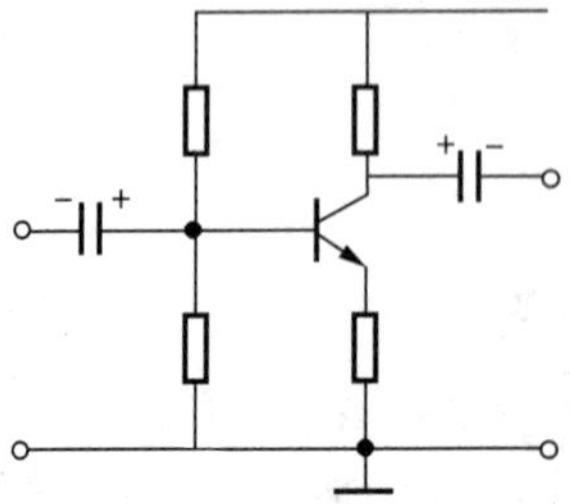

图 11－6　电压值表示电源

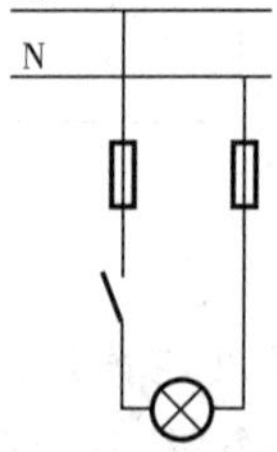

图 11－7　符号表示电源

2. 导线连接形式表示法

导线连接有“T”形连接和“＋”形连接两种形式。“T”形连接可加实心圆点“.”，也可不加实心圆点“＋”形连接。表示两导线相交时，必须加实心圆点“.”，如图 11－8 所示；表示交叉而不连接(跨越)的两导线，在交叉处不加实心圆点。

3. 元器件和设备的可动部分通常应表示在非激动或不工作的状态或位置

例如(图 11－1)：

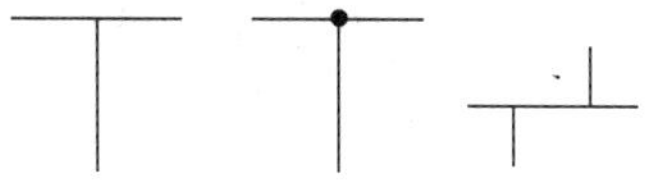

a）T形连接

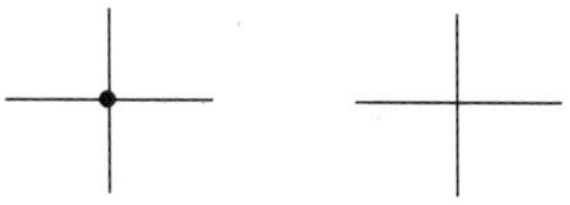

图 11－8　导线连接形式

(1)开关—在断开位置。

(2)带零位的手动控制开关在零位位置；不带零的手动控制开关在图中规定位置。

(3)继电器、接触器、电磁铁等—在非激励位置

(4)机械操作开关—例如行程开关在非工作的状态和位置(搁置时的情况)，即没有机械力作用的位置。

多重开关器件的各组成部分必须表示在互相一致的位置上，而不管电路的实际工作状态。

4. 简化电路表示方法

(1)并联电路的简化多个相同的支路并联时，可用标有公共连接符号的一个支路来表示，公共连接符号如图 11－9 所示。符号的折弯方向与支路的连接情况相符。因为简化而未画出的各项目的代号，则在对应的图形符号旁全部标注出来，公共连接符号旁加注并联支路的总数。

a）公共连接符号

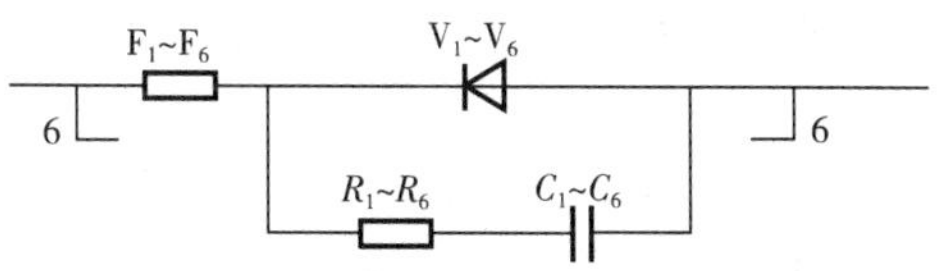

b）六个并联支路的简化

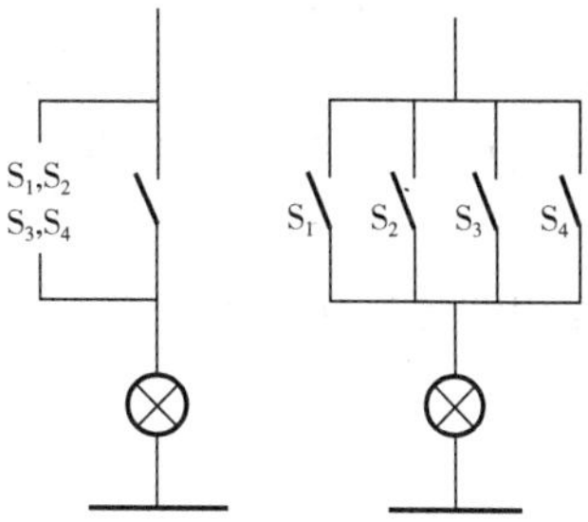

c）四个并联支路的简化

图 11－9　并联电路的简化

(2)相同电路的简化　重复出现的电路，仅需详细的画出其中的一个，并加画围框表

示范围。相同的电路画出空白的围框，在框内注明必要的文字注释，如图 11 - 10 所示。

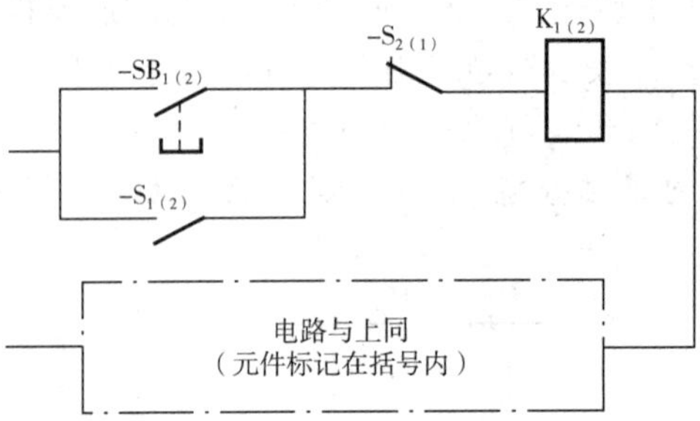

图 11 - 10　相同电路的简化

5. 元器件技术数据表示方法

技术数据（如元器件型号、规格、额定值等）直接标在图形符号的近旁，必要时，应放在项目代号的下方，如图 11 - 1 所示。技术数据也可标在继电器线圈、仪表、集成块等的方框符号或简化外形符号内。也可以用表格的形式给出，如表 11 - 3 所列。

表 11 - 3　设备表

项目代号	名　称	型号、技术数据	数　量	备
C1	电容器	0.1μF/400V 瓷介电容	1	
C2	电容器	0.1μF/400V 瓷介电容	1	
⋮	⋮	⋮	⋮	⋮

11.3　焊接图

焊接是现代制造技术中重要的金属连接技术，它是利用加热或者同时加热加压的方法，使分离的金属零件形成原子间的结合，从而形成新的金属结构。焊接的主要方法为熔化焊、压力焊和钎焊。

焊接工艺的优势是接头的力学性能与使用性能良好、金属结构重量轻、节约原材料、制造周期短、成本低。但也存在焊接接头的组织和性能会发生变化、容易产生焊接裂纹、焊接后会产生残余应力与变形等问题，这些都会影响焊接结构的质量。

常用的焊接接头型式有：对接接头、T 型接头、角接接头、搭接接头四种，如图 11 - 11 所示。

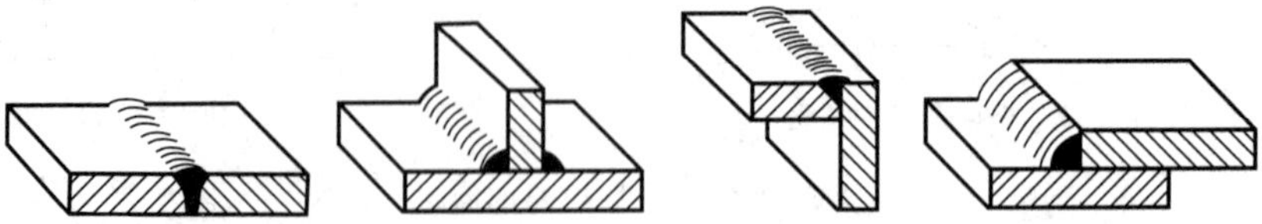

a）对接　b）T形接　c）角接　d）搭接

图 11 - 11　常用焊接的接头形式

11.3.1　焊缝的图示法

工件经焊接后所形成的接缝(即熔合处)称为焊缝。

在技术图样中,一般按 GB/T324—1988 和 GB/T12212—1990 规定的焊缝符号表示焊缝。如需在图样中简易地绘制焊缝时,可用视图、剖视图或断面图表示,也可用轴测图示意地表示。

在视图中,焊缝用一系列细实线段(允许徒手绘制)表示,如图 11－12a、b、c,也允许采用粗线(线的宽度为粗实线的 2～3 倍)表示,如图 11－12d、e 所示。但在同一图样中,只允许采用一种画法。

在剖视图或断面图上,焊缝的金属熔焊区通常应涂黑表示,如图 11－12 所示。

用轴测图示意地表示焊缝的画法,如图 10－1 所示。

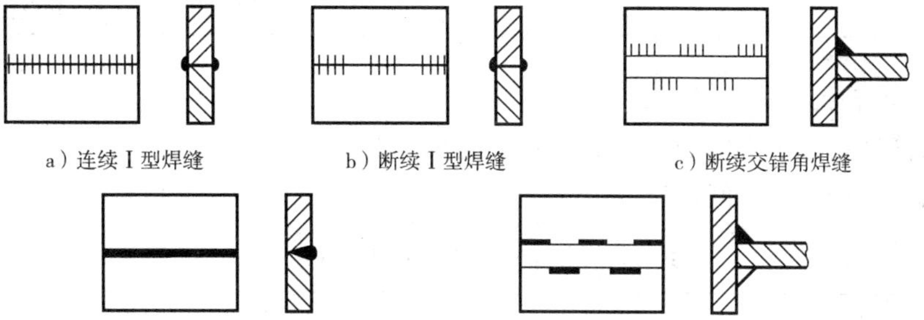

a) 连续 I 型焊缝　b) 断续 I 型焊缝　c) 断续交错角焊缝

d) 连续 V 型焊缝　e) 断续交错焊缝

图 11－12　焊缝的图示法

11.3.2　焊缝的符号

图样上焊缝的表达方法常采用 GB/T324—1988、GB/T12212—1990 中规定的焊缝符号表示。焊缝符号一般由基本符号与指引线组成,必要时,还可以加上辅助符号、补充符号和焊缝尺寸符号。

1. 基本符号

基本符号是表示焊缝剖面形状的符号,它采用近似于焊缝横断面形状的符号表示,见表 11－4

表 11－4　常见焊缝的基本符号及标注方法示例

序　号	焊缝名称	示意图	符　号	标注方法示例	
1	I 形焊缝		‖	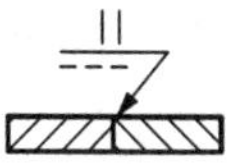	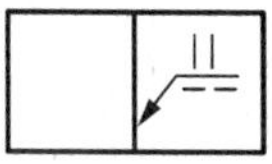
2	V形焊缝	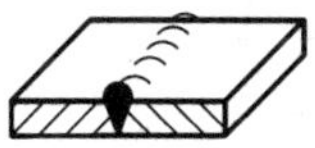	V	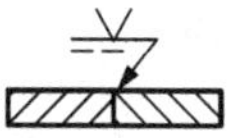	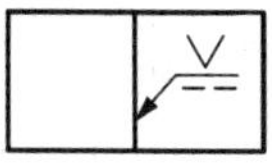

（续表）

序　号	焊缝名称	示意图	符　号	标注方法示例	
3	单边V形焊缝			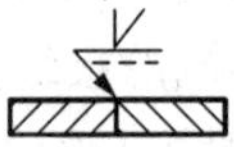	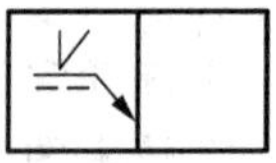
4	形焊缝	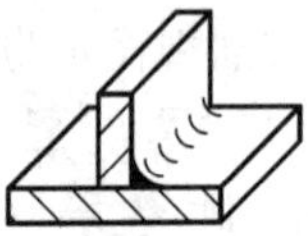		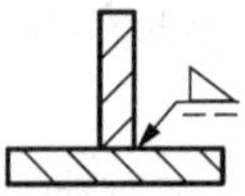	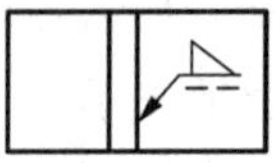
5	角焊缝	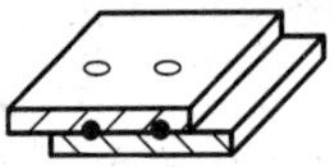		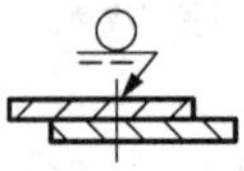	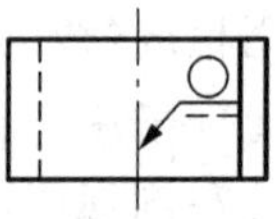
6	点焊缝	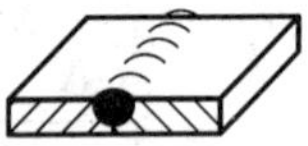		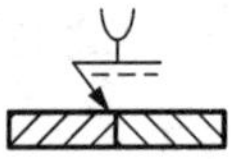	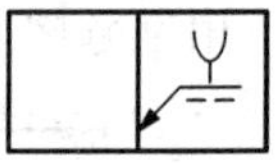

2. 辅助符号

辅助符号是表示焊缝表面形状特征的符号，见表 11－5。不需要确切地说明焊缝的表面形状时，可不用辅助符号。

表 11－5　焊缝的辅助符号及标注示例

序　号	焊缝名称	示意图	符　号	说明	标注示例
1	平面符号		—	焊缝表面平齐	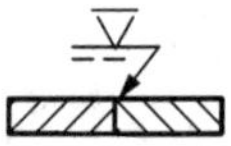
2	凹面符号	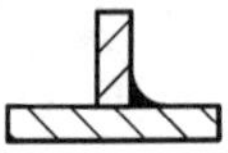		焊缝表面凹陷	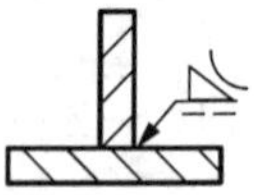
3	凸面符号			焊缝表面凸起	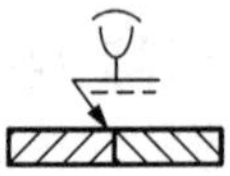

3. 补充符号

补充符号是为了补充说明焊缝的某些特征而采用的符号，见表 11－6。

表 11－6　焊缝的补充符号及标注示例

序　号	焊缝名称	示意图	符　号	标注示例
1	带垫板符号	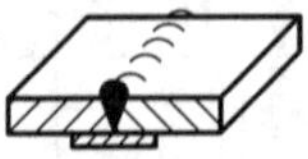		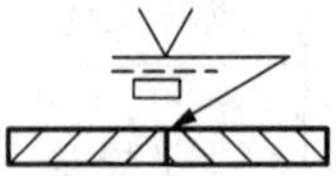
2	三面焊缝符号	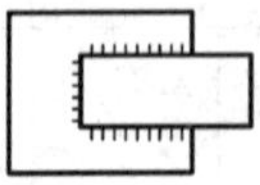		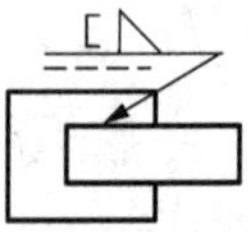

（续表）

序　号	焊缝名称	示意图	符　号	标注示例
3	四面焊缝符号	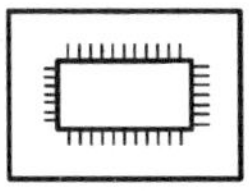	○	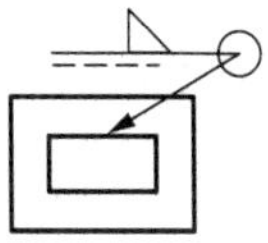
4	现场焊缝符号			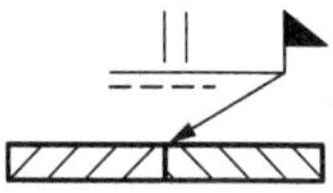
5	尾部符号 （示例为手工电弧焊）		<	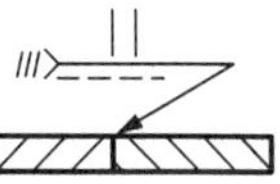

4. 引线

指引线一般由带箭头的箭头的引出线和两条基准线（一条为细实线，另一条为虚线）两部分组成，见图 11－13a 所示。必要时，在细实线末端加一尾部（90°夹角）符号，作为其它补充说明，见图 11－13b 所示。

基准线的虚线可以画在基准线的细实线下侧或上侧。

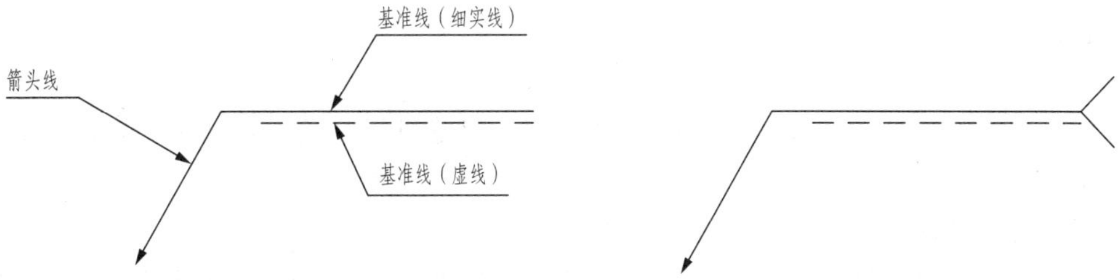

a）　　　　b）

图 11－13　指引线

5. 焊缝尺寸符号

焊缝尺寸一般不标注，如设计或生产需要注明焊缝尺寸时，用焊缝尺寸符号（字母）表示对焊缝尺寸的要求，常见焊缝尺寸符号见表 11－7。

表 11－7　常用焊缝尺寸符号

序号	名　称	示意图	符号	序号	名　称	示意图	符号
1	工件厚度	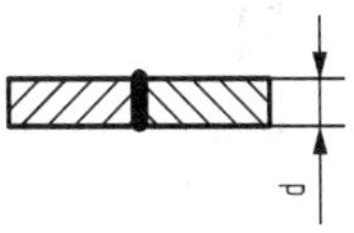	δ	6	焊角尺寸	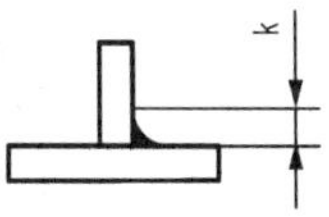	k

（续表）

序号	名　称	示意图	符号	序号	名　称	示意图	符号
2	破口角度	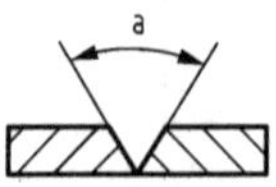	α	7	熔核直径	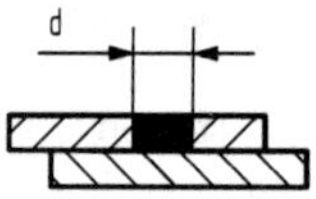	d
3	根部间隙	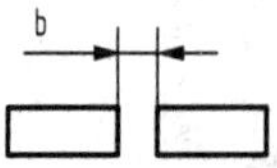	b	8	焊缝有效厚度	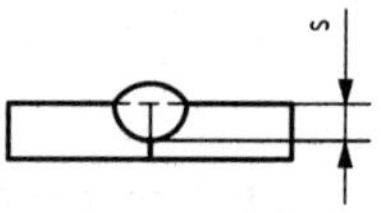	s
4	钝边	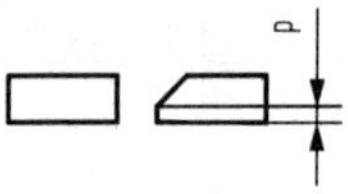	p	8	焊缝长度	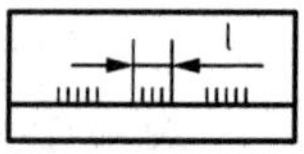	l
5	焊缝间隙	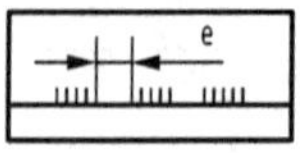	e	10	焊缝段数	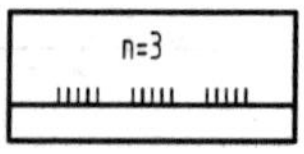	n

在图样中，焊缝图形符号的线宽、焊缝符号中字体的字形、字高和字体笔画宽度应与图样中其它符号（如尺寸符号、表面粗糙度符号、形位公差符号）的线宽、尺寸字体的字形、字高和笔画宽度相同。

11.3.3　焊接的标注

标注焊接符号时，指引线的箭头应指向接头，焊缝可以在接头箭头处，或非箭头侧，见表 11－4、11－5、11－6、11－7。

用焊接符号标注焊接时要注意以下几点：

（1）箭头指引线直接指向焊缝时，可以指在焊缝的正面或反面，但在标注 V 形焊缝、带钝边 J 形焊缝时，箭头应指向带有坡口一侧的工件，如图 11－14 所示。

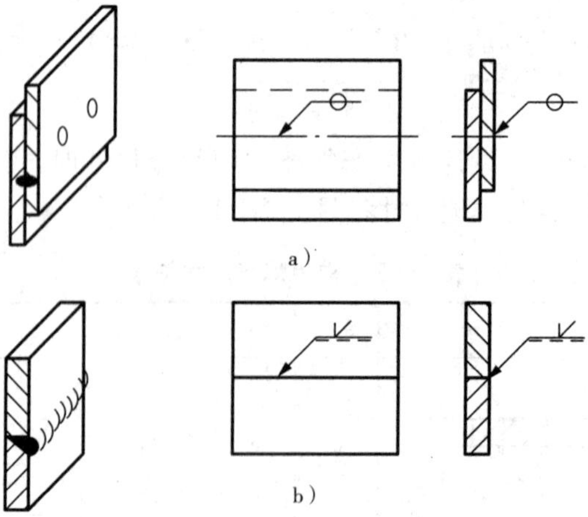

图 11－14　焊接的标注（一）

(2)基准线应与图样标题栏的长边相平行，必要时，也可与标题栏的长边垂直。

(3)当箭头线直接指向焊缝时，基本符号应标注在基准线的实线上；当箭头线直接指向焊缝的反面时，基本符号应标注在基准线的虚线侧，如图 10－5 所示。

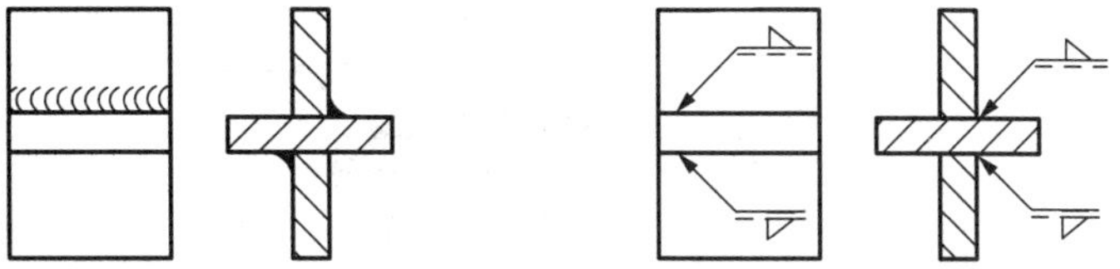

(a)图示法　　(b)标注符号法

图 11－15　焊接的标注(二)

(4)标注对称焊缝或双面焊缝时可不加虚线，如图 10－6 所示。

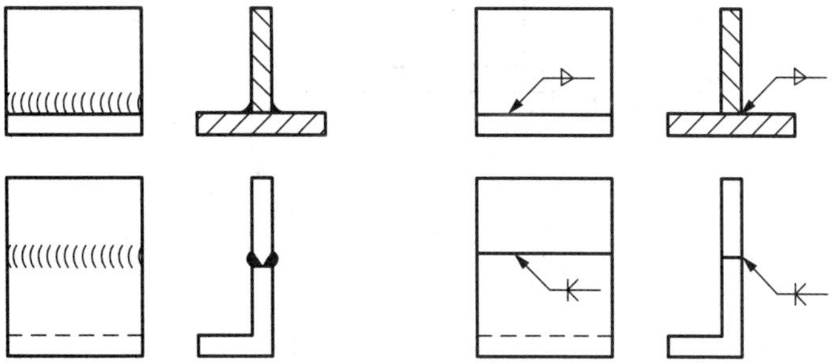

图 11－16　焊接的标注(三)

11.3.4　读焊接图

当焊接结构的零件较少，结构比较简单时，各组成部分不必单独绘制图样，可以将焊接结构的全部零件绘制在一张图纸上，按装配图的绘制方法绘制图样。当结构比较复杂时，可以将结构的某部分单独绘制图样，表明其形状、尺寸、技术要求等，而在焊接图上只表达各组成部分的相对位置、焊接符号及没有单独绘图组件的尺寸。

如图 11－17 所示支架的结构比较简单，可以将所有组件绘制在一张图样上。从主视图上看有三条焊缝，一处是零件 1 和零件 2 之间，沿零件 1 周围用角焊缝连接，焊缝边长为 5mm；另两处是零件 4 和零件 3 之间，角焊缝现场焊接，前后各 2 条；从俯视图上看，零件 5 和零件 3、零件 3 和零件 2 有 2 处焊缝，用角焊缝三面焊接。

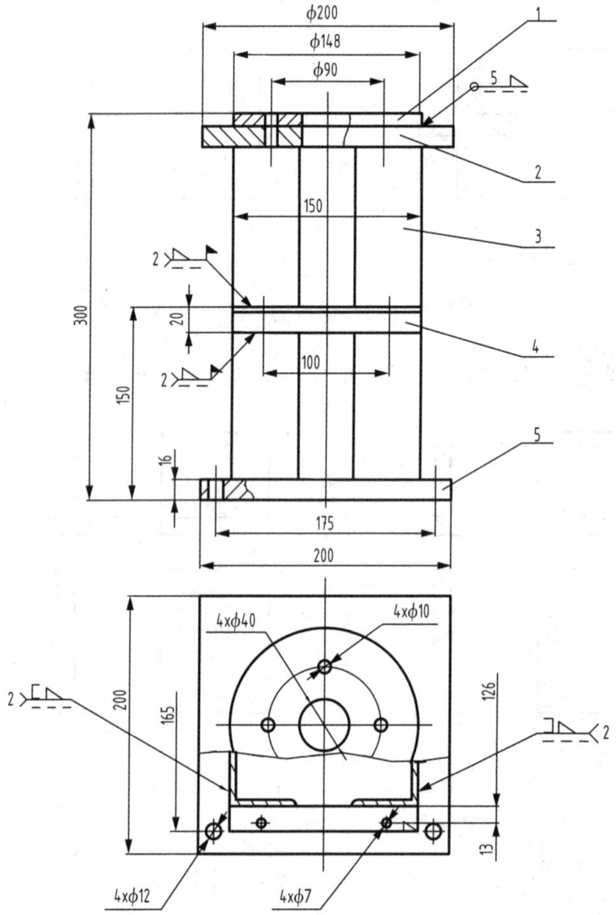

5	钢板	1		
4	角钢	2		
3	槽钢	2		
2	钢板	1		
1	钢板	1		
序号	名称	数量	材料	备注
支 架		共 张	第 张	比例
		数量		图号
制图				
审核				

图 11－17　支架的焊接图

附 录

附表 1 普通螺纹直径与螺距系列、基本尺寸(GB/T 193—2003,GB/T 196—2003)

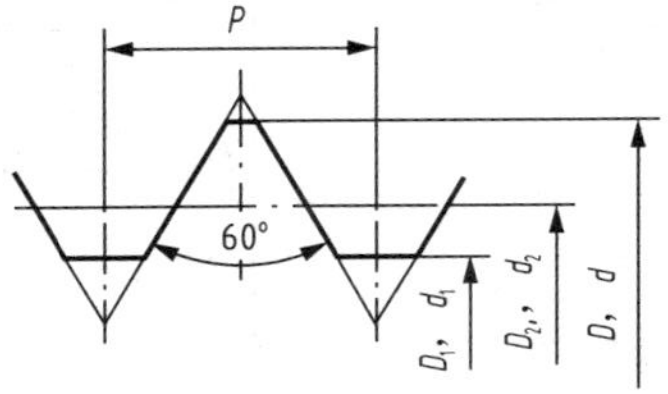

标记示例

公称直径 24mm,螺距为 3mm 的粗牙右旋普通螺纹:M24

公称直径 24mm,螺距为 1.5mm 的细牙左旋普通螺纹:M24×1.5LH

mm

公称直径 D、d		螺距 P		粗牙小径	公称直径 D、d		螺距 P		粗牙小径
第一系列	第二系列	粗牙	细 牙	D_1、d_1	第一系列	第二系列	粗牙	细 牙	D_1、d_1
3		0.5	0.35	2.459		22	2.5	2、1.5、1、(0.75)、(0.5)	19.294
	3.5	(0.6)		2.850	24		3	2、1.5、1、(0.75)	20.752
4		0.7	0.5	3.242		27	3	2、1.5、1、(0.75)	23.751
	4.5	(0.75)		3.688	30		3.5	(3)、2、1.5、1、(0.75)	26.211
5		0.8		4.134		33	3.5	(3)、2、1.5、(1)、(0.75)	29.211
6		1	0.75、(0.5)	4.917	36		4	3、2、1.5、(1)	31.670
8		1.25	1、0.75、(0.5)	6.647		39	4		34.670
10		1.5	1.25、1、0.75、(0.5)	8.376	42		4.5	(4)、3、2、1.5、(1)	37.129
12		1.75	1.5、1.25、1、(0.75)、(0.5)	10.106		45	4.5		40.129
	14	2	1.5、(1.25)、1、(0.75)、(0.50)	11.835	48		5		42.587
16		2	1.5、1、(0.75)、(0.5)	13.835		52	5		46.587
	18	2.5	2、1.5、1、(0.75)、(0.5)	15.294	56		5.5	4、3、2、1.5、(1)	50.046
20		2.5		17.294		60	5.5		54.046

注:(1)优先选用第一系列,括号内尺寸尽可能不用。第三系列未列入;

(2)M14×1.25 仅用于火花塞;M35×1.5 仅用于滚动轴承锁紧螺母;

(3)中径 D_2、d_2 未列入。

附表 2　非螺纹密封的管螺纹(GB/T 7307—2001)

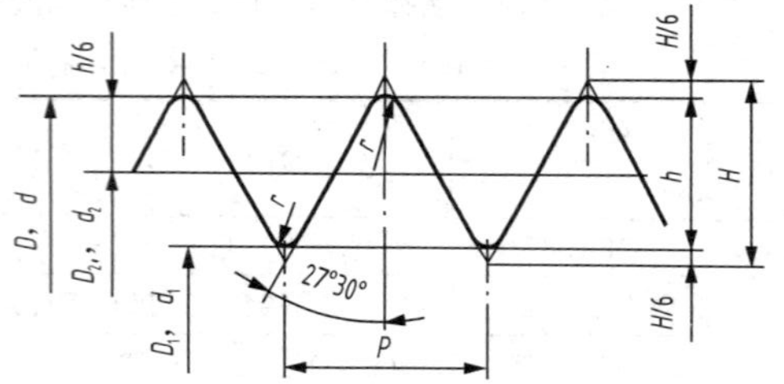

标记示例

内螺纹 G1　1/2

A 级外螺纹　G1　1/2A

B 级外螺纹　G1　1/2B

左旋　G1　1/2B－LH

$P=\frac{25.4}{n}$　$H=0.960491P$

mm

尺寸代号	每 25.4mm 内的牙数 n	螺距 P	牙高 h	圆弧半径 r	基本直径		
					大径 $d=D$	中径 $d_2=D_2$	小径 $d_1=D_1$
1/16	28	0.907	0.581	0.125	7.723	7.142	6.561
1/8	28	0.907	0.581	0.125	9.728	9.147	8.566
1/4	19	1.337	0.856	0.184	13.157	12.301	11.445
3/8	19	1.337	0.856	0.184	16.662	15.806	14.950
1/2	14	1.814	1.162	0.249	20.955	19.793	18.631
5/8	14	1.814	1.162	0.249	22.911	21.749	20.587
3/4	14	1.814	1.162	0.249	26.441	25.279	24.117
7/8	14	1.814	1.162	0.249	30.201	29.039	27.877
1	11	2.309	1.479	0.317	33.249	31.770	30.291
$1\frac{1}{8}$	11	2.309	1.479	0.317	37.897	36.418	34.939
$1\frac{1}{4}$	11	2.309	1.479	0.317	41.910	40.431	38.952
$1\frac{1}{2}$	11	2.309	1.479	0.317	47.803	46.324	44.845

（续表）

尺寸代号	每 25.4mm 内的牙数 n	螺距 P	牙高 h	圆弧半径 r	基本直径		
					大径 $d=D$	中径 $d_2=D_2$	小径 $d_1=D_1$
$1\frac{3}{4}$	11	2.309	1.479	0.317	53.746	52.267	50.788
2	11	2.309	1.479	0.317	59.614	58.135	56.658
$2\frac{1}{4}$	11	2.309	1.479	0.317	65.710	64.231	62.752
$2\frac{1}{2}$	11	2.309	1.479	0.317	75.184	73.705	72.226
$2\frac{3}{4}$	11	2.309	1.479	0.317	81.534	80.055	78.576
3	11	2.309	1.479	0.317	87.884	86.405	84.926
$3\frac{1}{2}$	11	2.309	1.479	0.317	100.330	98.851	97.372
4	11	2.309	1.479	0.317	113.030	111.551	110.072
$4\frac{1}{2}$	11	2.309	1.479	0.317	125.730	124.251	122.772
5	11	2.309	1.479	0.317	138.430	136.951	135.472
$5\frac{1}{2}$	11	2.309	1.479	0.317	151.130	149.651	148.172
6	11	2.309	1.479	0.317	163.830	162.351	160.872

附表 3　梯形螺纹直径与螺距系列、基本尺寸(GB/T 5796.1～5796.4—2005)

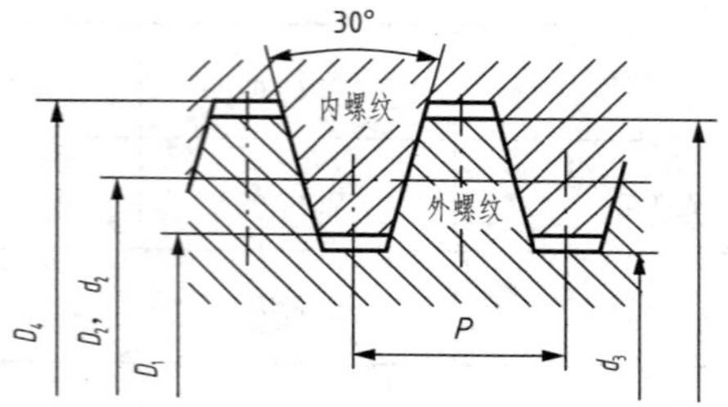

标记示例

公称直径为 40mm,螺距为 7mm,右旋的单线梯形螺纹:Tr40×7

公称直径为 40mm,导程为 14mm,螺距为 7mm,左旋的双线梯形螺纹:Tr40×14(P7)LH

mm

公径直径 d		螺距 P	中径	大径 D_4	小径		公称直径 d		螺距 P	中径	大径 D_4	小径	
第一系列	第二系列		$d_2=D_2$		d_3	D_1	第一系列	第二系列		$d_2=D_2$		d_3	D_1
8		1.5	7.25	8.3	6.2	6.5	28		5	25.5	28.5	22.5	23
	9	2	8	9.5	6.5	7		30	6	27	31	23	24
10		2	9	10.5	7.5	8	32		6	29	33	25	26
	11	2	10	11.5	8.5	9		34	6	31	35	27	28
12		3	10.5	12.5	8.5	9	36		6	33	37	29	30
	14	3	12.5	14.5	10.5	11		38	7	34.5	39	30	31
16		4	14	16.5	11.5	12	40		7	36.5	41	32	33
	18	4	16	18.5	13.5	14		42	7	38.5	43	34	35
20		4	18	20.5	15.5	16	44		7	40.5	45	36	37
	22	5	19.5	22.5	16.5	17		46	8	42	47	37	38
24		5	21.5	24.5	18.5	19	48		8	44	49	39	40
	26	5	23.5	26.5	20.5	21		50	8	46	51	41	42

注:(1)本标准规定了一般用途梯形螺纹基本牙型,公称直径为 8～300mm(本表仅摘录 8～50mm)的直径与螺距系列以及基本尺寸;

(2)应优先选用第一系列的直径;

(3)在每一个直径所对应的诸螺距中,本表仅摘录应优先选用的螺距和相应的基本尺寸。

附表 4　六角头螺栓

六角头螺栓——A 和 B 级（GB/T 5782—2000）　　六角头螺栓——全螺栓——A 和 B 级（GB/T 5783—2000）

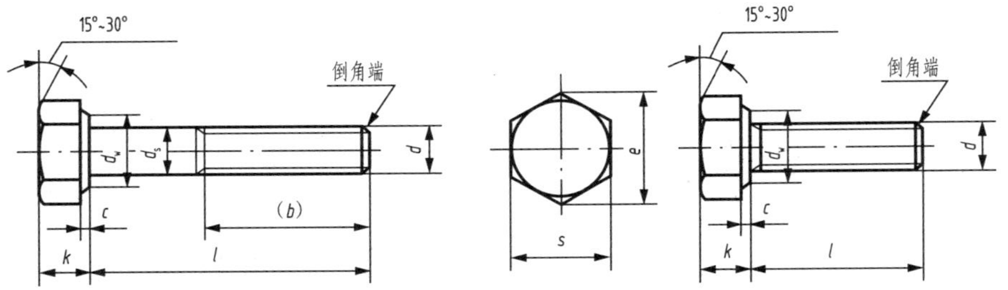

标记示例

螺纹规格 d=M12、公称长度 l=80mm、性能等级为 8.8 级、表面氧化、A 级的六角头螺栓：

螺栓　GB/T 5782—2000　M12×80

螺纹规格 d=M12、公称长度 l=80mm、性能等级为 8.8 级、表面氧化、全螺纹、A 级的六角头螺栓：

螺栓　GB/T 5783—2000　M12×80

mm

螺纹规格	d	M4	M5	M6	M8	M10	M12	M16	M20	M24	M30	M36	M42	M48
b 参考	$l\leqslant125$	14	16	18	22	26	30	38	46	54	66	78	—	—
	$125<l\leqslant200$	—	—	—	28	32	36	44	52	60	72	84	96	108
	$l>200$	—	—	—	—	—	—	57	65	73	85	97	109	121
c_{max}		0.4	0.5		0.6			0.8					1	
K		2.8	3.5	4	5.3	6.4	7.5	10	12.5	15	18.7	22.5	26	30
d_{smax}		4	5	6	8	10	12	16	20	24	30	36	42	48
s_{max}		7	8	10	13	16	18	24	30	36	46	55	65	75

（续表）

螺纹规格	d	M4	M5	M6	M8	M10	M12	M16	M20	M24	M30	M36	M42	M48
e_{min}	A	7.66	8.79	11.05	14.38	17.77	20.03	26.75	33.53	39.98	—	—	—	—
	B	—	8.63	10.89	14.2	17.59	19.85	26.17	32.95	39.55	50.85	60.79	72.02	82.6
d_{wmin}	A	5.9	6.9	8.9	11.6	14.6	16.6	22.5	28.2	33.6	—	—	—	—
	B	—	6.7	8.7	11.4	14.4	16.4	22	27.7	33.2	42.7	51.1	60.6	69.4
l 范围	GB 5782	25～40	25～50	30～60	35～80	40～100	45～120	55～160	65～200	80～240	90～300	110～360	130～400	140～400
	GB 5783	8～40	10～50	12～60	16～80	20～100	25～100	35～100	40～100				80～500	100～500
l 系列	GB 5782	20～65(5 进位)、70～160(10 进位)、180～400(20 进位)												
	GB 5783	8、10、12、16、18、20～65(5 进位)、70～160(10 进位)、180～500(20 进位)												

注：(1) P—螺距。末端按 GB/T 2—1985 规定；

(2) 螺纹公差：6g；力学性能等级：8.8；

(3) 产品等级：A 级用于 $d \leqslant 24$ 和 $l \leqslant 10d$ 或者 $\leqslant 150$mm（按较小值）；

B 级用于 $d > 24$ 或 $l > 10d$ 或 > 150mm（按较小值）。

附表 5 双头螺柱

$b_m=1d$(GB/T 897—1988)$b_m=1.25d$(GB/T898—1988)$b_m=1.5d$(GB/T899—1988)$b_m=2d$(GB/T 900—1988)

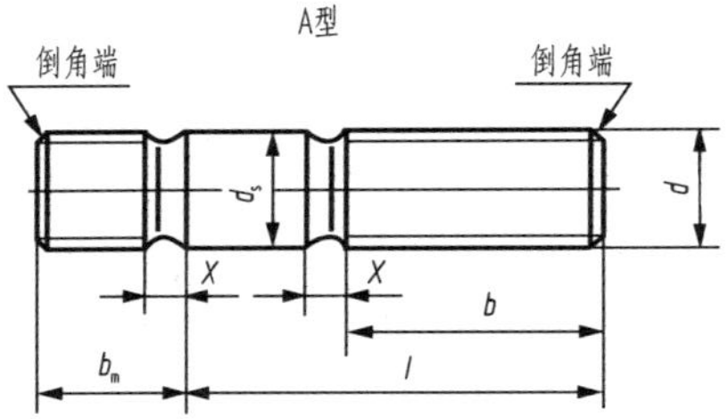

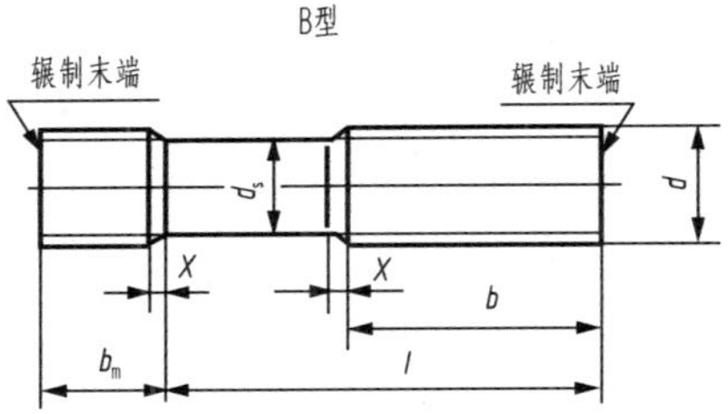

标记示例

两端均为粗牙普通螺纹，$d=10$mm，$l=50$mm，性能等级为 4.8 级、B 型、$b_m=1$d 的双头螺柱：

螺柱 GB/T 897—1988 M10×50

旋入一端为粗牙普通螺纹，旋螺母一端为螺距 $P=1$mm 的细牙普通螺纹，$d=10$mm，$l=50$mm，性能等级为 4.8 级、A 型、$b_m=1$d 的双头螺柱：螺柱 GB/T 897—1988 AM10－M10×1×50

旋入一端为过渡配合的第一种配合，旋螺母一端为粗牙普通螺纹，$d=10$mm，$l=50$mm，性能等级为 8.8 级、B 型、$b_m=1d$ 的双头螺柱：螺柱 GB/T 897—1988 GM10－M10×50－8.8。

mm

螺纹规格 d		M4	M5	M6	M8	M10	M12	M16	M20	M24	M30	M36	M42	M48
b_m	GB 897	—	5	6	8	10	12	16	20	24	30	36	42	48
	GB 898	—	6	8	10	12	15	20	25	30	38	45	52	60
	GB 899	6	8	10	12	15	18	24	30	36	45	54	65	72
	GB 900	8	10	12	16	20	24	32	40	48	60	72	84	96
d_s		A 型 d_s＝螺纹大径　　B 型 d_s≈螺纹中径												
x		1.5P												

（续表）

螺纹规格 d	M4	M5	M6	M8	M10	M12	M16	M20	M24	M30	M36	M42	M48
$\frac{l}{b}$	$\frac{16\sim22}{8}$ $\frac{25\sim40}{14}$	$\frac{16\sim22}{10}$ $\frac{25\sim50}{16}$	$\frac{20\sim22}{10}$ $\frac{25\sim30}{14}$ $\frac{32\sim75}{18}$	$\frac{20\sim22}{12}$ $\frac{25\sim30}{16}$ $\frac{32\sim90}{22}$	$\frac{25\sim28}{14}$ $\frac{30\sim38}{16}$ $\frac{40\sim120}{26}$ $\frac{130}{32}$	$\frac{25\sim30}{16}$ $\frac{32\sim40}{20}$ $\frac{45\sim120}{30}$ $\frac{130\sim180}{36}$	$\frac{30\sim38}{20}$ $\frac{40\sim55}{30}$ $\frac{60\sim120}{38}$ $\frac{130\sim200}{44}$	$\frac{35\sim40}{25}$ $\frac{45\sim65}{35}$ $\frac{70\sim120}{46}$ $\frac{130\sim200}{52}$	$\frac{45\sim50}{30}$ $\frac{55\sim75}{45}$ $\frac{80\sim120}{54}$ $\frac{130\sim200}{60}$	$\frac{60\sim65}{40}$ $\frac{70\sim90}{50}$ $\frac{95\sim120}{60}$ $\frac{130\sim200}{72}$ $\frac{210\sim250}{85}$	$\frac{65\sim75}{45}$ $\frac{80\sim110}{60}$ $\frac{120}{78}$ $\frac{130\sim200}{84}$ $\frac{210\sim300}{97}$	$\frac{70\sim80}{50}$ $\frac{85\sim110}{70}$ $\frac{120}{90}$ $\frac{130\sim200}{96}$ $\frac{210\sim300}{109}$	$\frac{80\sim90}{60}$ $\frac{95\sim110}{80}$ $\frac{120}{102}$ $\frac{130\sim200}{108}$ $\frac{210\sim300}{121}$
l 系列	16、(18)、20、(22)、25、(28)、30、(32)、35、(38)、40、45、50、(55)、60、(65)、70、(75)、80、(85)、90、(95)、100、110、120、130、140、150、160、170、180、190、200、210、220、230、240、250、260、280、300												

附表 6 Ⅰ型六角螺母

Ⅰ型六角螺母——A 和 B 级(GB/T 6170—2000)　　Ⅰ型六角螺母——C 级(GB/T 41—2000)

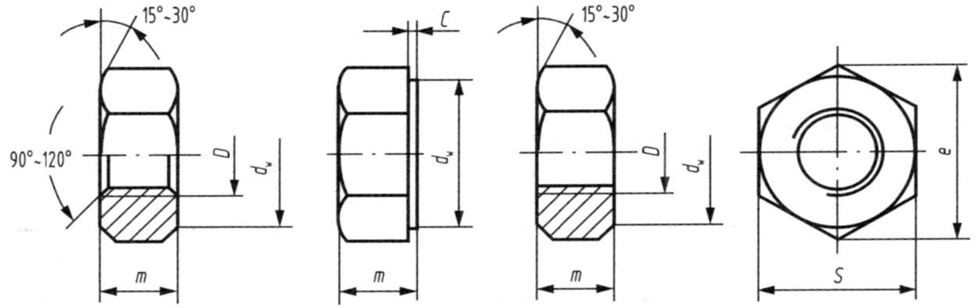

A和B级　　C级

标记示例

螺纹规格 D=M12、性能等级为 10 级、不经表面处理、A 级的Ⅰ型六角螺母:螺母　GB/T 6170—2000　M12

螺纹规格 D=M12、性能等级为 5 级、不经表面处理、C 级的Ⅰ型六角螺母:螺母　GB/T 41—2000　M12

mm

螺母规格 D		M4	M5	M6	M8	M10	M12	M16	M20	M24	M30	M36	M42	M48
c		0.4	0.5		0.6			0.8					1	
s_{max}		7	8	10	13	16	18	24	30	36	46	55	65	75
e_{min}	A、B 级	7.66	8.79	11.05	14.38	17.77	20.03	26.75	32.95	39.55	50.85	60.79	72.02	82.6
	C 级	—	8.63	10.89	14.2	17.59	19.85	26.17	32.95	39.55	50.85	60.79	72.02	82.6
m_{max}	A、B 级	3.2	4.7	5.2	6.8	8.4	10.8	14.8	18	21.5	25.6	31	34	38
	C 级	—	5.6	6.1	7.9	9.5	12.2	15.9	18.7	22.3	26.4	31.5	34.9	38.9
d_{wmin}	A、B 级	5.9	6.9	8.9	11.6	14.6	16.6	22.5	27.7	33.2	42.7	51.1	60.6	69.4
	C 级	—	6.9	8.7	11.5	14.5	16.5	22	27.7	33.2	42.7	51.1	60.6	69.4

注:(1)A 级用于 $D\leqslant16$ 的螺母;B 级用于 $D>16$ 的螺母;C 级用于 $D\geqslant5$ 的螺母;

(2)螺纹公差:A、B 级为 6H,C 级为 7H;力学性能等级:A、B 级为 6、8、10 级,C 级为 4、5 级。

附表 7　平垫圈

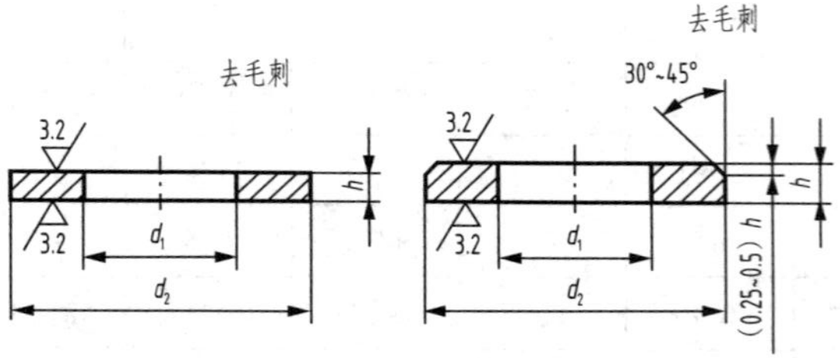

标记示例

标准系列、公称尺寸 d=80、性能等级为 140HV 级、不经表面处理的平垫圈：

垫圈　GB/T97.1—1985　8—140HV

mm

公称尺寸（螺纹规格）d	3	4	5	6	8	10	12	14	16	20	24	30	36
内径 d_1	3.2	4.3	5.3	6.4	8.4	10.5	13	15	17	21	25	31	37
外径 d_2	7	9	10	12	16	20	24	28	30	37	44	56	66
厚度 h	0.5	0.8	1	1.6	1.6	2	2.5	2.5	3	3	4	4	5

附表 8　标准型弹簧垫圈(GB/T 93—1987)

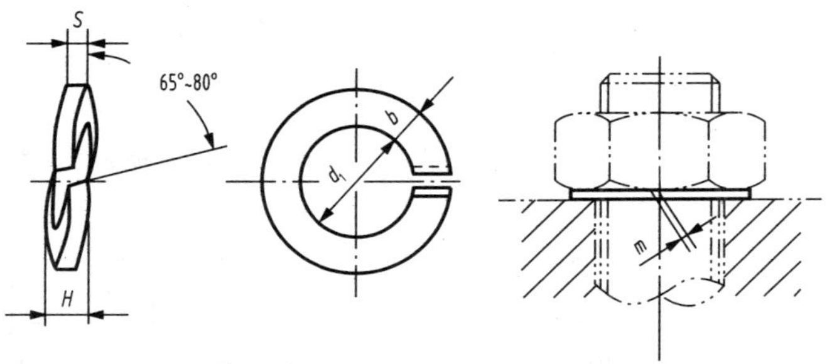

标记示例

规格 16mm、材料为 65Mn、表面氧化的标准型弹簧垫圈:垫圈　GB/T 93—1987　16

mm

规格（螺纹大径）	4	5	6	8	10	12	16	20	24	30	36	42	48
$d_{1\min}$	4.1	5.1	6.1	8.1	10.2	12.2	16.2	20.2	24.5	30.5	36.5	42.5	48.5
$S=b$ 公称	1.1	1.3	1.6	2.1	2.6	3.1	4.1	5	6	7.5	9	10.5	12
$m\leqslant$	0.55	0.65	0.8	1.05	1.3	1.55	2.05	2.5	3	3.75	4.5	5.25	6
$H_{\max}$	2.75	3.25	4	5.25	6.5	7.75	10.25	12.5	15	18.75	22.5	26.25	30

附表 9　螺钉

无螺纹部分杆径≈中径或＝螺纹大径

开槽圆柱头螺钉（GB/T65-2000）

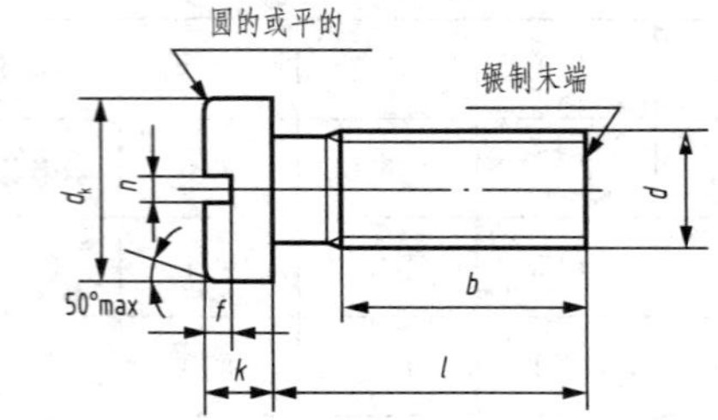

开槽盘头螺钉（GB/T67-2000）

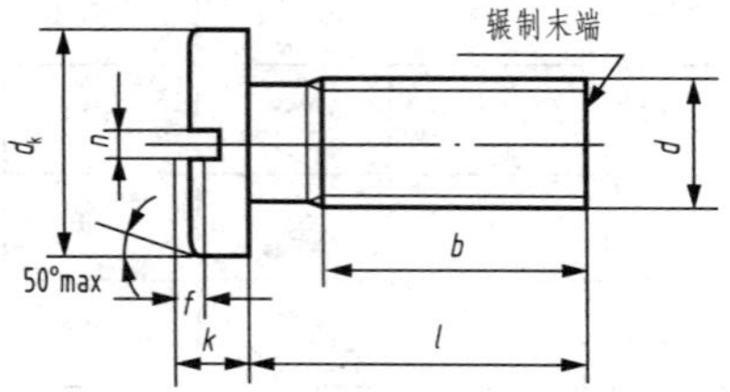

开槽沉头螺钉（GB/T68-2000）

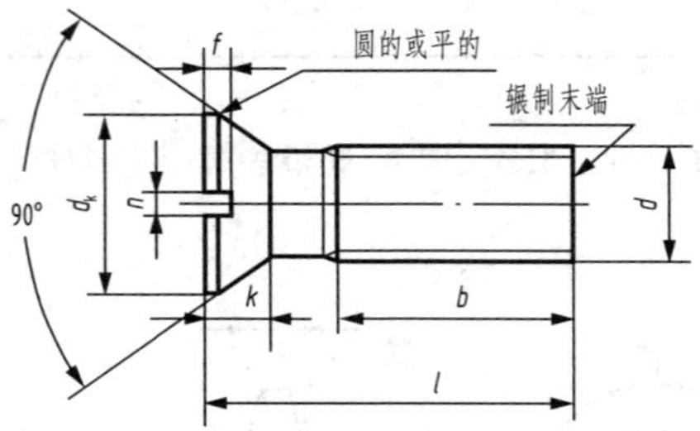

开槽半沉头螺钉（GB/T69-2000）

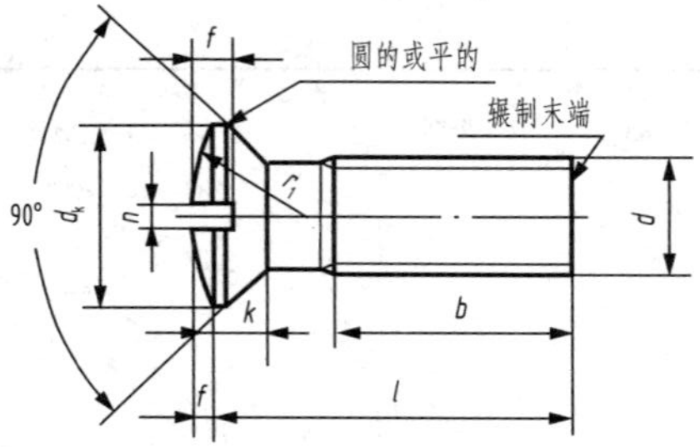

标记示例

螺纹规格 d＝M5、公称长度 l＝20mm、性能等级为 4.8 级、不经表面处理的开槽圆柱头螺钉：

螺钉 GB/T　65－2000

M5×20

mm

螺纹规格 d	P	b_{min}	n 公称	f	r_f	k_{max}			d_{kmax}			t_{min}				l 范围
				GB 69	GB 69	GB 65	GB 67	GB 68 GB 69	GB 65	GB 67	GB 68 GB 69	GB 65	GB 67	GB 68	GB 69	
M3	0.5	25	0.8	0.7	6	1.8	1.8	1.65	5.6	5.6	5.5	0.7	0.7	0.6	1.2	4～30
M4	0.7	38	1.2	1	9.5	2.6	2.4	2.7	7	8	8.4	1.1	1	1	1.6	5～40
M5	0.8	38	1.2	1.2	9.5	3.3	3.0	2.7	8.5	9.5	9.3	1.3	1.2	1.1	2	6～50
M6	1	38	1.6	1.4	12	3.9	3.6	3.3	10	12	11.3	1.6	1.4	1.2	2.4	8～60
M8	1.25	38	2	2	16.5	5	4.8	4.65	13	16	15.8	2	1.9	1.8	3.2	10～80
M10	1.5	38	2.5	2.3	19.5	6	6	5	16	20	18.3	2.4	2.4	2	3.8	12～80
l 系列			4、5、6、8、10、12、(14)、16、20、25、30、35、40、50、(55)、60、(65)、70、(75)、80													

附表 10 内六角圆柱头螺钉(GB/T 70.1—2000)

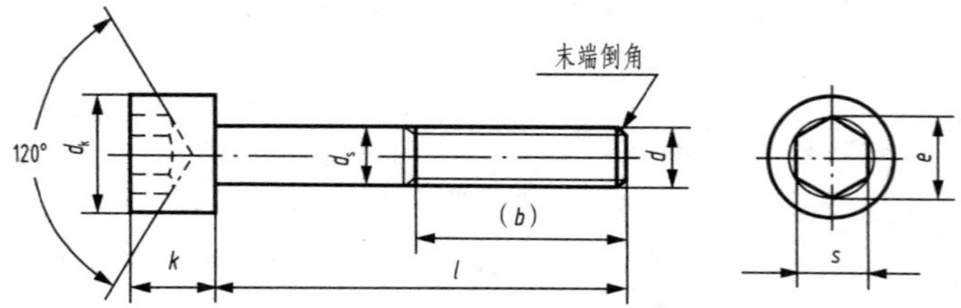

标记示例

螺纹规格 d=M5、公称长度 l=20mm、性能等级为 8.8 级、表面氧化的内六角圆柱头螺钉：

螺钉 GB/T70—1985 M5×20

mm

螺纹规格 d	M3	M4	M5	M6	M8	M10	M12	M14	M16	M20	M24
P(螺距)	0.5	0.7	0.8	1	1.25	1.5	1.75	2	2	2.5	3
b 参考	18	20	22	24	28	32	36	40	44	52	60
d_{kmax}	5.5	7	8.5	10	13	16	18	21	24	30	36
k_{max}	3	4	5	6	8	10	12	14	16	20	24
t_{min}	1.3	2	2.5	3	4	5	6	7	8	10	12
s 公称	2.5	3	4	5	6	8	10	12	14	17	19
e_{min}	2.87	3.44	4.58	5.72	6.86	9.15	11.43	13.72	16.00	19.44	21.73
d_{smax}	$d_s=d$										
l 范围	5～30	6～40	8～50	10～60	12～80	16～100	20～120	25～140	25～160	30～200	40～200
l≤表中数值时，制出全螺纹	20	25	25	30	35	40	45	55	55	65	80
l 系列	5、6、8、10、12、(14)、(16)、20、25、30、35、40、45、50、(55)、60、(65)、70、80、90、100、110、120、130、140、150、160、180、200、										

注：括号内规格尽可能不采用。

附表 11　紧定螺钉

开槽锥端紧定螺钉(GB/T 71—1985)　开槽平端紧定螺钉(GB/T 73—1985)　开槽长圆柱端紧定螺钉(GB/T 75—1985)

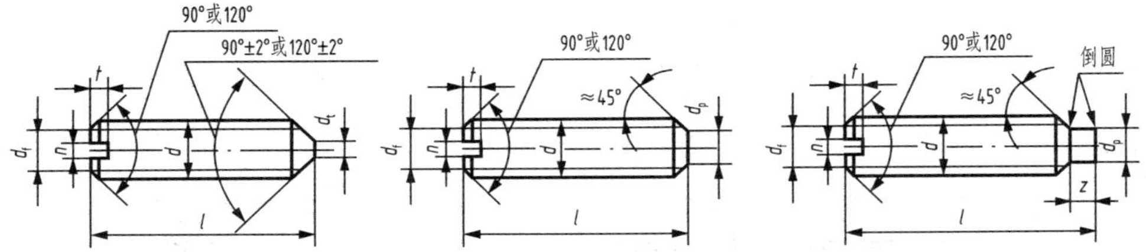

标记示例

螺纹规格 d=M10、公称长度 l=20mm、性能等级为 14H 级、表面氧化的开槽锥端紧定螺钉：

螺钉　GB/T　71—1985　M10×20

mm

螺纹规格 d	P	d_f≈	d_{tmax}	d_{pmax}	n 公称	l		Z_{min}	l 公称
						min	max		
M3	0.5	螺纹小径	0.3	2	0.4	0.8	1.05	1.5	4～16
M4	0.7		0.4	2.5	0.6	1.12	1.42	2	6～20
M5	0.8		0.5	3.5	0.8	1.28	1.63	2.5	8～25
M6	1		1.5	4	1	1.6	2	3	8～30
M8	1.25		2	5.5	1.2	2	2.5	4	10～40
M10	1.5		2.5	7	1.6	2.4	3	5	12～50
M12	1.75		3	8.5	2	2.8	3.6	6	14～16
l 系列	4、5、6、8、10、12、(14)、16、20、25、30、40、45、50、(55)、60								

附表 12 普通平键

GB/T 1095—2003 平键及键槽的断面尺寸

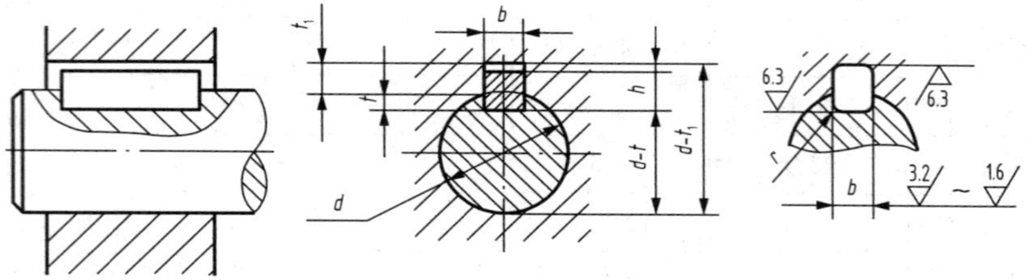

GB/T 1096—2003 普通平键型式尺寸

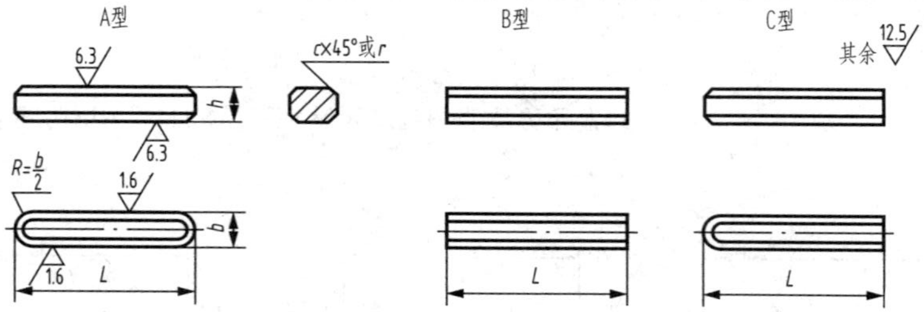

标记示例

平头普通平键、B 型、b=16mm、h=10mm、L=100mm：键 B16×100 GB/T 1096—2003

mm

轴径 d	键的公称尺寸			键槽											
				宽度 b						深度				半径 r	
				b	偏差					轴		毂			
					较松键连接		一般键连接		较紧键连接						
	b	h	L		轴 H9	毂 D10	轴 N9	毂 Js9	轴和毂 P9	l	偏差	l_1	偏差	最小	最大
6～8	2	2	6～20	2	+0.025 0	+0.060 +0.020	−0.004 −0.029	±0.0125	−0.006 −0.031	2	+0.1 0	1		0.08	0.16
＞8～10	3	3	6～36	3						1.8		1.4			
＞10～12	4	4	8～45	4	+0.030 0	+0.078 +0.030	0 −0.030	±0.015	−0.012 −0.042	2.5		1.8			
＞12～17	5	5	10～56	5						3.0		2.3		0.16	0.25
＞17～22	6	6	14～70	6						3.5		2.8			
＞22～30	8	7	18～90	8	+0.036 0	+0.098 +0.040	0 −0.036	±0.018	−0.015 −0.051	4.0	+0.2 0	3.3	+0.2 0		
＞30～38	10	8	22～110	10						5.0		3.3		0.25	0.40
＞38～44	12	8	28～140	12	+0.043 0	+0.120 +0.050	0 −0.043	±0.0215	−0.018 −0.061	5.0		3.3			
＞44～50	14	9	36～160	14						5.5		3.8			
＞50～58	16	10	45～180	16						6.0		4.3			
＞58～65	18	11	50～200	18						7.0		4.4			
l 系列	6、8、10、12、14、16、18、20、22、25、28、32、36、40、45、50、56、63、70、80、90、100、110、125、140、160、180、200														

注：$(d-t)$ 和 $(d+t_1)$ 的偏差按相应的 t 和 t_1 的偏差选取，但 $(d-t)$ 的偏差值应取负号。

附表 13　圆柱销(GB/T 119.1—2000)

A 型　$d_{公差}$:m6　　B 型　$d_{公差}$:h8　　C 型　$d_{公差}$:h11　　D 型　$d_{公差}$:u8

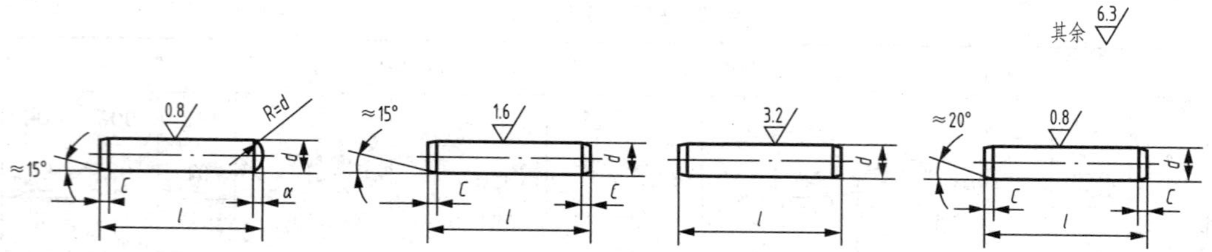

标记示例

公称直径 d=8mm、长度 l=30mm、材料 35 钢、热处理硬度 28～38HRC、表面氧化处理的 A 型圆柱销：

销 GB/T 119.1—2000　A8×30

公称直径 d=8mm、长度 l=30mm、材料 35 钢、热处理硬度 28～38HRC、表面氧化处理的 B 型圆柱销：

销 GB/T 119.1—2000　8×30

mm

d 公称	2	2.5	3	4	5	6	8	10	12	16	20
$\alpha\approx$	0.25	0.3	0.4	0.5	0.63	0.80	1.0	1.2	1.6	2.0	2.5
$c\approx$	0.35	0.40	0.50	0.63	0.80	1.2	1.6	2.0	2.5	3.0	3.5
l(商品范围)	6～20	6～24	8～30	8～30	10～50	12～60	14～80	16～95	22～140	26～180	35～200
l 系列	6、8、10、12、14、16、18、20、22、24、26、28、30、32、35、40、45、50、55、60、65、70、75、80、85、90、95、100、120、140、160、180、200										

附表 14 圆锥销(GB/T 117—2000)

$$R_1 \approx d \qquad R_2 \approx d + \frac{l-2a}{50}$$

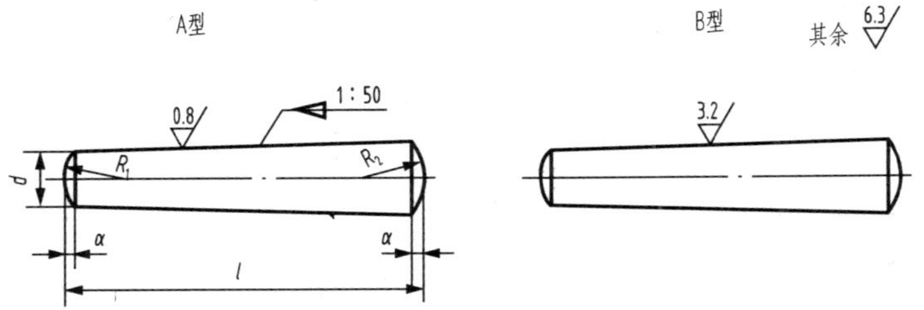

标记示例

公称直径 d=10mm、长度 l=60mm、材料 35 钢、热处理硬度 28～38HRC、表面氧化处理的 A 型圆锥销：销 GB/T 117—2000 A10×60

mm

d 公称	2	2.5	3	4	5	6	8	10	12	16	20
$\alpha\approx$	0.25	0.3	0.4	0.5	0.63	0.8	1	1.2	1.6	2	2.5
l(商品范围)	10～35		12～45	14～65	18～60	22～90	22～120	26～160	32～180	40～200	45～200
l 系列	10、12、14、16、18、20、22、24、26、28、30、32、35、40、45、50、55、60、65、70、75、80、85、90、95、100、120、140、160、180、200										

附表 15 深沟球轴承(GB/T 276—1994)

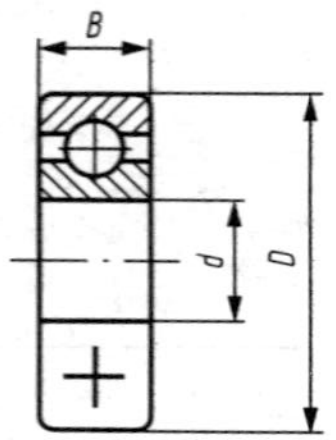

类型代号
6

标记示例
尺寸系列代号为(02)、内径代号为 06 的深沟球轴承：
滚动轴承　6206　GB/T 276—1994

mm

轴承代号		外形尺寸			轴承代号		外形尺寸		
		d	*D*	*B*			*d*	*D*	*B*
01系列	6004	20	42	12	03系列	6304	20	52	15
	6005	25	47	12		6305	25	62	17
	6006	30	55	13		6306	30	72	19
	6007	35	62	14		6307	35	80	21
	6008	40	68	15		6308	40	90	23
	6009	45	75	16		6309	45	100	25
	6010	50	80	16		6310	50	110	27
	6011	55	90	18		6311	55	120	29
	6012	60	95	18		6312	60	130	31
	6013	65	100	18		6313	65	140	33
	6014	70	110	20		6314	70	150	35
	6015	75	115	20		6315	75	160	37
	6016	80	125	22		6316	80	170	39
	6017	85	130	22		6317	85	180	41
	6018	90	140	24		6318	90	190	43
	6019	95	145	24		6319	95	200	45
	6020	100	150	24		6320	100	215	47

（续表）

轴承代号		外形尺寸			轴承代号		外形尺寸		
		d	D	B			d	D	B
02系列	6204	20	47	14	04系列	6404	20	72	19
	6205	25	52	15		6405	25	80	21
	6206	30	62	16		6406	30	90	23
	6207	35	72	17		6407	35	100	25
	6208	40	80	18		6408	40	110	27
	6209	45	85	19		6409	45	120	29
	6210	50	90	20		6410	50	130	31
	6211	55	100	21		6411	55	140	33
	6212	60	110	22		6412	60	150	35
	6213	65	120	23		6413	65	160	37
	6214	70	125	24		6414	70	180	42
	6215	75	130	25		6415	75	190	45
	6216	80	140	26		6416	80	200	48
	6217	85	150	28		6417	85	210	52
	6218	90	160	30		6418	90	225	54
	6219	95	170	32		6419	95	240	55
	6220	100	180	34		6420	100	250	58

附表 16　圆锥滚子轴承(GB/T 297—1994)

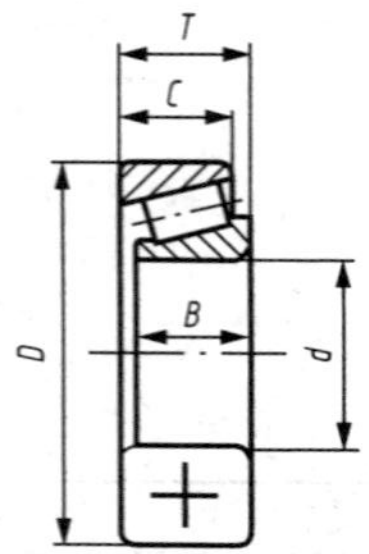

类型代号
3

标记示例
尺寸系列代号为 03、内径代号为 12 的圆锥滚子轴承：
滚动轴承　30312　GB/T 297—1994

mm

轴承代号		外形尺寸					轴承代号		外形尺寸				
		d	D	T	B	C			d	D	T	B	C
02系列	30204	20	47	15.25	14	12	22系列	32204	20	47	19.25	18	15
	30205	25	52	16.25	15	13		32205	25	52	19.25	18	16
	30206	30	62	17.25	16	14		32206	30	62	21.25	20	17
	30207	35	72	18.25	17	15		32207	35	72	24.25	23	19
	30208	40	80	19.75	18	16		32208	40	80	24.75	23	19
	30209	45	85	20.75	19	16		32209	45	85	24.75	23	19
	30210	50	90	21.75	20	17		32210	50	90	24.75	23	19
	30211	55	100	22.75	21	18		32211	55	100	26.75	25	21
	30212	60	110	23.75	22	19		32212	60	110	29.75	28	24
	30213	65	120	24.75	23	20		32213	65	120	32.75	31	27
	30214	70	125	26.25	24	21		32214	70	125	33.25	31	27
	30215	75	130	27.25	25	22		32215	75	130	33.25	31	27
	30216	80	140	28.25	26	22		32216	80	140	35.25	33	28
	30217	85	150	30.50	28	24		32217	85	150	38.50	36	30
	30218	90	160	32.50	30	26		32218	90	160	42.50	40	34
	30219	95	170	34.50	32	27		32219	95	170	45.50	43	37
	30220	100	180	37	34	29		32220	100	180	49	46	39

（续表）

轴承代号		外形尺寸					轴承代号		外形尺寸				
		d	*D*	*T*	*B*	*C*			*d*	*D*	*T*	*B*	*C*
03系列	30304	20	52	16.25	15	13	23系列	32304	20	52	22.25	21	18
	30305	25	62	18.25	17	15		32305	25	62	25.25	24	20
	30306	30	72	20.75	19	16		32306	30	72	28.75	27	23
	30307	35	80	22.75	21	18		32307	35	80	32.75	31	25
	30308	40	90	25.25	23	20		32308	40	90	35.25	33	27
	30309	45	100	27.25	25	22		32309	45	100	38.25	36	30
	30310	50	110	29.25	27	23		32310	50	110	42.25	40	33
	30311	55	120	31.50	29	25		32311	55	120	45.50	43	35
	30312	60	130	33.50	31	26		32312	60	130	48.50	46	37
	30313	65	140	36	33	28		32313	65	140	51	48	39
	30314	70	150	38	35	30		32314	70	150	54	51	42
	30315	75	160	40	37	31		32315	75	160	58	55	45
	30316	80	170	42.50	39	33		32316	80	170	61.50	58	48
	30317	85	180	44.50	41	34		32317	85	180	63.50	60	49
	30318	90	190	46.50	43	36		32318	90	190	67.50	64	53
	30319	95	200	49.50	45	38		32319	95	200	71.50	67	55
	30320	100	215	51.50	47	39		32320	100	215	77.50	73	60

附表 17　推力球轴承(GB/T 301—1995)

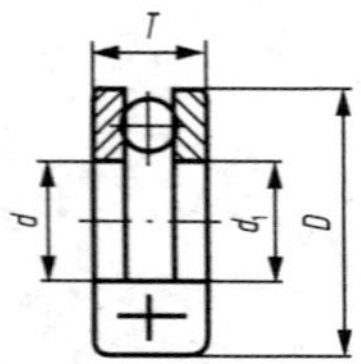

类型代号

5

标记示例

尺寸系列代号为 13、内径代号为 10 的推力球轴承：

滚动轴承　51310　GB/T 301—1995

mm

轴承代号		外形尺寸				轴承代号		外形尺寸			
		d	D	T	$d_{1\min}$			d	D	T	$d_{1\min}$
11系列	51104	20	35	10	21	13系列	51304	20	47	18	22
	51105	25	42	11	26		51305	25	52	18	27
	51106	30	47	11	32		51306	30	60	21	32
	51107	35	52	12	37		51307	35	68	24	37
	51108	40	60	13	42		51308	40	78	26	42
	51109	45	65	14	47		51309	45	85	28	47
	51110	50	70	14	52		51310	50	95	31	52
	51111	55	78	16	57		51311	55	105	35	57
	51112	60	85	17	62		51312	60	110	35	62
	51113	65	90	18	67		51313	65	115	36	67
	51114	70	95	18	72		51314	70	125	40	72
	51115	75	100	19	77		51315	75	135	44	77
	51116	80	105	19	82		51316	80	140	44	82
	51117	85	110	19	87		51317	85	150	49	88
	51118	90	120	22	92		51318	90	155	50	93
	51120	100	135	25	102		51320	100	170	55	103

（续表）

轴承代号		外形尺寸				轴承代号		外形尺寸			
		d	D	T	d_{1min}			d	D	T	d_{1min}
12系列	51204	20	40	14	22	14系列	51405	25	60	24	27
	51205	25	47	15	27		51406	30	70	28	32
	51206	30	52	16	32		51407	35	80	32	37
	51207	35	62	18	37		51408	40	90	36	42
	51208	40	68	19	42		51409	45	100	39	47
	51209	45	73	20	47		51410	50	110	43	52
	51210	50	78	22	52		51411	55	120	48	57
	51211	55	90	25	57		51412	60	130	51	62
	51212	60	95	26	62		51413	65	140	56	68
	51213	65	100	27	67		51414	70	150	60	73
	51214	70	105	27	72		51415	75	160	65	78
	51215	75	110	27	77		51416	80	170	68	83
	51216	80	115	28	82		51417	85	180	72	88
	51217	85	125	31	88		51418	90	190	77	93
	51218	90	135	35	93		51420	100	210	85	103
	51220	100	150	38	103		51422	110	230	95	113

附表 18　紧固件通孔及沉头座尺寸(GB/T 152.2～152.4—1988　GB/T 5277—1985)(mm)

螺纹规格 d				4	5	6	8	10	12	14	16	20	24
通孔直径 d_1 GB/T 5277—1985		精装配		4.3	5.3	6.4	8.4	10.5	13	15	17	21	25
		中等装配		4.5	5.5	6.6	9	11	13.5	15.5	17.5	22	26
		粗装配		4.8	5.8	7	10	12	14.5	16.5	18.5	24	28
六角头螺栓和螺母用沉孔	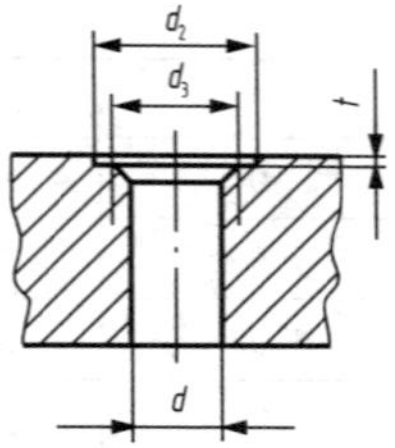 GB/T 152.4—1988	用于螺栓及六角螺母	d_2 (H15)	10	11	13	18	22	26	30	33	40	48
			d_3	—	—	—	—	—	16	18	20	24	28
			t	锪平为止									
圆柱头用沉孔	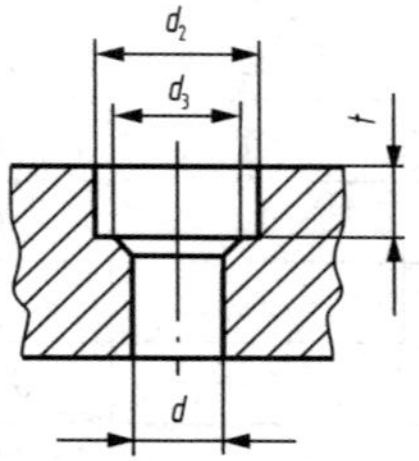 GB/T 152.3—1988	用于内六角圆柱头螺钉	d_2 (H13)	8	10	11	15	18	20	24	26	33	40
			d_3	—	—	—	—	—	16	18	20	24	28
			t (H13)	4.6	5.7	6.8	9	11	13	15	17.5	21.5	25.5
		用于开槽圆柱头及内六角圆柱头螺钉	d_2 (H13)	8	10	11	15	18	20	24	26	33	—
			d_3	—	—	—	—	—	16	18	20	24	—
			t (H13)	3.2	4	4.7	6	7	8	9	10.5	12.5	—

（续表）

螺纹规格 d				4	5	6	8	10	12	14	16	20	24
沉头用沉孔	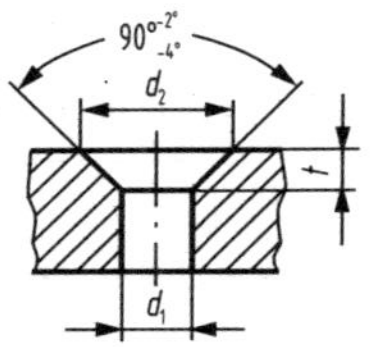 GB/T 152.2—1988	用于沉头及半沉头螺钉	d_2 (H13)	9.6	10.6	12.8	17.6	20.3	24.4	28.4	32.4	40.4	—
			$t\approx$	2.7	2.7	3.3	4.6	5	6	7	8	10	—

注：尺寸下带括号的为其公差带。

附表 19 倒角和倒圆(GB/T 6403.4—1986)

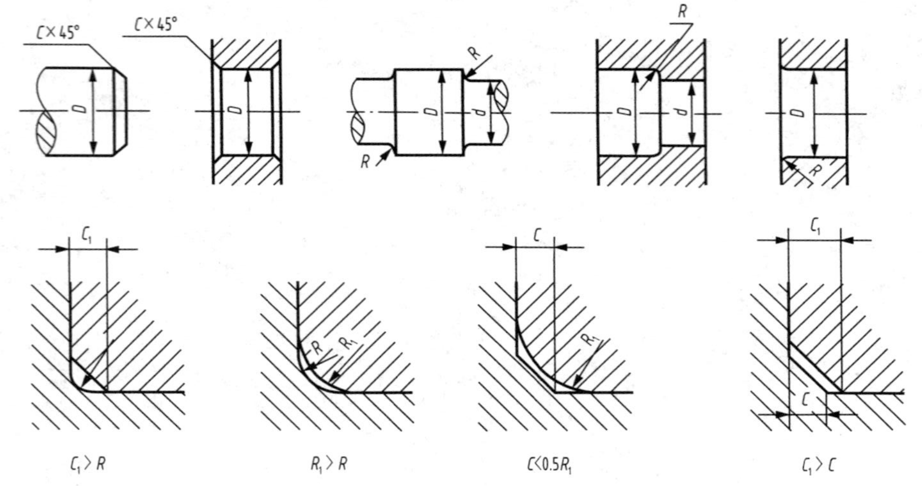

mm

直径 D	>3～6	>6～10	>10～18	>18～30	>30～50	>50～80	>80～120	>120～180
R 或 C	0.4	0.6	0.8	1	1.6	2	2.5	3
R_1 或 C_1	0.8	1.2	1.6	2	3	4	5	6

注：倒角一般采用 45°，也可采用 30°或 60°。

附表 20　砂轮越程槽(GB/T 6403.5—1986)

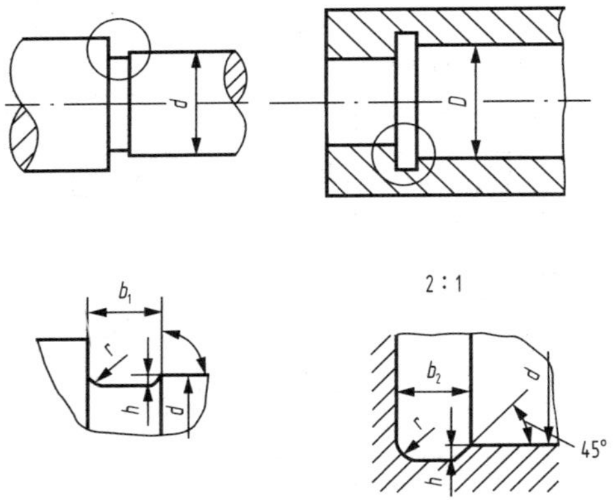

mm

d	~10			>10~15		>50~100		>100	
b_1	0.6	1.0	1.6	2.0	3.0	4.0	5.0	8.0	10
b_2	2.0	3.0		4.0		5.0		8.0	10
h	0.1	0.2		0.3	0.4		0.6	0.8	1.2
r	0.2	0.5		0.8	1.0		1.6	2.0	3.0

附表 21 普通螺纹退刀槽和倒角(GB/T 3—1997)

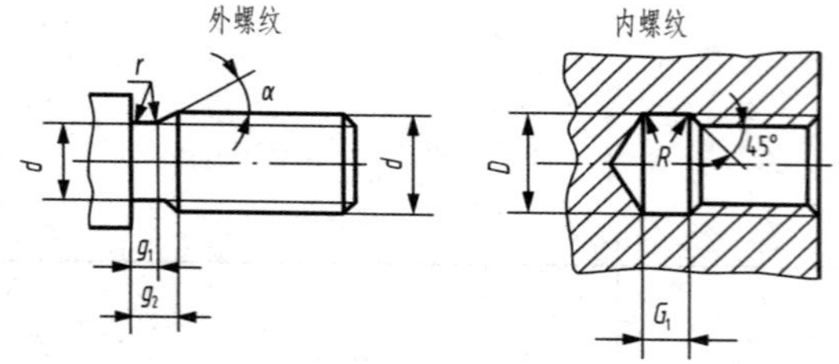

mm

	螺距 P	0.5	0.6	0.7	0.75	0.8	1	1.25	1.5	1.75	2	2.5	3
外螺纹	g_{2max}	1.5	1.8	2.1	2.25	2.4	3	3.75	4.5	5.25	6	7.5	9
	g_{1min}	0.8	0.9	1.1	1.2	1.3	1.6	2	2.5	3	3.4	4.4	5.2
	d_g	d−0.8	d−1	d−1.1	d−1.2	d−1.3	d−1.6	d−2	d−2.3	d−2.6	d−3	d−3.6	d−4.4
	$r\approx$	0.2	0.4	0.4	0.4	0.4	0.6	0.6	0.8	1	1	1.2	1.6
	始端端面倒角一般为 45°，也可采用 60°或 30°；深度应大于或等于螺纹牙型高度；过渡角 α 不应小于 30°												
内螺纹	G_1	2	2.4	2.8	3	3.2	4	5	6	7	8	10	12
	D_g	$D+0.3$					$D+0.5$						
	$R\approx$	0.2	0.3	0.4	0.4	0.4	0.5	0.6	0.8	0.9	1	1.2	1.5
	入口端面倒角一般为 120°，也可采用 90°；端面倒角直径为(1.05～1)D。其中 D 为螺纹公称直径代号。												

表 22　基本尺寸小于 500mm 的标准公差

(μm)

基本尺寸(mm)	公差等级																			
	IT01	IT0	IT1	IT2	IT3	IT4	IT5	IT6	IT7	IT8	IT9	IT10	IT11	IT12	IT13	IT14	IT15	IT16	IT17	IT18
≤3	0.3	0.5	0.8	1.2	2	3	4	6	10	14	25	40	60	100	140	250	400	600	1000	1400
>3～6	0.4	0.6	1	1.5	2.5	4	5	8	12	18	30	48	75	120	180	300	480	750	1200	1800
>6～10	0.4	0.6	1	1.5	2.5	4	6	9	15	22	36	58	90	150	220	360	580	900	1500	2200
>10～18	0.5	0.8	1.2	2	3	5	8	11	18	27	43	70	110	180	270	430	700	1100	1800	2700
>18～30	0.6	1	1.5	2.5	4	6	9	13	21	33	52	84	130	210	330	520	840	1300	2100	3300
>30～50	0.7	1	1.5	2.5	4	7	11	16	25	39	62	100	160	250	390	620	1000	1600	2500	3900
>50～80	0.8	1.2	2	3	5	8	13	19	30	46	74	120	190	300	460	740	1200	1900	3000	4600
>80～120	1	1.5	2.5	4	6	10	15	22	35	54	87	140	220	350	540	870	1400	2200	3500	5400
>120～180	1.2	2	3.5	5	8	12	18	25	40	63	100	160	250	400	630	1000	1600	2500	4000	6300
>180～250	2	3	4.5	7	10	14	20	29	46	72	115	185	290	460	720	1150	1850	2900	4600	7200
>250～315	2.5	4	6	8	12	16	23	32	52	81	130	210	320	520	810	1300	2100	3200	5200	8100
>315～400	3	5	7	9	13	18	25	36	57	89	140	230	360	570	890	1400	2300	3600	5700	8900
>400～500	4	6	8	10	15	20	27	40	63	97	155	250	400	630	970	1550	2500	4000	6300	9700

附表 23 基本尺寸至 500mm 优先常用配合轴的极限偏差表

(μm)

代号	c	d		e		f		g		h							js
基本尺寸/mm	公差等级																
	11	8	9	7	8	7	8	6	7	5	6	7	8	9	10	11	6
≤3	−60 −120	−20 −34	−20 −45	−14 −24	−14 −28	−6 −16	−6 −20	−2 −8	−2 −12	0 −4	0 −6	0 −10	0 −14	0 −25	0 −40	0 −60	±3
>3～6	−70 −145	−30 −48	−30 −60	−20 −32	−20 −38	−10 −22	−10 −28	−4 −12	−4 −16	0 −5	0 −8	0 −12	0 −18	0 −30	0 −48	0 −75	±4
>6～10	−80 −170	−40 −62	−40 −76	−25 −40	−25 −47	−13 −28	−13 −35	−5 −14	−5 −20	0 −6	0 −9	0 −15	0 −22	0 −36	0 −58	0 −90	±4.5
>10～14	−95 −205	−50 −77	−50 −93	−32 −50	−32 −59	−16 −34	−16 −43	−6 −17	−6 −24	0 −8	0 −11	0 −18	0 −27	0 −43	0 −70	0 −110	±5.5
>14～18																	
>18～24	−110 −240	−65 −98	−65 −117	−40 −61	−40 −73	−20 −41	−20 −53	−7 −20	−7 −28	0 −9	0 −13	0 −21	0 −33	0 −52	0 −84	0 −130	±6.5
>24～30																	
>30～40	−120 −280	−80 −119	−80 −142	−50 −75	−50 −89	−25 −50	−25 −64	−9 −25	−9 −34	0 −11	0 −16	0 −25	0 −39	0 −62	0 −100	0 −160	±8
>40～50	−130 −290																
>50～65	−140 −330	−100 −146	−100 −174	−60 −90	−60 −106	−30 −60	−30 −76	−10 −29	−10 −40	0 −13	0 −19	0 −30	0 −46	0 −74	0 −120	0 −190	±9.5
>65～80	−150 −340																

（续表）

>80～100	-170 -390	-120 -174	-120 -207	-72 -107	-72 -126	-36 -71	-36 -90	-12 -34	-12 -47	0 -15	0 -22	0 -35	0 -54	0 -87	0 -140	0 -220	±11
>100～120	-180 -400																
>120～140	-200 -450	-145 -208	-145 -245	-85 -125	-85 -148	-43 -83	-43 -106	-14 -39	-14 -54	0 -18	0 -25	0 -40	0 -63	— -100	0 -160	0 -250	±12.5
>140～160	-210 -460																
>160～180	-230 -480																
>180～200	-240 -530	-170 -242	-170 -285	-100 -146	-100 -172	-50 -96	-50 -122	-15 -44	-15 -61	0 -20	0 -29	0 -46	0 -72	0 -115	0 -185	0 -290	±14.5
>200～225	-260 -550																
>225～250	-280 -570																
>250～280	-300 -620	-190 -271	-190 -320	-110 -162	-110 -191	-56 -108	-56 -137	-17 -49	-17 -69	0 -23	0 -32	0 -52	0 -81	0— -130	0 -210	0 -320	±16
>280～315	-330 -650																
>315～355	-360 -720	-210 -290	-210 -350	-125 -182	-125 -214	-62 -119	-62 -151	-18 -54	-18 -75	0 -25	0 -36	0 -57	0 -89	0 -140	0 -230	0 -360	±18
>355～400	-400 -760																
>400～450	-440 -840	-230 -327	-230 -385	-135 -198	-135 -232	-68 -131	-68 -165	-20 -60	-20 -83	0 -27	0 -40	0 -63	0 -97	0 -155	0 -250	0 -400	±20
>450～500	-480 -880																

（续表）

k		m		n		p		r		s		t		u	v	x	y	z
公差等级																		
6	7	6	7	5	6	6	7	6	7	5	6	6	7	6	6	6	6	6
+6 0	+10 0	+8 +2	+12 +2	+8 +4	+10 +4	+12 +6	+16 +6	+16 +10	+20 +10	+18 +14	+20 +14	—	—	+24 +18	—	+26 +20	—	+32 +26
+9 +1	+13 +1	+12 +4	+16 +4	+13 +8	+16 +8	+20 +12	+24 +12	+23 +15	+27 +15	+24 +19	+27 +19	—	—	+31 +23	—	+36 +28	—	+43 +35
+10 +1	+16 +1	+15 +6	+21 +6	+16 +10	+19 +10	+24 +15	+30 +15	+28 +19	+34 +19	+29 +23	+32 +23	—	—	+37 +28	—	+43 +34	—	+51 +42
+12 +1	+19 +1	+18 +7	+25 +7	+20 +12	+23 +12	+29 +18	+36 +18	+34 +23	+41 +23	+36 +28	+39 +28	—	—	+44 +33	—	+51 +40	—	+61 +50
															+55 +39	+56 +45	—	+71 +60
+15 +2	+23 +2	+21 +8	+29 +8	+24 +15	+28 +15	+35 +22	+43 +22	+41 +28	+49 +28	+44 +35	+48 +35	—	—	+54 +41	+60 +47	+67 +54	+76 +63	+86 +73
												+54 +41	+62 +41	+61 +48	+68 +55	+77 +64	+88 +75	+101 +88
+18 +2	+27 +2	+25 +9	+34 +9	+28 +17	+33 +17	+42 +26	+51 +26	+50 +34	+59 +34	+54 +43	+59 +43	+64 +48	+73 +48	+76 +60	+84 +68	+96 +80	+110 +94	+128 +112
												+70 +54	+79 +54	+86 +70	+97 +81	+113 +97	+130 +114	+152 +136
+21 +2	+32 +2	+30 +11	+41 +11	+33 +20	+39 +20	+51 +32	+62 +32	+60 +41	+71 +41	+66 +53	+72 +53	+85 +66	+96 +66	+106 +87	+121 +102	+141 +122	+163 +144	+191 +172
								+62 +43	+73 +43	+72 +59	+78 +59	+94 +75	+105 +75	+121 +102	+139 +120	+165 +146	+193 +174	+229 +210

（续表）

+25 +3	+38 +3	+35 +13	+48 +13	+38 +23	+45 +23	+59 +37	+72 +37	+73 +51	+86 +51	+86 +71	+93 +71	+113 +91	+126 +91	+146 +124	+168 +146	+200 +178	+236 +214	+280 +258
								+76 +54	+89 +54	+94 +79	+101 +79	+126 +104	+139 +104	+166 +144	+194 +172	+232 +210	+276 +254	+332 +310
+28 +3	+43 +3	+40 +15	+55 +15	+45 +27	+52 +27	+68 +43	+83 +43	+88 +63	+103 +63	+110 +92	+117 +92	+147 +122	+162 +122	+195 +170	+227 +202	+273 +248	+325 +300	+390 +365
								+90 +65	+105 +65	+118 +100	+125 +100	+159 +134	+174 +134	+215 +190	+253 +228	+305 +280	+365 +340	+440 +415
								+93 +68	+108 +68	+126 +108	+133 +108	+171 +146	+186 +146	+235 +210	+277 +252	+335 +310	+405 +380	+490 +465
+33 +4	+50 +4	+46 +17	+63 +17	+51 +31	+60 +31	+79 50	+96 +50	+106 +77	+123 +77	+142 +122	+151 +122	+195 +166	+212 +166	+265 +236	+313 +284	+379 +350	+454 +425	+549 +520
								+109 +80	+126 +80	+150 +130	+159 +130	+209 +180	+226 +180	+287 +258	+339 +310	+414 +385	+499 +470	+604 +575
								+113 +84	+130 +84	+160 +140	+169 +140	+221 +196	+242 +196	+313 +284	+369 +340	+455 +425	+549 +520	+669 +640
+36 +4	+56 +4	+52 +20	+72 +20	+57 +34	+66 +34	+88 +56	+108 +56	+126 +94	+146 +94	+181 +158	+190 +158	+250 +218	+270 +218	+347 +315	+417 +385	+507 +475	+612 +580	+742 +710
								+130 +98	+150 +98	+193 +170	+202 +170	+272 +240	+292 +240	+382 +350	+457 +425	+557 +525	+682 +650	+822 +790
+40 +4	+61 +4	+57 +21	+78 +21	+62 +37	+73 +37	+98 +62	+119 +62	+144 +108	+165 +108	+215 +190	+226 +190	+304 +268	+325 +268	+426 +390	+511 +475	+626 +590	+766 +730	+936 +900
								+150 +114	+171 +114	+233 +208	+244 +208	+330 +294	+351 +294	+471 +435	+566 +530	+696 +660	+856 +820	+1036 +1000
+45 +5	+68 +5	+63 +23	+86 +23	+67 +40	+80 +40	+108 +68	+131 +68	+166 +126	+189 +126	+259 +232	+272 +232	+370 +330	+393 +330	+530 +490	+635 +595	+780 +740	+960 +920	+1140 +1100
								+172 +132	+195 +132	+279 +252	+292 +252	+400 +360	+423 +360	+580 +540	+700 +660	+860 +820	+1040 +1000	+1290 +1250

附表 24 基本尺寸至 500mm 优先常用配合孔的极限偏差表

(μm)

代号	C	D		E		F		G		H						
基本尺寸/mm	公差等级															
	11	9	10	8	9	8	9	6	7	6	7	8	9	10	11	12
≤3	+120 +60	+45 +20	+60 +20	+28 +14	+39 +14	+20 +6	+31 +6	+8 +2	+12 +2	+6 0	+10 0	+14 0	+25 0	+40 0	+60 0	+100 0
>3~6	+145 +70	+60 +30	+78 +30	+38 +20	+50 +20	+28 +10	+40 +10	+12 +4	+16 +4	+8 0	+12 0	+18 0	+30 0	+48 0	+75 0	+120 0
>6~10	+170 +80	+76 +40	+98 +40	+47 +25	+61 +25	+35 +13	+49 +13	+14 +5	+20 +5	+9 0	+15 0	+22 0	+36 0	+58 0	+90 0	+150 0
>10~14 >14~18	+250 +95	+93 +50	+120 +50	+59 +32	+75 +32	+43 +16	+59 +16	+17 +6	+24 +6	+11 0	+18 0	+27 0	+43 0	+70 0	+110 0	+180 0
>18~24 >24~30	+240 +110	+117 +65	+149 +65	+73 +40	+92 +40	+53 +20	+72 +20	+20 +7	+28 +7	+13 0	+21 0	+33 0	+52 0	+84 0	+130 0	+210 0
>30~40	+280 +120	+142 +80	+180 +80	+89 +50	+112 +50	+64 +25	+87 +25	+25 +9	+34 +9	+16 0	+25 0	+39 0	+62 0	+100 0	+160 0	+250 0
>40~50	+290 +130															
>50~65	+330 +140	+174 +100	+220 +100	+106 +60	+134 +60	+76 +30	+104 +30	+29 +10	+40 +10	+19 0	+30 0	+46 0	+74 0	+120 0	+190 0	+300 0
>65~80	+340 +150															

（续表）

>80 ~100	+390 +170	+207 +120	+260 +120	+126 +72	+159 +72	+90 +36	+123 +36	+34 +12	+47 +12	+22 0	+35 0	+54 0	+87 0	+140 0	+220 0	+350 0
>100 ~120	+400 +180															
>120 ~140	+450 +200	+245 +145	+305 +145	+148 +85	+185 +85	+106 +43	+143 +43	+39 +14	+54 +14	+25 0	+40 0	+63 0	+100 0	+160 0	+250 0	+400 0
>140 ~160	+460 +210															
>160 ~180	+480 +230															
>180 ~200	+530 +240	+285 +170	+335 +170	+172 +100	+215 +100	+122 +50	+165 +50	+44 +15	+61 +15	+29 0	+46 0	+72 0	+115 0	+185 0	+290 0	+460 0
>200 ~225	+550 +260															
>225 ~250	+570 +280															
>250 ~280	+620 +300	+320 +190	+400 +190	+191 +110	+240 +110	+137 +56	+186 +56	+49 +17	+69 +17	+32 0	+52 0	+81 0	+130 0	+210 0	+320 0	+520 0
>280 ~315	+650 +330															
>315 ~355	+720 +360	+350 +210	+440 +210	+214 +125	+265 +125	+151 +62	+202 +62	+54 +18	+75 +18	+36 0	+57 0	+89 0	+140 0	+230 0	+360 0	+570 0
>355 ~400	+760 +400															
>400 ~450	+840 +440	+385 +230	+480 +230	+232 +135	+290 +135	+165 +68	+223 +68	+60 +20	+83 +20	+40 0	+63 0	+97 0	+155 0	+250 0	+400 0	+630 0
>450 ~500	+880 +480															

（续表）

Js		K		M		N		P		R		S		T		U
公差等级																
7	8	6	7	7	8	6	7	6	7	6	7	6	7	6	7	6
±5	±7	0 −6	0 −10	−2 −12	−2 −16	−4 −10	−4 −14	−6 −12	−6 −16	−10 −16	−10 −20	−14 −20	−14 −24	—	—	−18 −24
±6	±9	+2 −6	+3 −9	0 −12	+2 −16	−5 −13	−4 −16	−9 −17	−8 −20	−12 −20	−11 −23	−16 −24	−15 −27	—	—	−20 −28
±7	±11	+2 −7	+5 −10	0 −15	+1 −21	−7 −16	−4 −19	−12 −21	−9 −24	−16 −25	−13 −28	−20 −29	−17 −32	—	—	−25 −34
±9	±13	+2 −9	+6 −12	0 −18	+2 −25	−9 −20	−9 −23	−15 −26	−11 −29	−20 −31	−16 −34	−25 −36	−21 −39	—	—	−30 −41
±10	±16	+2 −11	+6 −15	0 −21	+4 −29	−11 −24	−7 −28	−18 −31	−14 −35	−24 −37	−20 −41	−31 −44	−27 −48	—	—	−37 −50
														−37 −50	−33 −54	−44 −57
±12	±19	+3 −13	+7 −18	0 −25	+5 −34	−12 −28	−8 −33	−21 −37	−17 −42	−29 −45	−25 −50	−38 −54	−34 −59	−43 −59	−39 −64	−55 −71
														−49 −65	−45 −70	−65 −81
±15	±23	+4 −15	+9 −21	0 −30	+5 −41	−14 −33	−9 −39	−26 −45	−21 −51	−35 −54	−30 −60	−47 −66	−42 −72	−60 −79	−55 −85	−81 −100
										−37 −56	−32 −62	−53 −72	−48 −72	−69 −88	−64 −94	−96 −115
±17	±27	+4 −18	+10 −25	0 −35	+6 −48	−16 −38	−10 −45	−30 −52	−24 −59	−44 −66	−38 −73	−64 −86	−58 −93	−84 −106	−78 −113	−117 −139
										−47 −69	−41 −76	−72 −94	−66 −101	−97 −119	−91 −126	−137 −159

（续表）

±20	±31	+4 −21	+12 −28	0 −40	+8 −55	−20 −45	−12 −52	−36 −61	−28 −68	−56 −81	−48 −88	−85 −110	−77 −117	−115 −140	−107 −147	−163 −188
										−58 −83	−50 −90	−93 −118	−85 −125	−127 −152	−119 −159	−183 −208
±23	±36	+5 −24	+13 −33	0 −46	+9 −63	−22 −51	−14 −60	−41 −70	−33 −79	−68 −97	−60 −106	−113 −142	−105 −151	−157 −186	−149 −195	−227 −256
										−71 −100	−63 −109	−121 −150	−113 −159	−171 −200	−163 −209	−249 −278
										−75 −104	−67 −113	−131 −160	−123 −169	−187 −216	−179 −225	−275 −304
±26	±40	+5 −27	+16 −36	0 −52	+9 −72	−25 −57	−14 −66	−47 −79	−36 −88	−85 −117	−74 −126	−149 −181	−138 −190	−209 −241	−198 −250	−306 −338
										−89 −121	−78 −130	−131 −193	−150 −202	−231 −263	−220 −272	−341 −373
±28	±44	+7 −29	+17 −40	0 −57	+11 −78	−26 −62	−16 −73	−51 −87	−14 −98	−97 −133	−87 −144	−179 −215	−169 −226	−257 −293	−247 −304	−379 −415
										−103 −139	−93 −150	−197 −233	−187 −244	−283 −319	−273 −330	−424 −460
±31	±48	+8 −32	+18 −45	0 −63	+11 −86	−27 −67	−17 −80	−55 −95	−45 −108	−113 −153	−103 −166	−219 −259	−209 −272	−317 −357	−307 −370	−477 −517
										−119 −159	−109 −172	−239 −279	−229 −292	−247 −287	−337 −400	−527 −567

附表 25 常用金属材料

标准、名称	牌号	应用举例	说明
GB/T700—1988 碳素结构钢	Q215A Q214A－F	金属结构构件，拉杆、套圈、铆钉、螺栓、短轴、心轴、凸轮（载荷不大的）、吊钩、垫圈；渗碳零件及焊接件	Q 为钢材屈服点“屈”字汉语拼音首位字母，数字表示屈服强度（Mpa），A、B、C、D 为质量等级，F 表示沸腾钢
	Q235	金属结构构件，心部强度要求不高的渗碳或氰化零件：吊钩、拉杆、车钩、套圈、气缸、齿轮、螺栓、螺母、连杆、轮轴、楔、盖及焊接件	
	Q275	转轴、心轴、销轴、链轮、刹车杆、螺栓、螺母、垫圈、连杆、吊钩、楔、齿轮、键以及其它强度需较高的零件。这种钢焊接性尚可	
GB/T 699—1999 优质碳素结构钢	15	塑性、韧性、焊接性和冷冲性均良好，但强度较低。用于制造受力不大、韧性要求较高的零件，紧固件、冲模锻件及不要热处理的低负荷零件，如螺栓、螺钉拉条、法兰盘及化工贮器、蒸气锅炉等	牌号的两位数字表示碳的平均质量分数，45 钢即表示碳的平均质量分数为 0.45％ 含锰量较高的钢，须加注化学元素符号“Mn”
	20	用于不受很大应力而要求很大韧性的各种机械零件，如杠杆、轴套、螺钉、拉杆、起重钩等。也用于制造压力＜6Mpa、温度＜450℃的非腐蚀介质中使用的零件，如管子、导管等	
	35	性能与 20 钢相似，用于制造曲轴、转轴、轴销、杠杆、连杆、横梁、飞轮、圆盘、套筒、钩环、垫圈、螺钉、螺母等。一般不作焊接用	
	45	用于强度要求较高的零件，如汽轮机的叶轮、压缩机、泵的零件等	
	60	这种钢的强度和弹性相当高，用于制造轧辊、轴、弹簧圈、弹簧、离合器、凸轮、钢绳等	
	75	用于板弹簧、螺旋弹簧以及受磨损的零件	
	15Mn	性能与 15 钢相似，但淬透性及强度和塑性比 15 钢都高些。用于制造中心部分的机械性能要求较高，且须渗碳的零件。焊接性好	
	45Mn	用于受磨损的零件，如转轴、心轴、齿轮、叉等。焊接性差。还可做受较大载荷的离合器盘，花键轴、凸轮轴、曲轴等	
	65Mn	强度高，淬透性较大、脱碳倾向小，但有过热敏感性。易生淬火裂纹，并有回火脆性。适用于较大尺寸的各种扁、圆弹簧，以及其他经受磨擦的农机具零件	

（续表）

标准、名称	牌　号	应用举例	说 明
GB/T11352—1989 工程铸钢	ZG200－400	用于制造受力不大韧性要求高的零件，如机座、变速箱体等	“ZG”表示铸钢，是汉语拼音铸钢两字首位字母。ZG后两组数字是屈服强度（MPa）和抗拉强度（MPa）的最低值
	ZG270－500	用于制造各种形状的零件，如飞轮、机架、水压机工作缸、横梁等	
	ZG310－570	用于制造重负荷零件，如联轴器、大齿轮、缸体、机架、轴等	
GB/T9439—1988 灰铸铁	HT100	低强度铸铁，用于制造把手、盖、罩、手轮、底板等要求不高的零件	“HT”是灰铁两字汉语拼音的首位字母。数字表示最低抗拉强度（MPa）
	HT150	中等强度铸铁，用于一般铸件，如机床床身、工作台、轴承座、齿轮、箱体、阀体、泵体等	
	HT200 HT250	较高强度铸铁，用于较重要铸件，如齿轮、齿轮箱体、机座、床身、阀体、汽缸、联轴器盘、凸轮、带轮等	
	HT300 HT350	高强度铸铁，制造床身、床身导轨、机座、主轴箱、曲轴、液压泵体、齿轮、凸轮、带轮等	
GB/T 1438—1988 球墨铸铁	QT400－15 QT450－10 QT500－7	具有中等强度和韧性，用于制造油泵齿轮、轴瓦、壳体、阀体、气缸、轮毂等	“QT”表示球黑铸铁，它后面的第一组数值表示抗拉强度值（MPa），“—”后面的数值为最小伸长率（%）
	QT600－3 QT700－2 QT800－2	具有较高的强度，用于制造曲轴、缸体、滚轮、凸轮、气缸套、连杆、小齿轮等	
GB/T 9440—1988 可锻铸铁	KTH300－06	具有较高的强度，用于制造受冲击、振动及扭转负荷的汽车、机床零件等	“KTH”、“KTZ”、“KTB”分别表示黑心、珠光体和白心可锻铸铁，第一组数字表示抗拉强度（MPa），“－”后面的值为最小伸长率（%）
	KTZ550－04 KTB350－04	具有较高强度、耐磨性好，韧性较差，用于制造轴承座、轮毂、箱体、履带、齿轮、连杆、轴、活塞环等	

（续表）

标准、名称	牌　号	应用举例	说　明
GB/T 1176—1987 黄铜	ZCuZn38	一般用于制造耐蚀零件，如阀座、手柄、螺钉、螺母、垫圈等	铸黄铜，w_{Zn}38%
GB/T 1176—1987 锡青铜	ZCuSn5Pb5Zn5	耐磨性和耐蚀性能好，用于制造在中等和高速滑动速度下工作的零件，如轴瓦、衬套、缸套、齿轮、蜗轮等	铸锡青铜，锡、铅、锌质量分数各为5%
	ZcuSn10Pb1		铸锡青铜，w_{Sn}10%，w_{Pb}1%
GB/T 1176—1987 铝青铜	ZCuA19Mn2	强度高、耐蚀性好，用于制造衬套、齿轮、蜗轮和气密性要求高的铸件	铸铝青铜，w_{Al}9%，w_{Mn}2%
GB/T 1173—1995 铸造铝合金	ZAlSi7Mg	适用于制造承受中等负荷、形状复杂的零件，如水泵体、汽缸体、抽水机和电器、仪表的壳体等	铸造铝合金，w_{Si}约7%，w_{Mg}约0.35%
	ZAlSi5CuIMg	用于风冷发动机的气缸头、机闸、油泵体等225℃以下工作的零件	
	ZAlCu4	用于中等载荷、形状较简单的200℃以下工作的小零件	

附表 26 常用热处理方法及应用

名 称	说 明	目的与适用范围
退火（焖火）	将钢件加热到临界温度以上 30～50℃，保温一段时间，然后缓慢地冷却下来（例如在炉中冷却）	用来消除铸、锻、焊零件的内应力，降低硬度，改善加工性能，增加塑性和韧性，细化金属晶粒，使组织均匀。适用于 w_c 在 0.83% 以下的铸、锻、焊零件
正火（正常化）	将钢件加热到临界温度以上，保温一段时间，然后在空气中冷却下来，冷却速度比退火快	用来处理低碳和中碳结构钢及渗碳零件，使其晶粒细化，增加强度与韧性，改善切削加工性能
淬火	将钢件加热到临界温度以上，保温一定时间，然后在水、盐水或油中（个别材料在空气中）急速冷却下来，使其增加硬度、耐磨性	用来提高钢的硬度、强度及耐磨性。但淬火后会引起内应力及脆性，因此淬火后的钢铁必须回火
回火	将淬火后的钢件，加热到临界温度以下的某一温度，保温一段时间，然后在空气中或油中冷却下来	用来消除淬火时产生的脆性和内应力，以提高钢件的韧性和强度。
调质	淬火后进行高温回火（450℃～650℃）	可以完全消除内应力，并获得较高的综合力学性能。一些重要零件淬火后都要经过调质处理，如轴、齿轮等
表面淬火	用火焰或高频电流将零件表面迅速加热至监界温度以上，急速冷却	使零件表层有较高的硬度和耐磨性，而内部保持一定的韧性，使零件既耐磨又能承受冲击，如重要的齿轮、曲轴、活塞销等
渗碳	将低、中碳（w_c<0.4%）钢件，在渗碳剂中加热到 900℃～950℃，保温一段时间，使零件表面渗碳层达 0.4～0.6mm，然后淬火	增加零件表面硬度、耐磨性、抗拉强度及疲劳极限。适用于低碳、中碳结构钢的中小型零件及大型重负荷、受冲击、耐磨的零件
渗氮	使零件表面增氮，氮化层为 0.025～0.8mm。氮化层硬度极高（达 1200HV）	增加零件的表面硬度、耐磨性、疲劳极限及抗蚀能力。适用于含铝、铬、钼、锰等合金钢，如要求耐磨的主轴、量规、样板、水泵轴、排气门等零件
时效处理	天然时效：在空气中长期存放半年到一年以上人工时效：加热到 200℃左右，保温 10～20h 或更长时间	使铸件或淬火后的钢件慢慢消除其内应力，而达到稳定其形状和尺寸，如机床身等大型铸件
发蓝发黑	用加热方法使零件工作表面形成一层氧化铁组成的保护性薄膜	防腐蚀、美观，用于一般紧固件

参考文献

[1] 郭纪林,顾吉仁,周华军.《工程图学》[M]. 北京:北京理工大学出版,2010.
[2] 王南燕,聂林水.《机械制图》[M]. 北京:北京理工大学出版,2012.
[3] 王晓莉.《机械制图》[M]. 北京:北京科学出版社,2009.
[4] 刘力.《机械制图》[M]. 北京:高等教育出版社,2004.